oficina de textos

Richard J. D. Tilley

CRISTALOGRAFIA
cristais e estruturas cristalinas

tradução | Fábio R. D. de Andrade

Crystal and crystal structures
Copyright original © 2006 John Wiley & Sons Ltd, Sussex, Inglaterra
Copyright da tradução em português © 2014 Oficina de Textos

Grafia atualizada conforme o Acordo Ortográfico da Língua Portuguesa de 1990, em vigor no Brasil desde 2009.

CONSELHO EDITORIAL   Cylon Gonçalves da Silva; Doris C. C. K. Kowaltowski; José Galizia Tundisi; Luis Enrique Sánchez; Paulo Helene; Rozely Ferreira dos Santos; Teresa Gallotti Florenzano

CAPA E PROJETO GRÁFICO Malu Vallim
DIAGRAMAÇÃO E PREPARAÇÃO DE FIGURAS Maria Lúcia Rigon
PREPARAÇÃO DE TEXTOS Pâmela de Moura Falarara
REVISÃO DE TEXTOS Hélio Hideki Iraha
IMPRESSÃO E ACABAMENTO Prol Editora Gráfica

Dados Internacionais de Catalogação na Publicação (CIP)
(Câmara Brasileira do Livro, SP, Brasil)

Tilley, Richard J. D.
    Cristalografia : cristais e estruturas cristalinas / Richard J. D. Tilley; tradução Fábio R. D. de Andrade. -- 1. ed. -- São Paulo : Oficina de Textos, 2014.

    Crystal and crystal structures
    Bibliografia.
    ISBN 978-85-7975-154-7

    1. Cristalografia 2. Estrutura molecular
I. Título.

14-08256   CDD-541.22

Índices para catálogo sistemático:
1. Estrutura biomolecular : Química 541.22

Todos os direitos reservados . Tradução autorizada da edição em língua inglesa publicada pela John Willey & Sons Limited. A responsabilidade pela precisão da tradução é exclusivamente da Oficina de Textos e não é de responsabilidade da John Willey & Sons Limited. Nenhuma parte desse livro pode ser reproduzida de nenhuma forma sem a permissão por escrito do detentor do copyright original, John Willey & Sons Limited.

Todos os direitos reservados à **Oficina de Textos**
Rua Cubatão, 959
CEP 04013-043 – São Paulo – Brasil
Fone (11) 3085 7933   Fax (11) 3083 0849
www.ofitexto.com.br   e-mail: atend@ofitexto.com.br

Prefácio

A Cristalografia, que é o estudo dos cristais e de suas estruturas e propriedades, é uma área do conhecimento que antecede a ciência moderna. Apesar de sua longa história, ela é dinâmica e está em constante transformação. A Cristalografia de Proteínas é um bom exemplo desse avanço. O estudo da estrutura cristalina de proteínas extremamente complexas levou à compreensão de diversos processos biológicos em escala molecular e a mudanças fundamentais no tratamento de várias doenças crônicas. Outras áreas de rápido desenvolvimento também se destacam. Os programas de computação revolucionaram a representação das estruturas cristalinas, e a apresentação das estruturas produz imagens de beleza comparável a obras de arte abstrata.

O próprio desenvolvimento de computadores e dispositivos portáteis, com seus microprocessadores e monitores, baseia-se em parte no conhecimento de estruturas cristalinas. Os nanomateriais, fragmentos de matéria pequenos demais para se organizar em cristais, têm propriedades controladas pela sua superfície, que pode ser descrita por meio de planos cristalinos. É vital compreender por que materiais cristalinos e não cristalinos se comportam de modos diferentes, já que o comportamento é fortemente ligado à estrutura cristalina.

A Cristalografia, portanto, tem papel importante em um amplo espectro de disciplinas, incluindo Biologia, Química, Ciência e Tecnologia dos Materiais, Mineralogia, Física e Engenharia. Dois exemplos adicionais irão ajudar a perceber essa abrangência. Os avanços científicos da primeira metade do século XX em áreas como a energia nuclear e a tecnologia de semicondutores foram desenvolvidos, em parte, com base no conhecimento detalhado de estruturas de compostos metálicos e não metálicos. Na segunda metade do século XX, a Biologia Molecular, com uma abordagem voltada à Cristalografia, possibilitou mudanças radicais na medicina, desde o conhecimento de moléculas biologicamente importantes, como a insulina, passando pela determinação da estrutura cristalina do DNA, até os estudos recentes da estrutura complexa de proteínas.

Considerando esses aspectos, este livro foi concebido como um texto introdutório para estudantes que necessitam de conhecimento sobre cristais e Cristalografia, sem necessariamente se tornarem cristalógrafos. O objetivo é explicar, para alguém que se aproxima desse campo pela primeira vez, como as estruturas cristalinas são descritas. Ao final, o estudante deve ser capaz de ler e compreender artigos científicos com descrições de estruturas cristalinas e usar bancos de dados de Cristalografia. Este livro surgiu com base em notas de aulas de graduação e de pós-graduação para estudantes de várias áreas, em geral em disciplinas de nível introdutório. O foco não é detalhar os procedimentos de determinação experimental de estruturas cristalinas, embora esse tema seja abordado no Cap. 6 e haja referências bibliográficas listadas. Sempre que possível, as descrições matemáticas são feitas de modo leve. Na Bibliografia, há obras com abordagem matemática sofisticada, que permitiram consideráveis avanços e generalizações.

Este livro abrange desde estruturas inorgânicas simples até cristais orgânicos e proteínas complexas, sem enfatizar tipos específicos de cristais. Além disso, é feita uma introdução sobre áreas especiais da Cristalografia, como estruturas modeladas, quasicristais e as próprias proteínas. Em relação a essas duas primeiras áreas, todo o arcabouço tradicional da Cristalografia está sendo redescoberto. Na Cristalografia de Proteínas, não só as técnicas da Cristalografia tradicional são levadas ao extremo, mas seus resultados têm sido aplicados à medicina com impressionante rapidez. Essas e outras linhas de pesquisa em Cristalografia não podem ser desconhecidas por estudantes das áreas de Ciências e Engenharias.

Este livro é organizado em oito capítulos. O Cap. 1 fornece uma introdução e mostra como as estruturas cristalinas são descritas, por meio de exemplos simples. O Cap. 2 apresenta os conceitos fundamentais de retículo e as fórmulas usadas no cálculo do retículo e da geometria dos cristais. O Cap. 3 aborda a simetria em duas dimensões e introduz a noção de mosaicos, uma analogia com interessantes aplicações em Cristalografia e em outras áreas. O Cap. 4 descreve a simetria em três dimensões e as relações entre simetria cristalina e propriedades físicas. O Cap. 5 discute a representação de cristais com base em informações disponíveis em bancos de dados, como grupo espacial, cela unitária e posições atômicas. O leitor será capaz de percorrer desde a consulta da descrição de uma estrutura em um banco de dados até a construção de um modelo, seguindo instruções passo a passo. As estruturas cristalinas são determinadas por meio da difração de radiações de ondas com diferentes comprimentos de onda. O Cap. 6 descreve a relação entre a difração e as estruturas, incluindo informações sobre técnicas de raios X, elétrons e nêutrons. O *problema das fases* é discutido no âmbito da determinação de estruturas de proteínas. O Cap. 7 descreve as principais formas de representação de estruturas cristalinas, revelando suas relações estruturais, ou, no caso das proteínas, sua reatividade bioquímica. O Cap. 8 aborda os defeitos cristalinos e desenvolvimentos recentes da Cristalografia, como o reconhecimento de cristais incomensuradamente modulados e quasicristais, materiais que exigiram a revisão de conceitos clássicos de Cristalografia para permitir definições mais amplas dessas novas estruturas.

Cada capítulo é aberto com três questões introdutórias. Essas questões são em geral feitas por estudantes e fornecem um fio condutor no início de cada capítulo, algo para se ter em mente. As respostas são dadas ao final de cada capítulo. Em cada um deles, novos conceitos cristalográficos são apresentados em itálico quando aparecem pela primeira vez. Para auxiliar na compreensão, todos os capítulos são seguidos por problemas e exercícios, preparados para reforçar os conceitos apresentados. Há dois tipos de questões. As de múltipla escolha (*Teste rápido*) podem ser respondidas rapidamente e visam revelar lacunas no conhecimento dos temas tratados. Os *Cálculos e questões* são problemas tradicionais e exercícios numéricos para reforçar conceitos descritos com base em relações matemáticas ou equações. A Bibliografia fornece fontes importantes para o aprofundamento do leitor nos vários temas.

A Cristalografia é um assunto tridimensional (de fato, quatro ou mais dimensões podem ser usadas na descrição matemática de estruturas incomensuradas). Por esse motivo, a compreensão será favorecida por técnicas de representação tridimensional. A computação gráfica é muito útil na geração de modelos virtuais de estruturas cristalinas e moleculares em três dimensões. Em alguns casos, esses recursos são indispensáveis na percepção das relações espaciais entre componentes de estruturas complexas. Nas proteínas e outras grandes moléculas complexas, a estrutura e, portanto, a função biológica não podem ser percebidas sem esses recursos. As estruturas de proteínas, por exemplo, são complicadas demais para serem representadas como arranjos atômicos e são em geral representadas por modelos estilizados. Até os modelos mais simples são de grande valor e uma pequena coleção de sólidos geométricos, como esferas, cubos, octaedros e tetraedros, juntamente com massa de modelar e palitos, pode ser útil. Em geral, quanto mais simples for a descrição de uma estrutura cristalina, mais fácil será relacioná-la com outras estruturas e com suas propriedades biológicas, químicas e físicas.

O uso de programas de computação para projeção de estruturas deve ser encorajado. Informações sobre esses programas podem ser encontradas na Bibliografia. Do mesmo modo, o acesso a bancos de dados é necessário aos estudos avançados e à pesquisa. Para a confecção deste livro, foi extensivamente utilizado o Serviço de Banco de Dados de Química do EPSRC (Engineering and Physical Sciences Research Council), em Daresbury, Reino Unido. Informações adicionais de acesso a esse recurso também são fornecidas na Bibliografia.

Este livro não poderia ter sido feito sem a ajuda de várias pessoas. Em primeiro lugar, quero expressar meu agradecimento ao Dr. Andrew Slade e a Celia Carden, da editora John Wiley, em Chichester, Inglaterra, pelos sábios conselhos e permanente encorajamento durante a preparação do manuscrito, e a Robert Hambrook, que transformou o manuscrito original neste livro que você tem em mãos. Além disso, vários revisores anônimos fizeram correções em versões iniciais do manuscrito, cujas inúmeras sugestões ajudaram a tornar este livro mais claro. Devo agradecer também a três ex-colegas que me ajudaram a compreender melhor a Cristalografia. Dr. R. Steadman, da Universidade de Bradford, que lecionava Cristalografia com muito entusiasmo e produziu materiais didáticos de grande valor. Drs. G. Harburn e R. P. Williams, da Universidade de Cardiff, que me explicaram a teoria da difração com habilidade e paciência e esclareceram as transformadas ópticas e a óptica de Fourier. Sou particularmente grato ao Professor A. H. White e ao Dr. B. W. Skelton, do Departamento de Química da Universidade do Oeste da Austrália, por cederem a Fig. 6.16; ao Dr. R. D. Tilley e ao Dr. J. H. Warner, da Universidade de Victoria, em Wellington, Nova Zelândia, por cederem a Fig. 6.24B; ao Dr. D. Whitford, que gentilmente cedeu as belas representações de estruturas de proteínas mostradas nas Figs. 7.25 e 7.27; e ao Dr. K. Saitoh, por ceder o padrão de difração da Fig. 8.24. Allan Coughlin e Rolfe Jones, da Universidade de Cardiff, deram suporte e informações durante a preparação do manuscrito. A equipe da Biblioteca Trevithick, da Universidade de Cardiff, mostrou-se sempre solícita, especialmente nas consultas a referências bibliográficas obscuras. A equipe do EPSRC, em Daresbury, Reino Unido, em especial o Dr. D. Parkin, sempre esteve disponível com informações e conselhos no uso do banco de dados e dos *softwares* de visualização de estruturas. Por último, mas sem menos importância, agradeço à minha família, que foi muito paciente durante a confecção deste livro, especialmente minha esposa, Anne, pela tolerância com a minha rotina durante os últimos anos.

Richard Tilley

Sumário

1 CRISTAIS E ESTRUTURAS CRISTALINAS 11
- 1.1 Famílias de cristais e sistemas cristalinos 12
- 1.2 Morfologia e classes cristalinas 13
- 1.3 Determinação de estruturas cristalinas 15
- 1.4 Descrição de estruturas cristalinas 16
- 1.5 Estrutura de empacotamento cúbico compacto (A1) do cobre ..18
- 1.6 Estrutura de empacotamento cúbico de corpo centrado (A2) do tungstênio 18
- 1.7 Estrutura hexagonal (A3) do magnésio 19
- 1.8 Estrutura da halita 19
- 1.9 Estrutura do rutilo 20
- 1.10 Estrutura da fluorita 20
- 1.11 Estrutura da ureia 21
- 1.12 Densidade de cristais 23
- Respostas das questões introdutórias 24
- Problemas e exercícios 25

2 RETÍCULOS, PLANOS E DIREÇÕES 27
- 2.1 Retículos bidimensionais 27
- 2.2 Celas unitárias 30
- 2.3 Retículos recíprocos em duas dimensões 33
- 2.4 Retículos tridimensionais 34
- 2.5 Celas unitárias alternativas 36
- 2.6 Retículos recíprocos em três dimensões 39
- 2.7 Planos do retículo e índices de Miller 42
- 2.8 Retículos hexagonais e índices de Miller-Bravais 42
- 2.9 Índices de Miller e planos em cristais 43
- 2.10 Direções 46
- 2.11 Geometria de retículos 47
- Respostas das questões introdutórias 49
- Problemas e exercícios 49

3 Padrões bidimensionais e mosaicos 52
- 3.1 Simetria de uma forma isolada: simetria pontual 52
- 3.2 Simetria rotacional de um retículo plano 55
- 3.3 Simetria de retículos planos 56
- 3.4 Os dez grupos pontuais de simetria cristalográfica plana 57
- 3.5 A simetria dos padrões: os 17 grupos pontuais 59
- 3.6 Estruturas cristalinas bidimensionais 64
- 3.7 Posições gerais e especiais 67
- 3.8 Padrões de mosaicos 69
- Respostas das questões introdutórias 71
- Problemas e exercícios 72

4 Simetria em três dimensões 76
- 4.1 Simetria de um objeto: simetria pontual 76
- 4.2 Eixos de inversão: rotoinversão 78
- 4.3 Eixos de inversão: rotorreflexão 81
- 4.4 Símbolos de Hermann-Mauguin para grupos pontuais 82
- 4.5 Simetria dos retículos de Bravais 83
- 4.6 Grupos pontuais cristalográficos 85
- 4.7 Grupos pontuais e propriedades físicas 89
- 4.8 Propriedades dielétricas 89
- 4.9 Índice de refração 93
- 4.10 Atividade óptica 94
- 4.11 Moléculas quirais 96
- 4.12 Geração de segundos harmônicos 96
- 4.13 Grupos pontuais magnéticos e simetria de cor 97
- Respostas das questões introdutórias 99
- Problemas e exercícios 100

5 Construção de estruturas cristalinas com base em retículos e grupos espaciais 103
- 5.1 Simetria de padrões tridimensionais: grupos espaciais 103
- 5.2 Cristalografia de grupos espaciais 104
- 5.3 Símbolos de simetria de grupo espacial 106
- 5.4 Representação gráfica de grupos espaciais 108
- 5.5 Construção de uma estrutura a partir de um grupo espacial . 111
- 5.6 Estrutura do diopsídio, $CaMgSi_2O_6$ 113
- 5.7 Estrutura da alanina, $C_3H_7NO_2$ 115
- Respostas das questões introdutórias 120
- Problemas e exercícios 121

6 Difração e estruturas cristalinas 124
- 6.1 Posição dos raios difratados: a Lei de Bragg......................125
- 6.2 Geometria dos padrões de difração 126
- 6.3 Tamanho de partícula..130
- 6.4 Intensidade dos raios difratados 131
- 6.5 Fator de espalhamento atômico..132
- 6.6 Fator de estrutura..134
- 6.7 Fatores de estrutura e intensidades.....................................136
- 6.8 Avaliação numérica de fatores de estrutura.......................137
- 6.9 Simetria e intensidade de reflexão.......................................139
- 6.10 Fator térmico..141
- 6.11 Difração de raios X, método do pó......................................143
- 6.12 Microscopia eletrônica e imageamento de estruturas 147
- 6.13 Determinação de estrutura por difração de raios X 153
- 6.14 Difração de nêutrons..155
- 6.15 Cristalografia de Proteínas 156
- 6.16 Solução do problema das fases..157
- 6.17 Cristais fotônicos 163
- Respostas das questões introdutórias................................165
- Problemas e exercícios...167

7 Representação de estruturas cristalinas...........................170
- 7.1 Tamanho dos átomos..170
- 7.2 Empacotamento de esferas..171
- 7.3 Raio metálico..174
- 7.4 Raio iônico...176
- 7.5 Raio covalente 177
- 7.6 Raio de Van der Waals 178
- 7.7 Estruturas iônicas e regras de construção de estrutura........179
- 7.8 Modelo de valência de ligação..180
- 7.9 Estruturas em termos do empacotamento de não metais (ânions)..183
- 7.10 Estruturas em termos do empacotamento de metais (cátions)..185
- 7.11 Representação de cristais com poliedros de coordenação de cátions centrados 185
- 7.12 Representação de cristais com poliedros de coordenação de ânions centrados..188
- 7.13 Estruturas como redes...191
- 7.14 Representação de estruturas orgânicas...................................193

	7.15	Representação de estruturas de proteínas	194
		Respostas das questões introdutórias	199
		Problemas e exercícios	200

8   Defeitos, estruturas moduladas e quasicristais 203

	8.1	Defeitos e fatores de ocupação	203
	8.2	Defeitos e parâmetros de cela unitária	205
	8.3	Defeitos e densidade	206
	8.4	Estruturas modulares	207
	8.5	Polítipos	210
	8.6	Fases de cisalhamento cristalográfico	213
	8.7	Intercrescimentos planos e polissomas	217
	8.8	Estruturas incomensuradamente moduladas	220
	8.9	Quasicristais	226
		Respostas das questões introdutórias	228
		Problemas e exercícios	230

Apêndices

1	Adição e subtração de vetores	233
2	Dados de algumas estruturas inorgânicas	234
3	Símbolos de Schoenflies	237
4	Os 230 grupos espaciais	240
5	Números complexos	244
6	Amplitudes complexas	246

Respostas dos problemas e exercícios 248

Bibliografia 255

Índice remissivo 263

Cristais e estruturas cristalinas 1

O que é um sistema cristalino?
O que são celas unitárias?
Que informações são necessárias para descrever uma estrutura cristalina?

Os cristais são sólidos que possuem ordem de longo alcance. O arranjo dos átomos em torno de um ponto qualquer de um cristal é idêntico ao arranjo em outro ponto qualquer equivalente do mesmo cristal (com exceção de possíveis defeitos locais). A Cristalografia descreve os modos pelos quais os átomos que formam os cristais estão organizados e como a ordem de longo alcance é produzida. Muitas propriedades químicas (bem como bioquímicas) e físicas dependem da estrutura cristalina. Portanto, o conhecimento de Cristalografia é essencial para a exploração das propriedades dos materiais.

A Cristalografia se desenvolveu inicialmente como uma ciência de observação, como coadjuvante da Mineralogia. Os minerais eram (e ainda são) descritos pelo seu hábito, que é a forma típica das espécies minerais e que pode variar desde massas indistintas até cristais bem formados. As formas belas e regulares de cristais naturais despertam nossa atenção desde o passado distante. A forma e o arranjo das faces dos cristais foram desde cedo usados como critérios de classificação. Mais tarde, a simetria passou a ser tratada matematicamente e se tornou um quesito importante na descrição de minerais. A determinação de estruturas cristalinas, ou seja, da posição de todos os átomos em um cristal, foi um desenvolvimento posterior, um refinamento que dependeu da descoberta dos raios X e de suas aplicações.

1.1 Famílias de cristais e sistemas cristalinos

As medições detalhadas de espécimes minerais permitiram a definição de seis *famílias cristalinas*, denominadas anórtica, monoclínica, ortorrômbica, tetragonal, hexagonal e isométrica. Essa classificação foi ligeiramente expandida pelos cristalógrafos na definição dos sete *sistemas cristalinos*, que são conjuntos de eixos de referência definidos por sua direção e magnitude e que, portanto, são vetores (grafados em negrito ao longo deste livro). As famílias e classes cristalinas são apresentadas no Quadro 1.1.

Os três eixos de referência são denominados **a**, **b** e **c**, e os ângulos entre as partes positivas desses eixos, α, β e γ, sendo que α se situa entre +**b** e +**c**, β, entre +**a** e +**c**, e γ, entre +**a** e +**b** (Fig. 1.1). Os ângulos escolhidos são iguais ou maiores que 90°, exceto no sistema trigonal, como será visto a seguir. Nas figuras, o eixo **a** é representado projetando-se da página em direção ao leitor, enquanto o eixo **b** aponta para a direita, e o eixo **c**, para

QUADRO 1.1 OS SETE SISTEMAS CRISTALINOS

Família cristalina	Sistema cristalino	Relações axiais
Isométrica	Cúbico	$a = b = c, \alpha = \beta = \gamma = 90°$
Tetragonal	Tetragonal	$a = b \neq c, \alpha = \beta = \gamma = 90°$
Ortorrômbica	Ortorrômbico	$a \neq b \neq c, \alpha = \beta = \gamma = 90°$
Monoclínica	Monoclínico	$a \neq b \neq c, \alpha = 90°, \beta \neq 90°, \gamma = 90°$
Anórtica	Triclínico	$a \neq b \neq c, \alpha \neq 90°, \beta \neq 90°, \gamma \neq 90°$
Hexagonal	Hexagonal	$a = b \neq c, \alpha = \beta = 90°, \gamma = 120°$
	Trigonal ou romboédrico	$a = b = c, \alpha = \beta = \gamma$ ou $a' = b' \neq c', \alpha' = \beta' = 90°, \gamma' = 120°$ (eixos hexagonais)

cima. Esse arranjo é um *sistema de coordenadas destro*.

As medidas diretas dos ângulos interaxiais em minerais são dadas em valores absolutos, enquanto o comprimento dos eixos é relativo. Os comprimentos são indicados por **a**, **b** e **c**.

Os sete sistemas cristalinos são denominados de acordo com relações de comprimento dos eixos e ângulos interaxiais. O sistema mais simétrico é o sistema cúbico ou isométrico, no qual os três eixos estão dispostos em ângulos de 90° entre si e têm comprimentos idênticos, como eixos cartesianos. O sistema tetragonal é similar, com três eixos perpendiculares entre si, dois deles de mesmo comprimento, em geral denominados **a** (=**b**), e um terceiro eixo, denominado **c**, mais longo ou mais curto que os outros dois. O sistema ortorrômbico tem três eixos perpendiculares entre si e de comprimentos diferentes. O sistema monoclínico também é definido por três eixos de comprimentos diferentes, e dois deles, por convenção definidos como **a** e **c**, estão dispostos em ângulo oblíquo, β, enquanto o terceiro, **b**, é normal ao plano definido por **a** e **c**. O sistema cristalino menos simétrico é o triclínico, com três eixos de comprimentos diferentes dispostos em ângulos oblíquos. O sistema hexagonal tem dois eixos de mesmo comprimento, denominados **a** (=**b**), dispostos em um ângulo γ de 120°. O eixo **c** é perpendicular ao plano que contém **a** e **b** e paralelo a um eixo de simetria de ordem seis (ver Cap. 4).

O sistema trigonal tem três eixos de igual comprimento, dispostos em ângulos iguais α (= β = γ), formando um romboedro. Os eixos são denominados eixos romboédricos, enquanto o nome *trigonal* se refere à presença de eixos de simetria de ordem três no cristal (ver Cap. 4). Os cristais romboédricos podem ser convenientemente descritos em um conjunto de eixos hexagonais. Nesse caso, o eixo **c** hexagonal é paralelo à diagonal do corpo romboédrico, que é um eixo de simetria de ordem três (Fig. 1.2). A relação entre esses

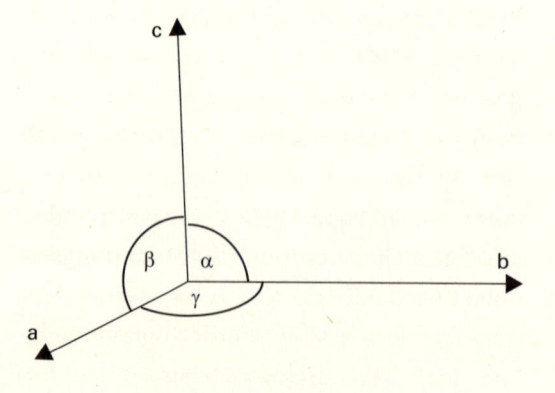

FIG. 1.1 Eixos de referência usados para definir os sete sistemas cristalinos

dois conjuntos de eixos é dada pelas seguintes equações vetoriais:

$$\mathbf{a}_R = \tfrac{2}{3}\,\mathbf{a}_H + \tfrac{1}{3}\,\mathbf{b}_H + \tfrac{1}{3}\,\mathbf{c}_H$$

$$\mathbf{b}_R = -\tfrac{1}{3}\mathbf{a}_H + \tfrac{1}{3}\mathbf{b}_H + \tfrac{1}{3}\mathbf{c}_H$$

$$\mathbf{c}_R = -\tfrac{1}{3}\mathbf{a}_H - \tfrac{2}{3}\mathbf{b}_H + \tfrac{1}{3}\mathbf{c}_H$$

$$\mathbf{a}_H = \mathbf{a}_R - \mathbf{b}_R$$

$$\mathbf{b}_H = \mathbf{b}_R - \mathbf{c}_R$$

$$\mathbf{c}_H = \mathbf{a}_R + \mathbf{b}_R + \mathbf{c}_R$$

em que os subscritos R e H indicam os sistemas romboédrico e hexagonal, respectivamente (note que, nessas equações, os vetores **a**, **b** e **c** são combinados vetorialmente e não aritmeticamente – *vide* Apêndice 1). As relações aritméticas entre os comprimentos dos eixos são dadas por:

$$a_H = 2a_R \operatorname{sen}\frac{\alpha}{2}$$

$$a_R = \frac{1}{3}\sqrt{3a_H^2 + c_H^2}$$

$$c_H = a_R\sqrt{3 + 6\cos\alpha}$$

$$\operatorname{sen}\frac{\alpha}{2} = \frac{3a_H}{2\sqrt{3a_H^2 + c_H^2}}$$

em que os subscritos R e H indicam os sistemas romboédrico e hexagonal, respectivamente.

1.2 Morfologia e classes cristalinas

A observação da forma dos cristais, ou *morfologia* cristalina, sugere que a forma externa

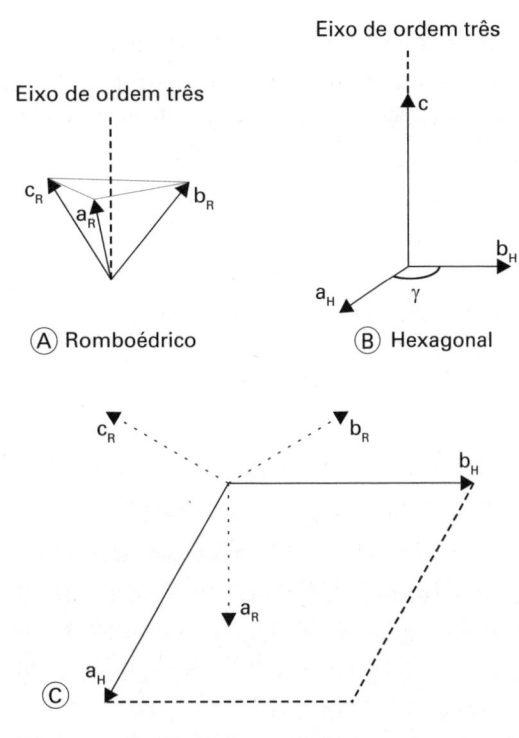

FIG. 1.2 (A, B) Eixos romboédrico e hexagonal: eixos com orientações equivalentes, com o eixo de ordem três do sistema trigonal paralelo ao eixo **c** do sistema hexagonal; (C) superposição dos dois conjuntos de eixos, projetados segundo o eixo **c** do sistema hexagonal (= eixo romboédrico de ordem três)

regular é uma expressão da ordem interna do material. Entre essas observações, a clivagem, que é a ruptura do cristal em planos regulares e que produz fragmentos com faces planas, sugere que os cristais sejam compostos por volumes elementares regulares e infinitesimalmente pequenos, como pequenos tijolos, característicos do mineral em questão. Esses volumes elementares, cujas arestas podem ser consideradas como paralelas aos eixos vetoriais **a**, **b** e **c** de um dos sete sistemas cristalinos, são denominados *celas unitárias morfológicas*. Os comprimentos relativos dos eixos **a**, **b** e **c**, com comprimento igual às arestas da cela unitária morfológica, bem como os valores de α, β e γ, são denominados *parâmetros da cela unitária morfológica*. Os comprimentos absolutos dos eixos, também denominados **a**, **b** e **c** ou a_0, b_0 e c_0, determinados por métodos de difração descritos a seguir, definem a cela unitária estrutural do material. Os parâmetros de cela unitária indicados a partir desse ponto se referem a esses valores estruturais.

Um conceito central em Cristalografia é a formação de um cristal pelo empilhamento de cópias idênticas de celas unitárias, com exatamente a mesma orientação. Isso equivale a afirmar que um cristal se caracteriza por ordem de longo alcance tanto *translacional* como *orientacional*. As celas unitárias são deslocadas repetidamente em três dimensões (ordem de longo alcance translacional), sem qualquer rotação ou reflexão (ordem de longo alcance orientacional). Essas restrições resultam em outras restrições quanto à forma (ou seja, simetria) da cela unitária; essa afirmação será consolidada ao longo dos próximos capítulos. O fato de que algumas formas de celas unitárias não são permitidas é facilmente demonstrável em duas dimensões, pois nota-se que pentágonos regulares, por exemplo, não podem ser ajustados lado a lado sem lacunas (um pentágono regular é uma figura plana com cinco lados iguais e cinco ângulos internos iguais) (Fig. 1.3).

A cela unitária é empilhada por translação para produzir a estrutura interna do cristal. Dependendo da taxa em que as celas unitárias são empilhadas em diferentes direções (ou seja, a taxa na qual o cristal cresce nas três dimensões), algumas faces do cristal se tornam proeminentes, enquanto outras são suprimidas, produzindo uma variedade de formas externas ou hábitos (Fig. 1.4), o que explica por que um mesmo material cristalino pode ocorrer com diferentes formas.

As faces de um cristal, independentemente da forma do cristal como um todo, podem ser indexadas em relação aos eixos cristalográficos. Cada face é indexada por um conjunto de três números inteiros (hkl), denominados índices de Miller. Uma dada face intercepta os eixos cristalográficos e os interceptos são dados por a/h, b/k, c/l. Uma face do cristal que intersecta os eixos exatamente na mesma proporção de tamanho é considerada um plano paramétrico com índice (**111**). Os índices de Miller são usados para indicar qualquer plano interno ou externo de um cristal, como descrito no Cap. 2.

Os índices de Miller permitem identificar as faces cristalinas de modo consistente. O uso dos índices, juntamente com a medição precisa dos ângulos entre as faces, permitiu que a morfologia dos cristais fosse descrita de modo reprodutível e viabilizou o estudo da

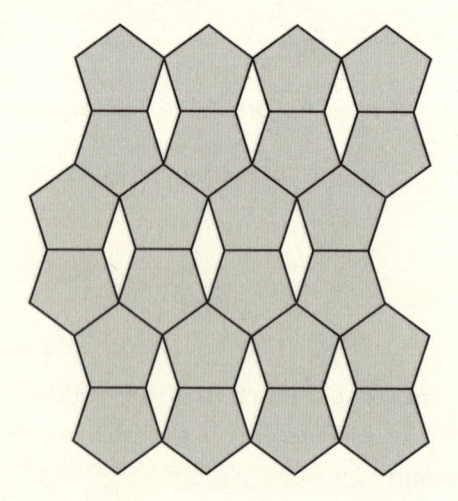

FIG. 1.3 Pentágonos regulares, independentemente de seu arranjo, não recobrem completamente um plano, havendo espaços livres entre eles. Dos vários arranjos possíveis, apenas um é apresentado

1 Cristais e estruturas cristalinas · 15

Os elementos de simetria são operadores, ou seja, descrevem operações como, por exemplo, reflexão. Quando essas operações são aplicadas a cristais, sua forma externa pode ser reproduzida. Com esse estudo metódico, descobriu-se que todos os cristais pertencem a um dos 32 grupos de operações de simetria, denominados classes cristalinas. Cada classe cristalina pode ser alocada em uma das seis famílias cristalinas. Os elementos de simetria e as classes cristalinas são descritos em detalhe nos Caps. 3 e 4.

1.3 Determinação de estruturas cristalinas

As descrições mencionadas anteriormente foram feitas com métodos ópticos, principalmente a microscopia óptica. Entretanto, não é possível determinar o arranjo absoluto dos átomos em um cristal apenas por esses métodos. Essa limitação foi superada no início do século XX, com a descoberta de que os raios X podem ser espalhados ou *difratados* pelos cristais de um modo que pode ser atribuído ao arranjo atômico ordenado de seus átomos, ou seja, sua *estrutura cristalina*. A difração de raios X continua sendo a técnica mais usada na determinação de estruturas cristalinas, mas os métodos de difração de elétrons e nêutrons também são de grande importância, revelando feições complementares àquelas observadas com raios X.

Os princípios físicos da difração em cristais foram analisados em detalhe. Descobriu-se que a radiação incidente é espalhada de modo característico, conhecido como padrão de difração. A posição e a intensidade dos feixes difratados dependem do arranjo dos átomos no espaço e de outras propriedades atômicas, como o número atômico. Portanto,

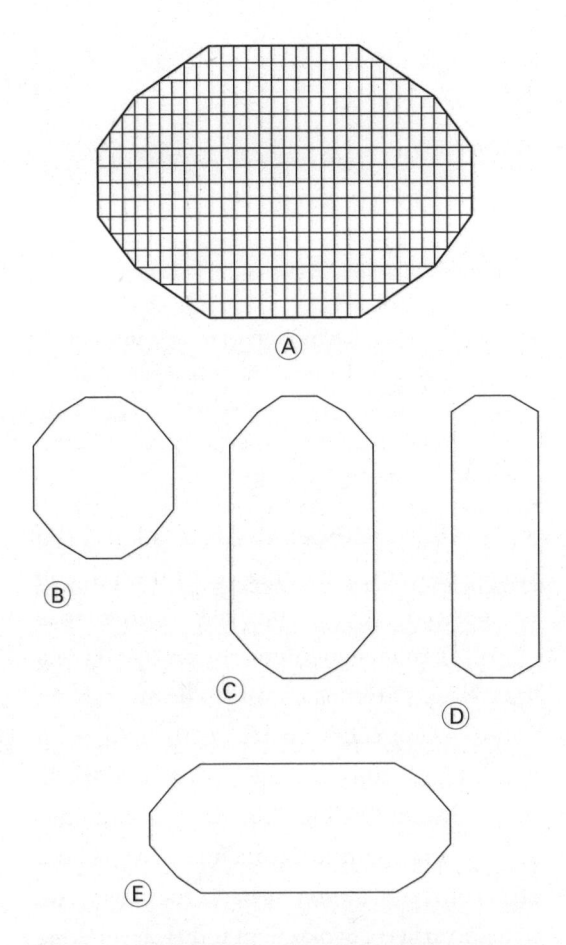

FIG. 1.4 (A) Representação esquemática de um cristal formado a partir de celas unitárias retangulares (ortorrômbicas). As celas unitárias devem ser imaginadas como muito menores do que nessa representação e capazes de produzir faces suaves no cristal. (B-E) Hábitos cristalinos formados por diferentes taxas de crescimento em diferentes direções

simetria dos cristais. A simetria foi decomposta em combinações de elementos de simetria, tais como planos de simetria e eixos de rotação, cuja combinação permite descrever a forma externa do cristal. Os cristais de um mesmo mineral, independentemente de sua forma particular, sempre possuem os mesmos elementos de simetria.

registrando as posições e intensidades dos feixes difratados, pode-se deduzir o arranjo atômico no cristal e sua natureza química. A determinação de estruturas cristalinas com o uso de difração de raios X e de outras radiações é apresentada no Cap. 6.

1.4 Descrição de estruturas cristalinas

A menor quantidade de informação necessária para definir uma estrutura cristalina é o tipo da cela unitária (cúbica, tetragonal etc.), os parâmetros da cela unitária e a posição de todos os átomos na cela unitária. O número Z indica quantas vezes a fórmula química do material está contida na cela unitária; em algumas referências, o número Z é denominado conteúdo atômico da cela unitária, mas vale ressaltar que Z não se refere ao número de átomos, mas ao número de fórmulas químicas contidas na cela unitária.

O valor de Z corresponde ao número de *unidades de fórmula química* do cristal contidas na cela unitária. As posições atômicas são expressas por três coordenadas, x, y e z, que são *frações* das arestas da cela unitária a, b e c, por exemplo ½, ½ e ¼. As coordenadas x, y e z são consideradas em relação aos eixos da cela unitária e não a um sistema cartesiano de eixos (Fig. 1.5). A posição dos átomos também pode ser expressa como um vetor, **r**:

$$\mathbf{r} = x\mathbf{a} + y\mathbf{b} + z\mathbf{c}$$

em que **a**, **b** e **c** são os eixos da cela unitária (Fig. 1.5).

O átomo situado na origem da cela unitária tem coordenadas (0, 0, 0). Um átomo no centro de uma face da cela unitária tem coordenadas (½, ½, 0), se ele estiver entre os eixos **a** e **b**, (½, 0, ½), se estiver entre **a** e **c**, e

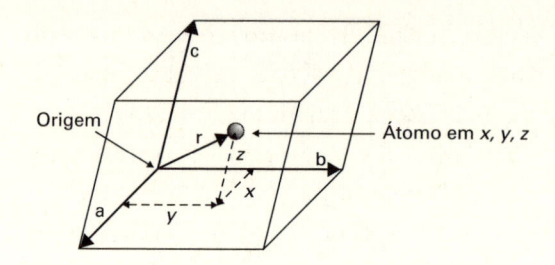

FIG. 1.5 A posição dos átomos na cela unitária, x, y e z, é definida em relação aos eixos da cela. Os valores numéricos de x, y e z são indicados por frações (½, ¼ etc.) das arestas da cela unitária, a, b e c

(0, ½, ½), se estiver entre os eixos **b** e **c**. Um átomo no centro de uma cela unitária tem sua posição especificada pelas coordenadas (½, ½, ½), independentemente do tipo da cela unitária. Os átomos no centro de arestas são indicados por coordenadas (½, 0, 0), (0, ½, 0) ou (0, 0, ½), considerando os eixos **a**, **b** e **c**, respectivamente (Fig. 1.6). Com o empilhamento de celas unitárias na formação de uma estrutura, um átomo situado na origem da cela unitária irá ocorrer em todos os vértices, e os átomos situados nas arestas ou faces da cela unitária irão ocorrer em todas as arestas e faces.

Nas ilustrações, convenciona-se situar a origem da cela unitária na posição esquerda posterior. O eixo **a** ou x é representado se projetando para fora do plano da página, em direção ao leitor, enquanto o eixo **b** ou y aponta para a direita, e o eixo **c** ou z, para

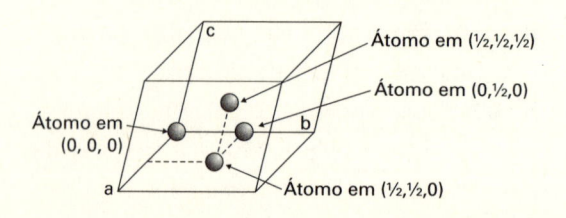

FIG. 1.6 Átomos em posições 0, 0, 0; 0, ½, 0; ½,, ½, 0; e ½, ½, ½ em uma cela unitária

o topo da página. Em projeções da cela unitária, a origem é colocada no canto superior esquerdo. Uma projeção utilizada com frequência é a perpendicular ao eixo **c**; nesse caso, o eixo **a** ou x é voltado para baixo (a partir do topo da página), e o eixo **b** ou y, para a direita. Nessas projeções, as coordenadas x e y podem ser determinadas diretamente a partir da figura, enquanto a posição z é indicada por frações na figura.

Há um grande número de estruturas já determinadas, que, por conveniência, são agrupadas em conjuntos de estruturas topologicamente idênticas. Ao passar de um membro do grupo para outro, os átomos da cela unitária diferem, refletindo mudança na composição química, mas as posições relativas dos átomos são idênticas ou muito similares. Em geral, o nome do grupo é o nome de um mineral, pois os minerais foram os primeiros sólidos cristalinos cuja estrutura foi determinada. Dessa forma, os cristais com estrutura similar à do cloreto de sódio, NaCl (mineral halita), são referidos como possuindo a estrutura da *halita*. A esses materiais é atribuída a fórmula genérica MX, em que M é um átomo de um metal, e X, um átomo de um não metal, por exemplo, MgO. De modo similar, cristais com estrutura similar à do rutilo, TiO_2, são agrupados com a estrutura do rutilo. Todos eles têm fórmula genérica MX_2, por exemplo, FeF_2. Como último exemplo, compostos com estrutura similar à do mineral fluorita, CaF_2, são referidos como cristais com estrutura da *fluorita* e também têm fórmula genérica MX_2, por exemplo, UO_2. Exemplos dessas três estruturas são fornecidos a seguir. Detalhes cristalográficos de várias estruturas inorgânicas simples são fornecidos no Apêndice 2. Algumas estruturas mais comuns recebem nomes de minerais e encontram-se listadas no Quadro 1.2 e no Apêndice 2.

Um sistema de nomenclatura útil na descrição de estruturas relativamente simples foi proposto em 1920, no volume 1 da publicação alemã *Strukturbericht*. A cada estrutura, é atribuída uma letra: A para materiais com apenas um tipo de átomo, B para materiais com dois tipos de átomo e assim por diante. As estruturas caracterizadas são identificadas por um número, resultando em símbolos como A1, A2, A3 etc. Compostos binários simples são indicados por B1, B2 etc., e compostos binários com estruturas mais complexas são indicados por C1, C2, D1, D2 etc. Como o número de estruturas cris-

QUADRO 1.2 SÍMBOLOS DO *STRUKTURBERICHT* E NOMES DE TIPOS DE ESTRUTURAS SIMPLES

Símbolo e nome	Exemplos	Símbolo e nome	Exemplos
A1, empacotamento cúbico compacto, cobre	Cu, Ag, Au, Al	A2, cúbico de corpo centrado, ferro	Fe, Mo, W, Na
A3, empacotamento hexagonal compacto, magnésio	Mg, Be, Zn, Cd	A4, diamante	C, Si, Ge, Sn
B1, halita, sal comum	NaCl, KCl, NiO, MgO	B2, cloreto de césio	CsCl, CsBr, AgMg, BaCd
B3, esfalerita	ZnS, ZnSe, BeS, CdS	B4, wurtzita	ZnS, ZnO, BeO, CdS, GaN
C1, fluorita	CaF_2, BaF_2, UO_2, ThO_2	C4, rutilo	TiO_2, SnO_2, MgF_2, FeF_2

talinas determinadas cresceu, assim como sua complexidade, esse sistema se tornou impraticável. Mesmo assim, essa terminologia ainda é usada na descrição de estruturas simples. Alguns símbolos de *Strukturbericht* são dados no Quadro 1.2.

1.5 Estrutura de empacotamento cúbico compacto (A1) do cobre

Diversos elementos metálicos se cristalizam com a estrutura cúbica A1, também conhecida como estrutura do cobre.

Cela unitária: cúbica
Parâmetros do retículo do cobre,
$a = 0{,}3610$ nm
$Z = 4$ Cu
Posições atômicas: 0, 0, 0; ½, ½, 0; 0, ½, ½; ½, 0, ½

Parâmetros do retículo e distâncias interatômicas em estruturas cristalinas são em geral apresentados em ångström, Å, na literatura cristalográfica. 1 Å é igual a 10^{-10} m, ou seja, 10 Å = 1 nm. Neste livro, a unidade de comprimento do Sistema Internacional, nm, será usada na maioria dos casos, mas Å também será usado, seguindo a prática cristalográfica.

Há quatro átomos de cobre na cela unitária (Fig. 1.7). Além de alguns metais, os gases nobres, Ne, Ar, Kr e Xe, também adotam essa estrutura no estado sólido. Essa estrutura é denominada estrutura cúbica de face centrada (FCC - *face-centred cubic*) ou estrutura de empacotamento cúbico compacto (CCP - *cubic close-packed*), mas o símbolo de *Strukturbericht*, A1, é a notação mais compacta. Cada átomo está em contato com 12 vizinhos diretos e, se os átomos forem considerados como esferas rígidas em contato, a fração em volume ocupada pelos átomos é igual a 0,7405. Mais informações sobre esse tipo de estrutura são apresentadas no Cap. 7.

1.6 Estrutura de empacotamento cúbico de corpo centrado (A2) do tungstênio

Uma segunda estrutura comum adotada pelos elementos metálicos é a estrutura cúbica do tungstênio, W.

Cela unitária: cúbica
Parâmetros do retículo do tungstênio,
$a = 0{,}316$ nm
$Z = 2$ W
Posições atômicas: 0, 0, 0; ½, ½, ½

Há dois átomos de tungstênio nessa cela unitária de corpo centrado, um na origem (0, 0, 0) e outro no centro da cela (½, ½, ½) (Fig. 1.8). Essa estrutura é denominada estru-

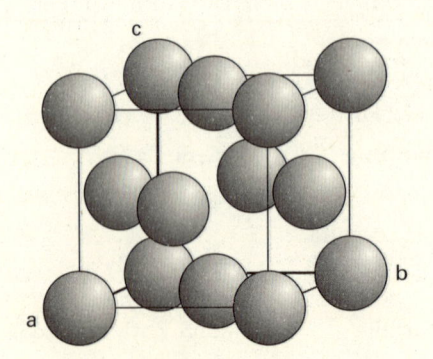

FIG. 1.7 Cela unitária cúbica da estrutura do cobre, A1

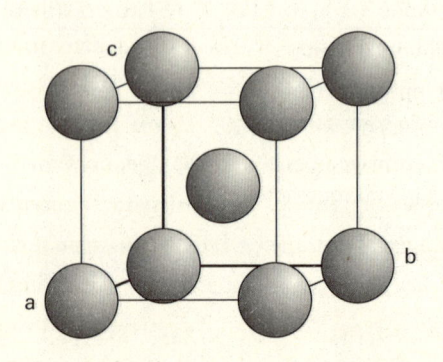

FIG. 1.8 Cela unitária cúbica da estrutura do tungstênio, A2

tura cúbica de corpo centrado (BCC - *body-centred cubic*) e o símbolo de *Strukturbericht*, A2, é sua designação mais compacta. Nessa estrutura, cada átomo tem oito vizinhos diretos e os seis vizinhos seguintes estão a uma distância apenas 15% maior. Se os átomos forem considerados como esferas rígidas em contato, a fração de volume ocupada por eles é de 0,6802. Essa fração é menor que a da estrutura A1 descrita anteriormente e que a estrutura A3 descrita a seguir, ambas com fração ocupada de 0,7405. A estrutura A2 é, com frequência, a estrutura de alta temperatura de metais que apresentam estrutura A1 compacta em baixas temperaturas.

1.7 Estrutura hexagonal (A3) do magnésio

A terceira estrutura adotada por elementos metálicos é a estrutura hexagonal do magnésio, Mg.

    Cela unitária: hexagonal
        Parâmetros do retículo do magnésio, a = 0,321 nm, c = 0,521 nm
        Z = 2 Mg
        Posições atômicas: 0, 0, 0; ⅓, ⅔, ½

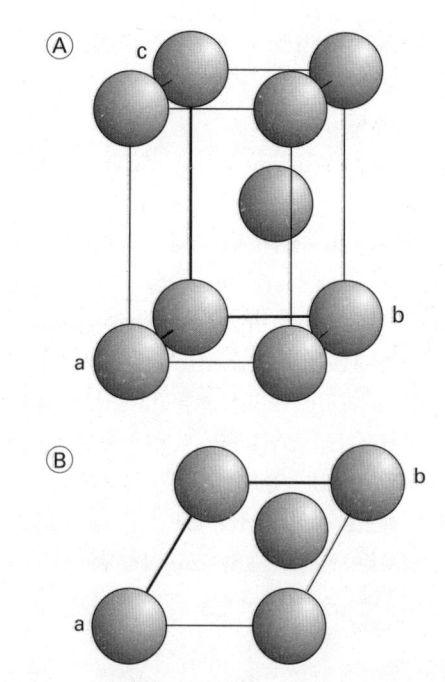

Há dois átomos na cela unitária, um na origem (0, 0, 0) e outro em (⅓, ⅓, ½) (os átomos também podem ser alocados em ⅔, ⅓, ¼; ⅓, ⅓, ¾, caso se altere a posição da origem da cela unitária, o que é conveniente em alguns casos). A estrutura é mostrada em perspectiva na Fig. 1.9A e projetada ao longo de seu eixo **c** na Fig. 1.9B. Essa estrutura é frequentemente denominada estrutura hexagonal compacta (HCP - *hexagonal close-packed*). Se os átomos forem considerados como esferas rígidas, a fração de volume ocupada por eles é de 0,7405, igual à da estrutura A1 do cobre, e a razão dos parâmetros

Fig. 1.9 Cela unitária hexagonal da estrutura do magnésio, A3: (A) vista em perspectiva; (B) projeção ao longo do eixo **c**

de retículo c/a é igual a $\sqrt{8}/\sqrt{3} = 1{,}633$. O volume ideal, V, da cela unitária é igual à área da base da cela unitária multiplicada pela sua altura:

$$V = \frac{\sqrt{3}}{2}a^2c = 0{,}8660a^2c$$

Mais informações sobre esse tipo de estrutura e sobre as relações entre estruturas tipo A1 e A3 são fornecidas no Cap. 7.

1.8 Estrutura da halita

A fórmula geral dos cristais com estrutura da halita é MX. O mineral halita, cloreto de sódio, dá nome ao grupo e é conhecido como sal de cozinha.

    Cela unitária: cúbica
        Parâmetros do retículo da halita, a = 0,5640 nm
        Z = 4 {NaCl}

Posições atômicas: Na: ½, 0, 0; 0, 0, ½; 0, ½, 0; ½, ½, ½; Cl: 0, 0, 0; ½, ½, 0; ½, 0, ½; 0, ½, ½

Há quatro átomos de sódio e quatro átomos de cloro na cela unitária. Todos os materiais com estrutura da halita apresentam Z = 4. Nessa estrutura, cada átomo é circundado por seis átomos do outro elemento, nos vértices de um octaedro regular (Cap. 7). Uma vista em perspectiva da estrutura da halita é mostrada na Fig. 1.10A, e uma projeção ao longo do eixo **c**, na Fig. 1.10B. Vários óxidos, sulfetos, haletos e nitretos com fórmula MX se cristalizam com essa estrutura.

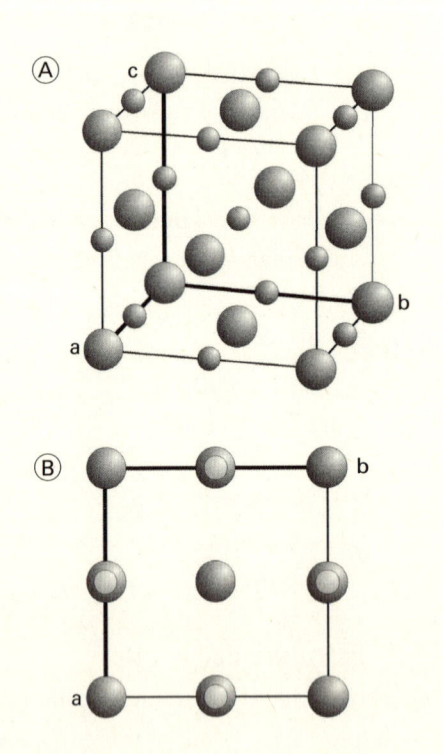

FIG. 1.10 Cela unitária cúbica da estrutura da halita, B1: (A) vista em perspectiva; (B) projeção ao longo do eixo **c**

1.9 Estrutura do rutilo

A fórmula geral dos cristais com estrutura do rutilo é MX_2. O mineral rutilo, que dá nome ao grupo, é uma das estruturas possíveis do óxido de titânio, TiO_2 (a outra forma comum do óxido de titânio é denominada anatásio; algumas outras estruturas de TiO_2 também são conhecidas).

Cela unitária: tetragonal

Parâmetros do retículo do rutilo, a = 0,4594 nm; c = 0,2959 nm

Z = 2 {TiO_2}

Posições atômicas: Ti: 0, 0, 0; ½, ½, ½; O: 3/10, 3/10, 0; 4/5, 1/5, 1/2; 7/10, 7/10, 0; 1/5, 4/5, 1/2

Há duas moléculas de TiO_2 na cela unitária, ou seja, todos os materiais com estrutura do rutilo apresentam Z = 2. Nessa estrutura, cada átomo de titânio é circundado por seis átomos de oxigênio em um sítio octaédrico. Uma visão em perspectiva da estrutura do rutilo é apresentada na Fig. 1.11A, e uma projeção ao longo do eixo **c**, na Fig. 1.11B.

Essa estrutura é relativamente comum e está presente em diversos óxidos e fluoretos com fórmula geral MX_2.

1.10 Estrutura da fluorita

A fórmula geral dos cristais com estrutura da fluorita é MX_2. O mineral fluorita, que dá nome ao grupo, é um fluoreto de cálcio.

Cela unitária: cúbica

Parâmetros do retículo da fluorita, a = 0,5463 nm

Z = 4 {CaF_2}

Posições atômicas: Ca: 0, 0, 0; ½, ½, 0; 0, ½, ½; ½, 0, ½

F: ¼, ¾, ¼; ¼, ¾, ¾; ¼, ¼, ¼; ¼, ¼, ¾; ¾, ¼, ¼; ¾, ¼, ¾; ¾, ¾, ¼; ¾, ¾, ¾

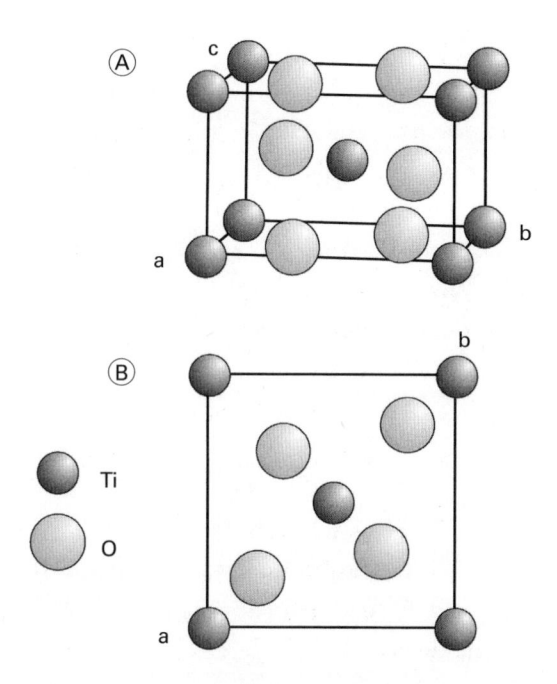

FIG. 1.11 Cela unitária tetragonal da estrutura do rutilo: (A) vista em perspectiva; (B) projeção ao longo do eixo **c**

Há quatro cátions de cálcio e oito ânions de flúor na cela unitária. O número de moléculas de CaF_2 na cela unitária é igual a quatro, e todos os compostos com estrutura da fluorita têm Z = 4. Nessa estrutura, cada cátion de cálcio é circundado por oito ânions de flúor, nos vértices de um cubo. Cada ânion de flúor é circundado por quatro cátions de cálcio, nos vértices de um tetraedro (ver Cap. 7). Uma vista em perspectiva dessa estrutura é mostrada na Fig. 1.12A, e uma projeção ao longo do eixo **c**, na Fig. 1.12B.

Estruturas desse tipo são adotadas por vários óxidos e haletos com grandes cátions bivalentes e fórmula geral MX_2.

1.11 Estrutura da ureia

As estruturas de cristais moleculares em geral têm significado diferente das estruturas de compostos inorgânicos e minerais.

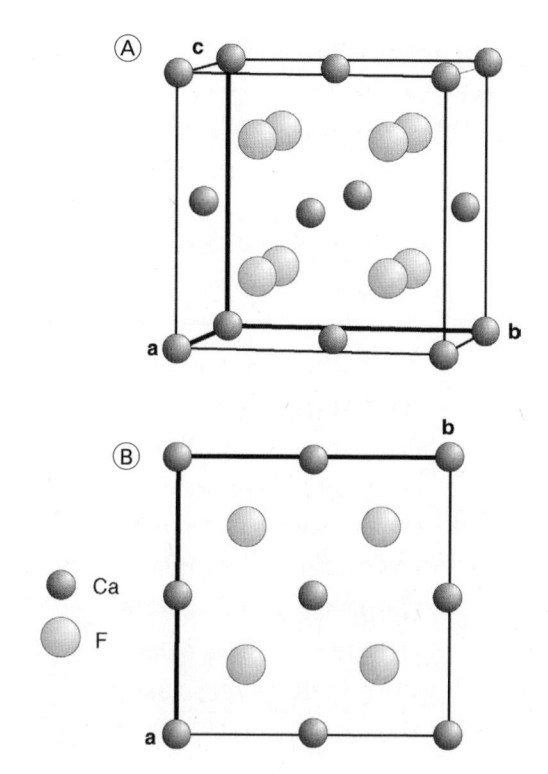

FIG. 1.12 Cela unitária cúbica da estrutura da fluorita: (A) vista em perspectiva; (B) projeção ao longo do eixo **c**

A informação mais relevante é, frequentemente, a geometria da molécula, sendo que o modo como essas moléculas se arranjam na cela unitária é de interesse secundário. Para introduzir essa mudança de ênfase na abordagem de materiais moleculares, é descrita a seguir a estrutura cristalina do composto orgânico ureia. A ureia é uma molécula bastante simples, com fórmula CH_4N_2O. A cela unitária é pequena e tem alta simetria. Essa foi uma das primeiras estruturas orgânicas investigadas por meio da cristalografia de raios X, e nas pesquisas iniciais os dados não foram suficientemente precisos para permitir a localização dos átomos de hidrogênio (sua localização permanece sendo um problema até hoje – ver Caps. 6 e 7). A descrição cristalográfica da ureia pode ser apresentada da seguinte maneira, conforme dados adaptados de Zavodnik et al. (1999):

Cela unitária: tetragonal

Parâmetros do retículo da ureia, $a = 0{,}5589$ nm; $c = 0{,}46947$ nm

$Z = 2\,\{CH_4N_2O\}$

Posições atômicas:

C1: 0, 0,5000, 0,3283
C2: 0,5000, 0, 0,6717
O1: 0, 0,5000, 0,5963
O2: 0,5000, 0, 0,4037
N1: 0,1447, 0, 0,4037
N2: 0,8553, 0,3553, 0,1784
N3: 0,6447, 0,8553, 0,8216
N4: 0,3553, 0,1447, 0,8216
H1: 0,2552, 0,7552, 0,2845
H2: 0,1428, 0,6428, 0,9661
H3: 0,8448, 0,2448, 0,2845
H4: 0,8572, 0,3572, 0,9661
H5: 0,7552, 0,7448, 0,7155
H6: 0,2448, 0,2552, 0,7155
H7: 0,6429, 0,8571, 0,0339
H8: 0,3571, 0,1428, 0,0339

Note que os átomos de um mesmo elemento químico são numerados sequencialmente. Há duas moléculas na cela unitária, ou seja, Z = 2. Os átomos na cela unitária, incluindo o hidrogênio, são mostrados na Fig. 1.13A. Essa representação não é muito útil e um químico orgânico teria dificuldade em reconhecer a molécula de ureia representada dessa forma, porque as moléculas se situam nas faces da cela unitária, não aparecendo inteiras na cela unitária, mas de modo fragmentado (a cela unitária é escolhida desse modo por razões de simetria, conforme descrito nos próximos capítulos). A fórmula química estrutural da ureia é apresentada na Fig. 1.13B e comparada com a projeção frontal (Fig. 1.13C) e lateral (Fig. 1.13D),

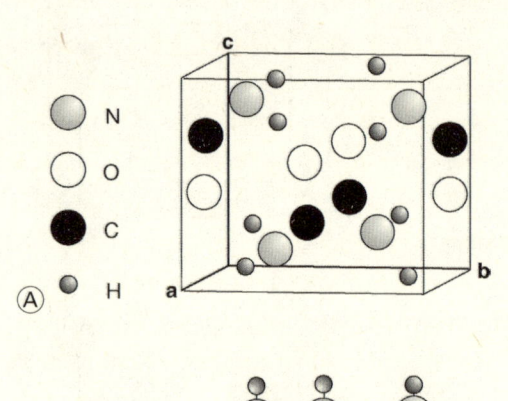

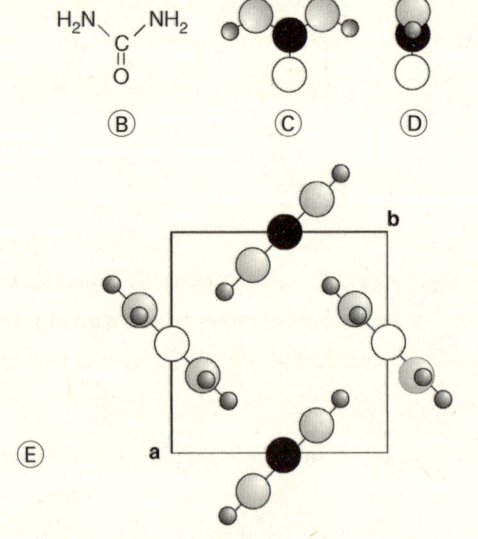

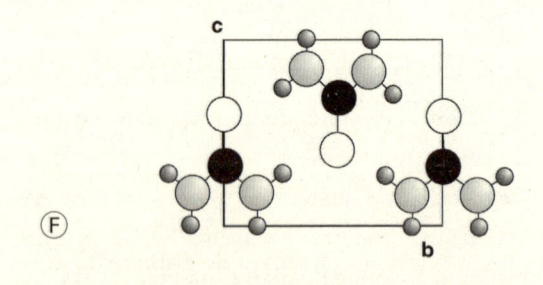

FIG. 1.13 Estrutura da ureia: (A) vista em perspectiva da cela unitária tetragonal; (B) fórmula estrutural da ureia; (C) representação com esferas e hastes (*ball and stick*) em vista *frontal*, como em (B); (D) representação com esferas e hastes em vista *lateral*; (E) projeção da estrutura ao longo do eixo **c**; (F) projeção da estrutura ao longo do eixo **a**

construída a partir dos dados cristalográficos. A estrutura cristalina é redesenhada na Fig. 1.13E e na Fig. 1.13F, com os átomos ligados nas respectivas moléculas. Esta última representação está de acordo com a intuição química e mostra como as moléculas estão dispostas no espaço.

Note que a lista de átomos na cela unitária se tornou mais longa, apesar de essa molécula orgânica ser extremamente simples. Os cristalógrafos reduzem essas listas para facilitar seu manuseio, com base na simetria dos cristais, como será explicado nos próximos capítulos.

1.12 Densidade de cristais

A densidade teórica de um cristal pode ser determinada pelo cálculo da massa de todos os átomos presentes na cela unitária. A massa de um átomo, m_A, é sua massa molar (g mol^{-1}) dividida pela constante de Avogadro, N_A(6,02214 × 10^{23} mol^{-1}), em que:

$$m_A = \text{massa molar}/N_A \text{ (g)}$$
$$m_A = \text{massa molar}/(1.000 \cdot N_A) \text{ (kg)}$$

A massa total dos átomos da cela unitária é, portanto, igual a:

$$n_1 m_1 + n_2 m_2 + n_3 m_3 \ldots /(1.000 \cdot N_A)$$

em que n_1 é o número de átomos do elemento 1, com massa molar m_1, e assim por diante. Isso pode ser escrito de modo mais compacto, como:

$$\sum_{i=1}^{q} n_i m_i /(1.000 \cdot N_A)$$

em que há q diferentes tipos de átomos na cela unitária. A densidade, ρ, é dada pela massa total dividida pelo volume da cela unitária, V:

$$\rho = \left\{ \sum_{i=1}^{q} n_i m_i /(1.000 \cdot N_A) \right\} / V$$

Por exemplo, a densidade teórica da halita pode ser calculada do seguinte modo: inicialmente, defina o número de átomos na cela unitária. Para chegar a esse número, considere as seguintes informações:
- um átomo no interior da cela unitária é contado como 1 átomo;
- um átomo em uma face da cela unitária é contado como ½ átomo;
- um átomo em uma aresta da cela unitária é contado como ¼ átomo;
- um átomo em um vértice da cela unitária é contado como ⅛ átomo.

Uma forma rápida de contar o número de átomos de uma cela unitária é deslocar o contorno da cela para remover todos os átomos de seus vértices, arestas e faces. Os átomos remanescentes, que representam o conteúdo da cela unitária, estão todos contidos na cela e são, portanto, considerados como um átomo.

A cela unitária da halita contém quatro átomos de sódio (Na) e quatro de cloro (Cl). A massa da cela unitária é, portanto, igual a:

$$m = [(4 \times 22,99) + (4 \times 35,453)]/1.000 \cdot N_A =$$
$$= 3,882 \times 10^{-25} \text{ kg}$$

em que 22,99 g mol^{-1} é a massa molar do sódio, 35,453 g mol^{-1}, a massa molar do cloro, e N_A, a constante de Avogadro, 6,02214 x 10^{23} mol^{-1}. O volume, V, da cela unitária é dado por a^3:

$$V = (0,5640 \times 10^{-9})^3 \, m^3 = 1,79406 \times 10^{-28} \, m^3$$

A densidade, ρ, é dada pela massa, *m*, dividida pelo volume, V:

$$\rho = (3{,}882 \times 10^{-25} \text{ kg}) / (1{,}79406 \times 10^{-28} \text{ m}^3)$$
$$= 2.164 \text{ kg/m}^3$$

A densidade medida é igual a 2.165 kg/m³. Em geral, a densidade teórica é ligeiramente maior que a densidade medida, porque cristais reais contêm defeitos que causam uma redução da massa total por unidade de volume.

Respostas das questões introdutórias

O que é um sistema cristalino?

Um sistema cristalino é um conjunto de eixos de referência usados para definir a geometria de cristais e estruturas cristalinas. Os sistemas cristalinos são sete: cúbico, tetragonal, ortorrômbico, monoclínico, triclínico, hexagonal e trigonal. Trata-se de sistemas de eixos de referência com direção e magnitude, que são, portanto, vetores. Eles podem ser definidos pelos seus comprimentos e pelos ângulos interaxiais.

Os três eixos de referência são denominados **a**, **b** e **c**, e os ângulos entre as porções positivas dos eixos são α, β e γ, em que α é o ângulo entre +**b** e +**c**, β, o ângulo entre +**a** e +**c**, e γ, o ângulo entre +**a** e +**b**. Os ângulos considerados são iguais ou maiores que 90o, exceto no sistema trigonal. Nas ilustrações, em geral, o eixo **a** é representado se projetando para fora do plano da página, em direção ao leitor, o eixo **b** é voltado para a direita e o eixo **c** aponta para o topo da página.

O que são celas unitárias?

Todos os cristais podem ser construídos pelo empilhamento regular de um pequeno volume de material, denominado cela unitária. Os vértices da cela unitária são, em geral, considerados paralelos aos eixos dos vetores **a**, **b** e **c** dos sete sistemas cristalinos. O comprimento das arestas da cela unitária é escrito como **a**, **b** e **c**, e os ângulos entre as arestas são indicados por α, β e γ. Os valores de **a**, **b**, **c**, α, β e γ são denominados parâmetros de cela unitária ou parâmetros de retículo de uma dada substância cristalina.

Que informações são necessárias para descrever uma estrutura cristalina?

A mínima informação necessária para descrever uma estrutura cristalina é o tipo de cela unitária, ou seja, cúbica, tetragonal etc., os parâmetros de cela unitária e a posição dos átomos na cela unitária. O conteúdo atômico da cela unitária é um número inteiro Z múltiplo da composição do material. O valor de Z é igual ao número de unidades de fórmula do sólido na cela unitária. As posições atômicas são expressas em termos das coordenadas *x*, *y* e *z*. Esses valores são frações das arestas da cela unitária, **a**, **b**, **c**, por exemplo, ½, ½, ¼.

Problemas e exercícios

Teste rápido

1. O número de sistemas cristalinos é:
   a) cinco
   b) seis
   c) sete

2. O ângulo entre os eixos **a** e **c** da cela unitária é denominado:
   a) α
   b) β
   c) γ

3. Uma cela unitária tetragonal é definida por:
   a) $a = b = c$, $\alpha = \beta = \gamma = 90°$
   b) $a = b \neq c$, $\alpha = \beta = \gamma = 90°$
   c) $a \neq b \neq c$, $\alpha = \beta = \gamma = 90°$

4. Um cristal é formado pelo empilhamento de celas unitárias com:
   a) arranjo ordenado translacional e orientacional de longo alcance
   b) arranjo ordenado orientacional de longo alcance
   c) arranjo ordenado translacional de longo alcance

5. Os índices de Miller são usados para indicar:
   a) formas cristalinas
   b) faces cristalinas
   c) tamanhos de cristais

6. Estruturas cristalinas em geral são determinadas por meio do espalhamento de:
   a) luz
   b) micro-ondas
   c) raios X

7. Em Cristalografia, a letra Z indica:
   a) o número de átomos em uma cela unitária
   b) o número de unidades de fórmula em uma cela unitária
   c) o número de moléculas em uma cela unitária

8. A posição de um átomo em um vértice de uma cela unitária é indicada por:
   a) 1, 0, 0
   b) 1, 1, 1
   c) 0, 0, 0

9. O número de átomos na cela unitária da estrutura da halita é:
   a) dois
   b) quatro
   c) oito

10. Ao se determinar o número de átomos em uma cela unitária, um átomo situado em uma face é contado como:
    a) ½
    b) ¼
    c) ⅛

Cálculos e questões

1.1 A cela unitária romboédrica do arsênico, As, tem como parâmetros $a_R = 0{,}412$ nm, $\alpha = 54{,}17°$. Aplique a adição gráfica de vetores (Apêndice 1) para determinar o parâmetro equivalente no sistema hexagonal, a_H. Confira o resultado de modo aritmético e calcule o valor do parâmetro c_H no sistema hexagonal.

1.2 Cassiterita ou dióxido de estanho, SnO_2, apresenta estrutura do rutilo, com cela unitária tetragonal, parâmetros de retículo $a = 0{,}4738$ nm, $c = 0{,}3187$ nm, com átomos de Sn nas coordenadas 0, 0, 0; ½,½,½ e átomos de oxigênio em 3/10, 3/10, 0; 4/5, 1/5, ½; 7/10, 7/10, 0; 1/5, 4/5, ½. Tomando um dos vértices da cela unitária como origem, determine as posições atômicas em nm e calcule o volume da cela unitária em nm^3. Desenhe uma projeção ao longo do eixo **c**, em escala 1 cm = 1 nm.

1.3 O composto $SrTiO_3$ apresenta estrutura cúbica, com parâmetro de retículo $a = 0{,}3905$ nm. Os átomos estão nas seguintes posições: Sr: ½, ½, ½; Ti: 0, 0, 0; O: ½, 0, 0; 0, ½, 0; 0, 0, ½. Faça um desenho da cela unitária. Quantas unidades de fórmula há na cela unitária? (Esse tipo de estrutura é importante e pertence à família da perovskita.)

1.4 (a) Fluoreto ferroso, FeF_2, adota a estrutura tetragonal do rutilo, com parâmetros de retículo $a = 0{,}4697$ nm, $c = 0{,}3309$ nm. As massas molares dos elementos são Fe = 55,847 g mol^{-1} e F = 18,998 g mol^{-1}. Calcule a densidade desse composto. (b) Fluoreto de bário, BaF_2, apresenta a estrutura cúbica da fluorita, com parâmetro de retículo $a = 0{,}6200$ nm. As massas molares desses átomos são Ba = 137,327 g mol^{-1} e F = 18,998 g mol^{-1}. Calcule a densidade desse composto.

1.5 Cloreto de estrôncio, $SrCl_2$, apresenta a estrutura da fluorita e sua densidade é igual a 3.052 kg m^{-3}. As massas molares dos átomos são Sr = 87,62 g mol^{-1} e Cl = 35,45 g mol^{-1}. Estime o parâmetro de cela a desse composto.

1.6 Molibdênio, Mo, adota a estrutura A2 (tungstênio). A densidade do metal é igual a 10.222 kg mol^{-1} e o parâmetro do retículo cúbico $a = 0{,}3147$ nm. Estime a massa molar do molibdênio.

1.7 O bifluoreto de um metal, MF_2, adota a estrutura tetragonal do rutilo, com parâmetros de cela $a = 0{,}4621$ nm, $c = 0{,}3052$ nm e densidade 3.148 kg m^{-3}. A massa molar do flúor, F, é 18,998 g mol^{-1}. Estime a massa molar do metal desse composto e tente identificá-lo.

1.8 A densidade do antraceno, $C_{14}H_{10}$, é igual a 1.250 kg m^{-3} e o volume de sua cela unitária é igual a 475,35 x 10^{-30} m^3. Determine o número de moléculas de antraceno, Z, em uma cela unitária. As massas molares são C = 12,011 g mol^{-1} e H = 1,008 g mol^{-1}.

Retículos, planos e direções 2

Qual é a diferença entre retículo cristalino e estrutura cristalina?
O que é uma cela unitária primitiva?
Para que servem os índices de Miller-Bravais?

O desenvolvimento do conceito de retículo foi uma das primeiras consequências do uso da Matemática em Cristalografia. Estruturas cristalinas e retículos cristalinos são conceitos distintos, embora sejam usados frequentemente (e de modo incorreto) como sinônimos. Uma *estrutura* cristalina é composta por *átomos*. Um *retículo* cristalino é um padrão infinito de *pontos*, em que a vizinhança de cada ponto é a mesma e com a mesma orientação. O retículo é um conceito matemático.

Todas as estruturas cristalinas podem ser descritas com base em um retículo, considerando-se um átomo ou um grupo de átomos em cada ponto desse retículo. Tanto a estrutura simples de um metal como a estrutura de uma proteína complexa podem ser descritas com base em um mesmo retículo, mas, enquanto o número de átomos alocados em cada ponto do retículo é, em geral, apenas um no caso do metal, pode chegar a milhares de átomos no caso da proteína.

2.1 Retículos bidimensionais

Em duas dimensões, se um ponto qualquer do retículo for escolhido como origem, a posição de qualquer outro ponto do retículo pode ser definida pelo vetor $\mathbf{P}(uv)$:

$$\mathbf{P}(uv) = u\mathbf{a} + v\mathbf{b} \qquad (2.1)$$

em que os vetores **a** e **b** definem um paralelogramo e u e v são números inteiros. O paralelogramo é a *cela unitária* do retículo, cujos lados têm comprimento a e b. As coordenadas dos pontos do retículo são indexadas como u, v (Fig. 2.1). Na terminologia cristalográfica padrão, os valores negativos são escritos como $\bar{u}$ e $\bar{v}$ (pronunciam-se u barra e v barra). Para haver concordância com a notação dos sistemas cristalinos (Quadro 1.1), o ângulo entre esses dois vetores é denominado γ. Os parâmetros do retículo são os comprimentos dos vetores axiais e o ângulo entre eles, a, b e γ. A escolha dos vetores **a** e **b**, os *vetores-base* do retículo, é completamente arbitrária e muitos tipos de celas unitárias podem ser construídos. Entretanto, para fins cristalográficos, é mais conveniente optar pela menor cela unitária possível, contanto que ela contenha a simetria do retículo.

Apesar das múltiplas celas unitárias possíveis, existem apenas cinco *retículos planos* ou bidimensionais fundamentais (Fig. 2.2). As celas unitárias que contêm apenas um ponto do retículo são denominadas *celas primitivas* e indicadas pela letra *p*. Elas são, em geral, desenhadas com um ponto do retículo em

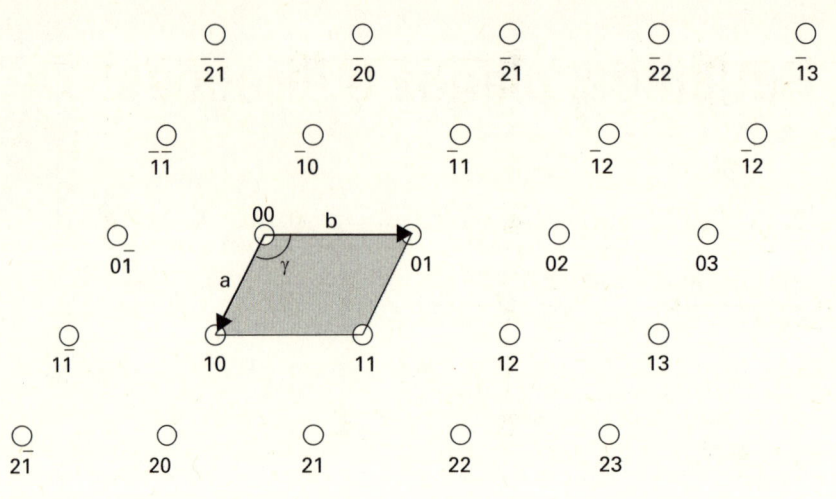

FIG. 2.1 Parte de um retículo infinito: os números são os índices *u* e *v* de cada ponto do retículo. A cela unitária é a porção sombreada. Note que os pontos são exagerados em tamanho e não representam átomos

cada vértice, mas é fácil perceber que contém apenas um ponto ao deslocar ligeiramente os contornos da cela unitária. Há quatro retículos planos primitivos: oblíquo (*mp*) (Fig. 2.2A), retangular (*op*) (Fig. 2.2B), quadrado (*tp*) (Fig. 2.2C) e hexagonal (*hp*) (Fig. 2.2D).

O quinto retículo plano contém um ponto em cada vértice e um no centro da cela unitária. Celas unitárias desse tipo são chamadas de *celas centradas* e indicadas pela letra *c*. Nesse caso em particular, como o retículo é retangular, é designado como *oc* (Fig. 2.2E). Essa cela unitária contém dois átomos, como se pode verificar com um pequeno deslocamento de seu contorno. Também é evidente que se pode representar esse retículo como um retículo primitivo (Fig. 2.3). Esse retículo, denominado romboédrico (*rp*), possui dois vetores-base de mesmo comprimento e um ângulo interaxial, γ, diferente de 90°. Em relação aos vetores-base da cela centrada *oc*, **a** e **b**, os vetores-base da cela romboédrica *rp*, **a'** e **b'**, são:

$$\mathbf{a'} = \tfrac{1}{2}(\mathbf{a} + \mathbf{b}); \quad \mathbf{b'} = \tfrac{1}{2}(-\mathbf{a} + \mathbf{b})$$

Note que essa é uma equação vetorial (ver Apêndice 1). Os cinco retículos planos são listados no Quadro 2.1.

Apesar de os pontos de um retículo em qualquer cela primitiva poderem ser indexados de acordo com a Eq. 2.1, com valores inteiros de *u* e *v*, isso não é possível no retículo *oc*.

QUADRO 2.1   OS CINCO RETÍCULOS PLANOS

Sistema cristalino (tipo de retículo)	Símbolo dos retículos	Parâmetros dos retículos
Oblíquo	*mp*	$a \neq b, \gamma \neq 90°$
Retangular primitivo	*op*	$a \neq b, \gamma = 90°$
Retangular centrado	*oc*	$a \neq b, \gamma = 90°$
	rp	$a' = b', \gamma \neq 90°$
Quadrado	*tp*	$a = b, \gamma = 90°$
Hexagonal	*hp*	$a = b, \gamma = 120°$

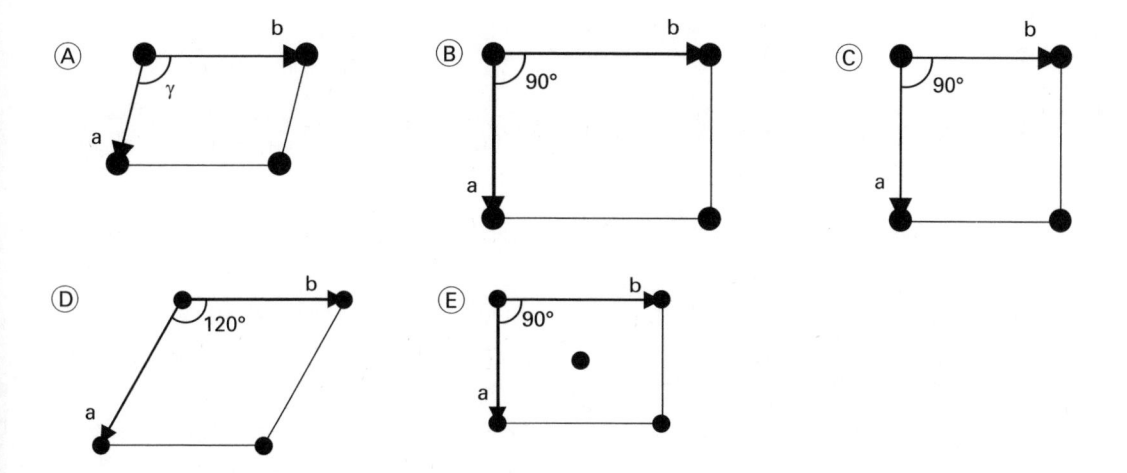

FIG. 2.2 Celas unitárias dos cinco retículos planos: (A) oblíquo (*mp*); (B) retangular primitivo (*op*); (C) quadrado (*tp*); (D) hexagonal (*hp*); (E) retangular centrado (*oc*).

Por exemplo, considerando como vetores-base os lados da cela unitária, as coordenadas dos dois pontos do retículo são 0, 0 e ½, ½. Em Cristalografia, é melhor escolher uma base que contenha a simetria do retículo em vez de se ater estritamente à rígida definição dada pela Eq. 2.1. Por essa razão, os retículos em Cristalografia são definidos em termos de *bases cristalográficas convencionais* e, portanto, de *celas unitárias cristalográficas convencionais*. Nesse formalismo, a definição da Eq. 2.1 é menos rígida, com os coeficientes de cada vetor, u, v, podendo tanto ser números *inteiros* como *racionais* (um número racional é um número que pode ser representado por a/b, sendo a e b números inteiros). Essa definição é aplicada no retículo *oc*, cuja forma é retangular. Note que as definições *oc* e *rp* são descrições alternativas do mesmo arranjo de pontos. O retículo permanece único, apenas é necessário usar a descrição mais simples.

Um dos princípios axiomáticos da Cristalografia é que um retículo não pode ter como cela unitária um pentágono regular. A demonstração desse princípio é bastante simples. Suponha que uma parte de retículo seja representada por um ponto circundado por cinco pontos situados nos vértices de um pentágono regular (Fig. 2.4A). Em um retículo, cada ponto deve ter exatamente os mesmos vizinhos que qualquer outro ponto.

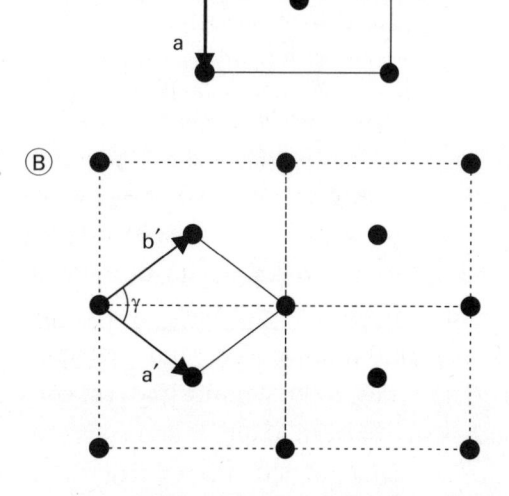

FIG. 2.3 Relação entre duas designações possíveis para o mesmo retículo, (A) retangular centrado (*oc*) e (B) romboédrico primitivo (*rp*) equivalente

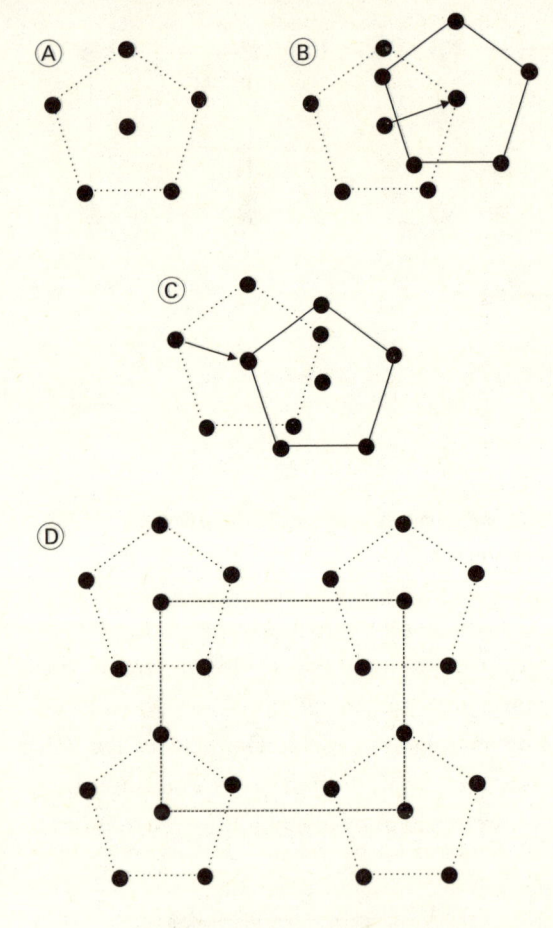

FIG. 2.4 Retículos com simetria pentagonal não podem ser construídos: (A) fragmento de um retículo com simetria pentagonal; (B, C) o deslocamento desse fragmento por um vetor de retículo não permite estender o retículo; (D) fragmentos com simetria pentagonal podem ser parte de um padrão se colocados nos pontos de um retículo

O deslocamento do fragmento de retículo segundo um vetor (Fig. 2.4B,C) mostra que alguns pontos ficam mais próximos e outros mais afastados, o que significa que esse conjunto não representa um retículo. Entretanto, o fragmento pode fazer parte de um padrão se o próprio fragmento for colocado sobre cada ponto de um retículo, nesse caso, um retículo *op* (Fig. 2.4D).

2.2 Celas unitárias

As celas unitárias descritas anteriormente são celas unitárias convencionais em Cristalografia. Entretanto, o método de construção da cela unitária não é único. Outras formas podem existir, capazes de preencher o espaço e reproduzir um retículo. Apesar de essas formas não serem usadas em Cristalografia, são encontradas em outras áreas do conhecimento. As mais comuns são as celas de Wigner-Seitz.

Esse tipo de cela é construído com base em linhas que ligam pontos vizinhos de um retículo (Fig. 2.5A). Na metade dessas linhas, é traçado um segundo conjunto de linhas em ângulo reto (Fig. 2.5B). O polígono assim definido (Fig. 2.5C) é denominado *região de Dirichlet* ou cela de Wigner-Seitz. Em razão do método de construção, uma cela de Wigner-Seitz é sempre primitiva. Seus equivalentes tridimensionais são descritos na seção 2.5.

2.3 Retículos recíprocos em duas dimensões

Muitas das propriedades físicas dos cristais, como a geometria dos padrões tridimensionais de difração de radiações (ver Cap. 6), são descritas de modo mais adequado com base no *retículo recíproco*. Os retículos bidimensionais (planos), também denominados *retículos diretos*, ocupam o *espaço real*, enquanto o retículo recíproco ocupa o *espaço recíproco*. O conceito de retículo recíproco é simples (note que o retículo recíproco é apenas mais um retículo). Ele é definido com base em dois vetores-base, denominados $\mathbf{a}^*$ e $\mathbf{b}^*$, cuja direção é perpendicular às faces da cela unitária do retículo direto. Os comprimentos dos vetores-base do retículo recíproco são iguais ao inverso da distância entre a origem do retículo e as faces da cela unitária no retículo direto. Em celas planas retangulares e quadradas, essa distância é simplesmente o inverso do espaçamento do retículo direto:

$$a^* = 1/a;\ b^* = 1/b$$

Em celas planas oblíquas e hexagonais, os parâmetros são dados por:

$$a^* = 1/d_{10};\ b^* = 1/d_{01}$$

em que as distâncias perpendiculares aos planos de pontos do retículo são indicadas por d_{10} e d_{01}.

A construção de um retículo recíproco plano é simples e pode ser ilustrada com um retículo plano oblíquo (*mp*). Desenhe o retículo plano e defina a cela unitária (Fig. 2.6A). Em seguida, desenhe linhas perpendiculares aos lados da cela unitária. Essas linhas representam as direções dos eixos dos vetores-base do retículo recíproco (Fig. 2.6B). Determine as distâncias perpendiculares da origem do retículo direto até as faces da cela unitária, d_{10} e d_{01} (Fig. 2.6C). O inverso dessas distâncias, $1/d_{10}$ e $1/d_{01}$, corresponde ao comprimento dos eixos do retículo recíproco, a^* e b^*:

$$1/d_{10} = a^*;\ 1/d_{01} = b^*$$

Marque os pontos do retículo recíproco nas respectivas distâncias recíprocas e complete o retículo (Fig. 2.6D). Em um par de retículos direto e recíproco, o vetor que une a origem do retículo recíproco a um ponto *hk* desse retículo é perpendicular aos planos (*hk*) no retículo direto e tem comprimento igual a $1/d_{hk}$ (Fig. 2.6E).

O ângulo entre os eixos do retículo recíproco, **a*** e **b***, corresponde a $(180 - \gamma) = \gamma^*$,

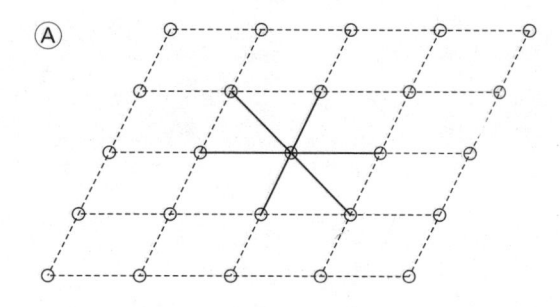

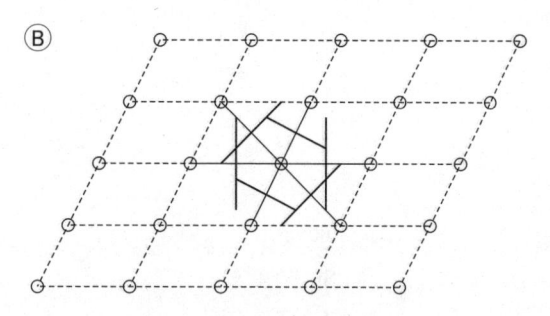

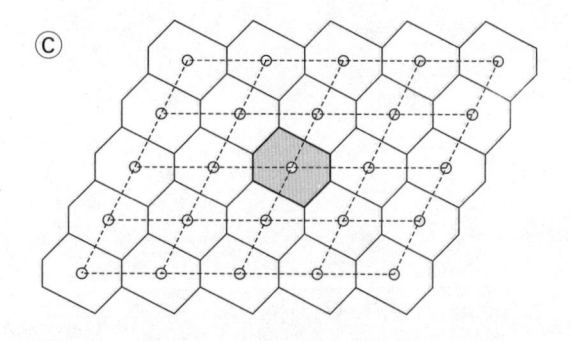

FIG. 2.5 Construção de uma cela de Wigner-Seitz ou região de Dirichlet: (A) traçar linhas ligando cada ponto do retículo a seus vizinhos mais próximos; (B) desenhar um conjunto de linhas normais às primeiras, cortando-as pela metade; (C) o polígono formado (sombreado) é a cela unitária

em que o ângulo entre os eixos do retículo direto, **a** e **b**, é γ. Portanto, a construção do retículo recíproco é simples, bastando traçar os eixos do retículo recíproco, **a*** e **b***, em ângulo $(180 - \gamma)$ e marcar os pontos do retículo com o espaçamento a^* e b^*.

Em algumas situações, pode ser mais adequado construir o retículo recíproco de um retículo retangular centrado *oc* com base em

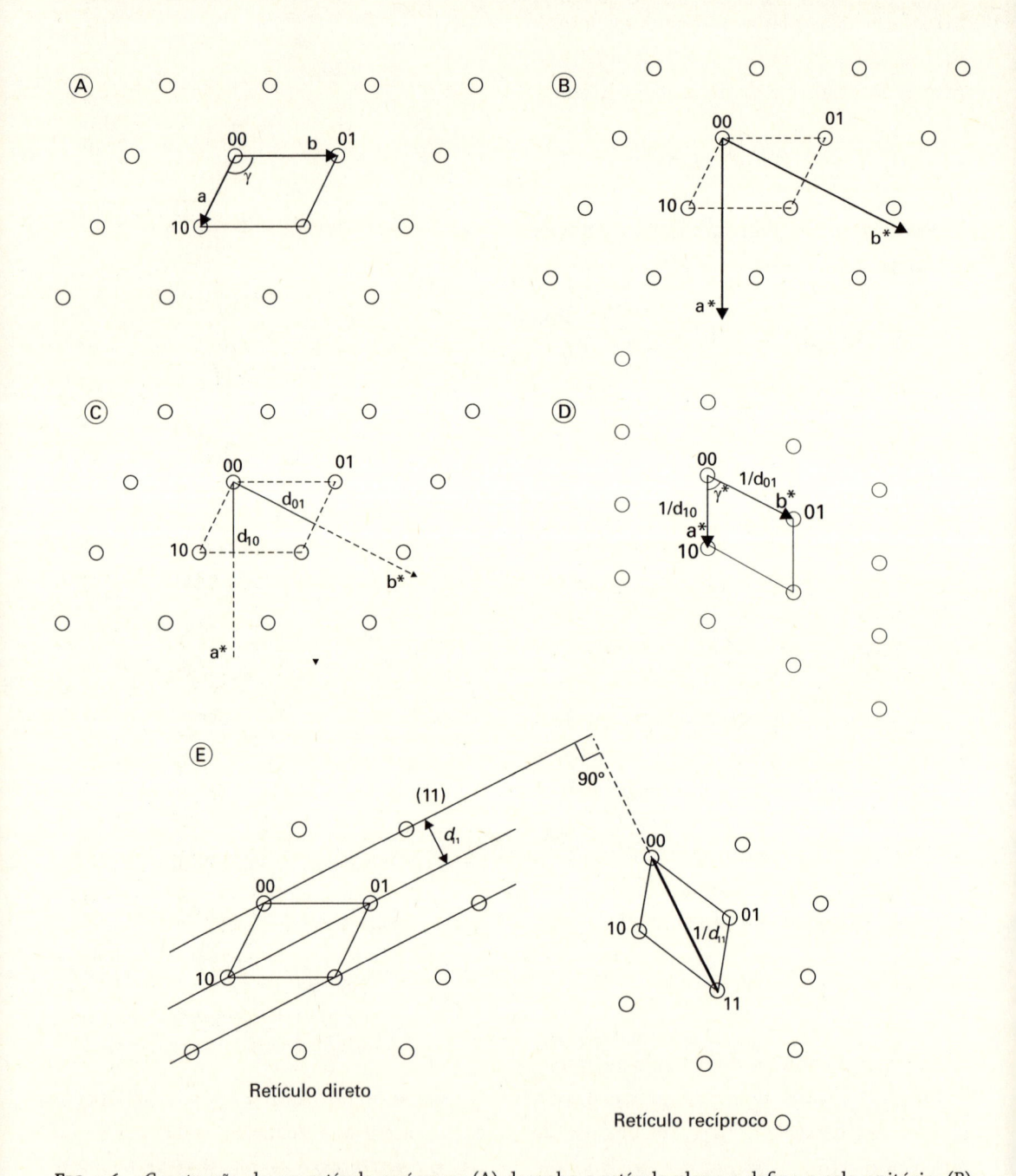

FIG. 2.6 Construção de um retículo recíproco: (A) desenhe o retículo plano e defina a cela unitária; (B) desenhe linhas perpendiculares aos lados da cela unitária, que são as direções dos eixos dos vetores-base do retículo recíproco; (C) determine as distâncias perpendiculares da origem do retículo direto até as faces da cela unitária, d_{10} e d_{01}, e calcule o inverso dessas distâncias, $1/d_{10}$ e $1/d_{01}$, que são os comprimentos dos eixos do retículo recíproco, a^* e b^*; (D) marque os pontos do retículo recíproco nas respectivas distâncias recíprocas e complete o retículo; (E) o vetor que une a origem do retículo recíproco a um ponto hk desse retículo é perpendicular aos planos (hk) no retículo direto e tem comprimento igual a $1/d_{hk}$

uma cela unitária primitiva. Desse modo, o retículo recíproco primitivo assim formado também pode ser descrito como um retículo retangular centrado. Essa é uma característica geral dos retículos recíprocos. Cada retículo direto gera um retículo recíproco do mesmo tipo, ou seja, $mp \to mp$, $oc \to oc$ etc. Além disso, o retículo recíproco de um retículo recíproco é o retículo direto.

Uma construção no espaço recíproco idêntica àquela usada para delinear a cela Wigner-Seitz no espaço direto gera uma cela denominada primeira *zona de Brillouin* (Fig. 2.7). A primeira zona de Brillouin de um retículo é, portanto, uma cela primitiva.

2.4 Retículos tridimensionais

A nomenclatura usada nos retículos tridimensionais é a mesma dos retículos bidimensionais descrita anteriormente. Se um ponto qualquer do retículo for escolhido como origem, a posição de outro ponto qualquer é definida pelo vetor **P**(uvw):

$$P(uvw) = u\mathbf{a} + v\mathbf{b} + w\mathbf{c}$$

em que **a**, **b** e **c** são vetores-base e u, v e w são números inteiros ou racionais. Como descrito anteriormente, há muitas escolhas possíveis de **a**, **b** e **c**, mas, conforme convenção cristalográfica, escolhe-se a menor cela que contenha a simetria do retículo. O paralelepípedo formado pelos três vetores-base **a**, **b** e **c** define a cela unitária do retículo, com arestas de comprimento a, b e c. Os valores numéricos do comprimento da aresta da cela unitária e os ângulos entre eles são os parâmetros da cela unitária. A cela unitária não é única, sua escolha é arbitrária, mas deve representar a simetria do cristal.

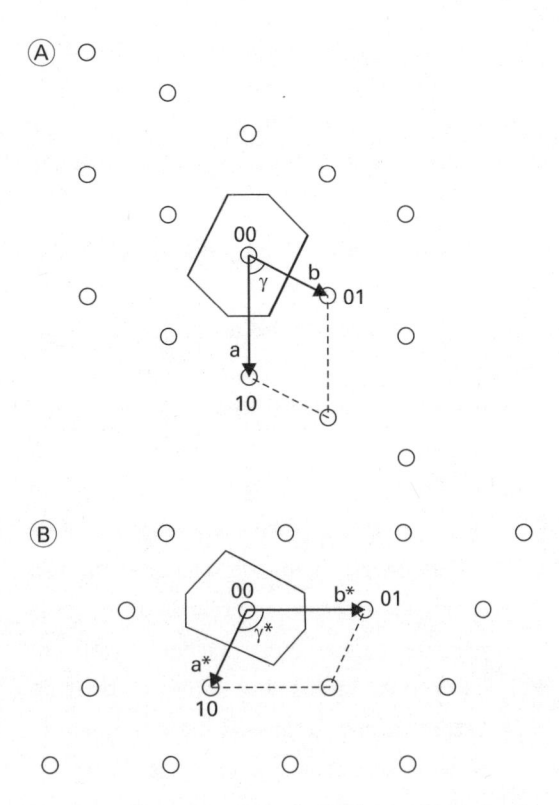

FIG. 2.7 Primeira zona de Brillouin de um retículo recíproco: (A) retículo real e cela de Wigner-Seitz; (B) retículo recíproco e primeira zona de Brillouin. A zona é construída traçando-se as bissetrizes perpendiculares das linhas que conectam a origem, 00, aos pontos vizinhos mais próximos no retículo, de modo idêntico ao usado para construir a cela de Wigner-Seitz no espaço real

Há apenas 14 retículos tridimensionais possíveis, denominados *retículos de Bravais* (Fig. 2.8) ou retículos diretos. Os retículos de Bravais são definidos em termos de bases e celas cristalográficas convencionais (ver seção 2.1). As regras para selecionar o retículo mais adequado são determinadas pela simetria (ver Caps. 3 e 4 para informações sobre simetria). Em resumo, as principais condições são:

i) os três vetores-base são definidos em um sistema destro de coordenadas, ou seja, **a** (ou x) se projeta para fora do plano do papel, **b** (ou *y*) aponta para a direita e **c** (ou *z*) aponta para cima;

ii) os vetores-base **a**, **b** e **c** de um retículo cúbico são paralelos aos três eixos de simetria de ordem quatro;

iii) o vetor-base **c** do retículo hexagonal é paralelo ao único eixo de simetria de ordem seis existente; **a** e **b** situam-se ao longo dos eixos de simetria de ordem dois perpendiculares a **c** e dispostos em ângulo de 120°;

iv) o vetor-base **c** do retículo tetragonal coincide com o único eixo de simetria de ordem quatro existente; **a** e **c** se situam ao longo dos eixos de simetria de ordem dois perpendiculares entre si e em relação a **c**;

v) os vetores-base **a**, **b** e **c** de um retículo ortorrômbico estão dispostos de acordo com os três eixos de simetria de ordem dois perpendiculares entre si;

vi) a única direção com simetria em retículos monoclínicos é, por convenção, considerada o vetor **b**; **a** e **c** se situam no plano perpendicular a **b** e estão em ângulo oblíquo entre si;

vii) um retículo romboédrico pode ser descrito de dois modos. Se descrito com base em um retículo hexagonal, o vetor **c** se situa ao longo do eixo de simetria de ordem três, com **a** e **c** dispostos como no sistema hexagonal. Em termos de eixos romboédricos, **a**, **b** e **c** são os vetores não coplanares mais curtos, simetricamente equivalentes em relação aos eixos de simetria de ordem três;

viii) uma cela triclínica é escolhida de modo a ser uma cela primitiva.

A menor cela unitária possível em qualquer um dos retículos contém apenas um ponto do retículo e é a cela primitiva. Uma cela primitiva, em geral representada com um ponto em cada vértice, é indicada pela letra *P*. As demais celas unitárias contêm mais de um ponto do retículo. Uma cela unitária com um ponto em cada vértice e um em seu centro, ou seja, contendo dois pontos do retículo, é denominada *cela unitária* de *corpo centrado* e indicada pela letra *I*. Uma cela unitária com um ponto no centro de cada face e, portanto, contendo quatro pontos do retículo, é denominada *cela unitária de face centrada* e indicada pela letra *F*. Uma cela unitária com apenas uma face centrada, contendo, portanto, dois pontos do retículo, é denominada *de face centrada A* (ou *A*), se as faces centradas cortam o eixo **a**, *de face centrada B* (ou *B*), se as faces centradas cortam o eixo **b**, e *de face centrada C* (ou *C*), se as faces centradas cortam o eixo **c**. Os 14 retículos de Bravais encontram-se resumidos no Quadro 2.2. Note que os retículos não primitivos podem ser descritos em termos de celas unitárias primitivas alternativas.

O retículo romboédrico primitivo pode ser descrito com base no sistema hexagonal, mas os pontos do retículo também podem ser indexados em termos de um retículo cúbico de face centrada no caso único em que o ângulo romboédrico seja exatamente igual a 60° (ver também seção 4.5).

Como em duas dimensões, um retículo com cela unitária tridimensional derivado de pentágonos regulares, como um icosaedro, não pode ser construído.

2.5 Celas unitárias alternativas

Como mencionado anteriormente, várias celas unitárias alternativas podem ser definidas para um retículo qualquer. A cela alter-

Cúbico primitivo (cP)

Cúbico de face centrada (cF)

Ⓐ

Cúbico de corpo centrado (cI)

Ortorrômbico primitivo (oP)

Ortorrômbico de corpo centrado (oI)

Tetragonal primitivo (tP)

Tetragonal de corpo centrado (tI)

Ⓑ Ortorrômbico de base centrada (oC)

Ortorrômbico de face centrada (oF)

Ⓒ

Romboédrico (hR)

Hexagonal primitivo (hP)

Monoclínico primitivo (mP)

Monoclínico de base centrada (mC)

Triclínico primitivo (aP)

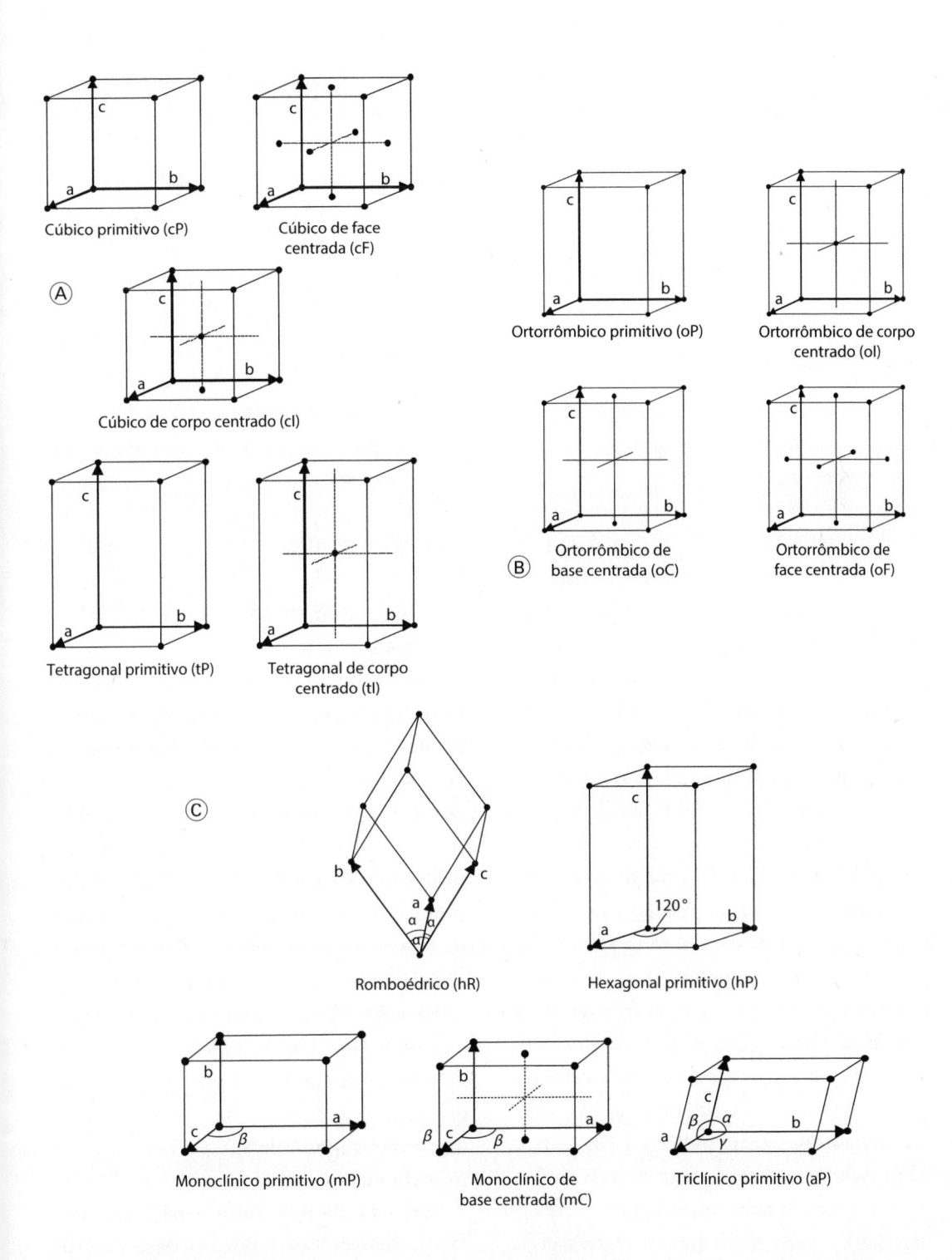

FIG. 2.8 Os 14 retículos de Bravais. Note que os pontos dos retículos são exagerados em tamanho e não representam átomos. Os retículos monoclínicos foram desenhados com o eixo **b** na vertical para enfatizar que ele é normal ao plano que contém os eixos **a** e **c**

Quadro 2.2 Retículos de Bravais

Sistema cristalino	Símbolo dos retículos	Parâmetros dos retículos
Triclínico primitivo	aP	$a \neq b \neq c, \alpha \neq 90°, \beta \neq 90°, \gamma \neq 90°$;
Monoclínico primitivo	mP	$a \neq b \neq c, \alpha = 90°, \beta \neq 90°, \gamma = 90°$;
Monoclínico de base centrada	mC	
Ortorrômbico primitivo	oP	$a \neq b \neq c, \alpha = \beta = \gamma = 90°$
Ortorrômbico de base centrada C	oC	
Ortorrômbico de corpo centrado	oI	
Ortorrômbico de face centrada	oF	
Tetragonal primitivo	tP	$a = b \neq c, \alpha = \beta = \gamma = 90°$
Tetragonal de corpo centrado	tI	
Trigonal (romboédrico)	hR	$a = b = c, \alpha = \beta = \gamma$ (cela primitiva); $a' = b' \neq c', \alpha' = \beta' = 90°, \gamma' = 120°$ (cela hexagonal)
Hexagonal primitivo	hP	$a = b \neq c, \alpha = \beta = 90°, \gamma = 120°$
Cúbico primitivo	cP	$a = b = c, \alpha = \beta = \gamma = 90°$
Cúbico de corpo centrado	cI	
Cúbico de face centrada	cF	

nativa mais amplamente usada é a cela de Wigner-Seitz, construída em três dimensões de modo análogo ao descrito na seção 2.2. A cela de Wigner-Seitz de um retículo de Bravais cúbico de corpo centrado, *I*, é apresentada na Fig. 2.9A,B. Ela tem a forma de um octaedro truncado, centrado em um ponto qualquer do retículo, com as faces quadradas voltadas para as faces do cubo da cela unitária de Bravais. A cela de Wigner-Seitz de um retículo de Bravais cúbico de face centrada, *F*, é mostrada na Fig. 2.9C,D. O poliedro é um dodecaedro romboédrico regular. Note que ele está deslocado em ½ em relação à cela unitária cristalográfica e é centrado sobre o ponto do retículo indicado por * na Fig. 2.9C. Os pontos do retículo indicados por A, B, C enfatizam as relações entre as duas celas. É importante lembrar que uma cela de Wigner-Seitz é sempre primitiva. Outras celas unitárias podem ser usadas na descrição de estruturas cristalinas (ver Cap. 7).

2.6 Retículos recíprocos em três dimensões

Como nos retículos bidimensionais, os retículos tridimensionais (Bravais) ou retículos diretos ocupam o espaço real, enquanto os retículos recíprocos ocupam o espaço recíproco. De modo análogo, um retículo recíproco é apenas um retículo definido em termos de três vetores-base **a***, **b*** e **c***. A direção desses vetores é perpendicular às faces da cela unitária do retículo direto. Isso significa que um eixo direto será perpendicular aos eixos recíprocos com nomes diferentes, ou seja, **a** é perpendicular a **b*** e **c***. Os eixos do retículo recíproco são paralelos aos eixos dos retículos diretos cúbico, tetragonal e ortorrômbico, ou seja, **a** é paralelo a **a***, **b** é paralelo a **b*** e **c** é paralelo a **c***.

Um retículo direto de um dado tipo (triclínico, monoclínico, ortorrômbico etc.) irá produzir um retículo recíproco do mesmo tipo (triclínico, monoclínico, ortorrômbico

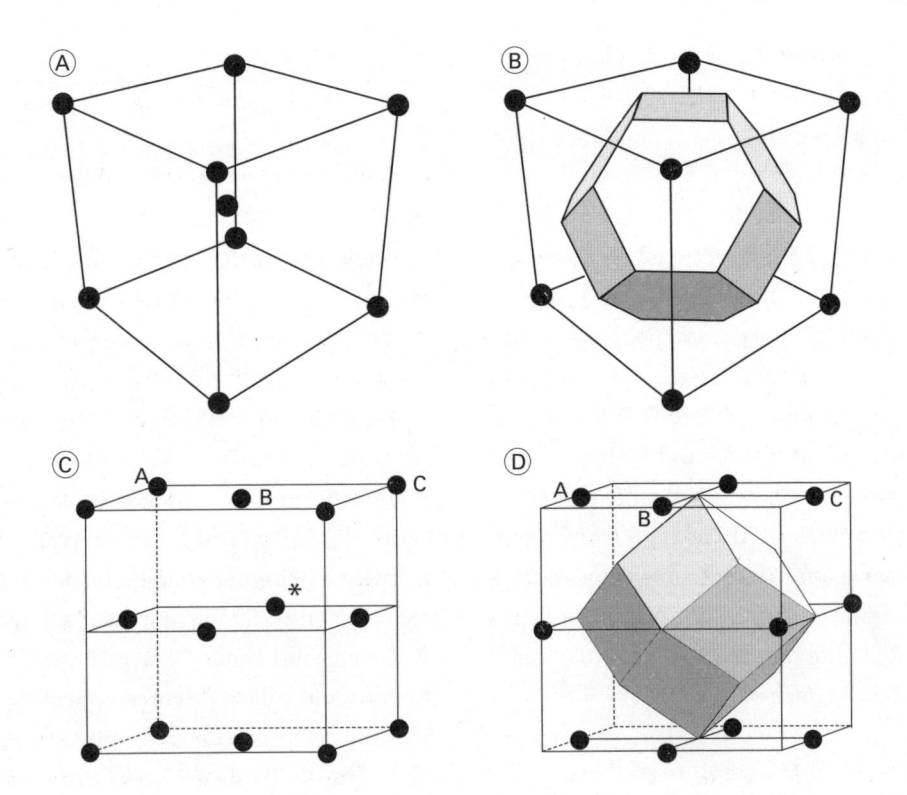

FIG. 2.9 Celas de Wigner-Seitz: (A) retículo cúbico de corpo centrado; (B) cela de Wigner-Seitz de (A); (C) retículo cúbico de face centrada; (D) cela de Wigner-Seitz de (C). O ponto marcado com * no retículo cúbico de face centrada é o ponto central na cela de Wigner-Seitz

etc.). O retículo recíproco do retículo direto cúbico F é um retículo cúbico I, e o recíproco de um retículo cúbico I é um retículo cúbico F.

O retículo recíproco de um retículo recíproco é o retículo direto.

Os comprimentos dos vetores-base do retículo recíproco, a^*, b^* e c^*, são o inverso da distância perpendicular da origem do retículo às faces da cela unitária do retículo direto, d_{100}, d_{010}, e d_{001}, ou seja:

$$a^* = 1/d_{100}; \quad b^* = 1/d_{010}; \quad c^* = 1/d_{001}$$

Em retículos cúbicos, tetragonais e ortorrômbicos, os vetores são equivalentes a:

$$a^* = 1/a; \quad b^* = 1/b; \quad c^* = 1/c$$

A construção de um retículo recíproco tridimensional é similar à de um retículo plano, apesar de sua representação gráfica ser mais difícil que a bidimensional. A construção do retículo recíproco de um retículo monoclínico P é descrita na Fig. 2.10. O retículo direto tem cela unitária em forma de losango, com o eixo **b** perpendicular aos eixos **a** e **c** (Fig. 2.10A). Para construir o plano que contém os eixos a^* e c^*, é desenhada a cela unitária do retículo direto projetada ao longo do eixo **b** e traçadas linhas normais às faces da cela unitária (Fig. 2.10B). Essas linhas indicam a direção dos eixos recíprocos a^* e c^*. O inverso da distância perpendicular da origem às faces da cela unitária equivale ao comprimento desses eixos (Fig. 2.10C). Com essas informações, é possível traçar o retículo recíproco nesse plano de projeção (Fig. 2.10D).

O eixo **b** é normal a **a** e **c**, enquanto o eixo **b*** é paralelo a **b** e normal à seção que contém **a*** e **b***, já desenhada. O comprimento de **b*** é igual a 1/**b**. O plano do retículo recíproco que contém o ponto 010 é idêntico ao representado na Fig. 2.10D, separado por uma distância vertical para baixo igual a **b***, enquanto o plano que contém o ponto 0$\bar{1}$0 está acima, também a uma distância **b*** (Fig. 2.10E). Outras camadas seguem o mesmo princípio.

Para algumas finalidades, é conveniente multiplicar o comprimento dos eixos recíprocos por uma constante. Em textos de Física, frequentemente o retículo recíproco é multiplicado por 2π, ou seja:

$$a^* = 2\pi/d_{100}; b^* = 2\pi/d_{010}; c^* = 2\pi/d_{001}$$

Em Cristalografia, também se multiplica a escala do retículo recíproco por λ, que é o comprimento de onda da radiação usada para se obter um padrão de difração, ou seja:

$$a^* = \lambda/d_{100}; b^* = \lambda/d_{010}; c^* = \lambda/d_{001}$$

Assim como em retículos bidimensionais, a construção da cela primitiva de Wigner-Seitz no retículo tridimensional direto produz uma cela denominada primeira zona de Brillouin no retículo recíproco. Com base em um retículo direto cúbico de face centrada, F, é gerado um retículo recíproco de corpo centrado, I. A cela unitária de Wigner-Seitz (primitiva) de um retículo cúbico de corpo centrado, I (Fig. 2.9A), tem, portanto, forma idêntica à primeira zona de Brillouin (primitiva) de um retículo cúbico de face centrada, F. Do mesmo modo, um retículo direto de um retículo cúbico de corpo centrado, I, é um retículo recíproco de face centrada, F. A cela de Wigner-Seitz de um retículo direto cúbico de face centrada, F (Fig. 2.9C), é um dodecaedro romboédrico regular, com forma idêntica à primeira zona de Brillouin de um retículo cúbico de corpo centrado, I (Quadro 2.3).

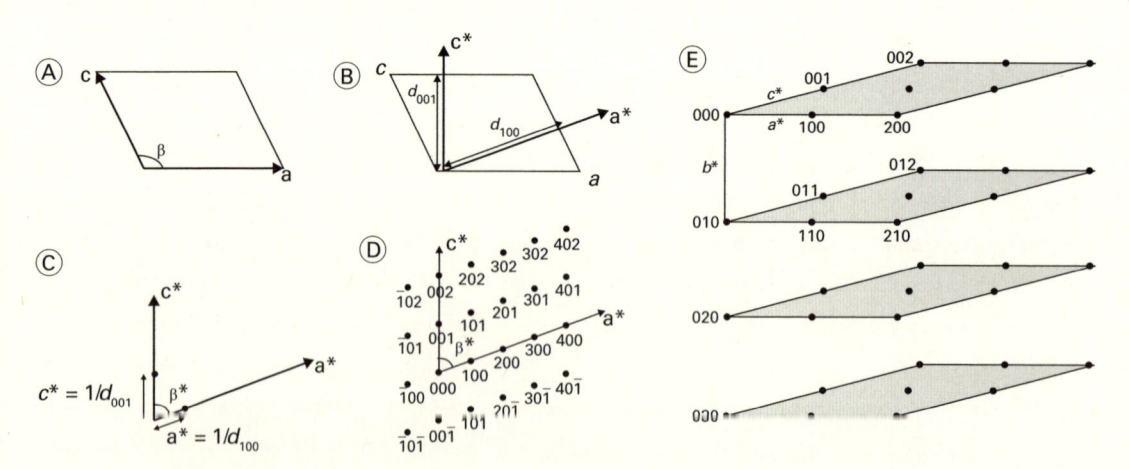

FIG. 2.10 Construção de um retículo recíproco: (A) seção **a** – **c** da cela unitária em um retículo direto monoclínico P (*mP*); (B) os eixos do retículo recíproco se situam na perpendicular às faces da cela do retículo direto; (C) os pontos do retículo recíproco são espaçados em $a^* = 1/d_{010}$ e $c^* = 1/d_{001}$; (D) o plano do retículo é completado ao se estender o retículo; (E) o retículo recíproco é completado ao se adicionarem planos acima e abaixo do primeiro plano

QUADRO 2.3　CELAS NOS ESPAÇOS DIRETO E RECÍPROCO

Retículo	Retículo direto	Retículo recíproco
Plano	Oblíquo *mp*: cela de Wigner-Seitz na Fig. 2.7A	Oblíquo *mp*: primeira zona de Brillouin na Fig. 2.7B
Cúbico 3-d	Retículo *F*: a cela de Wigner-Seitz é um dodecaedro romboédrico, Fig. 2.9D Retículo *I*: a cela de Wigner-Seitz é um octaedro truncado, Fig. 2.9B	Retículo *I*: a primeira zona de Brillouin é um octaedro truncado, Fig. 2.9B Retículo *F*: a primeira zona de Brillouin é um dodecaedro romboédrico, Fig. 2.9D

2.7 Planos do retículo e índices de Miller

Como descrito no Cap. 1, as faces de um cristal bem formado e os planos internos de uma estrutura cristalina podem ser identificados pelos *índices de Miller*, h, k e l, entre parênteses, (hkl). A mesma terminologia é usada para indicar planos de um retículo.

Os índices de Miller, (hkl), representam não apenas um plano, mas um conjunto de planos idênticos do retículo, paralelos entre si. Os valores de h, k e l são recíprocos às frações das arestas a, b e c da cela unitária, respectivamente, intersectadas por um dado plano. Isso significa que um conjunto de planos paralelos a uma das arestas da cela unitária recebe o índice 0 (zero) em relação a essa aresta, independentemente da forma do retículo. Portanto, um conjunto de planos que corta o eixo **a** na posição $1a$ e é paralelo aos eixos **b** e **c** da cela unitária tem, como índice de Miller, (100) (Fig. 2.11A,B). O mesmo princípio se aplica aos demais planos mostrados. O conjunto de planos paralelos aos eixos **a**

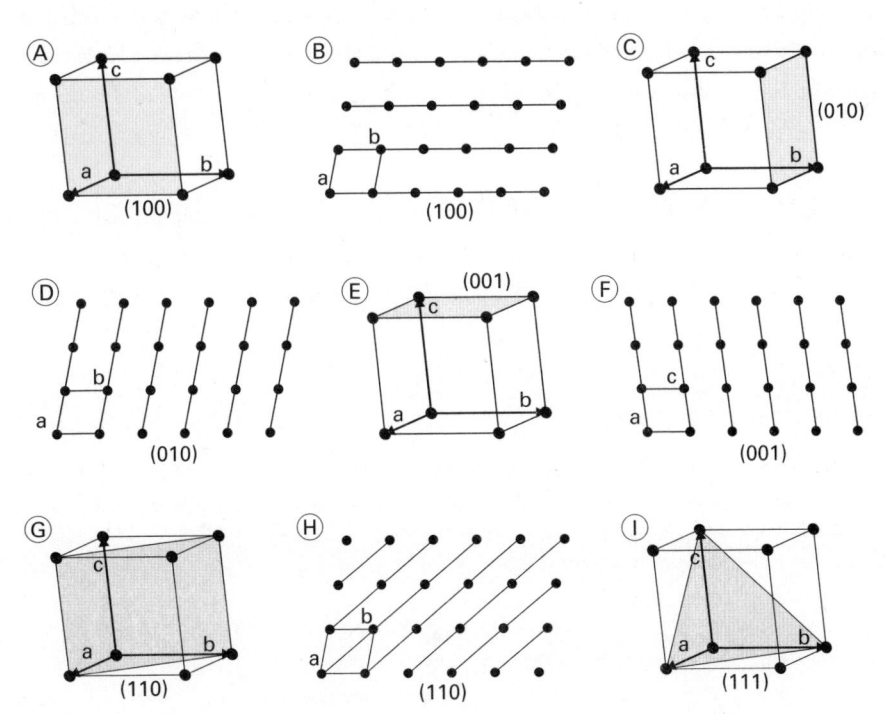

FIG. 2.11　Índices de Miller de planos do retículo: (A), (B) (100); (C), (D) (010); (E), (F) (001), (G), (H) (110); (I) (111)

e **c** e que intersectam o eixo **b** da cela unitária na posição 1*b* tem índice de Miller (010) (Fig. 2.11C,D). O conjunto de planos paralelos aos eixos **a** e **b** e que intersectam o eixo **c** da cela unitária na posição 1*c* tem índice de Miller (001) (Fig. 2.11E,F). Planos que cortam os eixos **a** e **b** em 1*a* e 1*b* e que sejam paralelos ao eixo **c** têm índice de Miller (110) (Fig. 2.11G,H), enquanto planos que cortam os eixos **a**, **b** e **c** em 1*a*, 1*b* e 1*c* são indicados por (111). É importante lembrar que os índices de Miller se referem a famílias de planos e não a um plano único. Por exemplo, a Fig. 2.12 mostra um conjunto de planos (122) que cortam a cela unitária em 1*a*, ½*b* e ½*c*.

Os índices de Miller de planos em um retículo podem ser determinados de modo simples. Tome como caso mais genérico um retículo triclínico e considere um conjunto de planos paralelos ao eixo **c** intersectando planos paralelos de pontos do retículo, como mostrado na Fig. 2.13. Os índices de Miller desse conjunto de planos são determinados deslocando-se ao longo dos eixos e contando-se o número de espaços entre os planos encontrados ao passar de um ponto do retículo para o próximo. Desse modo, na Fig. 2.13, o espaço é dividido em três partes entre um ponto e outro ao longo do eixo **a** e, portanto, *h* é igual a 3. Ao longo do eixo **b**, dois intervalos são encontrados entre um ponto e outro e, portanto, o valor de *k* é 2. Como os planos são paralelos ao eixo **c**, o valor de *l* é 0. Os planos são representados pelo índice de Miller (320). Para valores de *l* diferentes de zero, repete-se o procedimento indicando **a** e **c** ou **b** e **c**.

Os planos mostrados nas Figs. 2.11, 2.12 e 2.13 interceptam os eixos em seus lados positivos. Os planos também podem intersectar um dos eixos em um valor positivo e outro em um valor negativo. As interseções negativas são escritas com um sinal de negativo sobre o número correspondente do índice de Miller, como $\bar{h}$ (pronuncia-se *h barra*), $\bar{k}$ (pronuncia-se *k barra*) e $\bar{l}$ (pronuncia-se *l barra*). Há, por exemplo, quatro planos relacionados ao plano (110), três dos quais envolvem valores negativos dos eixos (Fig. 2.14). O plano representado por uma linha tracejada na Fig. 2.14A corta o eixo **a** em +1*a* e o eixo **b** em +1*b*, e seu índice de Miller é (110). O plano indicado por uma linha tracejada na Fig. 2.14B corta o eixo **a** em −1*a* e o eixo **b** em +1*b*, e seu índice de Miller é ($\bar{1}$10) (pronuncia-se *menos um, um, zero*). O plano indicado por uma linha tracejada na Fig. 2.14C corta o eixo **a** em +1*a* e o eixo **b** em −1*b*

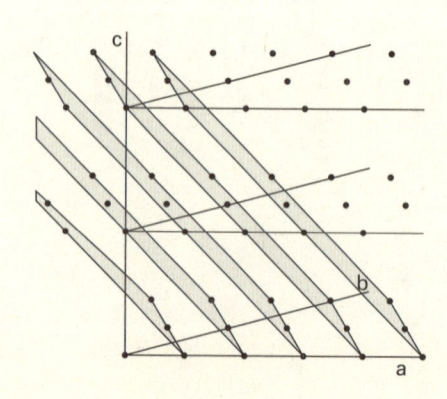

FIG. 2.12 Parte de um conjunto de planos (122) de um retículo

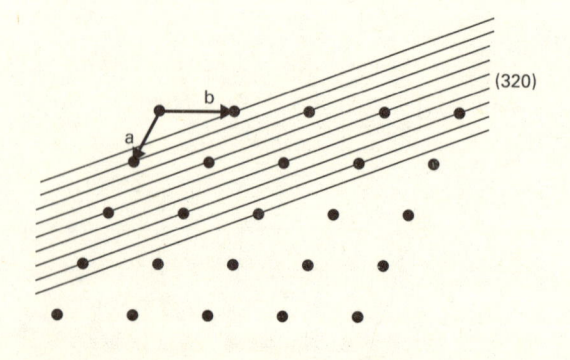

FIG. 2.13 Determinação dos índices de Miller: conte os espaços em que cada aresta da cela unitária é dividida, gerando (320)

e, portanto, seu índice de Miller é (1$\bar{1}$0) (pronuncia-se *um, menos um, zero*). Por fim, o plano representado por uma linha tracejada na Fig. 2.14D corta eixo **a** em $-1a$ e o eixo **b** em $-1b$ e, portanto, seu índice de Miller é ($\bar{1}\bar{1}$0) (pronuncia-se *menos um, menos um, zero*). Note que um plano ($\bar{1}\bar{1}$0) é idêntico a um plano (110), pois a posição dos eixos é arbitrária, podendo ser colocados em qualquer posição no desenho. Do mesmo modo, planos com índice de Miller ($\bar{1}$10) e (1$\bar{1}$0) são idênticos.

Em pares de retículos tridimensionais diretos e recíprocos, o vetor que une a origem do retículo recíproco a um ponto *hkl* é perpendicular ao plano (*hkl*) no retículo direto e seu comprimento é igual a $1/d_{hkl}$. Um método alternativo para construir o retículo recíproco é, portanto, desenhar vetores normais aos planos (*hkl*) relevantes no retículo direto e lançar os pontos do retículo recíproco ao longo de linhas paralelas a essas normais, com espaçamento igual a $1/d_{hkl}$. Esse método é vantajoso para a construção de retículos recíprocos de retículos de face centrada e de corpo centrado. O mesmo se aplica a pares de retículos planos diretos e recíprocos. O vetor que une a origem do retículo recíproco a um ponto *hk* do retículo é perpendicular aos planos (*hk*) do retículo direto e seu comprimento é igual a $1/d_{hk}$.

Em retículos de alta simetria, há sempre conjuntos de planos que são idênticos em relação à simetria. Nos retículos cúbicos, por exemplo, os planos (100), (010) e (001) são idênticos em todos os aspectos. De modo similar, em um retículo tetragonal, os planos (110) e ($\bar{1}$10) são idênticos. A notação entre chaves, {*hkl*}, indica planos relacionados entre si. No sistema cúbico, o símbolo {100} representa três conjuntos de planos, (100), (010)

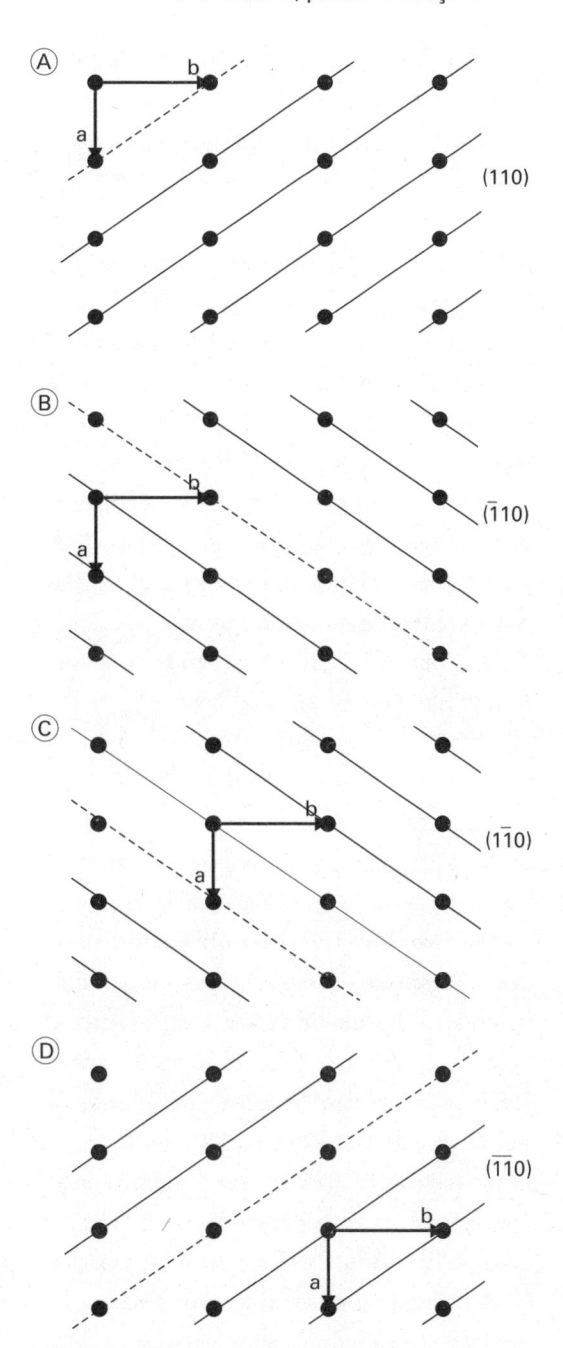

FIG. 2.14 Índices de Miller negativos: (A) (110); (B) ($\bar{1}$10); (C) (1$\bar{1}$0); (D) ($\bar{1}\bar{1}$0)

e (001), o símbolo {110} representa um conjunto de seis planos, (110), (101), (011), ($\bar{1}$10), ($\bar{1}$01) e (0$\bar{1}$1), e o símbolo {111} representa os quatro planos (111), (11$\bar{1}$), (1$\bar{1}$1) e ($\bar{1}$11).

2.8 Retículos hexagonais e índices de Miller-Bravais

Os índices de Miller de planos em retículos hexagonais podem ser ambíguos. A Fig. 2.15 mostra três conjuntos de planos paralelos ao eixo **c**, perpendicular ao plano da página. Esses planos têm índices de Miller A (110), B ($1\bar{2}0$) e C ($\bar{2}10$). Embora esses índices de Miller aparentemente indiquem diferentes tipos de planos, os três planos são claramente idênticos, equivalentes à diagonal longa da cela unitária. Para evitar confusões, quatro índices, ($hkil$), são em geral usados para indicar planos em um cristal hexagonal. Esses índices são denominados *índices de Miller-Bravais* e são usados apenas no sistema hexagonal. O índice *i* é dado por:

$$h + k + i = 0$$

ou seja,

$$i = -(h + k)$$

De fato, esse terceiro índice não é necessário, já que ele é simplesmente derivado dos valores conhecidos de *h* e *k*. Entretanto, ele ajuda a perceber a relação entre os planos. Usando-se quatro índices, os planos da Fig. 2.15 são A ($11\bar{2}0$), B ($1\bar{2}10$) e C ($\bar{2}110$). Como o valor do índice *l* é redundante, ele é, em alguns casos, substituído por um ponto, e os índices são escritos como ($hk.l$). Essa nomenclatura enfatiza que o sistema em questão é hexagonal, sem necessariamente incluir o valor de *i*.

2.9 Índices de Miller e planos em cristais

Na maioria dos retículos e em todos os retículos primitivos, não há planos paralelos a (100) e com espaçamento menor que os

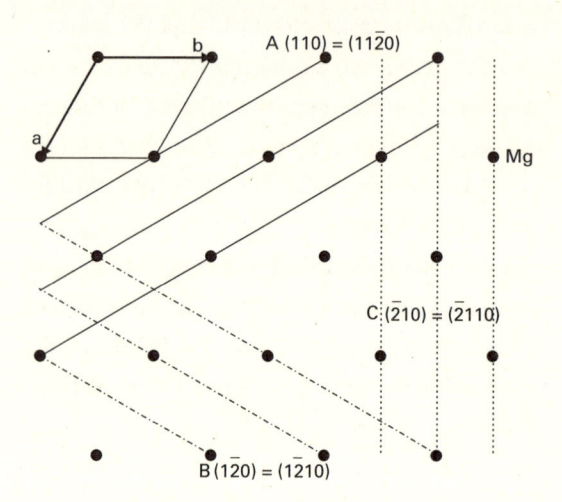

FIG. 2.15 Índices de Miller-Bravais em retículos hexagonais. Os três conjuntos de planos idênticos apresentados têm diferentes índices de Miller, mas índices de Miller--Bravais similares

planos (100) – isso porque os planos do retículo devem passar pelos pontos ou nós do retículo (ver Fig. 2.11). O mesmo se pode dizer de (010), (001), (110), entre outros. Esses planos, entretanto, podem ser descritos em cristais e são planos significativos. Eles podem ser caracterizados do mesmo modo que os planos em retículos. A estrutura da fluorita, por exemplo, descrita no Cap. 1, tem planos alternados de átomos de Ca e F dispostos de modo perpendicular aos eixos **a**, **b** e **c** (ver Fig. 1.12). Os planos (100), por exemplo, passam pelo limite da cela unitária, são perpendiculares aos eixos (Fig. 2.16A) e contêm apenas átomos de Ca. Planos similares, que contêm apenas Ca, passam pela metade da cela unitária. Com base na construção descrita anteriormente (Fig. 2.13), esses planos similares podem ser indexados como (200), pois dois espaços interplanares são encontrados na extensão de uma aresta da cela do retículo (Fig. 2.16B). Portanto, o conjunto de planos (200) contém apenas átomos de Ca. O conjunto de planos paralelos com a metade do espaçamento de (200) é indexado como (400), pois quatro espaços interplanares estão contidos em um valor unitário do parâmetro da cela unitária. Entretanto, esses planos não são idênticos, pois alguns contêm apenas átomos de F, e outros, apenas átomos de Ca (Fig. 2.16C). Os índices de Miller de planos (110) (Fig. 2.16D) e (220) (Fig. 2.16E) são determinados da mesma forma, contando-se os espaços interplanares existentes em uma unidade de comprimento em cada direção da cela unitária. A composição atômica de ambos os conjuntos de planos é a mesma. Um plano geral qualquer que corte **a** e seja paralelo a **b** e **c** é denominado (h00).

Um conjunto qualquer de planos paralelos aos eixos **a** e **c** e que cortam apenas o eixo **b** são indicados por (0k0), assim como qualquer plano paralelo a **a** e **b** e que corte **c** é indexado como (00l). Planos que cortam dois eixos e são paralelos ao terceiro são descritos por índices (hk0), (0kl) ou (k0l). Planos genéricos que cortam os três eixos têm índices (hkl). Interseções negativas e planos simetricamente equivalentes são definidos com a mesma terminologia descrita na seção 2.7.

2.10 Direções

A resposta de um cristal a um estímulo externo, como um esforço tensional, um campo elétrico etc., em geral depende da direção na qual o estímulo é aplicado. Portanto, é preciso especificar as direções em um cristal de modo não ambíguo. As direções são escritas de modo genérico por notação entre colchetes, [uvw]. O símbolo [uvw] abrange todas as direções paralelas, assim como (hkl) especifica um conjunto de planos paralelos entre si.

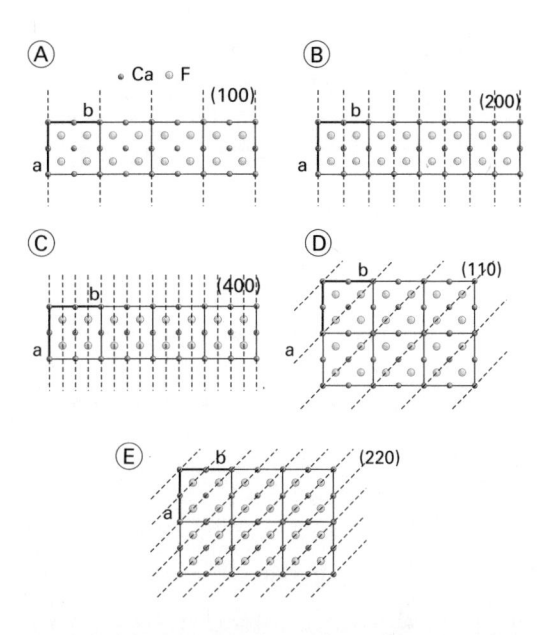

FIG. 2.16 Planos em um cristal: (A) (100); (B) (200); (C) (400); (D) (110); (E) (220). Essa estrutura cristalina é a estrutura da fluorita, CaF_2

Os índices u, v e w definem as coordenadas de um ponto no interior do retículo. O índice u representa a coordenada em relação à unidade de repetição a ao longo do eixo **a**, o índice v representa a coordenada em relação à unidade de repetição b ao longo do eixo **b** e o índice w representa a coordenada em relação à unidade de repetição c ao longo do eixo **c**. A direção [uvw] corresponde ao vetor que aponta para um dado ponto com coordenadas u, v e w, partindo da origem do retículo. A direção [230], com $u = 2$ e $v = 3$, é apresentada na Fig. 2.17A. Lembre-se de que as direções paralelas compartilham o mesmo símbolo [uvw], porque a origem do sistema de coordenadas não é fixa e sempre pode ser deslocada para o ponto de partida do vetor (um vento norte é sempre um vento norte, não importando onde você esteja) (Fig. 2.17B).

A direção [100] é paralela ao eixo **a**, [010] é paralela ao eixo **b** e [001] é paralela ao eixo **c**.

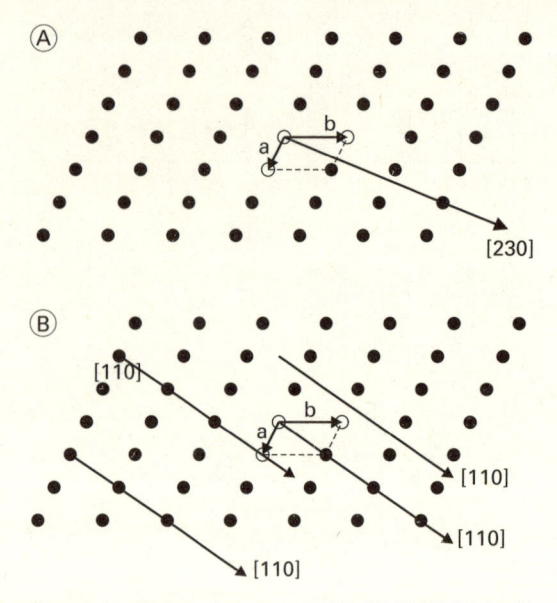

FIG. 2.17 Direções em um retículo: (A) [230]; (B) [110]

A direção [111] situa-se na diagonal do volume da cela unitária. Valores negativos são indicados por $\bar{u}$ (pronuncia-se *u barra*), $\bar{v}$ (pronuncia-se *v barra*), $\bar{w}$ (pronuncia-se *w barra*). Mais exemplos de direções em um retículo são ilustrados na Fig. 2.18. Como as direções são vetores, [uvw] não é idêntico a $\overline{[uvw]}$, assim como o sentido norte não é equivalente ao sentido sul.

As direções em um cristal são especificadas da mesma forma. Nesses exemplos, os números inteiros *u*, *v* e *w* são aplicados a vetores **a**, **b** e **c** da cela unitária. Assim como no caso dos índices de Miller, é conveniente agrupar as direções idênticas, em razão da simetria da estrutura. Os grupos são indicados pela notação ⟨uvw⟩. Em cristais do sistema cúbico, ⟨100⟩ representa as seis direções [100], [$\bar{1}$00], [010], [0$\bar{1}$0], [001] e [00$\bar{1}$].

Uma zona é um conjunto de planos paralelos a uma única direção de referência. Um grupo de planos cujas interseções definem uma linha em comum constituem, portanto, uma zona. A direção paralela aos planos, que é coincidente com a linha de interseção, é denominada *eixo da zona*. Apenas em cristais cúbicos o eixo da zona [uvw] é perpendicular ao plano (hkl), no qual *u* e *h*, *v* e *k*, *w* e *l* são numericamente iguais. Por exemplo, em um cristal cúbico, o eixo da zona [111] é perpendicular ao plano (111).

Em alguns casos, é importante especificar um vetor com comprimento definido. Nesses casos, o vetor, **R**, é indicado pelas coordenadas de sua extremidade, *u*, *v*, *w*, em relação à origem (0, 0, 0). Se o vetor for mais longo ou mais curto que o comprimento especificado, ele pode ter como prefixo um multiplicador escalar (ver Apêndice 1), de acordo com a aritmética normal de vetores (Fig. 2.19A).

Os cristais podem conter limites planos que separam duas partes que não estão perfeitamente alinhadas. Os vetores podem ser usados para definir o deslocamento de uma parte do cristal em relação a outra. Por exemplo, uma falha envolvendo o deslocamento de parte de um cristal de fluorita, CaF_2, em ¼ do comprimento da aresta da cela unitária, ou seja, **R** = ¼[010] com relação ao deslocamento, conforme ilustrado na Fig. 2.19B. Em cristais cúbicos, o vetor que descreve um deslocamento como o da Fig. 2.19B pode ser indicado por ¼**a**[010]. De modo similar, o vetor ⅔[$\bar{3}\bar{1}$0] pode ser indicado por ⅔**a**[$\bar{3}\bar{1}$0]. Entretanto, essa notação pode causar confusões e deve ser evitada.

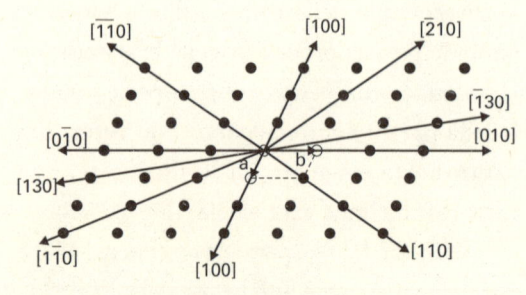

FIG. 2.18 Direções em um retículo

Assim como no caso dos índices de Miller, as direções em cristais hexagonais são, por vezes, determinadas em um sistema de quatro índices [u' v' tw'], denominados *índices de Weber*. A conversão do sistema de três índices para o de quatro índices é feita com as seguintes relações:

$$[uvw] \to [u'v'tw']$$
$$u' = n(2u - v)/3$$
$$v' = n(2v - u)/3$$
$$t = -(u' + v')$$
$$w' = nw$$

Nessas equações, n é um fator *por vezes* necessário para converter os índices nos menores números inteiros possíveis. A direção [001] sempre é transformada em [0001]. As três direções equivalentes no plano basal (0001) de uma estrutura hexagonal como a do magnésio (Fig. 2.20) são obtidas com base nas operações indicadas. A correspondência é:

$$[100] = [2\bar{1}\bar{1}0]$$
$$[010] = [\bar{1}2\bar{1}0]$$
$$[\bar{1}\bar{1}0] = [\bar{1}\bar{1}20]$$

A relação entre direções e planos depende da simetria do cristal. Em cristais cúbicos (e apenas em cristais cúbicos), a direção [hkl] é normal ao plano (hkl).

2.11 Geometria de retículos

As propriedades métricas mais importantes de retículos e cristais, usadas rotineiramente em Cristalografia, são apresentadas nos Quadros 2.4 a 2.6. A forma mais compacta de expressá-las é com a notação vetorial, mas aqui elas são apresentadas por extenso, sem derivações, como um conjunto de ferramentas úteis.

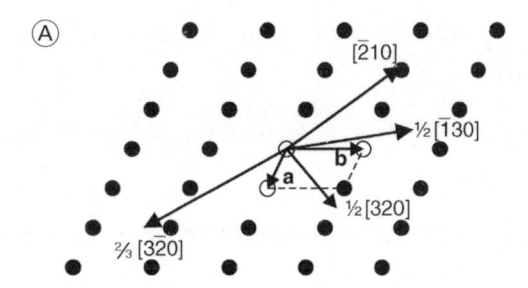

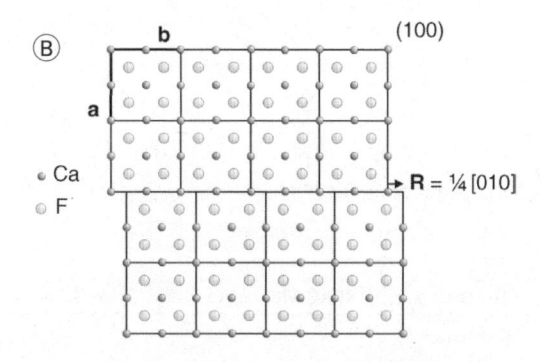

FIG. 2.19 Vetores: (A) vetores em um retículo; (B) o deslocamento de parte do cristal de fluorita, CaF_2, segundo um vetor **R** = ¼ [010] em relação ao restante do cristal

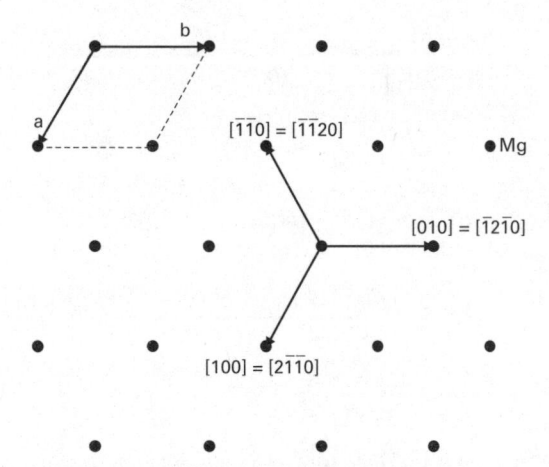

FIG. 2.20 Direções em um retículo hexagonal

O volume da cela unitária recíproca, **V***, é dado por:

$$V^* = 1/V$$

em que V é o volume da cela unitária direta.

A direção [uvw] estará situada no plano (hkl) se:

$$hu + kv + lw = 0$$

A interseção de dois planos, $(h_1k_1l_1)$ e $(h_2k_2l_2)$, corresponde à direção [uvw], em que:

$$u = k_1l_2 - k_2l_1$$
$$v = h_2l_1 - h_1l_2$$
$$w = h_1k_2 - h_2k_1$$

Três planos, $(h_1k_1l_1)$, $(h_2k_2l_2)$ e $(h_3k_3l_3)$, formarão uma zona se:

$$h_1(k_2l_3 - l_2k_3) - k_1(h_2l_3 - l_2h_3) + l_1(h_2k_3 - k_2h_3) = 0$$

O plano $(h_3k_3l_3)$ irá pertencer à mesma zona dos planos $(h_1k_1l_1)$ e $(h_2k_2l_2)$ se:

$$h_3 = mh_1 \pm nh_2;\ k_3 = mk_1 \pm nk_2;\ l_3 = ml_1 \pm nl_2$$

em que m e n são números inteiros.

Três direções $[u_1v_1w_1]$, $[u_2v_2w_2]$ e $[u_3v_3w_3]$ se situarão no mesmo plano se:

$$u_1(v_2w_3 - w_2v_3) - v_1(u_2w_3 - w_2u_3) + w_1(u_2v_3 - v_2u_3) = 0$$

QUADRO 2.4 ESPAÇAMENTO INTERPLANAR d_{hkl}

Sistema	$1/(d_{hkl})^2$
Cúbico	$[h^2 + k^2 + l^2]/a^2$
Tetragonal	$[(h^2 + k^2)/a^2] + [l^2/c^2]$
Ortorrômbico	$[h^2/a^2] + [k^2/b^2] + [l^2/c^2]$
Monoclínico	$[h^2/a^2 \sin^2 \beta] + [k^2/b^2] + [l^2/c^2 \sin^2 \beta] - [(2hl \cos \beta)/(ac \sin^2 \beta)]$
Triclínico*	$[1/V^2]\{[S_{11}h^2] + [S_{22}k^2] + [S_{33}l^2] + [2S_{12}hk] + [2S_{23}kl] + [2S_{13}hl]\}$
Hexagonal	$[4/3][(h^2 + hk + k^2)/a^2] + [l^2/c^2]$
Romboédrico	$\{[(h^2 + k^2 + l^2) \sin^2 \alpha + 2(hk + kl + hl)(\cos^2 \alpha - \cos \alpha)]/[a^2(1 - 3\cos^2 \alpha + 2\cos^3 \alpha)]\}$

* V = volume da cela unitária
$S_{11} = b^2c^2\sin^2\alpha$ $S_{22} = a^2c^2\sin^2\beta$ $S_{33} = a^2b^2\sin^2\gamma$
$S_{12} = abc^2(\cos\alpha \cos\beta - \cos\gamma)$ $S_{23} = a^2bc(\cos\beta \cos\gamma - \cos\alpha)$
$S_{13} = ab^2c(\cos\gamma \cos\alpha - \cos\beta)$

QUADRO 2.5 VOLUME DA CELA UNITÁRIA, V

Sistema	V
Cúbico	a^3
Tetragonal	a^2c
Ortorrômbico	abc
Monoclínico	$abc \sin \beta$
Triclínico	$abc\sqrt{(1-\cos^2\alpha-\cos^2\beta-\cos^2\gamma+2\cos\alpha \cos\beta \cos\gamma)}$
Hexagonal	$\left[\sqrt{(3)}/2\right]\left[a^2c\right] \approx 0{,}866a^2c$
Romboédrico	$a^3\sqrt{(1-3\cos^2\alpha+2\cos^3\alpha)}$

Duas direções $[u_1v_1w_1]$ e $[u_2v_2w_2]$ se situarão em um mesmo plano (hkl) se:

$$h = v_1w_2 - v_2w_1$$
$$k = u_2w_1 - u_1w_2$$
$$l = u_1v_2 - u_2v_1$$

O vetor no retículo recíproco $\mathbf{r} = u\mathbf{a}^* + v\mathbf{b}^* + w\mathbf{c}^*$ é perpendicular aos planos (uvw) do retículo direto, enquanto o vetor do retículo direto $\mathbf{R} = h\mathbf{a} + k\mathbf{b} + l\mathbf{c}$ é perpendicular aos planos (hkl) do retículo recíproco.

QUADRO 2.6   ÂNGULO INTERPLANAR φ

Sistema	cos φ
Cúbico	$\left[h_1h_2 + k_1k_2 + l_1l_2\right] \Big/ \left\{\left[h_1^2 + k_1^2 + l_1^2\right]\left[h_2^2 + k_2^2 + l_2^2\right]\right\}^{1/2}$
Tetragonal	$\dfrac{\dfrac{h_1h_2 + k_1k_2}{a^2} + \dfrac{l_1l_2}{c^2}}{\left[\left(\dfrac{h_1^2 + k_1^2}{a^2} + \dfrac{l_1^2}{c^2}\right)\left(\dfrac{h_2^2 + k_2^2}{a^2} + \dfrac{l_2^2}{c^2}\right)\right]^{1/2}}$
Ortorrômbico	$\dfrac{\dfrac{h_1h_2}{a^2} + \dfrac{k_1k_2}{b^2} + \dfrac{l_1l_2}{c^2}}{\left(\dfrac{h_1^2}{a^2} + \dfrac{k_1^2}{b^2} + \dfrac{l_1^2}{c^2}\right)\left(\dfrac{h_2^2}{a^2} + \dfrac{k_2^2}{b^2} + \dfrac{l_2^2}{c^2}\right)^{1/2}}$
Monoclínico*	$d_1d_2\left(\dfrac{h_1h_2}{a^2\sin^2\beta} + \dfrac{k_1k_2}{b^2} + \dfrac{l_1l_2}{c^2\sin^2\beta} - \dfrac{(l_1h_2 + l_2h_1\cos\beta)}{ac\sin^2\beta}\right)$
Triclínico*	$\dfrac{d_1d_2}{V^2}\left[S_{11}h_1h_2 + S_{22}k_1k_2 + S_{33}l_1l_2 + S_{23}(k_1l_2 + k_2l_1) + S_{13}(l_1h_2 + l_2h_1) + S_{12}(h_1k_2 + h_2k_1)\right]$
Hexagonal	$\dfrac{h_1h_2 + k_1k_2 + \tfrac{1}{2}(h_1k_2 + h_2k_1) + \dfrac{3a^2l_1l_2}{4c^2}}{\left[\left(h_1^2 + k_1^2 + h_1k_1 + \dfrac{3a^2l_1^2}{4c^2}\right)\left(h_2^2 + k_2^2 + h_2k_2 + \dfrac{3a^2l_2^2}{4c^2}\right)\right]^{1/2}}$
Romboédrico*	$\dfrac{d_1d_2\left\{(h_1h_2 + k_1k_2 + l_1l_2)\sin^2\alpha + \left[h_1(k_2+l_2) + k_1(h_2+l_2) + l_1(h_2+k_2)\cos\alpha(\cos\alpha - 1)\right]\right\}}{a^2\left(1 - 3\cos^2\alpha + 2\cos^3\alpha\right)}$

* V = volume da cela unitária; d_1 é a distância interplanar entre $(h_1k_1l_1)$ e d_2 é a distância entre $(h_2k_2l_2)$
$S_{11} = b^2c^2\sin^2\alpha$ $S_{22} = a^2c^2\sin^2\beta$ $S_{33} = a^2b^2\sin^2\gamma$
$S_{12} = abc^2(\cos\alpha\cos\beta - \cos\gamma)$ $S_{23} = a^2bc(\cos\beta\cos\gamma - \cos\alpha)$
$S_{13} = ab^2c(\cos\gamma\cos\alpha - \cos\beta)$

Respostas das questões introdutórias

Qual é a diferença entre retículo cristalino e estrutura cristalina?

Estruturas cristalinas e retículos cristalinos são conceitos diferentes, embora sejam com frequência e de modo incorreto usados como sinônimos. Uma estrutura cristalina é composta por átomos. Um retículo cristalino é um padrão infinito de pontos, em que cada ponto tem as mesmas vizinhanças e a mesma orientação. Há apenas cinco retículos bidimensionais (planos) e 14 retículos tridimensionais (Bravais).

Todas as estruturas cristalinas podem ser formadas com base em retículos de Bravais, atribuindo-se um átomo ou um conjunto de átomos a cada ponto do retículo. A estrutura cristalina de um metal simples e a estrutura de uma proteína complexa podem ser descritas com base no mesmo retículo, e o número de átomos alocados em cada ponto do retículo é, em geral, apenas um no caso dos metais e pode chegar a milhares no caso de um cristal de proteína.

O que é uma cela unitária primitiva?

Uma cela unitária primitiva é a cela unitária de um retículo que contém apenas um ponto do retículo. As quatro celas planas primitivas são indicadas pela letra *p*: oblíqua (*mp*), retangular (*op*), quadrada (*tp*) e hexagonal (*hp*). Elas em geral são representadas com um ponto do retículo em cada vértice, mas é fácil perceber que contêm apenas um ponto ao deslocar ligeiramente os contornos da cela. Há quatro retículos primitivos de Bravais, indicados por *P*: triclínico (*aP*), monoclínico primitivo (*mP*), tetragonal primitivo (*tP*), hexagonal primitivo (*hP*) e cúbico primitivo (*cP*). O retículo trigonal, quando referenciado em eixos romboédricos, também apresenta cela unitária primitiva, embora o retículo seja indicado por *hR*.

Para que servem os índices de Miller-Bravais?

As faces de cristais bem formados ou os planos internos que cortam uma estrutura cristalina são especificados por índices de Miller, *h, k, l*, escritos entre parênteses. Os índices de Miller, (*hkl*), representam não apenas um único plano, mas um conjunto de planos idênticos.

Os índices de Miller de planos em cristais de cela unitária hexagonal podem ser ambíguos. Para evitar problemas, em geral são usados quatro índices, (*hkil*), para especificar planos em cristais hexagonais. Esses índices são chamados de índices de Miller-Bravais e são usados apenas no sistema hexagonal. O índice *i* é dado por:

$$h + k + i = 0$$

ou

$$i = -(h + k)$$

De fato, esse terceiro índice não é necessário, pois pode ser derivado por meio de um procedimento simples com base nos valores conhecidos de h e k. Entretanto, ele enfatiza relações entre planos que não são evidentes quando apenas três índices são usados. Por ser um índice redundante, o valor de i pode ser substituído por um ponto, gerando índices $(hk.l)$. Essa notação enfatiza que o sistema é hexagonal, sem indicar o valor numérico de i.

Problemas e exercícios

Teste rápido

1. Um retículo é:
   a) uma estrutura cristalina
   b) um arranjo ordenado de pontos
   c) uma cela unitária

2. Os vetores-base de um retículo definem:
   a) a estrutura cristalina
   b) as posições atômicas
   c) a cela unitária

3. O número de retículos bidimensionais possíveis é:
   a) cinco
   b) seis
   c) sete

4. Um retículo plano primitivo tem como parâmetros:
   a) $a \neq b; \gamma = 90°$
   b) $a = b; \gamma = 90°$
   c) $a \neq b; \gamma \neq 90°$

5. O número de retículos de Bravais possíveis é:
   a) 12
   b) 13
   c) 14

6. Um retículo de Bravais ortorrômbico de corpo centrado tem como parâmetros:
   a) $a, b, c, \alpha = \beta = \gamma = 90°$
   b) $a (= b), c, \alpha = \beta = \gamma = 90°$
   c) $a (= b), c, \alpha = \beta = 90°, \gamma = 120°$

7. A cela unitária de um retículo de face centrada (F) contém:
   a) um ponto de retículo
   b) dois pontos de retículo
   c) quatro pontos de retículo

8. Uma cela unitária com um ponto em cada vértice e um no centro de seu volume é denominada:
   a) B
   b) C
   c) I

9. A notação $[uvw]$ indica:
   a) uma direção única em um cristal
   b) um conjunto de direções paralelas em um cristal
   c) uma direção perpendicular a um plano

10. A notação $\{hkl\}$ representa:
    a) um conjunto de direções que são idênticas em virtude da simetria do cristal
    b) um conjunto de planos que são idênticos em virtude da simetria do cristal

c) um conjunto de planos e direções que são idênticos em virtude da simetria do cristal

Cálculos e questões

2.1 Vários padrões de pontos são mostrados na figura ao lado. Considerando que eles têm extensão infinita, quais deles podem ser considerados retículos planos? Indique os tipos de retículos formados.

2.2 Desenhe o retículo plano direto e o retículo recíproco de:
   a) um retículo oblíquo com parâmetros $a = 8$ nm, $b = 12$ nm, $\gamma = 110°$;
   b) um retículo retangular centrado com parâmetros $a = 10$ nm, $b = 14$ nm;
   c) um retículo retangular do item b representado como um retículo primitivo.

Demonstre que os retículos recíprocos em b e c são idênticos e retangulares centrados.

2.3 Desenhe os retículos direto e recíproco de:
   a) um retículo de Bravais primitivo monoclínico com $a = 15$ nm, $b = 6$ nm, $c = 9$ nm, $\beta = 105°$;
   b) um retículo de Bravais primitivo tetragonal com $a = 7$ nm, $c = 4$ nm.

2.4 Faça a indexação dos planos do retículo da figura a seguir. O eixo **c** de todos os retículos é normal ao plano da página e, portanto, o índice l é igual a 0 em todos os casos.

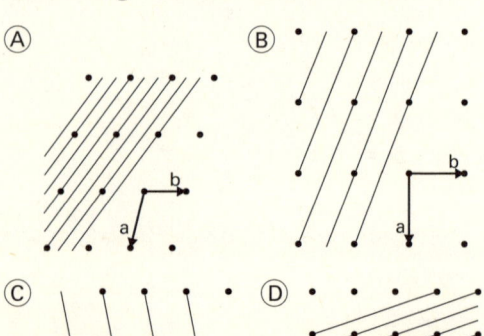

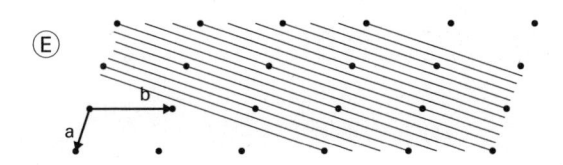

2.5 Faça a indexação dos planos dos retículos ilustrados na figura adiante, usando índices de Miller-Bravais (*hkil*) e de Miller (*hkl*). Os retículos são hexagonais, com o eixo **c** normal ao plano da página, e, portanto, o índice *l* é igual a 0 em todos os casos.

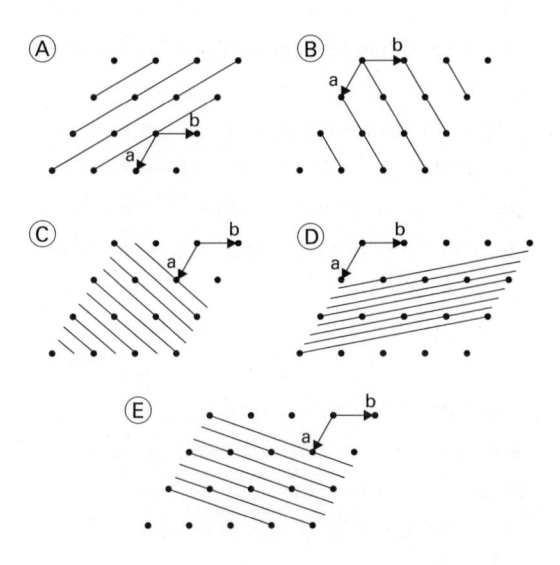

2.6 Forneça os índices das direções marcadas na figura a seguir. Em todos os casos, os eixos não mostrados são perpendiculares ao plano da página e, portanto, o índice *w* é igual a 0 em todos os casos.

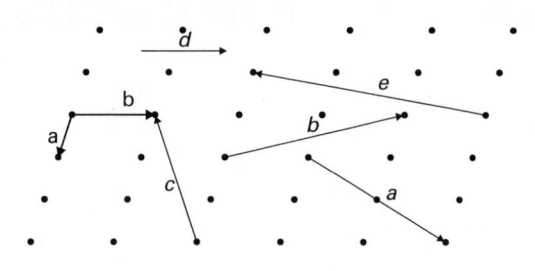

2.7 Ao longo de que direções [*uvw*] os seguintes pares de planos ($h_1k_1l_1$) e ($h_2k_2l_2$) se intersectam?

a) (110), ($1\bar{1}0$);
b) ($\bar{2}10$), (011);
c) (111), (100);
d) (212), ($1\bar{2}1$).

2.8 Calcule a distância interplanar, d_{hkl}, para os seguintes planos:

a) (111), cúbico, $a = 0{,}365$ nm;
b) (210), tetragonal, $a = 0{,}475$ nm, $c = 0{,}235$ nm;
c) (321), ortorrômbico, $a = 1{,}204$ nm, $b = 0{,}821$ nm, $c = 0{,}652$ nm;
d) (222), monoclínico, $a = 0{,}981$ nm, $b = 0{,}365$ nm, $c = 0{,}869$ nm, $\beta = 127{,}5°$;
e) (121), hexagonal, $a = 0{,}693$ nm, $c = 1{,}347$ nm.

3 Padrões bidimensionais e mosaicos

O que é um grupo pontual?
O que é um grupo plano?
O que são mosaicos aperiódicos?

Ao final do Cap. 1, um problema foi apresentado: como especificar de modo conveniente uma estrutura cristalina cuja cela unitária contém centenas ou milhares de átomos? Em Cristalografia, usa-se a simetria dos cristais para reduzir a lista de posições atômicas a um número menor. As aplicações da simetria a cristais vão muito além desse aspecto funcional. O objetivo deste capítulo é apresentar noções de simetria, iniciando com padrões bidimensionais.

A descrição matemática do arranjo de objetos arbitrários no espaço é um campo da Cristalografia desenvolvido no final do século XIX. Esse desenvolvimento acompanhou a Cristalografia observacional, abordada resumidamente no Cap. 1. Esses dois tópicos são separados apenas para fins didáticos.

3.1 Simetria de uma forma isolada: simetria pontual

Todos têm uma ideia intuitiva de simetria. Parece razoável considerar que as letras A e C são igualmente simétricas e que ambas são mais simétricas que a letra G. De modo análogo, um quadrado parece ser mais simétrico que um retângulo. A simetria pode ser descrita em termos das transformações que, aplicadas a um objeto, fazem com que ele permaneça aparentemente inalterado. Essas transformações são mediadas por *elementos de simetria* e a ação da transformação executada por um elemento de simetria é uma *operação de simetria*. Os elementos de simetria típicos incluem espelhos e eixos e as operações a eles associadas são a reflexão e a rotação.

A simetria de um objeto isolado, como a letra A, sugere que ela possa ser dividida em duas partes idênticas por um *espelho* ou um *plano de simetria*, indicado pela letra m em textos e desenhado como uma linha contínua em diagramas (Fig. 3.1A). O mesmo se aplica à letra C, mas, nesse caso, o plano de simetria é horizontal (Fig. 3.1B). Um triângulo equilátero contém três planos de simetria (Fig. 3.2A). É fácil perceber que esse triângulo também contém um *eixo de simetria*

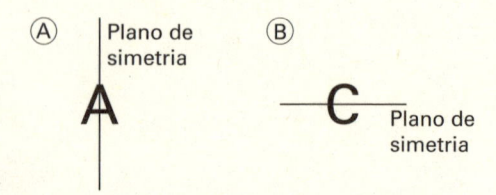

FIG. 3.1 Simetria das letras (A) A e (B) C. O elemento de simetria em ambos os casos é um espelho ou plano de simetria, representado por um linha

situado em seu centro e em posição normal ao plano da página. A operação associada a esse eixo é a rotação do objeto no sentido anti-horário em um ângulo de (360/3)°, operação que regenera a forma inicial a cada passo. Esse eixo é chamado de *tríade* ou de *eixo de simetria de ordem três* e é representado pelo símbolo ▲ (Fig. 3.2B). Em muitos casos, é irrelevante se a rotação for feita no sentido horário ou anti-horário, mas o sentido anti-horário é adotado por convenção.

Note que um triângulo genérico (não equilátero) não possui essa combinação de elementos de simetria. Um triângulo isósceles, por exemplo, contém apenas um plano de simetria (Fig. 3.2C) e um triângulo escaleno não possui nenhum. Portanto, pode-se afirmar que um triângulo equilátero é mais simétrico que um triângulo isósceles, que, por sua vez, é mais simétrico que um triângulo escaleno. Chega-se à noção de que os objetos mais simétricos contêm mais elementos de simetria que os objetos menos simétricos.

Os operadores de simetria mais importantes em formas planas são os planos de simetria e um número infinito de eixos de rotação. Note que um plano de simetria pode mudar a *quiralidade* de um objeto, ou seja, uma mão esquerda é transformada em uma mão direita por reflexão. Duas imagens refletidas não podem ser sobrepostas por rotação simples no plano, assim como a luva da mão direita não pode ser calçada na mão esquerda. A única forma de fazê-las coincidir é levantando-as da página (ou seja, usando a terceira dimensão) e deitando-as sobre seu outro lado. A quiralidade introduzida pela simetria especular tem consideráveis implicações nas propriedades físicas de moléculas e de cristais. Esse aspecto será tratado em detalhe em capítulos posteriores.

O operador de rotação 1, ou eixo de simetria *mônade*, implica ausência de simetria, porque a forma deve fazer um giro completo, (360/1)°, para coincidir com a forma original (Fig. 3.3A). Não há símbolo gráfico para eixo mônade. Uma *díade*, ou eixo de simetria de ordem dois, é representada no texto pelo número 2 e em desenhos pelo símbolo ⬩. A rotação no sentido anti-horário em ângulo de (360/2)°, ou seja, 180°, em torno de um eixo de ordem dois faz com que o objeto coincida com sua forma original (Fig. 3.3B). Uma *tríade*, ou eixo de simetria de ordem três, é representada no texto pelo número 3 e pelo símbolo ▲. A rotação no sentido anti-horário em ângulo de (360/3)°, ou seja, 120°, em torno de um eixo de ordem três faz com que o objeto retorne a sua configuração original (Fig. 3.3C). Uma *tétrade*, ou eixo de

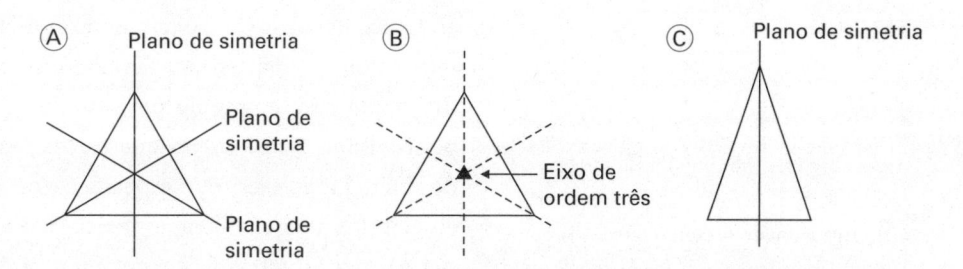

FIG. 3.2 Simetria de triângulos: (A) planos de simetria em triângulo equilátero; (B) eixo de simetria de ordem três em triângulo equilátero; (C) plano de simetria em triângulo isósceles

simetria de ordem quatro, é representada no texto pelo número 4 e pelo símbolo ♦. A rotação no sentido anti-horário em ângulo de (360/4)°, ou seja, 90°, em torno de um eixo de ordem quatro faz com que o objeto retorne a sua configuração original (Fig. 3.3D). Uma *pêntade*, ou eixo de simetria de ordem cinco, é encontrada em pentágonos regulares, sendo representada pelo número 5 e pelo símbolo ⬟. A rotação no sentido anti-horário em ângulo de (360/5)°, ou seja, 72°, em torno de um eixo de ordem cinco faz com que o objeto retorne a sua configuração original (Fig. 3.3E). Uma *héxade*, ou eixo de simetria de ordem seis, é representada pelo número 6 e pelo símbolo ⬢. A rotação no sentido anti-horário em ângulo de (360/6)°, ou seja, 60°, em torno de um eixo de ordem seis faz com que o objeto retorne a sua configuração original (Fig. 3.3F). Além desses, há um número infinito de operadores de simetria por rotação, que são os eixos de ordem sete, oito e assim por diante.

Outro importante operador é o *centro de simetria* ou *centro de inversão*, representado em textos pelo símbolo $\bar{1}$ (pronuncia-se *um barra*) e em diagramas por ○. Essa operação executa uma inversão em relação a um ponto no interior do objeto, de modo que qualquer objeto em posição (x, y) em relação ao centro de simetria possui um par idêntico em $(-x, -y)$, representado por $(\bar{x}, \bar{y})$ (pronuncia-se *x barra, y barra*). Em duas dimensões, a presença de um centro de simetria é equivalente à de um eixo de rotação de ordem dois (Fig. 3.3G).

Quando os vários elementos de simetria presentes em uma forma são aplicados, percebe-se que um ponto permanece inalterado pelas transformações e, quando se faz sua representação gráfica, todas as transformações passam por esse ponto individual. O conjunto de elementos de simetria de uma forma isolada é chamado de *grupo pontual* e a combinação desses elementos é denominada *simetria pontual geral* da forma (a expressão *grupo* é matematicamente precisa e os resultados de operações de simetria podem ser relacionados entre si por meio do formalismo da teoria dos grupos – essa abordagem não será feita neste livro). Os elementos de simetria que caracterizam o grupo pontual são representados por um *símbolo de grupo pontual*. Em Cristalografia, são usados os *símbolos internacionais* ou símbolos de Hermann-Mauguin, também usados neste livro. A simetria pontual é descrita indicando-se os eixos de simetria presentes, seguidos pelos planos de simetria. Dessa forma, o triângulo equilátero tem simetria pontual 3*m*. Também se pode dizer que esse triângulo pertence ao grupo pontual 3*m*. A ordem em que os operadores de simetria são escritos é específica e descrita em detalhe a seguir. Uma nomenclatura alternativa para simetria dos grupos pontuais foi proposta por Schoenflies, sendo mais usada em Química e descrita no Apêndice 3.

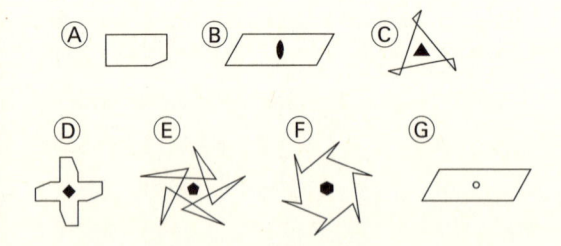

FIG. 3.3 Eixos de simetria: (A) mônade ou de ordem um (sem símbolo); (B) díade ou de ordem dois; (C) tríade ou de ordem três; (D) tétrade ou de ordem quatro; (E) pêntade ou de ordem cinco; (F) héxade ou de ordem seis; (G) centro de simetria, equivalente a (B)

3.2 Simetria rotacional de um retículo plano

Como descrito no Cap. 1, um cristal é definido por sua estrutura, construída pelo empacotamento regular de uma cela unitária, que é transladada, mas não rotacionada ou refletida. O mesmo é verdadeiro em cristais ou padrões bidimensionais. Isso impõe uma limitação quanto às combinações de elementos de simetria compatíveis com as celas unitárias na formação de padrões tanto bidimensionais quanto tridimensionais. Para compreender essa restrição, considere a simetria rotacional dos cinco retículos planos possíveis, descritos no capítulo anterior.

Suponha que haja um eixo de rotação de valor n, normal a um retículo plano. É conveniente, mas não obrigatório, localizá-lo em um ponto do retículo, O, parte da linha de pontos A-O-B, separados uns dos outros pelo vetor **t** do retículo, de comprimento t – em que t é o comprimento (escalar) do vetor **t** (Fig. 3.4A). A operação de rotação irá produzir duas novas linhas de pontos, situadas em ângulos de $\pm 2\pi/n$ em relação à linha original, contendo os pontos C e D (Fig. 3.4B). Como todos os pontos são idênticos, C e D devem se situar em uma linha do retículo paralela àquela que contém A e B. A distância entre C e D deve ser um número inteiro, m, múltiplo da distância t. Por geometria simples, a distância CD é dada por $2t \cos(2\pi/n)$. Portanto, para que um retículo possa existir:

$$2t \cos(2\pi/n) = mt$$
$$2 \cos(2\pi/n) = m \text{ (inteiro)}$$

As soluções dessa equação, para os menores valores de n, são dadas na Tab. 3.1. Apenas os eixos de simetria de ordem um, dois, três,

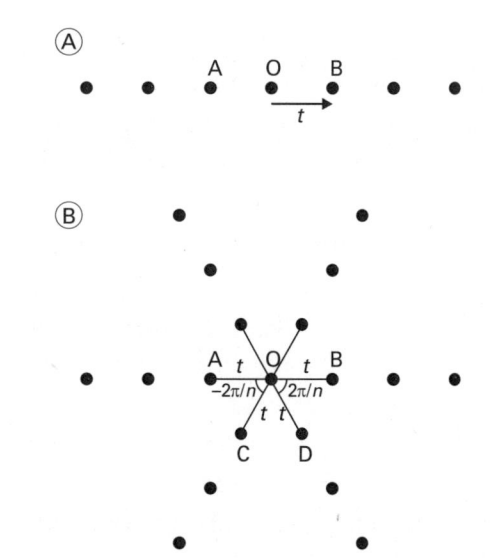

FIG. 3.4 Rotação em retículo: (A) linha de pontos do retículo, A-O-B, separados uns dos outros pelo vetor **t**; (B) a mesma linha rotacionada segundo $\pm 2\pi/n$

TAB. 3.1 EIXOS DE ROTAÇÃO EM UM RETÍCULO PLANO

n	$2\pi/n$	$2\cos(2\pi/n) = m$
1	360°	2
2	180°	−2
3	120°	−1
4	90°	0
5	72°	0,618*
6	60°	1
7	51,43°	1,244*

* não permitido

quatro e seis podem existir em um retículo. O eixo de simetria de ordem cinco e todos os eixos com n maior que seis não são possíveis em um retículo plano.

Essa derivação é uma demonstração formal do fato mencionado nos Caps. 1 e 2: o de que um retículo ou padrão não pode apresentar simetria de ordem cinco. O mesmo é válido para retículos ou cristais tridimensionais, descritos no Cap. 4 (é importante notar que a simetria de ordem cinco pode existir em padrões bi ou tridimensionais se as condições severas impostas pelo conceito de retículo forem levemente relaxadas, como descrito na seção 3.7 e na seção 8.9).

A cela unitária não pode apresentar simetria global com eixo de rotação de ordem cinco, mas pode conter arranjos pentagonais de átomos. De fato, a coordenação pentagonal é comum em cristais inorgânicos, e estruturas em anéis pentagonais ocorrem também em moléculas orgânicas. Entretanto, os grupos pentagonais devem ser arranjados dentro da cela unitária para gerar uma simetria global adequada para o tipo de retículo, conforme descrito a seguir (ver, por exemplo, Fig. 2.4).

3.3 Simetria de retículos planos

As propriedades de simetria inerentes a padrões são fundamentais em Cristalografia. Os padrões mais simples são os retículos planos descritos no Cap. 2. Os elementos de simetria encontrados em retículos planos são os eixos de simetria possíveis, descritos na seção anterior, juntamente com os planos de simetria. O modo como esses elementos de simetria estão arranjados fornece uma introdução ao modo como os elementos de simetria podem estar dispostos em padrões mais complexos.

Considere uma situação com um retículo primitivo oblíquo (*mp*) (Fig. 3.5A). A simetria da cela unitária é consistente com a presença de um eixo de ordem dois, que pode ser situado através de um ponto do retículo, na origem da cela unitária, sem perder seu caráter geral. Isso significa que deve haver um eixo de ordem dois através de cada ponto do retículo. Entretanto, a presença desse eixo também força a existência de eixos de ordem dois no centro de cada aresta da cela unitária, além de um eixo adicional no centro da cela (Fig. 3.5B). As operações de simetria devem fazer com que todos os pontos do retículo sejam idênticos e, portanto, a simetria do retículo é também denominada *simetria pontual de retículo*. A simetria de pontos do retículo *mp* é representada pelo símbolo 2.

As outras simetrias de retículos são descritas de modo similar. O retículo retangular primitivo (*op*) (Fig. 3.5C) também tem simetria consistente com o eixo de ordem dois, localizado por conveniência na origem da cela unitária e que necessariamente se repete em

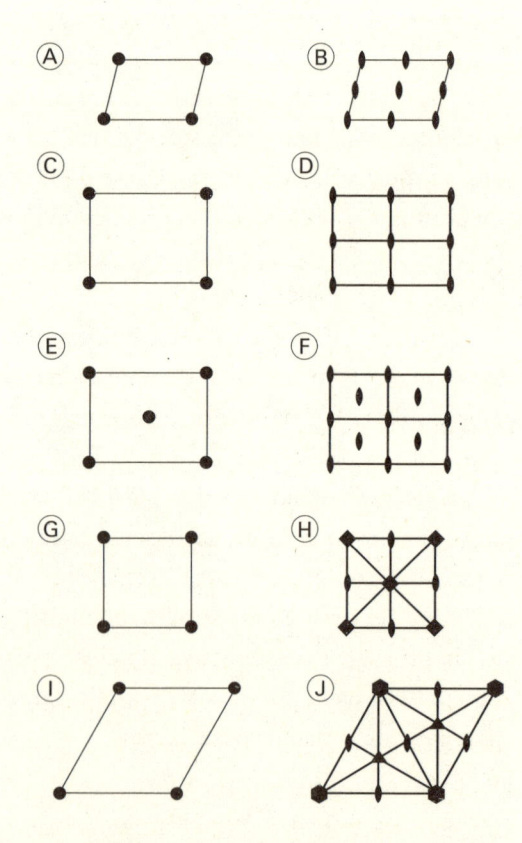

FIG. 3.5 Simetria dos retículos planos: (A, B) oblíquo primitivo, *mp*, 2; (C, D) retangular primitivo, *op*, 2*mm*; (E, F) retangular centrado, *oc*, 2*mm*; (G, H) quadrado primitivo, *tp*, 4*mm*; (I, J) hexagonal primitivo, *hp*, 6*mm*

cada ponto do retículo. Assim como no caso anterior, isso gera eixos de ordem dois no centro das arestas e um eixo no centro da cela (Fig. 3.5D). Entretanto, o retículo também apresenta planos de simetria, que não estão presentes no retículo oblíquo. Esses planos de simetria se localizam ao longo das arestas da cela unitária e na metade de cada aresta da cela unitária. Os planos são representados por linhas na Fig. 3.5D e sua simetria pontual é indicada pelo símbolo $2mm$. A ordem dos símbolos nesse caso e nos outros grupos de pontos de simetria será explicada a seguir.

O retículo retangular centrado (oc) (Fig. 3.5E) apresenta os mesmo eixos de ordem dois e planos de simetria como no retículo op, localizados nas mesmas posições (Fig. 3.5F). A presença de um centro no retículo, entretanto, força a presença de eixos de ordem dois adicionais entre o conjunto original. Apesar disso, a simetria pontual é a mesma do retículo op, ou seja, $2mm$.

O retículo quadrado (tp) (Fig. 3.5G) tem como elemento principal de simetria um eixo de simetria de ordem quatro através do ponto situado na origem da cela unitária, o que necessariamente gera eixos de ordem quatro em cada um dos pontos do retículo. Isso gera eixos de ordem dois adicionais no centro de cada aresta da cela unitária e outro eixo de ordem quatro no centro da cela. Estes, por sua vez, causam a existência de planos de simetria como os mostrados na Fig. 3.5H. O símbolo dessa simetria pontual é $4mm$.

Finalmente, o retículo primitivo hexagonal (hp) (Fig. 3.5I) tem um eixo de simetria de ordem seis em cada ponto. Isso gera eixos de ordem dois e três, como mostrado nessa figura. Além desses, há seis planos de simetria através de cada ponto do retículo. Em outras partes da cela unitária, dois planos de simetria se intersectam em eixos de ordem dois e três planos de simetria se intersectam em eixos de ordem três (Fig. 3.5J). A simetria pontual do retículo é indicada pelo símbolo $6mm$.

Note que essa ênfase na simetria de retículos é importante ao se pensar em termos de estruturas. Até este momento, o tipo de retículo era caracterizado apenas pelos seus parâmetros, ou seja, pelo comprimento dos vetores do retículo e pelos ângulos entre esses vetores. Entretanto, é possível definir um retículo em termos da simetria, em vez de suas dimensões. De fato, esse é o procedimento normal em Cristalografia. Como será visto, o sistema cristalino de uma fase é definido em termos de sua simetria e não dos parâmetros de seu retículo. Adiantando algo dos capítulos futuros, pode-se considerar a definição de cela unitária monoclínica em termos de parâmetros do retículo $a \neq b \neq c$; $\alpha = 90°$, $\beta \neq 90°$, $\gamma = 90°$ (ver Cap. 1). A cela unitária ainda pode ser tratada como monoclínica (e não ortorrômbica), mesmo se o ângulo β for igual a 90°, contanto que a simetria da estrutura esteja de acordo com o que se espera de uma cela unitária monoclínica.

3.4 Os dez grupos pontuais de simetria cristalográfica plana

Os grupos gerais de pontos descritos na seção 3.1 não estão sujeitos a quaisquer limitações. Os grupos pontuais obtidos pela exclusão das operações de rotação incompatíveis com um retículo são denominados *grupos pontuais cristalográficos planos*. Eles derivam da combinação dos eixos de simetria um, dois, três, quatro e seis com planos de simetria. Quando esses elementos de simetria são combinados, chega-se à conclusão de que há apenas dez grupos pontuais cristalográficos planos (bidimensionais): 1, 2, *m*, 2*mm*, 4, 4*mm*, 3, 3*m*, 6 e 6*mm*.

A aplicação desses elementos de simetria é idêntica àquela indicada na Fig. 3.3. Entretanto, como nosso objetivo final é descrever padrões em duas e três dimensões em vez de formas sólidas, é conveniente ilustrar os elementos de simetria em relação a uma unidade denominada *motivo*, situada em uma posição geral em relação aos eixos de rotação (Fig. 3.6). Nesse exemplo, o motivo é uma molécula assimétrica plana com três átomos.

Em cristais reais, o motivo é um grupo de átomos (ver Cap. 5).

Os padrões obtidos quando as operações de rotação permitidas atuam sobre o motivo são mostrados na Fig. 3.6A-E. Na Fig. 3.6A, o eixo de simetria de ordem um pode ser colocado em qualquer lugar, tanto sobre o motivo como fora dele. Na Fig. 3.6B-E, a posição dos eixos de rotação 2, 3, 4 ou 6 é evidente. Os grupos pontuais dos padrões são 1, 2, 3, 4 e 6, respectivamente.

O efeito isolado do plano de simetria é o de formar uma imagem quiral do motivo

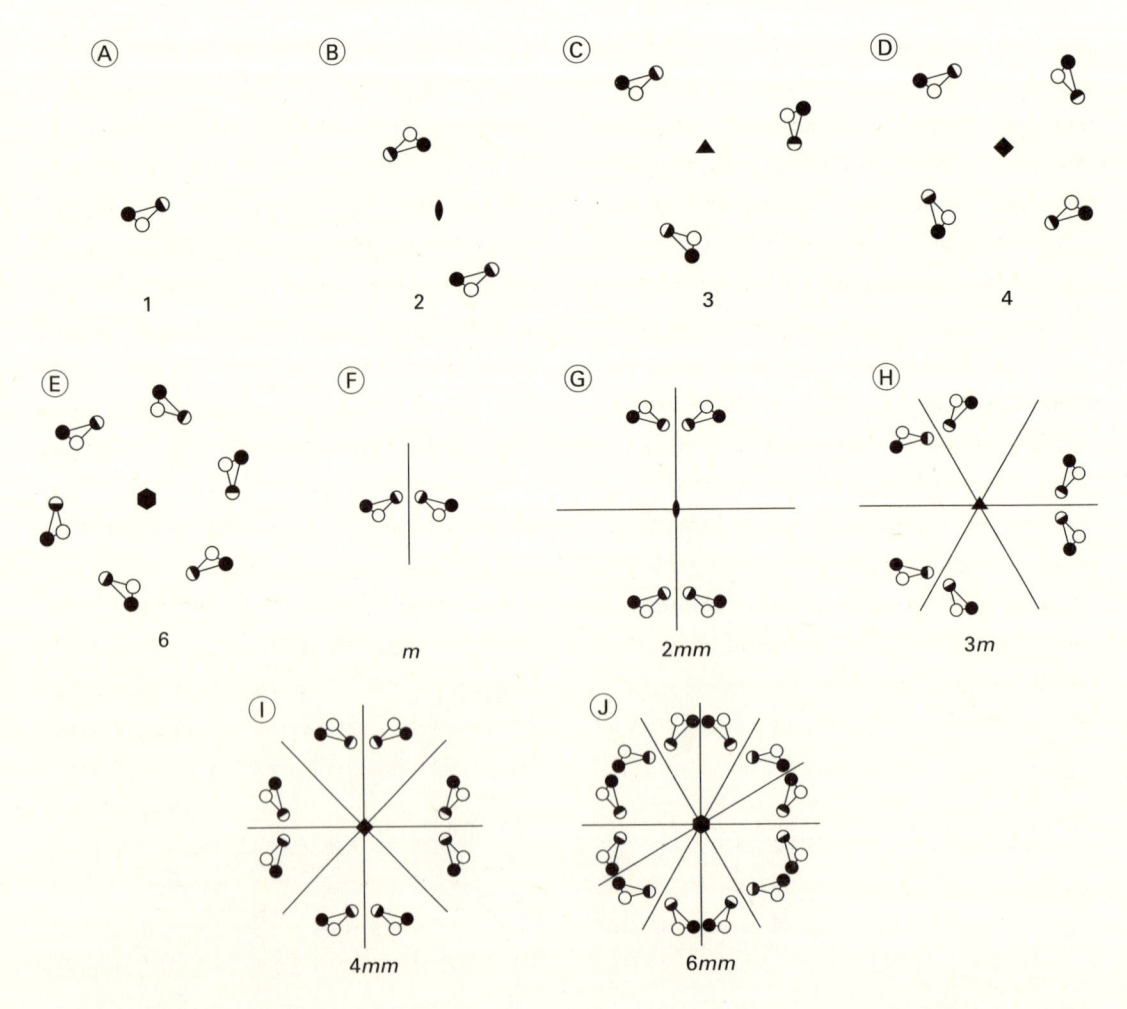

FIG. 3.6 Dez grupos pontuais planos cristalográficos: (A) 1; (B) 2; (C) 3; (D) 4; (E) 6; (F) *m*; (G) 2*mm*; (H) 3*m*; (I) 4*mm*; (J) 6*mm*

(Fig. 3.6F), com um grupo pontual *m*. A combinação de um plano de simetria com um eixo de ordem dois produz quatro cópias do motivo e um plano de simetria adicional (Fig. 3.6G), definindo o grupo pontual 2*mm*. A combinação de um plano de simetria com eixos de ordem três, quatro ou seis, gerando os grupos espaciais 3*m*, 4*mm* e 6*mm*, é ilustrada na Fig. 3.6H-J.

Os símbolos dos grupos pontuais são alocados em uma ordem definida. Na primeira posição (primária) é indicado o eixo de simetria, se houver. A segunda (secundária) e a terceira (terciária) posições registram a presença de planos de simetria, *m*. Em todos os retículos que apresentam o símbolo *m* na posição secundária, a normal do plano de simetria é paralela à direção [10]. Se apenas um plano de simetria estiver presente, ele é sempre indicado em relação a essa direção. Um *m* na posição secundária tem normal paralela a [01] em uma cela unitária retangular e normal paralela a [1$\bar{1}$] em celas unitárias quadradas e hexagonais (Quadro 3.1).

Por exemplo, objetos que pertencem ao grupo pontual 4*mm*, como um quadrado, têm um eixo de simetria de ordem quatro, um plano de simetria perpendicular à direção [10] e um plano de simetria independente, perpendicular à direção [1$\bar{1}$]. Os objetos que pertencem ao grupo pontual *m*, como as letras A e C, têm apenas um único plano de simetria. Esse plano é perpendicular à direção [10] e, portanto, define a direção [10] do objeto.

Para determinar o grupo pontual cristalográfico de um objeto plano, é apenas necessário listar todos os elementos de simetria presentes, colocá-los em sequência segundo as regras descritas e compará-los à lista dos dez grupos pontuais existentes.

3.5 A simetria dos padrões: os 17 grupos pontuais

Todos os padrões bidimensionais podem ser criados com base em um dos cinco retículos planos, adicionando a ele um motivo, por exemplo um átomo ou um grupo complexo de átomos em cada ponto do retículo. Obviamente, ao alterar o motivo, um número infinito de padrões pode ser criado. Entretanto, o número de arranjos fundamentalmente diferentes que podem ser criados é limitado pelas relações de simetria descritas anteriormente.

Talvez o modo mais simples de iniciar a derivação desses padrões seja combinar os cinco retículos com os padrões gerados pelos dez grupos pontuais. Por exemplo, considere como motivo a molécula triangular que representa o grupo pontual 1 (Fig. 3.6A) e combine-a com o retículo oblíquo *mp* (Fig. 3.5A). A molécula pode ser alocada em qualquer lugar na cela unitária e o eixo de rotação de ordem um passa, por conveniência, através de um ponto do retí-

QUADRO 3.1   ORDEM DOS SÍMBOLOS NA NOTAÇÃO DE GRUPOS PONTUAIS E GRUPOS PLANOS

Retículo	Posição no símbolo de Hermann-Mauguin		
	Primário	Secundário	Terciário
Oblíquo, *mp*	Ponto de rotação	–	–
Retangular, *oc*, *op*	Ponto de rotação	[10]	[01]
Quadrado, *tp*	Ponto de rotação	[10] = [01]	[1$\bar{1}$] = [11]
Hexagonal, *hp*	Ponto de rotação	[10] = [01] = [$\bar{1}\bar{1}$]	[1$\bar{1}$] = [12] = [$\bar{2}\bar{1}$]

culo. O padrão resultante (Fig. 3.7A,B) é denominado *p*1 e é considerado um *grupo plano*. A letra inicial descreve o tipo de retículo (primitivo) e a parte numérica fornece informações sobre os operadores de simetria presentes, nesse caso apenas um eixo de ordem um, 1. De acordo com sua designação de cela primitiva, deve haver apenas um ponto, ou seja, um motivo, por cela unitária.

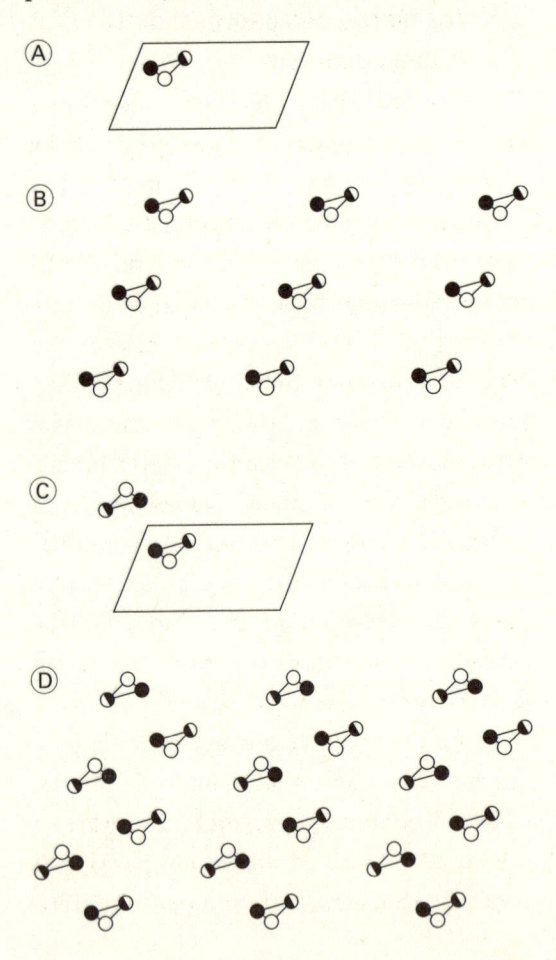

FIG. 3.7 Grupos planos *p*1 e *p*2: (A) combinação do motivo do grupo pontual 1 com o retículo plano *mp*; (B) padrão formado pela repetição de (A), representativo do grupo plano *p*1; (C) combinação do grupo pontual 2 com o retículo plano *mp*; (D) padrão formado pela repetição de (C), representativo do grupo plano *p*2

O motivo pode ter qualquer forma, como formas com um eixo de simetria de ordem cinco, como um pentágono regular ou uma estrela do mar. Entretanto, o único padrão que pode resultar quando um motivo qualquer é combinado com um retículo *mp* é o do grupo plano *p*1 (ver, por exemplo, Fig. 2.4). Ou seja, o grupo plano é definido pela simetria global e não pela simetria do motivo.

Também é possível combinar o mesmo retículo *mp* com o arranjo que representa o grupo pontual 2. Nesse caso, é conveniente situar o eixo de ordem dois no ponto na origem do retículo (Fig. 3.7C). Note que a presença desse eixo de ordem dois implica a presença de duas moléculas triangulares. Deve-se considerar o padrão global gerado pela adição de todo o conjunto associado ao grupo pontual 2 em cada ponto do retículo, ou seja, duas moléculas triangulares e o eixo de rotação de ordem dois. O padrão gerado (Fig. 3.7D) é denominado *p*2, sendo que a letra inicial indica uma cela primitiva e o número 2 indica a presença de um eixo de ordem dois. Por ser uma cela primitiva, há apenas um ponto do retículo por cela e a esse ponto estão associadas duas moléculas triangulares e um eixo de ordem dois.

Os arranjos equivalentes dos próximos dois grupos pontuais, *m* e 2*mm*, não podem ser combinados com um retículo *mp*, porque planos de simetria são incompatíveis com a simetria do retículo e, para formar novos padrões, é necessário combinar os planos de simetria com retículos *op* e *oc*. Ao formar esses padrões, surge um novo tipo de elemento de simetria. Isso é fácil de perceber quando o grupo pontual *m* é combinado inicialmente com o retículo *op* e depois com o retículo *oc*.

Considere o retículo *op* (Fig. 3.8A). O operador de simetria *m* replica o motivo triangular associado a cada ponto do retículo para produzir um padrão que consiste em duas imagens espelhadas da molécula. A linha que indica o plano de simetria, ou linha de simetria, passa pela origem e automaticamente gera outro plano de simetria no centro da cela, mas o motivo não é replicado (Fig. 3.8B). O mesmo procedimento aplicado ao retículo *oc* (Fig. 3.8C) produz um resultado diferente; a molécula indicada pela letra A, associada ao ponto na origem da cela unitária, também deve estar associada ao ponto do retículo no centro da cela, produzindo A', que é idêntico a A (Fig. 3.8D). É evidente que as moléculas triangulares A e B (Fig. 3.8D) estão relacionadas entre si por uma operação que combina reflexão e translação, denominada *deslizamento*. O deslizamento surge da combinação da translação do retículo com a reflexão por um plano de simetria. Esse novo elemento de simetria, representado por linhas tracejadas nos diagramas, é o *plano de deslizamento* ou *linha de deslizamento*, em duas dimensões.

O componente de translação do deslizamento está sujeito, assim como os eixos de rotação, às limitações impostas pelo tipo de retículo. Após a reflexão inicial do motivo (Fig. 3.9A), a linha de deslizamento é posicionada de modo paralelo a uma linha do retículo (Fig. 3.9B). A translação do motivo, dada pelo vetor de deslizamento **t**, é paralela à linha de deslizamento e também a uma linha de pontos do retículo abaixo. Suponha que o retículo se repita ao longo da direção de deslizamento com um vetor **T**. Para atender às restrições de repetição do retículo, o

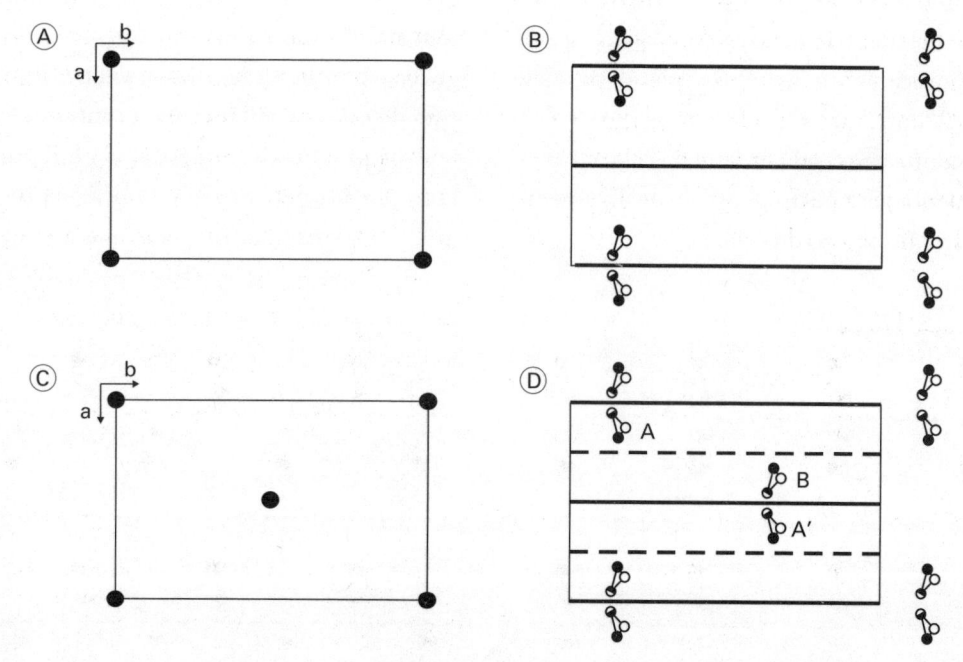

FIG. 3.8 Grupos planos *pm* e *cm*: (A) retículo plano *op*; (B) padrão formado pela combinação de motivo do grupo pontual *m* com o retículo representado em (A), representativo do grupo plano *pm*; (C) retículo plano *oc*; (D) padrão formado pela combinação de motivo do grupo pontual *m* com o retículo representado em (C), representativo do grupo plano *cm*. Os planos de simetria são indicados por linhas espessas contínuas, e os planos de deslizamento em (D), por linhas espessas tracejadas

vetor **t** deve trazer duas vezes o motivo para uma nova posição no retículo, a uma distância igual a $p\mathbf{T}$ do ponto original do retículo (Fig. 3.9B), o que pode ser escrito como:

$$2\mathbf{t} = p\mathbf{T}$$

em que p é um número inteiro. Portanto:

$$\mathbf{t} = (p/2)\mathbf{T} = 0\mathbf{T}, \mathbf{T}/2, 3\mathbf{T}/2,...$$

Dessas opções, apenas o deslocamento igual a $\mathbf{T}/2$ se apresenta. O deslocamento deslizante é, portanto, restrito a meia unidade de repetição do retículo. O deslocamento paralelo ao eixo **a** da cela unitária é limitado a **a**/2 e, se for ao longo do eixo **b**, é limitado por **b**/2. Relações similares são observadas nos deslocamentos em direções diagonais. Assim como a operação de um plano de simetria através da origem da cela automaticamente gera um plano paralelo através do centro da cela, um plano de deslizamento através da origem da cela automaticamente gera outro plano de deslizamento paralelo no centro da cela.

Ao construir esses padrões, percebe-se que os grupos pontuais com um eixo de simetria de ordem quatro podem apenas ser combinados com um retículo quadrado (*tp*), e aqueles com eixos de ordem três e seis apenas podem ser combinados com um retículo hexagonal (*hp*).

Quando todas as translações inerentes aos cinco retículos planos são combinadas com os elementos de simetria dos dez grupos pontuais e com os planos de deslizamento, conclui-se que apenas 17 arranjos distintos são possíveis, denominados 17 *grupos planos* (bidimensionais) (Quadro 3.2). Todos os padrões cristalográficos bidimensionais devem pertencer a um desses grupos e podem ser descritos por uma dessas 17 celas unitárias.

A cada grupo plano bidimensional é atribuído um símbolo que resume as propriedades de simetria do padrão. Os símbolos têm significado similar ao dos símbolos dos grupos pontuais. A primeira letra indica o tipo de cela, primitiva (*p*) ou centrada (*c*). Se houver um eixo de simetria, ele é representado por um número que indica sua ordem, um, dois, três, quatro e seis, e é alocado na

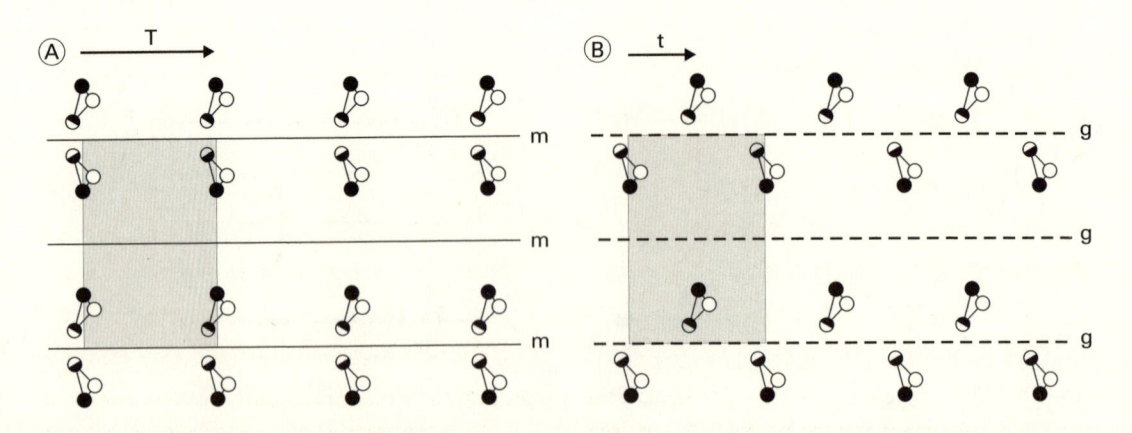

FIG. 3.9 Operação de deslizamento: (A) reflexão segundo um plano de simetria; (B) translação paralela ao plano de simetria segundo um vetor **t**, restrito a valor igual a **T**/2, em que **T** é o vetor de repetição do retículo paralelo ao plano de deslizamento. A cela unitária está sombreada

Quadro 3.2 Grupos de simetria plana (bidimensional)

Sistema	Retículo	Grupo pontual	Grupo plano	Número	Fig.
Oblíquo	mp	1	p1	1	3.10A
		2	p2	2	3.10B
Retangular	op, oc	m, 2mm	pm (p1m1)	3	3.10C
			pg (p1g1)	4	3.10D
			cm (c1m1)	5	3.10E
			p2mm	6	3.10F
			p2mg	7	3.10G
			p2gg	8	3.10H
			c2mm	9	3.10I
Quadrado	tp	4, 4m	p4	10	3.10J
			p4mm	11	3.10K
			p4gm	12	3.10L
Hexagonal	hp	3, 3m, 6, 6mm	p3	13	3.10M
			p3m1	14	3.10N
			p31m	15	3.10O
			p6	16	3.10P
			p6mm	17	3.10Q

*A cada grupo plano é atribuído um número, listado nas Tabelas Internacionais de Cristalografia (ver Bibliografia).

segunda posição no símbolo. Planos de simetria (m) ou planos de deslizamento (g) ao longo de direções específicas (Quadro 3.1) são alocados na posição final do símbolo.

A localização dos elementos de simetria na cela unitária de grupos planos é ilustrada na Fig. 3.10. Linhas cheias espessas representam planos de simetria e linhas tracejadas espessas representam planos de deslizamento. O contorno da cela unitária é delimitado por linhas delgadas.

O primeiro grupo plano, p1, é o menos simétrico e se caracteriza por um retículo oblíquo que contém apenas um eixo de simetria de ordem um através do ponto na origem da cela unitária (Fig. 3.10A). O segundo grupo plano, p2, também é oblíquo, mas apresenta um eixo de ordem dois através do ponto na origem da cela unitária (Fig. 3.10B). Os demais grupos planos com um único eixo de rotação são p4, p3 e p6. Em todos eles, o eixo de rotação passa através do ponto na origem da cela unitária (Fig. 3.10J,M,P).

Diversos grupos planos não apresentam eixos de simetria. Eles contêm apenas um plano de simetria (m) ou de deslizamento (g) através da origem da cela unitária, sendo esses planos dispostos de modo perpendicular ao eixo **a** da cela unitária, pm, pg e cm (Fig. 3.10C,D,E). Esses grupos planos também podem ser descritos pelos símbolos *longos* p1m1, p1g1 e c1m1, que enfatizam o eixo de ordem um na origem da cela unitária e o fato de que o plano de simetria ou deslizante é perpendicular ao eixo **a**. O símbolo p11m indica um plano de simetria perpendicular ao eixo **b**, [01] (Quadro 3.1).

Os demais grupos planos são descritos por uma sequência de quatro elementos, por exemplo, p2mm e p2mg. Os primeiros

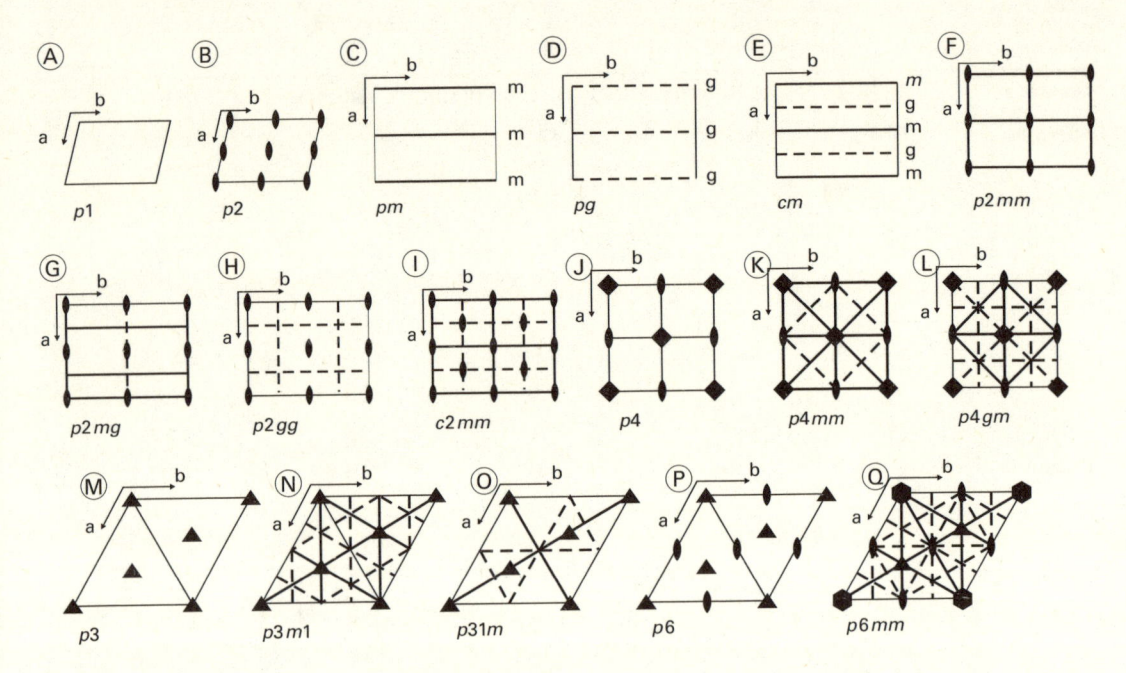

FIG. 3.10 Localização dos elementos de simetria nas celas unitárias dos 17 grupos planos

dois elementos indicam o tipo de retículo e o eixo de rotação presentes. O significado da ordem dos dois últimos elementos é listado no Quadro 3.1. O símbolo *p2mm*, derivado do retículo *op*, indica um retículo primitivo, com um eixo de ordem dois na origem da cela unitária, um plano de simetria perpendicular ao eixo **a**, [10], e um plano de simetria perpendicular ao eixo **b**, [01] (Fig. 3.10F). O símbolo *p2mg* indica um retículo primitivo, com um eixo de ordem dois através da origem da cela unitária, um plano de simetria perpendicular ao eixo **a**, [10], e um plano deslizante perpendicular ao eixo **b**, [01] (Fig. 3.10G). As posições do plano de simetria e do plano de deslizamento em geral coincidem com a origem da cela unitária, mas nem sempre. Eles se situam em posições compatíveis com o eixo de simetria presente na origem. O eixo de ordem um é, em geral, usado para marcar posição e garantir que o plano de simetria ou de deslizamento seja corretamente alocado, como descrito anteriormente no caso dos grupos *p1m1* e *p11m*. Os grupos planos *p31m* e *p3m1* são ambos derivados de *p3*, com a adição de planos de simetria. O grupo *p3m1* tem um plano de simetria perpendicular ao eixo **a**, [10], enquanto o grupo *p31m* tem um plano de simetria perpendicular a [1$\bar{1}$].

Para determinar o grupo plano de um padrão, liste todos os elementos de simetria presentes (o que nem sempre é fácil), coloque-os na sequência adequada e compare-os com os elementos de simetria associados aos grupos planos dados no Quadro 3.2.

3.6 Estruturas cristalinas bidimensionais

Ao descrever uma estrutura cristalina, é necessário listar as posições de todos os átomos na cela unitária, o que, mesmo em estruturas bidimensionais, pode ser uma tarefa considerável. Entretanto, todas as estruturas devem ser equivalentes a um dos

17 padrões definidos para os grupos planos, e o trabalho de listar as posições atômicas pode ser muito simplificado aplicando-se os elementos de simetria contidos no próprio símbolo do . Para auxiliar, cada grupo plano é descrito em termos de um par de diagramas padrão. O primeiro diagrama apresenta todos os elementos de simetria da cela unitária (Fig. 3.10). O diagrama adicional representa as várias posições de um motivo inicialmente colocado em uma *posição geral* na cela unitária, em função dos elementos de simetria presentes (ver seção 3.7). Em geral, o motivo é representado por um *círculo*. O diagrama pode ainda mostrar a posição do motivo nas celas vizinhas, para auxiliar na visualização da simetria.

Considere o grupo plano mais simples, $p1$, (número 1), como exemplo. Lembre-se de que há apenas um ponto do retículo em uma cela unitária primitiva (p). O motivo pode ser colocado em qualquer posição dentro da cela unitária. A cela unitária não contém elementos de simetria (Fig. 3.11A) e, portanto, o motivo não é replicado (Fig. 3.11B). Note que a cela é dividida em quadrantes e os motivos são mostrados nas celas unitárias vizinhas para demonstrar o padrão de repetição. Apesar de a cela unitária conter apenas um ponto do retículo, o motivo associado a esse ponto do retículo pode conter um número qualquer de átomos. Considere a molécula triangular usada previamente como motivo (Fig. 3.11C).

As posições atômicas, x e y, em qualquer cela unitária (não apenas no grupo plano $p1$) são definidas por coordenadas em relação a eixos paralelos às arestas da cela unitária. Os três átomos na molécula motivo estarão nas posições atômicas (x_1, y_1), (x_2, y_2) e (x_3, y_3) (Fig. 3.11D-F). Devido à ausência de elementos de simetria, não há alternativa a não ser listar as coordenadas (x, y) de cada átomo.

Os diagramas cristalográficos padrão do grupo plano $p2$ são apresentados na Fig. 3.12A,B. O grupo plano $p2$ contém um eixo de simetria de ordem dois na origem da cela unitária (Fig. 3.12A). Isso significa que um átomo na posição (x_1, y_1) estará presente também na posição $-x_1, -y_1$, representada por $(\bar{x}, \bar{y})$ (pronuncia-se *x barra, y barra*), equivalente à posição $(1 - x), (1 - y)$ (Fig. 3.12B-E). Se o motivo for um grupo de átomos, as posições de cada átomo no novo grupo serão relacionadas às do motivo de origem pela mesma simetria de rotação. Note que, apesar de haver mais eixos de ordem dois presentes, eles não produzem mais átomos na cela unitária. O padrão produzido pela reprodução da cela unitária é apresentado na Fig. 3.12F.

Os resultados da operação dos elementos de simetria presentes nos grupos planos pm e pg são resumidos na Fig. 3.13A-F. No grupo

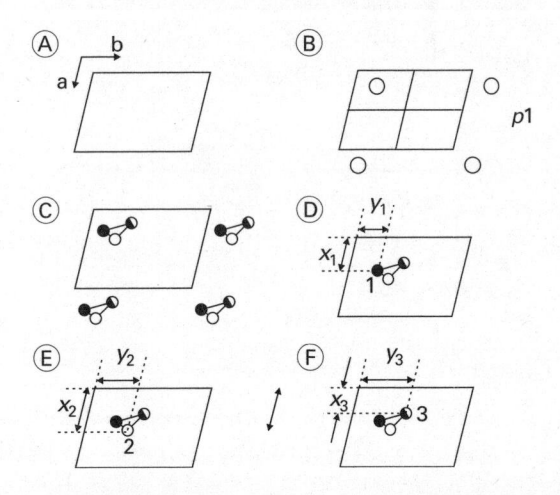

FIG. 3.11 Diagramas de grupo espacial para o grupo plano $p1$: (A) elementos de simetria; (B) posições gerais equivalentes; (C) posicionamento do motivo molécula triangular; (D-F) especificação das coordenadas (x, y) de um átomo

plano *pm*, o plano de simetria é perpendicular ao eixo **a** (Fig. 3.13A). Devido à presença do plano de simetria, ocorre a transformação do motivo em sua imagem especular. Essa forma não pode ser superposta à forma original com um simples deslocamento lateral no plano da página. Nos diagramas cristalográficos padrão, uma relação de quiralidade com um motivo é indicada colocando-se uma *vírgula no interior do círculo que simboliza o motivo* (Fig. 3.13B). A relação entre as duas formas é mais evidente se for usada como motivo a molécula triangular (Fig. 3.13C). O grupo plano *pg* tem planos de deslizamento perpendiculares ao eixo **a** (Fig. 3.13D). A operação de deslizamento envolve reflexão e, por esse motivo, as formas reproduzidas com base no motivo são pares quirais (Fig. 3.13E,F).

O elemento de simetria que define o grupo plano *p4* é um eixo de simetria de ordem quatro, alocado por conveniência no vértice da cela unitária. A operação dos elementos de simetria presentes no grupo plano *p4* (Fig. 3.14A) faz com que o motivo existente em uma posição geral seja reproduzido quatro vezes na cela unitária (Fig. 3.14B). As posições dos átomos geradas pelo eixo de ordem quatro são derivadas do seguinte modo. Um átomo é colocado em uma posição geral (x, y) (Fig. 3.14C). Rotações anti-horárias sucessivas de 90° (Fig. 3.14D-F) geram as

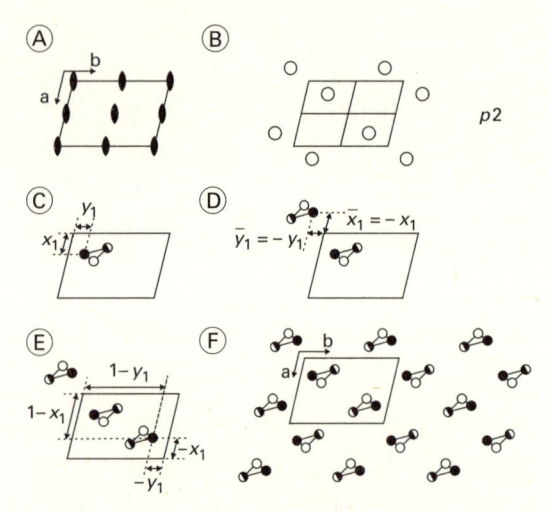

FIG. 3.12 Diagramas de grupo espacial para o grupo plano *p2*: (A) elementos de simetria; (B) posições gerais equivalentes; (C-E) especificação das coordenadas (x, y) de um átomo em uma posição geral; (F) padrão geral formado

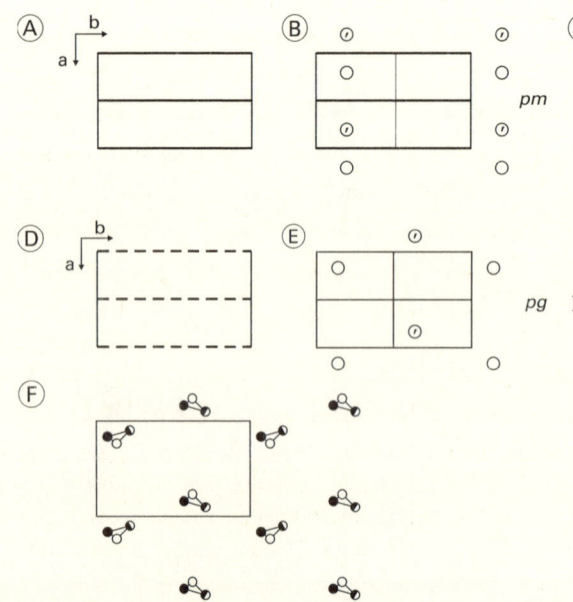

FIG. 3.13 Diagramas de grupo espacial para os grupos planos *pm* e *pg*: (A) elementos de simetria presentes no grupo *pm*; (B) posições gerais equivalentes para o grupo *pm*; (C) padrão geral consistente com o grupo *pm*; (D) elementos de simetria presentes no grupo *pg*; (E) posições gerais equivalentes para o grupo *pg*; (F) padrão geral consistente com o grupo *pg*

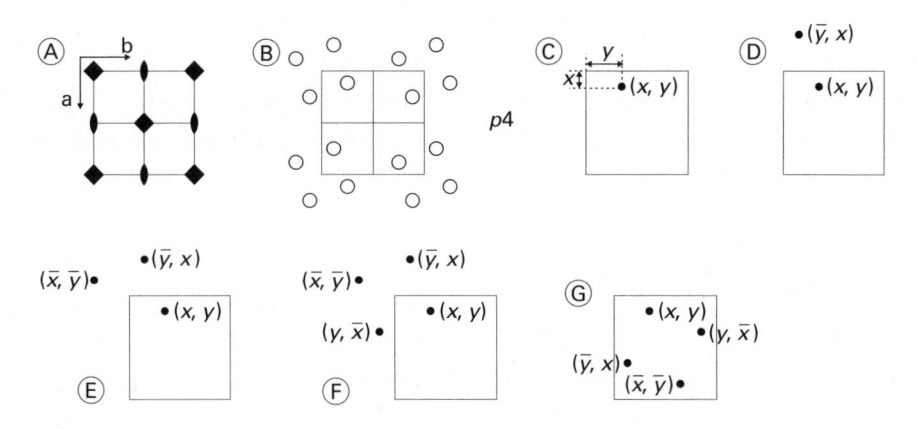

FIG. 3.14 Diagramas de grupo espacial para o grupo plano *p*4: (A) elementos de simetria; (B) posições gerais equivalentes; (C-G) especificação das coordenadas (*x*, *y*) de um átomo em uma posição geral

três posições atômicas adicionais. Os átomos equivalentes transpostos em uma única cela unitária são mostrados na Fig. 3.14G.

As posições são descritas em textos de Cristalografia como (*x*, *y*), ($\bar{y}$, *x*), ($\bar{x}$, $\bar{y}$) e (*y*, $\bar{x}$). Essa terminologia pode ser mal interpretada e, portanto, seu significado é detalhado a seguir. Se a primeira posição escolhida, (*x*, *y*), for, por exemplo, *x* = 0,15, *y* = 0,35, então o ponto ($\bar{y}$, *x*) tem como coordenadas $-x$ = 0,35 (que é equivalente a (1 – 0,35) ou (+0,65)) e *y* = 0,15. As coordenadas das quatro posições (*x*, *y*), ($\bar{y}$, *x*), ($\bar{x}$, $\bar{y}$) e (*y*, $\bar{x}$) encontram-se na Tab. 3.2 e na Fig. 3.14.

3.7 Posições gerais e especiais

Na seção anterior, foi alocado um átomo ou um motivo em uma posição (*x*, *y*), que poderia ser qualquer posição na cela unitária. Essas posições são denominadas *posições gerais*, enquanto as posições geradas pelos operadores de simetria são denominadas *posições gerais equivalentes*. O número de posições gerais equivalentes é definido pela *multiplicidade*. Portanto, a posição geral (*x*, *y*) no grupo plano *p*2 (número 2) tem multiplicidade igual a 2 e, no grupo plano *p*4 (número 10), essa posição tem multiplicidade igual a 4.

Se, entretanto, a posição atômica (*x*, *y*) recair sobre um elemento de simetria, sua multiplicidade irá diminuir. Por exemplo, um átomo localizado na origem da cela unitária no grupo plano *p*2 estará situado sobre um eixo de simetria de ordem dois e não será repetido. Essa posição terá, portanto, multiplicidade igual a 1, sendo que um ponto em uma posição geral tem multiplicidade igual a 2. Essa posição é denominada *posi-*

TAB. 3.2 POSIÇÕES GERAIS EQUIVALENTES NO GRUPO PLANO *p*4

Posição	Valor *x*	Valor *y*	*x* final	*y* final
(*x*, *y*)	0,15	0,35	0,15	0,35
($\bar{y}$, *x*)	−0,35	0,15	(1 −0,35) = 0,65	0,15
($\bar{x}$, $\bar{y}$)	−0,15	−0,35	(1 −0,15) = 0,85	(1 −0,35) = 0,65
(*y*, $\bar{x}$)	0,35	−0,15	0,35	(1 −0,15) = 0,85

ção especial. As posições especiais em uma cela unitária do grupo plano *p*2 ocorrem nas coordenadas (0, 0), (½, 0), (0, ½) e (½, ½), que coincidem com os eixos de simetria de ordem dois. Portanto, há quatro posições especiais, cada uma com multiplicidade igual a 1.

Em uma cela unitária do grupo plano *p*4, há posições especiais associadas com os eixos de ordem quatro na origem da cela, (0, 0), no centro da cela, (½, ½), e associadas com os eixos de ordem dois nas posições (½, 0) e (0, ½) (ver Fig. 3.14A). A multiplicidade de um átomo localizado sobre um eixo de ordem quatro na origem da cela será igual a 1, pois ela não será repetida em outras partes da cela pelas operações de simetria. O mesmo ocorre com um átomo situado sobre o eixo de rotação de ordem quatro no centro da cela. Se um átomo se situa sobre um eixo de ordem dois, por exemplo em (½, 0), outro átomo deve ocorrer em (0, ½). A multiplicidade de um átomo sobre um eixo de ordem dois será igual a 2.

Note que a multiplicidade de um eixo de ordem dois no grupo plano *p*2 é diferente da multiplicidade em um eixo de ordem dois em um grupo plano *p*4. A multiplicidade de uma posição especial varia de um grupo plano para outro, dependendo dos demais elementos de simetria presentes. Não obstante, a multiplicidade existente é sempre um divisor da multiplicidade em uma posição geral.

Assim como a multiplicidade em um sítio, sua simetria é também importante. A *simetria do sítio* é especificada em termos dos eixos e planos de simetria que passam pelo sítio. A ordem dos símbolos, quando há mais de um elemento presente, é a mesma ordem dos elementos de simetria no símbolo dos grupos planos. Uma posição geral sempre terá a simetria de sítio igual a 1 (ou seja, ausência de elementos de simetria). A simetria do sítio de um átomo em um eixo de ordem dois nos grupos planos *p*2 ou *p*4 será igual a 2, correspondente ao próprio eixo de simetria de ordem dois. A simetria do sítio de um átomo em um eixo de simetria de ordem quatro em um grupo plano *p*4 será igual a 4. Quando uma posição não está envolvida na simetria do sítio, o local é representado por um ponto, apenas para marcar a posição. No grupo plano *p*2*mm* (Fig. 3.10F), a simetria do sítio de um átomo em um dos dois planos de simetria perpendiculares ao eixo **a** é indicada por .*m*., e a de um átomo sobre um plano de simetria perpendicular ao eixo **b** é indicada por ..*m*. Um átomo sobre qualquer um dos eixos de ordem dois também estará sobre um plano de simetria perpendicular ao eixo **a** e ao plano de simetria perpendicular ao eixo **b**, e, portanto, a simetria do sítio é indicada por 2*mm*.

Tanto as posições gerais como as especiais, em uma cela unitária, podem ser listadas em uma tabela que indica a multiplicidade de cada posição, as coordenadas das posições equivalentes e a simetria do sítio. Nessas tabelas, as posições gerais são listadas em primeiro lugar, e as posições especiais, em ordem decrescente de multiplicidade e crescente de simetria pontual. Elas são acompanhadas ainda de uma *letra ou símbolo de Wyckoff*, partindo do sítio de menor multiplicidade, em ordem alfabética. Esse procedimento está exemplificado na Tab. 3.3 para o grupo plano *p*2 e na Tab. 3.4 para o grupo plano *p*4.

Com base no que foi exposto, vê-se que, para especificar a estrutura de um cristal bidimensional, é suficiente especificar (i) os parâmetros do retículo, (ii) o símbolo do grupo plano, (iii) a lista de tipos de átomos, juntamente com os símbolos de Wyckoff e as

TAB. 3.3 POSIÇÕES NO GRUPO PLANO $p2$

Multiplicidade	Símbolo de Wyckoff	Simetria do sítio	Coordenadas das posições equivalentes
2	e	1	(1) x, y; (2) $\bar{x}, \bar{y}$
1	d	2	½, ½
1	c	2	½, 0
1	b	2	0, ½
1	a	2	0, 0

TAB. 3.4 POSIÇÕES NO GRUPO PLANO $p4$

Multiplicidade	Símbolo de Wyckoff	Simetria do sítio	Coordenadas das posições equivalentes
4	d	1	(1) x, y; (2) $\bar{x}, \bar{y}$; (3) $(\bar{y}, x)$; (4) $(y, \bar{x})$
2	c	2..	½, 0; 0, ½
1	b	4..	½, ½
1	a	4..	0, 0

coordenadas atômicas. Em cristais complexos, isso simplifica enormemente a quantidade de informação necessária.

3.8 Padrões de mosaicos

Um padrão de mosaicos é capaz de cobrir uma área sem lacunas e sem sobreposição de peças. É evidente que as celas unitárias dos cinco retículos planos irão formar padrões periódicos de mosaicos. Recentemente, tem havido considerável interesse na matemática desses padrões, que são relevantes em Cristalografia. Há infinitos modos possíveis de cobrir uma superfície com mosaicos e, apesar da teoria dos mosaicos em geral se restringir a peças (ladrilhos) de forma idêntica, as peças individuais podem ser rotacionadas ou refletidas, além de transladadas, enquanto na Cristalografia apenas a translação é permitida.

Mosaicos regulares são aqueles em que cada peça tem a mesma forma e em que cada junção de peças tem o mesmo arranjo de peças ao seu redor. Há apenas três padrões regulares de mosaicos, derivados de três polígonos regulares: triângulos equiláteros, quadrados e hexágonos (Fig. 3.15). Nenhum outro polígono regular cobre completamente uma superfície, sem lacunas.

Um *mosaico periódico* se caracteriza por apresentar uma região que pode ser delimitada e que é capaz de cobrir um plano por translação (cela unitária), mas sem operações de rotação ou reflexão. As regras para a produção de um mosaico periódico são menos restri-

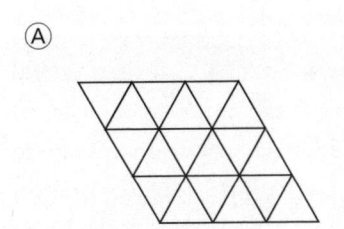

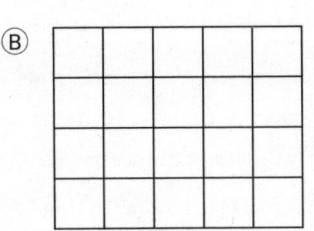

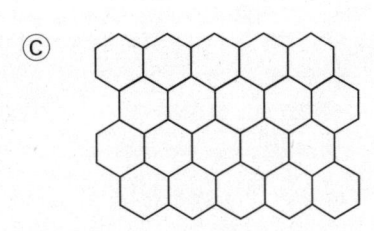

FIG. 3.15 Mosaicos regulares: (A) triângulos equiláteros; (B) quadrados; (C) hexágonos regulares

tivas que as que definem um mosaico regular. Isso pode ser ilustrado por mosaicos periódicos com pentágonos equiláteros (Fig. 3.16A). Note que um pentágono equilátero é diferente de um pentágono regular, porque embora tenha cinco lados de mesmo comprimento, seus ângulos internos são diferentes de 72°. Esses mosaicos cobrem a superfície apenas se alguns dos pentágonos forem rotacionados ou refletidos. Esse mosaico é periódico, entretanto, porque há uma unidade estrutural (cela unitária) composta por quatro peças pentagonais (Fig. 3.16B), capaz de cobrir uma superfície apenas por translação.

Um *mosaico não periódico* é aquele que não pode ser criado pela translação repetida de um pequeno motivo (cela unitária) do padrão. Há vários recobrimentos desse tipo, como, por exemplo, os mosaicos em espiral. Uma família de padrões de mosaicos não periódicos de especial relevância em Cristalografia são os *mosaicos de Penrose*, formados com base em duas formas básicas denominadas pipas e dardos (*kites* e *darts*) (Fig. 3.17). Essas formas são derivadas de uma forma romboédrica, em que cada aresta é igual à razão áurea de comprimento $(1 + \sqrt{5})/2 = 1{,}61803398$ (Fig. 3.17A). A forma romboédrica é dividida ao meio segundo sua diagonal longa na razão áurea $(1 + \sqrt{5})/2 = 1{,}61803398$ e o ponto encontrado dessa forma é ligado aos ângulos obtusos do rombo. Assim, são criados a pipa (Fig. 3.17B) e o dardo (Fig. 3.17C). Cada segmento de linha de pipas e dardos apresenta comprimento igual a 1 ou à razão áurea. Uma pipa corresponde a um quinto de um decágono (Fig. 3.17D). O rombo, em si, pode cobrir uma superfície de modo periódico, pois ele configura uma cela unitária oblíqua. Entretanto, os modos possíveis de ligação de pipas e dardos são restritos e os padrões formados são não periódicos ou aperiódicos.

A não periodicidade pode ser forçada em mosaicos, ao unirem-se as peças de modo

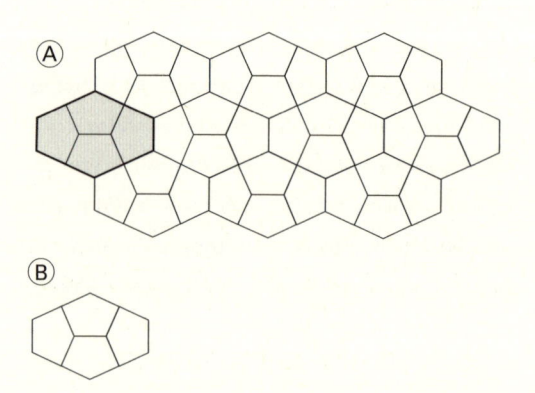

FIG. 3.16 (A) Mosaico periódico de pentágonos equiláteros (não regulares) e (B) a unidade da estrutura que produz o mosaico apenas por translação. Esse mosaico é conhecido e usado desde a Antiguidade

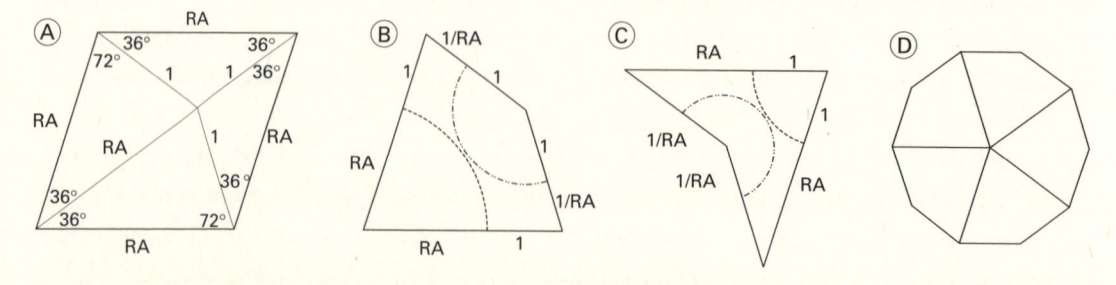

FIG. 3.17 Pipas e dardos: (A) rombo com arestas iguais à razão áurea, RA; (B) pipa, com arcos que forçam um mosaico aperiódico de Penrose quando encaixados; (C) dardo, com arcos que forçam um mosaico aperiódico de Penrose quando encaixados; (D) cinco pipas formam um decágono

especial. Uma forma interessante de unir as peças é desenhar arcos circulares de duas cores ou padrões, cortando as arestas na razão áurea (Fig. 3.17B,C). O mosaico é então desenvolvido com a condição de que, na união das peças, arcos circulares do mesmo tipo sejam contínuos. Um padrão de mosaico de Penrose construído desse modo, conhecido como *sol infinito*, é apresentado na Fig. 3.18. Qualquer região do padrão apresenta simetria com eixos de simetria de ordem cinco e isso é válido para qualquer área, não importando a dimensão atingida pelo padrão de mosaico. Entretanto, é possível notar que o padrão nunca se repete. Mesmo que pareça haver uma cela unitária, ela não existe. Detalhes sobre como construir o mosaico da Fig. 3.18 e outros mosaicos de Penrose estão disponíveis na Bibliografia.

Essa descoberta teve grande impacto em Cristalografia. Um mosaico de Penrose parece, a princípio, ter uma simetria rotacional de ordem cinco ou dez, o que não é permitido na derivação clássica de mosaicos discutida anteriormente. Algo surpreendente

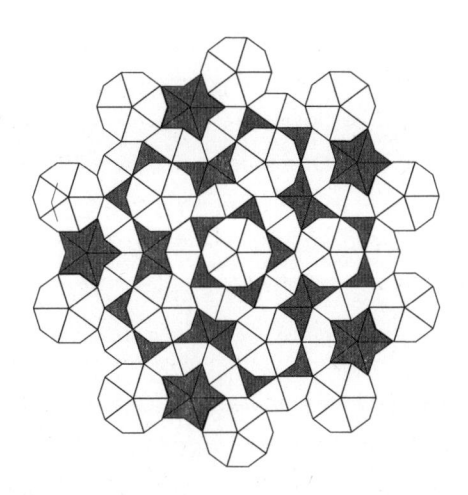

FIG. 3.18 Padrão de sol infinito do mosaico de Penrose

é que sólidos análogos a mosaicos tridimensionais de Penrose foram recentemente descobertos. Esses sólidos não seguem as regras fundamentais da Cristalografia por apresentarem celas unitárias (aparentemente) com simetria rotacional de ordem cinco ou maior. A descoberta desses compostos causou furor no mundo da Cristalografia, com pesquisadores tentando explicar essas fases enigmáticas. Esses materiais, conhecidos como *quasicristais*, são descritos na seção 8.9.

Respostas das questões introdutórias

O que é um grupo pontual?
Um grupo pontual descreve a simetria de uma forma isolada.

Quando os vários elementos de simetria presentes em uma forma plana são aplicados, percebe-se que um ponto não é afetado pelas transformações. Quando esses elementos de simetria são representados em um diagrama, todos eles passam por esse único ponto. Por esse motivo, essa combinação de operadores é denominada simetria geral pontual da forma. Não há limitações impostas aos operadores de simetria e os eixos de simetria de ordem cinco são permitidos, como os encontrados em objetos naturais, como estrelas-do-mar e flores. Há muitos tipos de grupos pontuais gerais.

A estrutura subjacente a qualquer padrão bidimensional é um retículo plano. Os grupos pontuais obtidos pela exclusão de todos os operadores incompatíveis com um retículo plano são denominados grupos pontuais planos cristalográficos. Eles são formados pela combinação de operadores de rotação de ordem um, dois, três, quatro e seis, com simetria especular. Há apenas dez grupos pontuais planos cristalográficos associados a padrões ou cristais bidimensionais.

O que é um grupo plano?
Um grupo plano descreve a simetria de padrões de repetição bidimensionais.

Padrões repetitivos podem ser construídos pela combinação dos dez grupos pontuais planos cristalográficos (bidimensionais) com os cinco tipos de retículos planos (bidimensionais). Os 17 tipos diferentes de arranjo são denominados 17 grupos planos (bidimensionais). Todos os padrões cristalográficos bidimensionais pertencem a um desses grupos, que representam todos os padrões repetitivos possíveis em duas dimensões. Obviamente, ao variar o motivo, um número infinito de desenhos podem ser criados, mas eles sempre vão apresentar uma das 17 possibilidades de cela unitária descritas.

O que são mosaicos aperiódicos?
Os mosaicos são formas capazes de cobrir uma superfície sem lacunas ou sobreposições de peças. Há infinitas possibilidades de recobrir uma superfície e, apesar da teoria de mosaicos em geral se restringir a peças de forma idêntica, as peças individuais podem ser rotacionadas ou refletidas, além de transladadas, enquanto, em Cristalografia, apenas a translação é permitida.

Um mosaico periódico é aquele no qual pode ser identificada uma região (ou cela unitária) que permite cobrir o plano apenas por translação, ou seja, apenas por deslocamentos laterais, sem rotações ou reflexões. De modo contrário, um mosaico não periódico não pode ser criado apenas pela translação de uma pequena parte do padrão, sem que haja rotação ou reflexão; isso significa que ele não possui uma cela unitária. Embora qualquer pequena área do padrão possa aparentemente ser uma cela unitária, a análise de áreas maiores indica que não há repetição simples desse padrão. A cela unitária seria infinitamente ampla. Entre os mosaicos aperiódicos mais conhecidos, estão os mosaicos de Penrose.

Problemas e exercícios

Teste rápido

1 Qual das seguintes operações não é um elemento de simetria?
a) rotação
b) reflexão
c) translação

2 Grupo pontual é outro nome de:
a) simetria de um padrão
b) uma coleção de elementos de simetria
c) um único elemento de simetria

3 O eixo de simetria de ordem quatro envolve a rotação no sentido anti-horário de:
a) 180°
b) 90°
c) 60°

4 Qual dos seguintes eixos de simetria não é compatível com cristais?
a) ordem quatro
b) ordem seis
c) ordem oito

5 O número de grupos pontuais cristalográficos bidimensionais existentes é:
a) 17
b) 10
c) 5

6 O número de grupos planos existentes é:
a) 17
b) 10
c) 5

7 Um operador de deslizamento consiste em:
a) reflexão mais rotação
b) rotação mais translação
c) reflexão mais translação

8 Se a posição $(x, y) = (0,25, 0,80)$, a posição $(\bar{y}, x)$ é:
a) (−0,80, 0,25)
b) (−0,25, 0,80)
c) (0,80, −0,25)

9 Se a posição (x, y) de um átomo recair sobre um elemento de simetria, sua multiplicidade irá:
a) aumentar
b) diminuir
c) permanecer inalterada

10 Os mosaicos de Penrose formam padrões que podem ser descritos como:
a) regulares
b) periódicos
c) aperiódicos

Cálculos e questões

3.1 Faça uma lista dos elementos de simetria presentes nas moléculas da figura a seguir e defina o grupo pontual correspondente a cada uma. Considere que as moléculas são planas, exatamente como desenhadas, e não tridimensionais. As formas representam: (A) C_5H_5 no ferroceno, pentagonal; (B) CS_2, linear; (C) SO_2, triangular; (D) XeF_4, quadrado; (E) C_4H_4, etano, plano.

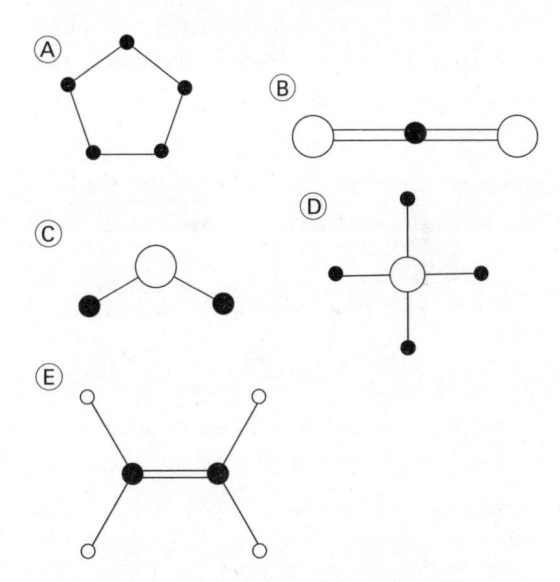

3.2 Liste os elementos de simetria presentes nos dois tabuleiros ilustrados na figura adiante e indique os grupos pontuais correspondentes a cada padrão.

3.3 Usando o motivo apresentado na Fig. 3.6, desenhe os diagramas dos grupos pontuais 5 e 5m.

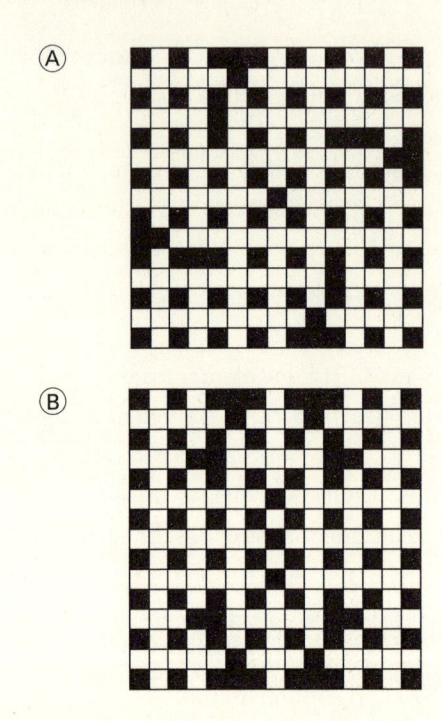

3.4 Determine os grupos pontuais dos padrões da seguinte figura.

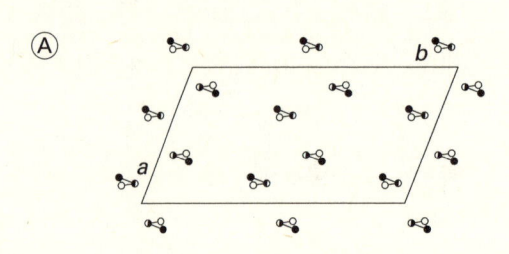

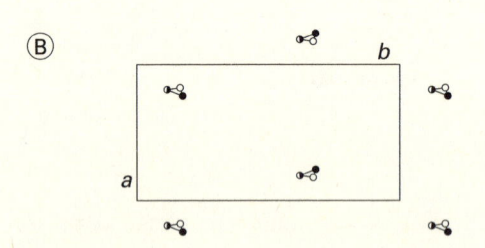

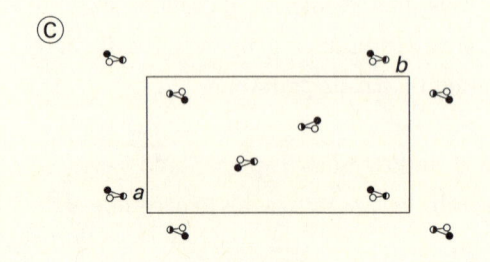

3.5 Determine os grupos planos dos padrões da figura a seguir.

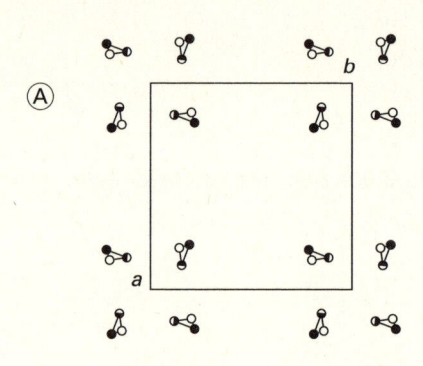

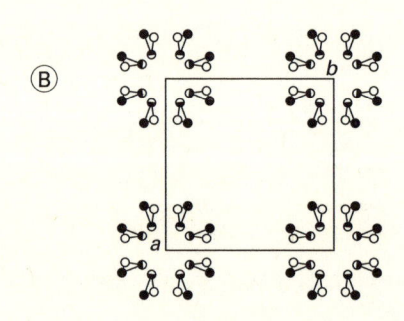

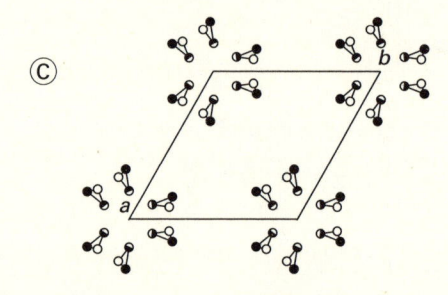

3.6 As posições gerais equivalentes no grupo plano *c2mm* são dadas por:

(1) x, y (2) $\bar{x}, \bar{y}$

(3) $\bar{x}, y$ (4) $x, \bar{y}$

(5) $\frac{1}{2}+x, \frac{1}{2}+y$ (6) $\frac{1}{2}+\bar{x}, \frac{1}{2}+y$

(7) $\frac{1}{2}+x, \frac{1}{2}+\bar{y}$ (8) $\frac{1}{2}+x, \frac{1}{2}+\bar{y}$

A multiplicidade do sítio é igual a 8. Quais são as coordenadas de todos os átomos equivalentes no interior da cela unitária *x* se houver um átomo na posição (0,125, 0,475)?

3.7 As posições gerais equivalentes no grupo plano *p4gm* são dadas por:

(1) x, y
(2) $\bar{x}, \bar{y}$
(3) $\bar{y}, x$
(4) $y, \bar{x}$
(5) $\bar{x}+\dfrac{1}{2}, y+\dfrac{1}{2}$
(6) $x+\dfrac{1}{2}, \bar{y}+\dfrac{1}{2}$
(7) $y+\dfrac{1}{2}, x+\dfrac{1}{2}$
(8) $\bar{y}+\dfrac{1}{2}, \bar{x}+\dfrac{1}{2}$

A multiplicidade do sítio é igual a 8. Quais são as coordenadas de todos os átomos equivalentes no interior da cela unitária x se houver um átomo na posição (0,210, 0,395)?

4 Simetria em três dimensões

O que é um eixo de rotoinversão?
Como uma classe cristalina se relaciona com um grupo pontual cristalográfico?
O que são pares enantiomórficos?

Este capítulo segue, em traços gerais, a mesma estrutura do anterior. A seguir, será visto como se formam os cristais tridimensionais, e para isso os conceitos apresentados no espaço bidimensional serão revisados e ampliados.

4.1 Simetria de um objeto: simetria pontual

Qualquer sólido pode ser classificado em termos do conjunto dos elementos de simetria que podem ser atribuídos à sua forma. A combinação dos elementos de simetria possíveis produz os *grupos pontuais gerais tridimensionais* ou *grupos pontuais não cristalográficos tridimensionais*. Os operadores de simetria são descritos a seguir usando os símbolos internacionais ou símbolos de Hermann-Mauguin. A notação alternativa, com símbolos de Schoenflies, em geral usada pelos químicos, é apresentada no Apêndice 3.

Alguns dos elementos de simetria descritos em relação a grupos planos também se aplicam a sólidos tridimensionais. Por exemplo, os eixos de rotação são os mesmos e os espelhos ou planos de simetria passam a ter um efeito tridimensional. Como mencionado no Cap. 3, um plano de simetria é um operador que altera a quiralidade do objeto.

Uma *espécie quiral* é aquela que não pode ser sobreposta à sua imagem especular. Uma mão esquerda é transformada em uma mão direita por reflexão. Objetos como moléculas ou cristais, que apresentam quiralidade, são denominados *enantiomorfos* e formam *pares enantiomórficos*. Esses objetos não podem ser sobrepostos uns aos outros, da mesma forma que uma mão direita e uma mão esquerda não coincidem por simples sobreposição. O aminoácido alanina, $CH_3CH(NH_2)COOH$, é um exemplo de molécula quiral, que pode existir na forma *destral* ou *sinistral* (Fig. 4.1) (a estrutura da alanina é descrita em mais detalhe no Cap. 5). Objetos enantiomórficos são estruturalmente idênticos em todos os sentidos, exceto quanto à sua quiralidade.

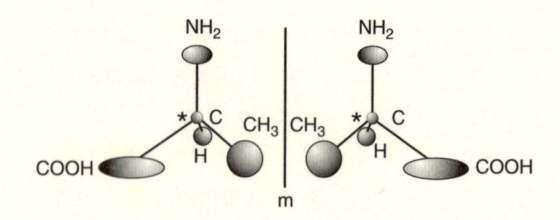

FIG. 4.1 Formas enantiomórficas (imagem especular) de molécula de alanina, $CH_3CH(NH_2)COOH$: (A) forma de ocorrência natural, (S)-(+)-alanina; (B) forma sintética (R)-(−)-alanina. Uma molécula enantiomórfica não se sobrepõe à sua imagem especular

As propriedades químicas e físicas desses compostos também são idênticas, com exceção de uma propriedade adicional denominada *atividade óptica*, descrita a seguir (seção 4.11), e de diferenças nas atividades biológicas e farmacológicas.

Os mais importantes operadores de simetria em um objeto sólido são idênticos àqueles descritos no Cap. 3. O plano de simetria, indicado pela letra *m* no texto, é representado por uma linha contínua nos diagramas. O operador de rotação de ordem um, ou mônade, indica que não há simetria presente, pois a forma deve ser rotacionada em ângulo de $(360/1)°$ para voltar a coincidir com o motivo original. Uma díade, ou eixo de simetria de ordem dois, é representada no texto pelo número 2 e nos diagramas pelo símbolo ♦. A rotação no sentido anti-horário em ângulo de $(360/2)°$, ou seja, 180°, em torno do eixo de ordem dois faz o objeto coincidir com a configuração original. Uma tríade, ou eixo de simetria de ordem três, é indicada no texto pelo número 3 e nos diagramas pelo símbolo ▲. A rotação no sentido anti-horário em ângulo de $(360/3)°$, ou seja, 120°, em torno do eixo de ordem três faz o objeto repetir sua configuração original. Uma tétrade, ou eixo de simetria de ordem quatro, é indicada no texto pelo número 4 e nos diagramas pelo símbolo ♦. A rotação no sentido anti-horário em ângulo de $(360/4)°$, ou seja, 90°, em torno do eixo de ordem quatro faz o objeto coincidir com a configuração original. A pêntade, ou eixo de simetria de ordem cinco, indicada no texto pelo número 5 e em diagramas pelo símbolo ♠, é encontrada em estrelas-do-mar e em vários outros objetos naturais. A rotação no sentido anti-horário em ângulo de $(360/5)°$, ou seja, 72°, em torno do eixo de ordem cinco faz o objeto retornar à sua configuração original. Uma héxade, ou eixo de simetria de ordem seis, é indicada no texto pelo número 6 e em diagramas pelo símbolo ●. A rotação no sentido anti-horário em ângulo de $(360/6)°$, ou seja, 60°, em torno do eixo de ordem seis faz o objeto coincidir com a configuração original. Além desses, há uma quantidade infinita de operadores de simetria por rotação, como eixos de ordem sete, oito e superiores, muitos dos quais são encontrados na natureza (Fig. 4.2).

Um operador que se torna mais importante nos sólidos em comparação com as figuras planas é o centro de simetria ou centro de inversão, representado no texto por $\overline{1}$ (pronuncia-se *um barra*) e em diagramas por ○. Um objeto possui um centro de simetria na posição (0, 0, 0) se qualquer ponto na posição (x, y, z) for acompanhado por um ponto equivalente na posição $(-x, -y, -z)$, escrita como $(\overline{x}, \overline{y}, \overline{z})$ (pronuncia-se *x barra, y barra,*

FIG. 4.2 Eixos de simetria na natureza: (A) eixo de ordem aproximadamente cinco, mas, de fato, há apenas um eixo de ordem um; (B) eixo de ordem cinco; (C) eixo de ordem cinco com planos de simetria; (D) eixo de ordem oito

z *barra*) (Fig. 4.3A). Note que um centro de simetria inverte um objeto de tal modo que sua face inferior se torna a face superior e vice-versa (Fig. 4.3B). O centro de simetria de uma molécula octaédrica regular se situa no átomo metálico central (Fig. 4.3C). Qualquer linha que passa através do centro de simetria de um sólido conecta faces ou pontos equivalentes (Fig. 4.3D).

4.2 Eixos de inversão: rotoinversão

Além dos elementos de simetria descritos anteriormente neste capítulo e no Cap. 3, há um tipo adicional de eixo de rotação em objetos tridimensionais que não existe em objetos planos, que é o *eixo de inversão*, $\bar{n}$ (pronuncia-se *n barra*). A operação de um eixo de inversão consiste em uma rotação combinada com um centro de simetria. Esses eixos também são chamados de *eixos impróprios*, para distingui-los dos eixos ordinários ou próprios descritos anteriormente. A operação de simetria de um eixo impróprio é denominada *rotoinversão*. Dois objetos sólidos relacionados por um eixo de inversão são enantiomórficos.

A operação de eixo de rotação impróprio de ordem dois, $\bar{2}$ (pronuncia-se *dois barra*), é representada na Fig. 4.4. A posição atômica inicial (Fig. 4.4A) é rotacionada 180° no sentido anti-horário (Fig. 4.4B) e invertida por um centro de simetria (Fig. 4.4C). Essa operação é idêntica à operação de um plano de simetria (Fig. 4.4D) e a designação de plano de simetria é usada em vez da designação de eixo impróprio.

A operação de alguns dos outros tipos de eixos de simetria impróprios pode ser ilus-

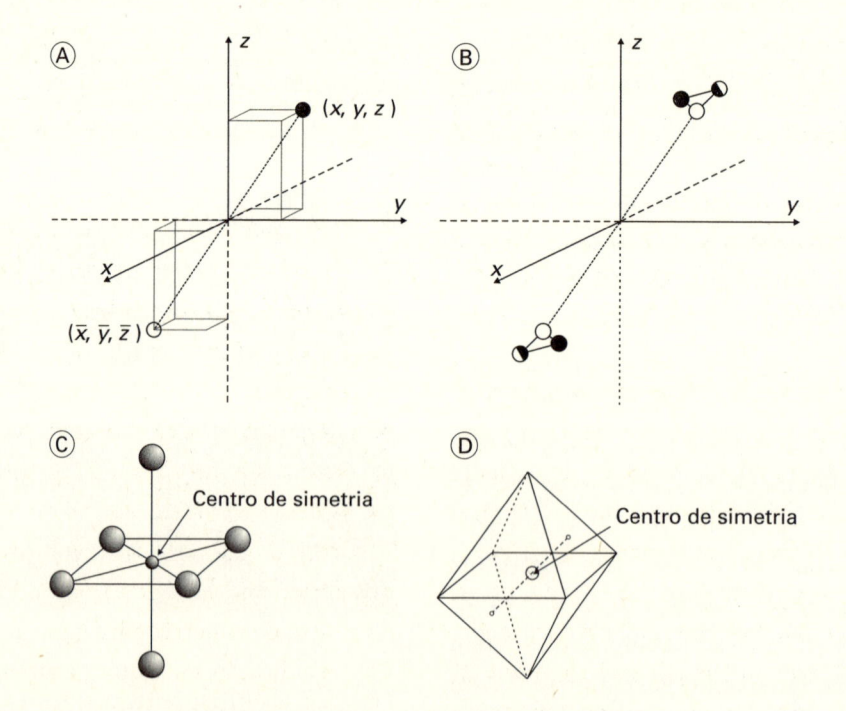

FIG. 4.3 Operação do centro de simetria: (A) qualquer ponto em posição (*x, y, z*) é acompanhado por um ponto equivalente posicionado em (–*x*, –*y*, –*z*) ou ($\bar{x}, \bar{y}, \bar{z}$); (B) um centro de simetria inverte um objeto, fazendo com que sua face inferior se torne sua face superior; (C) o centro de simetria em uma molécula octaédrica regular se situa no átomo metálico central; (D) qualquer linha que passa pelo centro de simetria de um sólido conecta faces equivalentes

4 Simetria em três dimensões · 79

(A) Eixo de inversão (B)

(C) (D)

● Átomo ○ Centro de simetria

FIG. 4.4 Operação do eixo de rotação impróprio de ordem dois, $\bar{2}$; (A) posição atômica inicial; (B) rotação de 180° no sentido anti-horário; (C) inversão por um centro de simetria; (D) a operação $\bar{2}$ é idêntica à de um plano de simetria, m

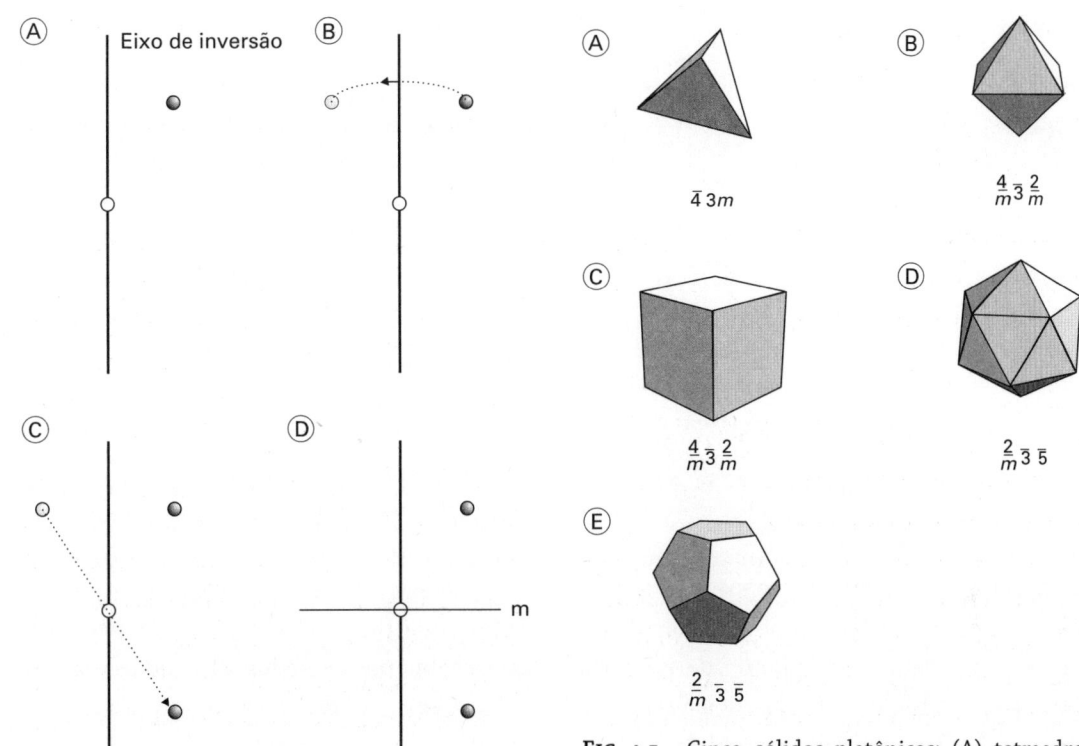

(A) $\bar{4}3m$

(B) $\frac{4}{m}\bar{3}\frac{2}{m}$

(C) $\frac{4}{m}\bar{3}\frac{2}{m}$

(D) $\frac{2}{m}\bar{3}\bar{5}$

(E) $\frac{2}{m}\bar{3}\bar{5}$

FIG. 4.5 Cinco sólidos platônicos: (A) tetraedro regular; (B) octaedro regular; (C) cubo regular; (D) icosaedro regular; (E) dodecaedro regular. O símbolo do grupo pontual é indicado sob cada diagrama

trada em relação aos cinco *sólidos platônicos*, que são tetraedro regular, octaedro regular, icosaedro regular, cubo regular e dodecaedro regular. Esses poliedros têm faces e vértices regulares e apresentam apenas um tipo de face, vértice e aresta (Fig. 4.5A-E). O tetraedro regular, o octaedro regular e o icosaedro regular são compostos por quatro, oito e 20 triângulos equiláteros, respectivamente. O cubo regular ou hexaedro é composto por seis quadrados, e o dodecaedro regular, por 12 pentágonos regulares.

O tetraedro ilustra a operação de um eixo de inversão de ordem quatro, $\bar{4}$ (pronuncia-se *quatro barra*). Um tetraedro contido em um cubo permite definir os três eixos cartesianos (Fig. 4.6A). Há eixos de inversão de ordem quatro paralelos aos eixos x, y e z. Um desses eixos é ilustrado na Fig. 4.6B. A operação desse elemento consiste em mover o vértice A (Fig. 4.6B) segundo rotação de 90° no sentido anti-horário e invertê-lo por meio do centro de simetria para gerar o vértice D. Com a aplicação subsequente do operador $\bar{4}$, o vértice D é transformado em vértice B, B em C e C novamente em A.

Além dos eixos $\bar{4}$, eixos de rotação de ordem três (3) atravessam os vértices e o

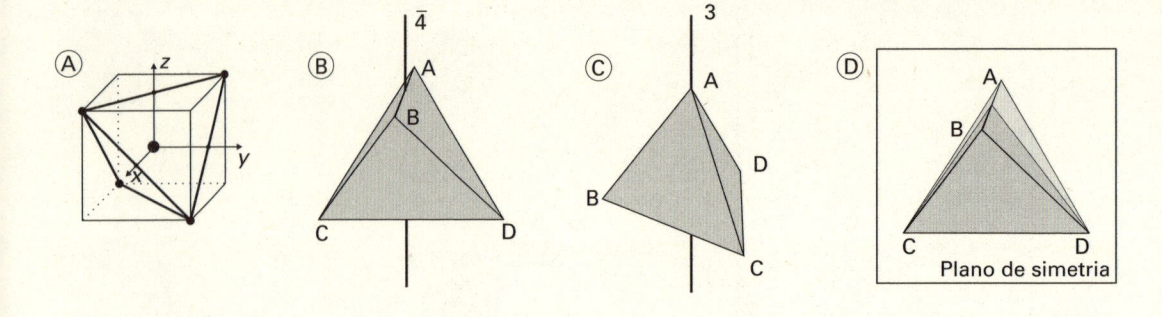

FIG. 4.6 Elementos de simetria presentes em tetraedro regular: (A) tetraedro contido em um cubo, com indicação dos três eixos cartesianos; (B) eixos de inversão de ordem quatro ($\bar{4}$) se situam ao longo dos eixos x, y e z; (C) eixos de simetria de ordem três (3) passam através de um vértice e do centro da face triangular oposta; (D) planos de simetria contêm dois vértices e são normais às arestas que unem os outros dois vértices

centro da face triangular oposta, segundo as direções ⟨111⟩ (Fig. 4.6C). Além desses eixos, o tetraedro tem planos de simetria nos planos {110}, que contêm dois vértices e são perpendiculares aos outros dois vértices (Fig. 4.6D).

O octaedro regular pode ser usado para descrever o eixo de inversão de ordem três, $\bar{3}$ (pronuncia-se *três barra*). Assim como no tetraedro, é conveniente usar os eixos cartesianos como referência para os operadores de simetria (Fig. 4.7A). O eixo de mais alta simetria não é o $\bar{3}$, mas os eixos de rotação de ordem quatro. Esses eixos passam pelo vértice e estão posicionados segundo os eixos x, y e z. Cada eixo de ordem quatro é acompanhado por um plano de simetria normal a ele (Fig. 4.7B). Essa combinação é escrita como 4/m (pronuncia-se *quatro sobre m*).

Os eixos de inversão de ordem três relacionam entre si as posições dos vértices. Há um eixo de inversão $\bar{3}$ no centro de cada par de faces triangulares opostas, ao longo da direção ⟨111⟩ do cubo (Fig. 4.7C). A operação

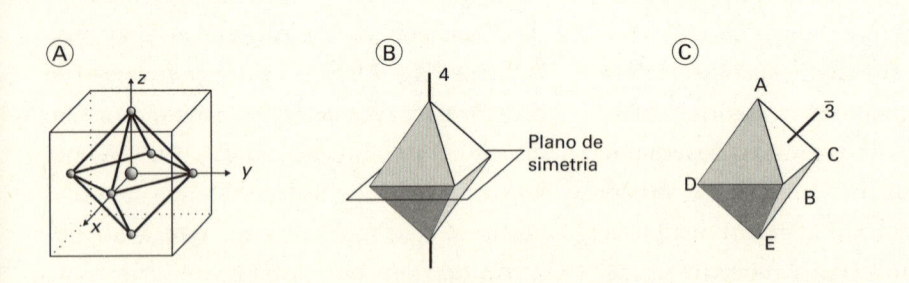

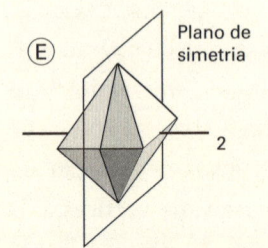

FIG. 4.7 Elementos de simetria presentes em octaedro regular: (A) octaedro contido em um cubo, com indicação dos três eixos cartesianos; (B) cada eixo de rotação de ordem quatro (4) se situa ao longo dos eixos x, y e z e é normal a um plano de simetria; (C) eixos de inversão de ordem três ($\bar{3}$) passam através do centro de cada face triangular; (D) face triangular vista em planta; (E) eixos de simetria de ordem dois passam através de cada aresta e são normais a planos de simetria

desse elemento de simetria produz uma rotação de 120° no sentido anti-horário, levando A até B, seguida de uma inversão para gerar o vértice F. A operação do eixo $\overline{3}$ é vista mais facilmente na perspectiva do próprio eixo (Fig. 4.7D). Rotações sucessivas de 120° no sentido anti-horário, seguidas por inversão, produzem as transformações A → (B) → F, F → (D) → C, C → (A) → E, E → (F) → B, B → (C) → D, D → (E) → A.

Por fim, percebe-se que há eixos de ordem dois (2) no centro de cada aresta do octaedro, posicionados entre quaisquer pares de eixos x, y e z, ao longo de $\langle 110 \rangle$. Cada eixo de ordem dois é acompanhado por um plano de simetria perpendicular a ele (Fig. 4.7E). Essa combinação é representada por $2/m$ (pronuncia-se 2 sobre m).

4.3 Eixos de inversão: rotorreflexão

O operador de *rotorreflexão* é similar ao de rotoinversão, $\overline{n}$, e ambos são considerados eixos de simetria impróprios. Um eixo de rotorreflexão combina a rotação anti-horária $2\pi/n$ com reflexão em um plano de simetria normal ao eixo. Eixos desse tipo são indicados pelo símbolo $\tilde{n}$. O ponto em que o plano de simetria intersecta o eixo de rotação em uma operação de rotorreflexão ($\tilde{n}$) é o centro de simetria em torno do qual ocorre a inversão na operação do eixo de inversão $\overline{n}$. A operação de um eixo de rotorreflexão produz resultado similar ao de rotoinversão, mas os dois símbolos não são diretamente intercambiáveis. Por exemplo, a operação do eixo de rotação impróprio $\tilde{2}$ é representada na Fig. 4.8. A posição atômica inicial (Fig. 4.8A) é rotacionada 180° no sentido anti-horário (Fig. 4.8B) e refletida por um plano de simetria normal ao eixo (Fig. 4.8C). Vê-se que a

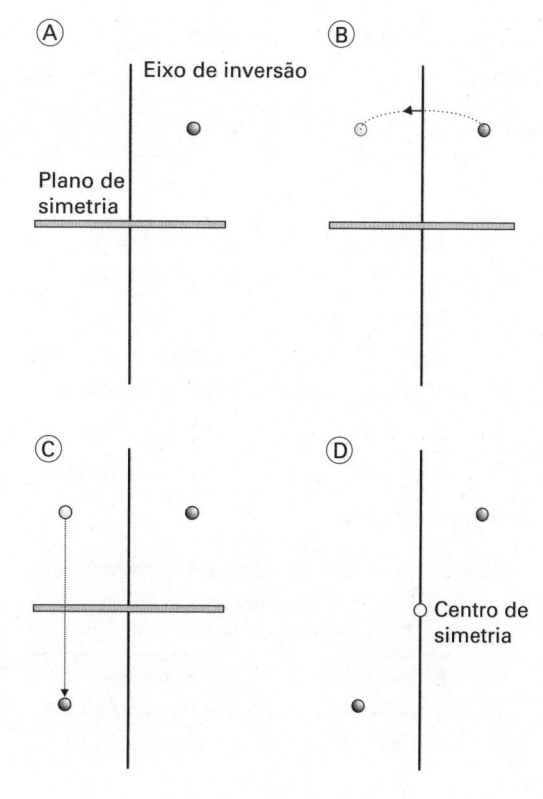

FIG. 4.8 Operação do eixo de rotorreflexão impróprio de ordem dois, $\tilde{2}$: (A) posição atômica inicial; (B) rotação de 180° no sentido anti-horário; (C) reflexão em um plano de simetria normal ao eixo; (D) operação de um centro de simetria

operação é idêntica à de um centro de simetria (Fig. 4.8D), e a designação de centro de simetria é usada preferencialmente em vez de eixo impróprio. A operação do eixo impróprio $\overline{4}$ é equivalente à do eixo $\tilde{4}$, e esse é o único caso no qual há correspondência direta entre os eixos impróprios.

A equivalência dos eixos de rotorreflexão mais importantes com os eixos de rotoinversão e com outros operadores de simetria é apresentada no Quadro 4.1. Em Cristalografia, a operação de rotoinversão é sempre a preferida, mas em estudos de simetria molecular, que usam o sistema de Schoenflies de nomenclatura de simetria, a operação de rotorreflexão é a preferida. Infelizmente, como mencionado, essas operações são simplesmente denominadas rotações impróprias, sem especificações adicionais, e, portanto, é preciso ter cuidado ao comparar descrições de simetria molecular (notação Schoenflies) com descrições cristalográficas (notação Hermann-Mauguin). A correspondência completa entre as nomenclaturas Schoenflies e Hermann-Mauguin é apresentada no Apêndice 3.

QUADRO 4.1 CORRESPONDÊNCIA ENTRE EIXOS DE ROTORREFLEXÃO E ROTOINVERSÃO

Eixos de rotorreflexão	Eixos de rotoinversão
$\tilde{1}$	$\bar{2}$ (m)
$\tilde{2}$	$\bar{1}$
$\tilde{3}$	$\bar{6}$
$\tilde{4}$	$\bar{4}$
$\tilde{6}$	$\bar{3}$

4.4 Símbolos de Hermann-Mauguin para grupos pontuais

Os operadores de simetria que caracterizam um grupo pontual são indicados em um símbolo específico. Em Cristalografia, são usados os símbolos internacionais ou de Hermann-Mauguin (os símbolos alternativos de Schoenflies são fornecidos no Apêndice 3). Assim como em duas dimensões, a ordem em que os operadores de simetria são escritos é ditada por regras específicas (Quadro 4.2). As posições de escrita no símbolo se referem a *direções* (quando há várias direções listadas no Quadro 4.2, elas são equivalentes, em razão da simetria do objeto). Em primeiro lugar, ou na posição *primária*, é dado o elemento mais importante que define o grupo, que em geral são os eixos de simetria. Esses eixos são sempre considerados paralelos às direções descritas. Planos de simetria são considerados *normais* à direção indicada no Quadro 4.2. Se um eixo de simetria e a normal a um plano de simetria forem paralelos, esses dois caracteres de simetria são separados por uma barra, /. Portanto, o sím-

QUADRO 4.2 ORDEM DOS SÍMBOLOS NA NOTAÇÃO DE GRUPOS PONTUAIS DE HERMANN-MAUGUIN

Sistema cristalino	Primário	Secundário	Terciário
Triclínico	–	–	–
Monoclínico	[010], eixo **b** único [001], eixo **c** único	–	–
Ortorrômbico	[100]	[010]	[001]
Tetragonal	[001]	[100], [010]	[1$\bar{1}$0], [110]
Trigonal, eixos romboédricos	[111]	[1$\bar{1}$0], [01$\bar{1}$], [$\bar{1}$01]	
Trigonal, eixos hexagonais	[001]	[100], [010], [$\bar{1}$$\bar{1}$0]	
Hexagonal	[001]	[100], [010], [$\bar{1}$$\bar{1}$0]	[1$\bar{1}$0], [120], [$\bar{2}$$\bar{1}$0]
Cúbico	[100], [010], [001]	[111], [1$\bar{1}$$\bar{1}$], [$\bar{1}1\bar{1}$], [$\bar{1}$$\bar{1}$1]	[1$\bar{1}$0], [110], [01$\bar{1}$], [011], [$\bar{1}$01], [101]

bolo $2/m$ indica que há um eixo de simetria de ordem 2 paralelo à normal de um plano de simetria, ou seja, o eixo de rotação é normal ao plano de simetria.

No exemplo do tetraedro regular (Figs. 4.5A e 4.6), o elemento de simetria inicial é o eixo $\bar{4}$, que é colocado na posição primária no símbolo do grupo pontual e define a direção [100] do conjunto de eixos do cubo. O eixo de rotação de ordem três (3) coincide com a direção ⟨111⟩ e, portanto, é colocado na posição secundária no símbolo. Além disso, o tetraedro possui planos de simetria, que são planos {110} que contêm dois vértices e são normais aos outros dois vértices. Esses planos são normais às direções ⟨110⟩ e são representados pelo terceiro caractere no símbolo do grupo pontual, $\bar{4}3m$.

O mesmo procedimento pode ser usado para reunir os elementos de simetria do octaedro regular (Figs. 4.5B e 4.7), descrito anteriormente, e classificar essa forma com o símbolo de grupo pontual $4/m\,\bar{3}\,2/m$. O cubo (Fig. 4.5C) pode ser descrito pelo mesmo grupo pontual, $4/m\,\bar{3}\,2/m$.

Os dois sólidos platônicos mais complexos, o icosaedro e o dodecaedro (Fig. 4.5D,E), têm eixos $\bar{5}$ (inversão de ordem cinco). Nesses sólidos, o vértice é rotacionado 72°, (360/5)°, e transladado segundo a altura do sólido. No dodecaedro, um eixo $\bar{5}$ une cada vértice ao centro da face oposta. O grupo pontual de ambos os sólidos é $2/m\,\bar{3}\,\bar{5}$, que também pode ser escrito como $\bar{5}\,\bar{3}\,2/m$.

Para determinar o grupo pontual de um objeto, é apenas necessário listar todos os seus elementos de simetria (o que nem sempre é fácil) e então ordená-los na sequência indicada anteriormente.

4.5 Simetria dos retículos de Bravais

O cristal é produzido pela translação da cela unitária, que não é rotacionada nem refletida. Essa limitação cristalográfica impõe uma restrição às combinações de elementos de simetria possíveis em um retículo. O eixo de simetria de ordem cinco e de ordens maiores que seis não é permitido, pelas razões apontadas no Cap. 3. Também o eixo de inversão de ordem cinco, $\bar{5}$, e todos os eixos de inversão de ordem maior que seis não são permitidos. Os únicos operadores de simetria permitidos nos retículos de Bravais são o centro de simetria, $\bar{1}$, o plano de simetria, m, os eixos de simetria próprios 1, 2, 3, 4 e 6 e impróprios $\bar{1}, \bar{2}, \bar{3}, \bar{4}$ e $\bar{6}$.

A operação dos elementos de simetria possíveis nos retículos de Bravais faz com que os pontos do retículo permaneçam inalterados. Os operadores de simetria são, portanto, representantes da simetria pontual dos retículos. Os elementos de simetria mais importantes dos retículos são listados no Quadro 4.3. Em todos os grupos pontuais, com exceção dos mais simples, dois símbolos são usados. O primeiro é denominado *símbolo de Hermann-Mauguin completo* e contém a descrição mais completa possível. O segundo é o *símbolo de Hermann-Mauguin abreviado*, que é uma forma condensada do símbolo completo. A ordem em que os operadores são inseridos no símbolo é indicada no Quadro 4.2.

O retículo triclínico primitivo (aP) é o menos simétrico dos retículos de Bravais. Ele é derivado do retículo plano oblíquo primitivo (mp) pelo empilhamento de camadas tipo mp na terceira dimensão, e esse empilhamento não é diretamente vertical sobre a camada inferior. Como o ambiente de cada ponto do retículo é idêntico aos demais pontos do retí-

QUADRO 4.3 SIMETRIA DOS RETÍCULOS DE BRAVAIS

Sistema cristalino	Retículo de Bravais	Símbolo do grupo pontual	
		Completo	Abreviado*
Triclínico (anórtico)	aP	$\bar{1}$	
Monoclínico	mP	$\dfrac{2}{m}$	
	mC	$\dfrac{2}{m}$	
Ortorrômbico	oP	$\dfrac{2}{m}\dfrac{2}{m}\dfrac{2}{m}$	mmm
	oC	$\dfrac{2}{m}\dfrac{2}{m}\dfrac{2}{m}$	mmm
	oI	$\dfrac{2}{m}\dfrac{2}{m}\dfrac{2}{m}$	mmm
	oF	$\dfrac{2}{m}\dfrac{2}{m}\dfrac{2}{m}$	mmm
Tetragonal	tP	$\dfrac{4}{m}\dfrac{2}{m}\dfrac{2}{m}$	4/mmm
	tI	$\dfrac{4}{m}\dfrac{2}{m}\dfrac{2}{m}$	4/mmm
Romboédrico	hR	$\bar{3}\dfrac{2}{m}$	$\bar{3}m$
Hexagonal	hP	$\dfrac{6}{m}\dfrac{2}{m}\dfrac{2}{m}$	6/mmm
Cúbico	cP	$\dfrac{4}{m}\bar{3}\dfrac{2}{m}$	$m\bar{3}m$
	cI	$\dfrac{4}{m}\bar{3}\dfrac{2}{m}$	$m\bar{3}m$
	cF	$\dfrac{4}{m}\bar{3}\dfrac{2}{m}$	$m\bar{3}m$

* Apenas fornecido se diferente do símbolo completo.

culo, cada um deles deve se localizar sobre o centro de inversão. Esse é o único elemento de simetria presente, e o símbolo do grupo pontual para esse retículo é $\bar{1}$.

Os dois retículos monoclínicos de Bravais, mP e mC, são gerados de modo similar. Cada camada do retículo é similar ao retículo plano mp. Nesse caso, a segunda camada e as camadas subsequentes do retículo são situadas diretamente sobre a primeira camada, gerando o retículo mP, ou deslocadas de tal modo que cada ponto da segunda camada esteja verticalmente sobre o centro da camada inferior, gerando o retículo mC. Em razão dessa geometria, o eixo de simetria de ordem dois do retículo plano é preservado e coincide com os eixos únicos **b** ou **c** do retículo. Além disso, o fato de as camadas serem empilhadas verticalmente permite que haja um plano de simetria perpendicular ao eixo de ordem dois através de cada plano de pontos do retículo. Não há outros elementos de simetria presentes. O grupo pontual dos retículos *mP* e *mC* é, portanto, 2/*m*.

A cela unitária romboédrica primitiva é, com frequência, descrita com base em uma cela unitária hexagonal (ver seção 1.1), mas também pode ser relacionada a uma cela cúbica. Se uma cela cúbica for comprimida ou alongada segundo uma das diagonais de seu volume, ela se transforma em uma cela romboédrica (Fig. 4.9). A direção de compressão ou de estiramento se torna o único eixo de simetria de ordem três, que caracteriza o sistema trigonal (ver Quadro 4.3). No caso especial em que o ângulo romboédrico, α_r, é exatamente igual a 60°, os pontos do retículo romboédrico primitivo podem ser indexados em termos de um retículo cúbico de face centrada, em que o parâmetro da cela cúbica, a_c, é dado por:

$$a_c = \left(\sqrt{2}\right)a_r$$

em que a_r é o parâmetro da cela unitária romboédrica.

Os demais símbolos de grupos pontuais podem ser derivados da mesma maneira. Há apenas sete grupos pontuais, correspondentes aos sete sistemas cristalinos, e 14 retículos (Quadro 4.3).

4.6 Grupos pontuais cristalográficos

Um sólido pode pertencer a um dos infinitos grupos pontuais tridimensionais gerais.

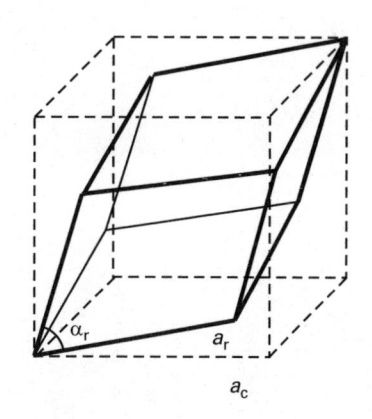

FIG. 4.9 Relação entre as celas unitárias cúbica e romboédrica. Uma as cela unitária cúbica comprimida ou alongada segundo uma das diagonais do volume do cubo se torna romboédrica

Entretanto, ao restringir os eixos de rotação àqueles compatíveis com as propriedades de translação do retículo, encontra-se um pequeno número de *grupos pontuais cristalográficos*. Os operadores permitidos aos grupos espaciais cristalográficos são: centro de simetria, $\bar{1}$, plano de simetria, *m*, eixos de simetria próprios 1, 2, 3, 4 e 6 e impróprios $\bar{1}$, $\bar{2}$, $\bar{3}$, $\bar{4}$ e $\bar{6}$. Quando esses elementos são combinados, surgem os 32 grupos espaciais cristalográficos listados no Quadro 4.4, dos quais dez são centrossimétricos. Os símbolos de Schoenflies dos grupos espaciais cristalográficos são fornecidos no Apêndice 3.

Não há simetria significativa no sistema triclínico e o operador de simetria 1 ou $\bar{1}$ pode ser alocado de modo paralelo a qualquer eixo, que passa então a ser considerado como eixo **a**.

No sistema monoclínico, os grupos pontuais se referem ao seu único eixo de simetria, considerado por convenção como eixo **b**. O símbolo 2 no grupo pontual indica a existência de um eixo de simetria de ordem dois paralelo ao eixo **b**. O eixo impróprio $\bar{2}$,

Quadro 4.4 Grupos pontuais cristalográficos

Sistema cristalino	Símbolo do grupo pontual Completo*	Símbolo do grupo pontual Abreviado**	Grupos centrossimétricos
Triclínico	1		
	$\bar{1}$		✓
Monoclínico	$m\ (\equiv \bar{2})$		
	$\dfrac{2}{m}$ $(2/m)$		✓
	2		
Ortorrômbico	222		
	$mm2$		
	$\dfrac{2}{m}\dfrac{2}{m}\dfrac{2}{m}$ $(2/m\ 2/m\ 2/m)$	mmm	✓
Tetragonal	4		
	$\bar{4}$		
	$\dfrac{4}{m}$ $(4/m)$		✓
	422		
	$4mm$		
	$\bar{4}2m$ ou $\bar{4}m2$		
	$\dfrac{4}{m}\dfrac{2}{m}\dfrac{2}{m}$ $(4/m\ 2/m\ 2/m)$	$4/mmm$	✓
Trigonal	3		
	$\bar{3}$		✓
	32 ou 321 ou 312		
	$3m$ ou $3m1$ ou $31m$		
	$\bar{3}\dfrac{2}{m}$ ou $\bar{3}\dfrac{2}{m}1$ ou $\bar{3}1\dfrac{2}{m}$		
	($\bar{3}\ 2/m$ ou $\bar{3}\ 2/m\ 1$ ou $\bar{3}\ 1\ 2/m$)	$\bar{3}m$ ou $\bar{3}m1$ ou $\bar{3}1m$	✓
Hexagonal	6		
	$\bar{6}\left(\equiv \dfrac{3}{m}\right)$		
	$\dfrac{6}{m}$ $(6/m)$		✓
	622		
	$6mm$		
	$\bar{6}2m$ ou $\bar{6}m2$		
	$\dfrac{6}{m}\dfrac{2}{m}\dfrac{2}{m}$ $(6/m\ 2/m\ 2/m)$	$6/mmm$	✓
Cúbico	23		
	$\dfrac{2}{m}\bar{3}$ $(2/m\ \bar{3})$	$m\bar{3}$	✓
	432		
	$\bar{4}3m$		
	$\dfrac{4}{m}\bar{3}\dfrac{2}{m}$ $(4/m\ \bar{3}\ 2/m)$	$m\bar{3}m$	✓

* Os símbolos entre parênteses são apenas uma forma mais compacta de notação do símbolo completo.

** Apenas fornecido se diferente do símbolo completo.

paralelo ao eixo **b**, tem o mesmo efeito de um plano de simetria, *m*, perpendicular a esse eixo. O símbolo 2/*m* indica que há um eixo de simetria de ordem dois paralelo ao eixo **b** e um plano de simetria perpendicular a ele. Como há planos de simetria presentes em dois desses grupos pontuais, os cristais com essa combinação de simetria são enantiomórficos e apresentam atividade óptica (ver seções 4.7 e 4.8). Note que, em alguns casos, o eixo único do sistema monoclínico é especificado como eixo **c**. Nesse caso, a posição primária no símbolo se refere ao operador de simetria normal à direção [001], como indicado no Quadro 4.3.

No sistema ortorrômbico, as três posições do símbolo se referem a elementos de simetria associados aos eixos **a**, **b** e **c**. O grupo de mais alta simetria é o 2/*m* 2/*m* 2/*m*, que tem eixos de simetria de ordem dois ao longo dos três eixos e planos de simetria perpendiculares a todos os eixos. Essa notação pode ser abreviada como *mmm*, porque espelhos perpendiculares a três eixos geram automaticamente os eixos de ordem dois. No grupo pontual 2*mm*, há um eixo de ordem dois ao longo do eixo **a**, que marca a interseção de dois planos de simetria. O grupo 222 tem três eixos de ordem dois ao longo dos três eixos cristalográficos.

No sistema tetragonal, a primeira posição do símbolo do grupo pontual se refere ao eixo **c**, único, que sempre corresponderá a um eixo de simetria próprio ou impróprio de ordem quatro. A segunda posição no símbolo é reservada aos operadores de simetria situados ao longo do eixo **a**, que, por causa do eixo de simetria de ordem quatro, também ocorrerão ao longo do eixo **b**. A terceira posição se refere aos elementos de simetria localizados nas diagonais da cela, ⟨110⟩. Portanto, o símbolo do grupo pontual $\bar{4}2m$ indica que há um eixo de inversão de ordem quatro ao longo do eixo **c**, um eixo de simetria de ordem dois ao longo dos eixos **a** e **b** e planos de simetria que bissectam os eixos **a** e **b**.

Nos grupos trigonais, a primeira posição é reservada para o elemento de simetria de ordem três que há ao longo do eixo **c**, único (eixos hexagonais), e a segunda posição se refere aos elementos de simetria localizados segundo o eixo **a** (eixos hexagonais). Portanto, o grupo pontual 32 tem um eixo de simetria de ordem três ao longo do eixo **c** e um eixo de simetria de ordem dois ao longo do eixo **a**, além de outros dois eixos de simetria de ordem dois gerados pelo eixo de ordem três.

Nos grupos hexagonais, a primeira posição é reservada para definir o elemento de simetria de ordem seis localizado segundo o eixo **c**, único, por vezes perpendicular a um plano de simetria, enquanto a segunda posição é reservada para os elementos de simetria existentes ao longo do eixo **a**, direção [100] (ou equivalente). A terceira posição serve para designar os elementos de simetria alocados segundo a direção [120] (ou equivalente). Essa direção está em ângulo de 30° com o eixo **a** (Fig. 4.10A). O grupo pontual 6*mm*, por exemplo, tem um eixo de simetria de ordem seis ao longo do eixo **c**, um plano de simetria perpendicular à direção do eixo **a** e um plano de simetria normal à direção [120]. A operação do eixo de ordem seis gera um conjunto de planos de simetria, cada qual com ângulo de 30° em relação a seus vizinhos (Fig. 4.10B). O grupo pontual 6/*m* 2/*m* 2/*m* possui um eixo de simetria de ordem seis ao longo do eixo **c**, um plano de simetria normal ao eixo **c**, eixos de ordem dois segundo [100] e [120] e planos de simetria normais a essas direções (Fig. 4.10C).

Os grupos pontuais cúbicos apresentam grande complexidade no arranjo de seus elementos de simetria. A primeira posição do símbolo é reservada para elementos de simetria associados ao eixo **a** (e, portanto, **b** e **c**). A segunda posição se refere ao tipo de eixo de simetria de ordem três situado ao longo da diagonal do corpo do cubo, ⟨111⟩. A terceira posição se refere aos elementos de simetria associados às diagonais das faces, ⟨110⟩. Portanto, o grupo pontual $4/m\,\overline{3}\,2/m$ possui quatro eixos de simetria de ordem quatro ao longo dos eixos **a**, **b** e **c**, planos de simetria perpendiculares a esses eixos, eixos de rotoinversão de ordem três na diagonal do corpo do cubo e eixos de ordem dois nas diagonais das faces, ⟨110⟩, com planos de simetria perpendiculares a eles. Os nove planos de simetria nesse grupo pontual, sendo três paralelos às faces do cubo e seis paralelos às diagonais das faces, geram automaticamente três eixos de simetria de ordem quatro e seis eixos de ordem dois, permitindo que o símbolo seja abreviado como $m\overline{3}m$.

Como comentado no Cap. 1, a forma externa de um cristal pode ser classificada em uma das 32 classes cristalinas com base nos elementos de simetria presentes. As classes cristalinas correspondem aos 32 grupos pontuais cristalográficos. Esses dois termos são em geral usados como sinônimos, o que é válido.

Para determinar o grupo pontual cristalográfico de um cristal, é necessário listar todos os elementos de simetria presentes, ordená-los segundo as regras mencionadas e, em seguida, compará-los com os elementos

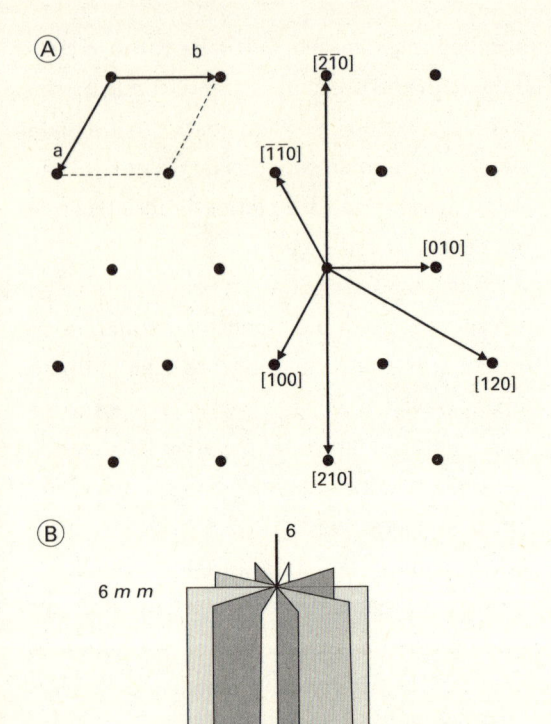

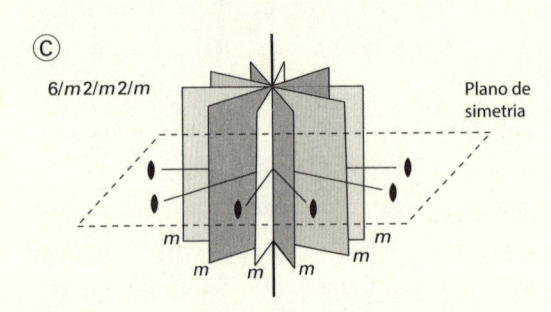

FIG. 4.10 Elementos de simetria presentes em um cristal hexagonal: (A) direções no retículo hexagonal; (B) o grupo pontual 6*mm* possui eixo de rotação de ordem seis ao longo do eixo **c** cristalográfico, o que gera um conjunto de planos de simetria, cada qual com ângulo de 30° em relação a seus vizinhos; (C) o grupo pontual $6/m\,2/m\,2/m$ possui um eixo de simetria de ordem seis ao longo do eixo **c**, um plano de simetria normal ao eixo **c**, eixos de ordem dois segundo [100] e [120] e planos de simetria normais a essas direções

de simetria atribuídos aos grupos pontuais listados no Quadro 4.4.

4.7 Grupos pontuais e propriedades físicas

As propriedades físicas dos cristais refletem sua estrutura cristalina. Embora a magnitude de qualquer propriedade esteja relacionada aos tipos de átomos que constituem o sólido, a presença ou ausência de uma propriedade é, com frequência, controlada pela simetria de sua estrutura. Isso está enunciado no *princípio de Neumann*: "Os elementos de simetria de qualquer propriedade física de um cristal devem incluir os elementos de simetria do respectivo grupo pontual do cristal".

Desse modo, as propriedades físicas podem indicar a simetria e revelar o grupo pontual de um material. Note que, segundo o princípio de Neumann, os elementos de simetria de uma dada propriedade física devem incluir os elementos de simetria presentes no grupo pontual, mas não que os elementos de simetria das propriedades físicas sejam idênticos aos do grupo pontual. Isso significa que uma propriedade física pode apresentar mais elementos de simetria que aqueles presentes no grupo pontual e, portanto, nem todas as propriedades são igualmente úteis para revelar a verdadeira simetria do grupo pontual. Por exemplo, a densidade de um cristal é controlada pelo tamanho da cela unitária e pelo seu conteúdo, sendo a simetria do material irrelevante (ver Cap. 1). Propriedades similares à densidade, não relacionadas à simetria, são denominadas *não direcionais*, ao contrário das propriedades *direcionais*, que podem revelar a simetria.

Algumas propriedades direcionais indicam a ausência de um centro de simetria no cristal. Por exemplo, a expansão térmica ocorre igualmente em quaisquer direções $[uvw]$ e $[\bar{u}\bar{v}\bar{w}]$, independentemente da simetria do cristal. Isso não significa, entretanto, que a expansão térmica seja idêntica em todas as direções cristalográficas. Apenas indica que direções opostas se comportam de modo idêntico quando submetidas a aquecimento ou resfriamento. Propriedades como essa, denominadas *propriedades físicas centrossimétricas*, permitem diferenciar 11 grupos pontuais, conhecidos como *classes de Laue*. As 11 classes de Laue contêm grupos pontuais centrossimétricos e não centrossimétricos, que têm o mesmo comportamento quando analisados em relação a propriedades físicas centrossimétricas (Quadro 4.5).

A simetria de um material pode ser parcialmente revelada pela forma de cavidades de corrosão na superfície de cristais. Essas cavidades se formam no início da dissolução do cristal por um solvente. O ataque inicial ocorre em um ponto de maior reatividade química, que em geral é o local em que um deslocamento estrutural atinge a superfície do cristal. A cavidade se forma quando o cristal é corroído. Essas cavidades, denominadas *figuras de corrosão*, têm formas com simetria correspondente a um dos dez grupos pontuais planos (bidimensionais). O grupo pontual da figura de dissolução corresponde à simetria da respectiva face do cristal. Uma cavidade de dissolução em uma face (100) de um cristal cúbico será quadrada, e em uma face (101) de um cristal tetragonal, retangular.

4.8 Propriedades dielétricas

Materiais dielétricos são isolantes, sendo o comportamento dielétrico de um sólido observável na presença de um campo elé-

QUADRO 4.5 AS CLASSES DE LAUE

Sistema cristalino	Classes de Laue (grupos centrossimétricos)	Grupos não centrossimétricos incluídos na classe
Triclínico	$\bar{1}$	1
Monoclínico	$2/m$	$2, m$
Ortorrômbico	mmm	$222, mm2$
Tetragonal	$4/m$	$4, \bar{4}$
	$4/mmm$	$422, 4mm, \bar{4}2m$
Trigonal	$\bar{3}$	3
	$\bar{3}m$	$32, 3m$
Hexagonal	$6/m$	$6, \bar{6}$
	$6/mmm$	$622, 6mm, \bar{6}2m$
Cúbico	$m\bar{3}$	23
	$m\bar{3}m$	$432, \bar{4}3m$

trico. Quando os isolantes ordinários são expostos a um campo elétrico externo, os elétrons (negativos) e os núcleos (positivos) são deslocados em direções opostas e *dipolos elétricos* se formam onde anteriormente não havia polaridade (um dipolo elétrico ocorre em um cristal quando uma região de carga positiva é separada de uma de carga negativa por uma distância fixa γ). Os dipolos elétricos são vetores caracterizados pela sua magnitude e direção. O dipolo, **p**, é representado por um vetor que aponta da carga negativa para a positiva (Fig. 4.11A). Um material que contém dipolos elétricos devido a um campo elétrico externo aplicado é denominado *material polarizado*.

Em alguns materiais dielétricos, como os materiais piroelétricos e ferroelétricos, existem *dipolos elétricos permanentes*, mesmo na ausência de um campo elétrico. Nesses materiais, as propriedades dielétricas estão relacionadas ao modo como os dipolos elétricos permanentes, bem como os demais elétrons e núcleos, respondem ao campo elétrico aplicado.

Como o efeito dos dipolos elétricos internos deve ser observado externamente, como uma variação na propriedade física, o arranjo de dipolos dentro da cela unitária não deve ser tal que se cancele, ou seja, que sua resul-

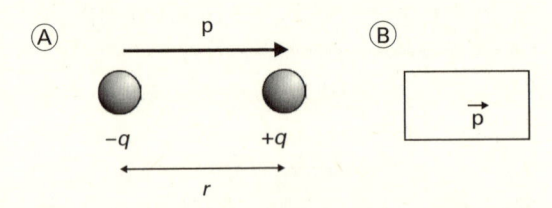

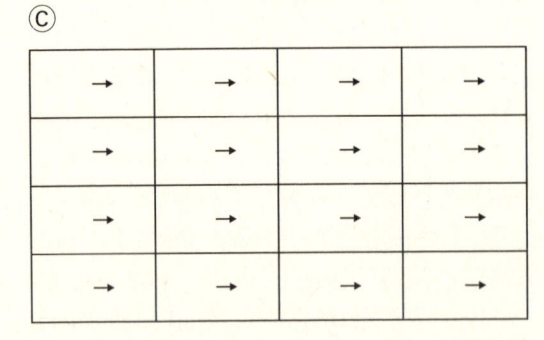

FIG. 4.11 Cristais piroelétricos; (A) dipolo elétrico, **p**, representado por um vetor que aponta do polo negativo para o positivo; (B) representação esquemática de cela unitária contendo dipolo elétrico permanente; (C) cristal piroelétrico formado por celas unitárias que contêm dipolos elétricos permanentes

tante seja zero. Essa restrição conecta as propriedades dielétricas observáveis com o arranjo atômico na cela unitária e, portanto, com a simetria do cristal. O ponto de partida mais simples é considerar as direções.

Uma *direção polar* em um cristal é uma direção [uvw] que não seja relacionada por simetria à direção oposta [$\bar{u}\bar{v}\bar{w}$]. Os dois sentidos da direção são fisicamente diferentes. Nenhuma direção polar pode, portanto, ocorrer em algum dos 11 grupos pontuais centrossimétricos listados no Quadro 4.5. As direções polares são encontradas, portanto, nos *grupos pontuais polares* ou nas *classes cristalinas polares*. Infelizmente, essas duas expressões não são exatamente sinônimos e têm significados ligeiramente diferentes na literatura. No jargão cristalográfico, uma classe polar é simplesmente um dos 21 grupos pontuais não centrossimétricos, listados nos Quadros 4.5 e 4.6. Em Física, uma classe cristalina é considerada polar se produzir o efeito piroelétrico (ver a seguir); esse é um subgrupo dos 21 grupos pontuais não centrossimétricos, que contém dez grupos pontuais (1, 2, 3, 4, 6, *m*, *mm*2, 3*m*, 4*mm* e 6*mm*), listados no Quadro 4.6.

A diferença entre as duas definições está no fato de que um cristal piroelétrico deve possuir um dipolo elétrico permanente (observável). Portanto, um cristal piroelétrico é formado por celas unitárias que contêm um dipolo elétrico (Fig. 4.11B). Entretanto, o efeito piroelétrico apenas será observado se todos os dipolos estiverem alinhados ao longo do cristal (Fig. 4.11C) (um cristal ferroelétrico é definido de modo similar; a diferença entre um cristal piroelétrico e um ferroelétrico está no fato de que a direção de cada dipolo elétrico geral em um cristal ferroelétrico pode ser alterada por um campo elétrico externo).

Os dipolos elétricos podem surgir de diversas formas em um cristal. Um modo evidente é dado pela presença de *moléculas polares*, que apresentam um dipolo elétrico permanente. Por exemplo, a carga do átomo de nitrogênio na molécula de óxido nítrico, NO, é levemente positiva ($\delta+$) em relação ao átomo de oxigênio ($\delta-$), e a molécula possui um dipolo elétrico cujo momento é igual a $0,5 \times 10^{-30}$ Cm (Fig. 4.12). Cristais que contêm moléculas de NO podem ser polares, dependendo da simetria do arranjo molecular. Um dipolo elétrico pode também se formar simplesmente em consequência do arranjo dos átomos em um cristal não molecular. Por exemplo, um cristal de ZnS possui dipolos elétricos por causa da estrutura dos tetraedros de [ZnS$_4$] que formam o cristal. O centro de gravidade das cargas negativas localizado nos átomos de S não coincide com as cargas positivas localizadas nos átomos de Zn, o que faz com que cada tetraedro contenha um dipolo elétrico, que aponta do centro de gravidade dos átomos de S para o átomo de Zn (Fig. 4.13A). O sulfeto de zinco se cristaliza em duas formas cristalográficas, esfalerita (cúbica) ou wurtzita (hexagonal) (seção 8.5). O arranjo dos tetraedros de ZnS nos cristais hexagonais de wurtzita é tal que todos os dipolos estão alinhados em um mesmo sentido, produzindo uma estrutura piroelétrica (Fig. 4.13B). Na estrutura cúbica da esfalerita, pares de tetraedros apontam em direções opostas e se cancelam mutuamente, fazendo com que o cristal não seja piroelétrico.

Se um cristal apresentar um vetor do tipo dipolo elétrico, a operação dos elementos de simetria irá produzir um grupo de

QUADRO 4.6 CLASSES CRISTALINAS NÃO CENTROSSIMÉTRICAS E DIREÇÕES POLARES

Classe cristalina	Direções polares	Eixo polar único	Efeito piroelétrico	Grupo enantiomórfico	Possível atividade óptica
Triclínico					
1	Todos	Nenhum	✓	✓	✓
Monoclínico					
2	Todos não ⊥ 2	[010]	✓	✓	✓
m	Todos não ⊥ m	Nenhum	✓		✓
Ortorrômbico					
mm2	Todos não ⊥ 2 ou m	[001]	✓		✓
222	Todos não ⊥ 2	Nenhum		✓	✓
Tetragonal					
4	Todos não ⊥ 4	[001]	✓	✓	✓
$\bar{4}$	Todos não ∥ ou ⊥ $\bar{4}$	Nenhum			✓
422	Todos não ⊥ 4 ou ⊥ 2	Nenhum		✓	✓
4mm	Todos não ⊥ 4	[001]	✓		
$\bar{4}2m$	Todos não ⊥ $\bar{4}$ ou ⊥ 2	Nenhum			✓
Trigonal		Nenhum			
3	Todos	[111]	✓	✓	✓
32	Todos não ⊥ 2	Nenhum		✓	✓
3m	Todos não ⊥ m	[111]	✓		
Hexagonal					
6	Todos não ⊥ 6	[001]	✓	✓	✓
$\bar{6}$	Todos não ⊥ $\bar{6}$	Nenhum			
622	Todos não ⊥ 6 ou 2	Nenhum		✓	✓
6mm	Todos não ⊥ 6	[001]	✓		
$\bar{6}m2$	Todos não ⊥ 6	Nenhum			
Cúbico					
23	Todos não ⊥ 2	Nenhum		✓	✓
432	Todos não ⊥ 4 ou ⊥ 2	Nenhum		✓	✓
$\bar{4}3m$	Todos não ⊥ 4	Nenhum			

⊥ perpendicular ao eixo seguinte; ∥ paralelo ao eixo seguinte

vetores equivalentes denominados *forma*. Como mencionado, em um cristal centrossimétrico, a soma desses vetores é nula. Em 11 dos grupos não centrossimétricos, a soma dos vetores também é nula e os cristais não apresentam efeito piroelétrico. Apenas as dez classes que possuem vetor resultante apresentam o efeito piroelétrico. O vetor resultante nessas classes coincide com o único eixo de simetria próprio presente, que pode ser de ordem dois, três, quatro ou seis, denominado *eixo polar único*. Esses casos estão lis-

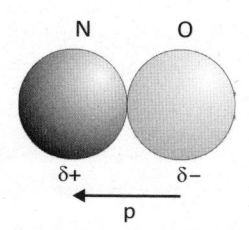

FIG. 4.12 Molécula de NO com dipolo permanente, por causa de pequenas diferenças em carga δ+ e δ− em seus átomos

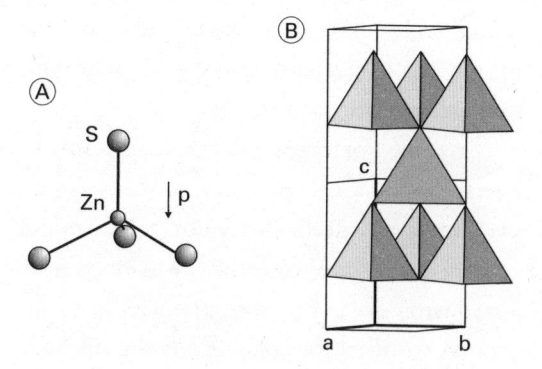

FIG. 4.13 Estrutura da wurtzita do sulfeto de zinco, ZnS: (A) cada tetraedro individual de ZnS_4 tem um dipolo magnético permanente, **p**; (B) estrutura do cristal, com todos os tetraedros orientados na mesma direção

tados no Quadro 4.6. Os cristais de ZnS com estrutura da wurtzita pertencem ao grupo pontual 6*mm* e seu eixo polar único coincide com o eixo cristalográfico **c** e com o eixo de simetria de ordem seis.

4.9 Índice de refração

A luz pode ser considerada uma onda com comprimento de onda λ e com componentes elétricos e magnéticos. O índice de refração de um material é uma propriedade física e a manifestação externa da interação entre o componente de campo elétrico da onda de luz e a distribuição dos elétrons em torno de cada átomo da estrutura. Os átomos com elétrons facilmente polarizáveis (ou seja, facil-mente deslocáveis) resultam em alto índice de refração, enquanto aqueles com elétrons fortemente ligados resultam em baixo índice de refração. Portanto, a substituição de um íon de nível aberto como Sr^{2+} por um íon de par solitário de tamanho comparável, como Pb^{2+}, irá aumentar significativamente o índice de refração do material. Esse efeito é usado na fabricação de vidros com alto índice de refração, que contêm quantidades consideráveis de chumbo.

Cristais cúbicos como os de halita (cloreto de sódio) têm o mesmo índice de refração em todas as direções e, portanto, são opticamente *isotrópicos*. Todos os cristais não cúbicos são opticamente *anisotrópicos*. Em cristais tetragonais e hexagonais, os índices de refração ao longo dos eixos **a** e **b** são iguais entre si e diferentes do índice de refração ao longo do eixo **c**. Por exemplo, o índice de refração do rutilo (TiO_2), que é um cristal tetragonal, é igual a 2,609 ao longo de **a** e **b** e igual a 2,900 ao longo do eixo **c**. Em cristais trigonais, o índice de refração ao longo do eixo de rotação de ordem três, [111], é diferente do índice na direção normal ao eixo. Nos cristais ortorrômbicos, monoclínicos e triclínicos, há três índices de refração distribuídos segundo eixos perpendiculares entre si.

Essa correlação não é surpreendente. O índice de refração depende da densidade atômica no cristal. Nos cristais cúbicos, a densidade atômica média é a mesma em todas as direções axiais, enquanto nos cristais de menor simetria algumas direções contêm mais átomos que outras.

Os componentes elétricos e magnéticos da onda de luz estão dispostos em ângulo reto entre si, sendo os componentes mais bem descritos na forma vetorial. Apenas o vetor elétrico é importante para as propriedades ópticas aqui descritas. Esse vetor é sempre perpendicular à linha de propagação da luz, mas pode ser rotacionado em qualquer ângulo. A posição do vetor elétrico define a *polarização* da onda de luz. Na luz comum, como a luz solar, a orientação do vetor elétrico varia de modo aleatório a cada 10^{-8} s, em média. Diz-se, portanto, que a luz comum é *não polarizada*. A luz é polarizada de modo linear ou plano quando o vetor elétrico é forçado a vibrar em um único plano. A medida do índice de refração de um cristal depende do comprimento de onda da luz e, em vários cristais, da polarização do feixe de luz.

Um feixe de luz não polarizada pode ser decomposto em dois componentes linearmente polarizados com direções de vibração perpendiculares entre si. Por conveniência, esses componentes são denominados componentes de vibração horizontal e verticalmente polarizados. Quando o feixe penetra em um meio transparente, cada um dos componentes linearmente polarizados se comporta de acordo com seu próprio índice de refração.

Em cristais cúbicos, opticamente isotrópicos, os índices de refração dos componentes horizontal e verticalmente polarizados são iguais em todas as direções. Cristais hexagonais, trigonais e tetragonais apresentam dois índices de refração, denominados *índices principais* e indicados por n_o e n_e. Quando um feixe de luz penetra em uma direção qualquer em um cristal com essa simetria, os índices de refração são diferentes para os dois componentes polarizados. Um componente é submetido ao índice de refração n_o, e o outro, ao índice n_e', que tem magnitude entre n_o e n_e, dependendo da direção de incidência do feixe. Entretanto, se o feixe de luz incidir na direção do eixo cristalográfico **c** dos cristais, ambos os componentes polarizados são submetidos ao mesmo índice de refração, igual a n_o. Essa direção é denominada *eixo óptico*. Como há apenas um eixo desse tipo nesses cristais, eles são considerados *cristais uniaxiais*. Nos sistemas tetragonal, trigonal e hexagonal, o único eixo óptico coincide com o eixo de mais alta simetria, que pode ser de ordem quatro, três ou seis. Se o feixe for direcionado de modo perpendicular ao eixo óptico, ele é decomposto segundo os dois índices de refração, n_o e n_e.

Cristais ortorrômbicos, monoclínicos e triclínicos têm três índices de refração principais, n_α, de menor valor, n_γ, de maior valor, e n_β, de valor intermediário em relação aos outros dois. Os componentes horizontal e verticalmente polarizados de um feixe de luz, ao entrarem em cristais desse tipo, encontram diferentes índices de refração, com magnitudes entre o índice mínimo, n_α, e o máximo, n_γ. Há dois eixos ópticos nesses cristais, e o índice de refração presente na direção do eixo óptico é n_β. Cristais desse tipo são denominados *cristais biaxiais*. De modo distinto dos cristais uniaxiais, não há uma relação intuitiva entre os eixos ópticos e os eixos cristalográficos. Entretanto, um dos eixos ópticos está sempre posicionado ao longo da direção de mais alta simetria.

4.10 Atividade óptica

Enquanto os índices de refração descritos anteriormente são válidos para todos os grupos pontuais, a propriedade da atividade óptica se restringe a um pequeno conjunto de grupos pontuais. Essa propriedade física é a capacidade de um cristal (ou fusão ou solução) de rotacionar o plano de vibração da luz polarizada para a direita ou para a esquerda (Fig. 4.14). Um material que rotaciona o plano no sentido horário (quando observado na direção do feixe de luz) é denominado *dextrogiro*, forma *d* ou (+), enquanto o material que rotaciona o plano de luz no sentido anti-horário é denominado *levogiro*, forma *l* ou (–). A rotação observada, que é específica do cristal, designada como [α], é sensível tanto à temperatura como ao comprimento de onda da luz.

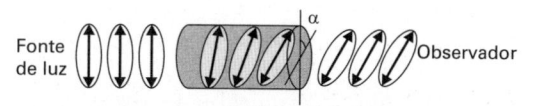

A atividade óptica foi inicialmente percebida em cristais naturais de ácido tartárico por Pasteur, em 1848. O enigma, naquela época, era de que os cristais de ácido tartárico eram opticamente ativos, enquanto os de "ácido racêmico", quimicamente idênticos, não eram. Estudos posteriores revelaram que o ácido racêmico cristalizado apresenta dois tipos de cristais morfologicamente diferentes, imagens especulares um do outro, ou seja, eles existem como pares destrais e sinistrais. Esses cristais são idênticos aos cristais de ácido tartárico em todos os aspectos, exceto que alguns cristais rotacionam o plano da luz polarizada no mesmo sentido que o ácido tartárico "comum", enquanto outros rotacionam o plano de vibração da luz no sentido contrário. Os cristais de um par enantiomórfico não coincidem um com o outro por sobreposição, assim como as mãos direita e esquerda não se sobrepõem.

A existência de cristais dextrogiros e levogiros implica ausência de centro de simetria, $\overline{1}$, e a atividade óptica é restrita aos cristais dos 21 grupos pontuais não centrossimétricos listados nos Quadros 4.3 e 4.6. Entretanto, para que um cristal seja enantiomórfico, o grupo pontual também não pode conter um plano de simetria, *m*, ou um eixo de simetria impróprio $\overline{4}$. Há 11 grupos pontuais enantiomórficos, 1, 2, 222, 4, 422, 3, 32, 6, 622, 23 e 432 (Quadro 4.6), todos com cristais dextrogiros e levogiros. Nos demais grupos não centrossimétricos, a atividade óptica pode ocorrer em quatro classes não enantiomórficas, *m*, *mm*2, $\overline{4}$ e $\overline{4}$2*m*. Há, portanto, 15 grupos opticamente ativos em potencial. Nas demais seis classes não centrossimétricas, a atividade óptica não é possível devido à combinação dos elementos de simetria presentes.

A atividade óptica é observável em qualquer direção em cristais das duas classes cúbicas enantiomórficas, 23 e 432, mas, na maioria dos casos, a atividade óptica apenas pode ser vista em certas direções, limitadas pelas relações de simetria. Por exemplo, a atividade óptica em outras classes enantiomórficas é apenas observável em uma direção, próxima ao eixo óptico. Isso porque os diferentes índices de refração que afetam os feixes de luz polarizados horizontal e verticalmente mascaram o efeito em direções distantes do eixo óptico. Nos grupos não enantiomórficos, não há atividade óptica ao longo de eixos de inversão ou em direções perpendiculares a planos de simetria. Portanto, não há atividade óptica na direção dos eixos ópticos nas classes $\overline{4}$ ou $\overline{4}$2*m*. Nos dois grupos restantes, *m* e *mm*2, não há atividade óptica na direção dos eixos ópticos se estes estiverem contidos em planos de simetria.

4.11 Moléculas quirais

FIG. 4.14 Rotação do plano de polarização de um feixe de luz ao atravessar um material opticamente ativo

A atividade óptica de muitos cristais se deve à presença de moléculas quirais em sua estrutura. Uma molécula quiral é aquela que não coincide por simples sobreposição com sua imagem refletida e, portanto, existe em duas formas especulares ou enantiômeros. Qualquer uma dessas moléculas é opticamente ativa (ver seção 4.1 e Fig. 4.1). Embora moléculas inorgânicas com geometria tetraédrica ou octaédrica possam formar pares opticamente ativos, a atividade óptica tem sido investigada em mais detalhe em moléculas orgânicas, em que as moléculas com imagem especular são conhecidas como *isômeros ópticos*. Os isômeros ópticos ocorrem em compostos orgânicos sempre que quatro átomos ou grupos de átomos estão ligados em coordenação tetraédrica a um átomo central de carbono. Esse átomo de carbono é denominado *átomo de carbono quiral* ou *centro quiral*. Moléculas com um único centro quiral existem em dois enantiômeros, que rotacionam a luz polarizada em direções opostas. Os dois enantiômeros do aminoácido alanina, cujo átomo de carbono quiral é indicado por C*, são mostrados na Fig. 4.1. Apenas um deles, a forma L (seção 5.7), ocorre naturalmente; a outra forma apenas pode ser obtida sinteticamente.

Os cristais de ácido tartárico de Pasteur são mais complexos, porque as moléculas contêm dois átomos de carbono quiral. Eles podem se cancelar internamente na molécula, fazendo com que existam três formas moleculares, as duas estruturas enantiomórficas opticamente ativas, que são as formas levogira (*l*) e dextrogira (*d*), e a (meso)forma opticamente inativa, que pode ser sobreposta à sua imagem especular. A nomenclatura de moléculas orgânicas opticamente ativas tem sido revisada desde que sua configuração absoluta passou a ser determinada por difração de raios X (Cap. 6). Os termos equivalentes são ácido tartárico (*d*) = ácido tartárico (+) = ácido tartárico (2R,3R); ácido tartárico (*l*) = ácido tartárico (−) = ácido tartárico (2S,3S); ácido mesotartárico = ácido tartárico (2R,3S) = ácido tartárico (2S,3R).

Essas moléculas são representadas na Fig. 4.15. Misturas de enantiômeros em iguais proporções não causam rotação do plano de vibração da luz polarizada e são denominadas *misturas racêmicas*, a partir do ácido racêmico de Pasteur. Note que, na mesoforma, os efeitos ópticos são internamente cancelados, enquanto na forma racêmica eles são externamente compensados.

Embora muitos cristais opticamente ativos contenham moléculas opticamente ativas, essa não é uma condição imprescindível. Cristais de quartzo, uma das formas do dióxido de silício, SiO_2, ocorrem em formas levogiras e dextrogiras, embora não haja moléculas na estrutura. A estrutura do quartzo é composta por hélices de tetraedros de SiO_4 ligados pelos vértices. A direção da hélice determina a natureza levogira ou dextrogira do cristal.

4.12 Geração de segundos harmônicos

A passagem de uma onda de luz através de um cristal desloca os elétrons da estrutura. Em cristais com centro de simetria (com exceção do grupo cúbico 432), esse deslocamento gera ondas de luz com frequências mais altas, que são harmônicos da frequência inicial do estímulo. As ondas adicionais mais intensas apresentam o dobro da frequência da onda incidente e sua produção é conhecida como *geração de segundos harmônicos* (SHG - *second harmonic generation*). Em geral, ondas de luz comum são fracas demais para permitir a observação desse efeito. Entretanto, a luz *laser* é suficientemente intensa para que os harmônicos mais altos, especialmente o segundo harmônico, tornem-se visíveis. A presença de segundos harmônicos é um teste bastante sensível para revelar a ausência de centro de simetria em um cristal. A situação no grupo pontual anômalo 432 resulta dos elementos de simetria presentes, que cancelam os harmônicos produzidos.

4.13 Grupos pontuais magnéticos e simetria de cor

Quando os átomos que constituem um material contêm elétrons não pareados nos orbitais mais externos, o *spin* desses elétrons se manifesta externamente na forma de magnetismo. Cada átomo pode ser imaginado como possuindo um dipolo magnético elementar associado a ele. Compostos paramagnéticos apresentam dipolos magnéticos completamente desalinhados, com direções aleatórias e em constante mudança. Entretanto, em algumas classes de materiais magnéticos, em especial nos sólidos ferromagnéticos, ferrimagnéticos e antiferromagnéticos, como o ferro magnético, Fe, ou a cerâmica magnética ferrita de bário, $BaFe_{12}O_{19}$, a simetria global dos dipolos magnéticos elementares em átomos vizinhos é alinhada (Fig. 4.16). Isso não é aparente do ponto de vista macroscópico, porque um cristal de material fortemente magnético é composto por um conjunto de domínios (pequenos volumes) em que todos os dipolos magnéticos elementares estão alinhados. Domínios adjacentes apresentam dipolos magnéticos alinhados segundo diferentes direções cristalográficas, criando, dessa forma, um arranjo essencialmente aleatório de dipolos magnéticos.

Ao buscar o grupo pontual desse cristal, o arranjo aleatório de dipolos pode ser ignorado com segurança, assim como nos sólidos paramagnéticos. Em ambos os casos, os cris-

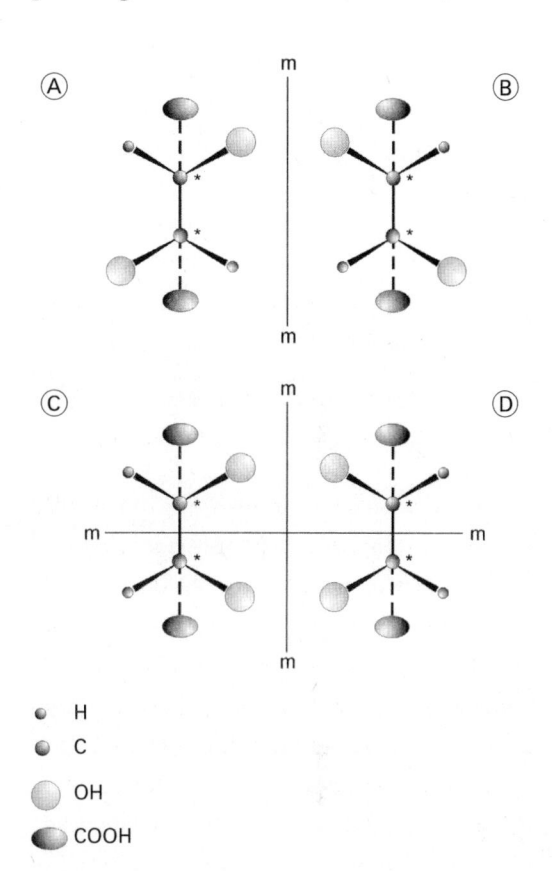

FIG. 4.15 Estruturas do ácido tartárico: (A, B) enantiomorfos opticamente ativos, que são imagens especulares que não coincidem entre si por simples sobreposição; (A) ácido tartárico (*d*), (+) ou (2*R*,3*R*); (B) ácido tartárico (*l*), (−) ou (2*S*,3*S*); (C, D) mesoestruturas de ácido tartárico; (C) ácido tartárico (2*R*,3*S*); (D) ácido tartárico (2*S*,3*R*). Os átomos de carbono quiral são indicados por *. As quatro ligações em torno do átomo quiral formam um tetraedro de coordenação; as ligações no plano da página são desenhadas com linhas cheias, as que estão para trás do plano da página são marcadas por linhas tracejadas e as que se projetam para a frente da página são traçadas com triângulos com linhas finas

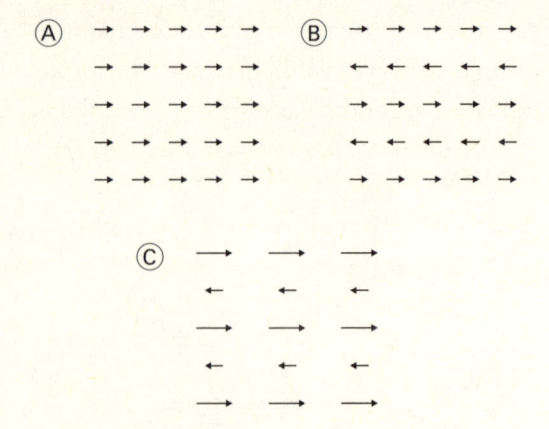

FIG. 4.16 Ordenamento magnético: (A) ferromagnético; (B) antiferromagnético; (C) ferrimagnético. Dipolos magnéticos em átomos metálicos individuais são representados por setas

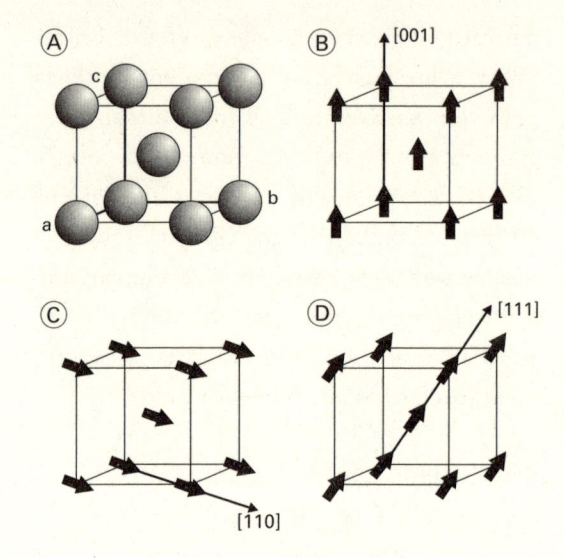

FIG. 4.17 Estrutura magnética do ferro: (A) estrutura cúbica de corpo centrado do ferro não magnético; (B) *spins* magnéticos (setas) alinhados segundo a direção [001] do cubo; (C) *spins* magnéticos (setas) alinhados segundo a direção [110] do cubo; (D) *spins* magnéticos (setas) alinhados segundo a direção [111] do cubo

tais podem ser classificados em um dos 32 grupos pontuais descritos anteriormente.

Entretanto, podem ser obtidos cristais constituídos por um único domínio magnético. Nesse caso, o grupo pontual clássico de simetria pode não mais refletir com precisão a simetria global do cristal, porque, na derivação dos 32 grupos pontuais (clássicos), os dipolos magnéticos não são considerados. Claramente, em um único domínio cristalino de um composto magnético, os dipolos magnéticos devem ser levados em consideração quando os operadores de simetria descritos anteriormente são aplicados.

Por exemplo, a forma magnética do ferro puro, ferro α, é estável até a temperatura de 768 °C. A forma não magnética, antes denominada ferro β, é estável entre 768 °C e 912 °C. Ambas as formas do ferro têm estrutura cúbica de corpo centrado (Fig. 4.17A). O grupo pontual da forma de alta temperatura (ferro β), em que os dipolos magnéticos estão orientados aleatoriamente, é $m\bar{3}m$, assim como o das amostras multidomínios de ferro α. Se, entretanto, um cristal de domínio único for preparado com seus momentos magnéticos alinhados segundo [001], o eixo **c** deixa de ser idêntico aos eixos **a** e **b**. Nesse sentido, o sólido passa a fazer parte do sistema tetragonal (Fig. 4.17B). Se os *spins* estiverem alinhados segundo [110], o sistema cristalino passa a ser ortorrômbico (Fig. 4.17C), e se os *spins* estiverem alinhados segundo [111], o sistema passa a ser trigonal (Fig. 4.17D). Em cada um desses casos, os novos *grupos pontuais magnéticos* descrevem a simetria dos cristais. Há 90 grupos pontuais magnéticos.

Um aumento similar de complexidade ocorre se o grupo pontual de um cristal ferroelétrico com dipolos elétricos alinhados for considerado – do ponto de vista da simetria pontual, esses dois casos são idênticos.

Os 90 grupos pontuais magnéticos são

formados pelos 32 grupos pontuais clássicos mais 58 grupos pontuais que indicam especificamente a polaridade de átomos com dipolos elétricos ou magnéticos. Os 58 grupos pontuais não clássicos são denominados *grupos pontuais cristalográficos antissimétricos* ou *grupos pontuais pretos e brancos*, em que uma cor, como, por exemplo, o preto, é associada à orientação de um dipolo, e o branco, ao sentido oposto. Os grupos pontuais clássicos são, nesse contexto, considerados grupos neutros.

Essas mesmas considerações implicam aumento do número de retículos tridimensionais, o que de fato ocorre. Há, ao todo, 36 retículos magnéticos, formados por 22 *retículos antissimétricos* mais os 14 retículos neutros de Bravais.

Propriedades físicas mais complexas podem requerer a especificação de três ou mais cores. Nesses casos, o termo genérico *simetria de cores* é empregado e os retículos e grupos pontuais dele derivados são denominados *retículos de cores* e *grupos pontuais de cores*.

Respostas das questões introdutórias

O que é um eixo de rotoinversão?
Além dos eixos de simetria que podem existir em objetos bi ou tridimensionais, há um tipo adicional de eixo de simetria que ocorre apenas em objetos tridimensionais, o eixo de inversão, $\bar{n}$. A operação de um eixo de inversão consiste em uma rotação combinada com um centro de simetria. Esses eixos são também conhecidos como eixos de simetria impróprios, para distingui-los dos eixos de simetria ordinários ou próprios. A operação de simetria de um eixo impróprio é a rotoinversão. A posição atômica inicial é rotacionada no sentido anti-horário em um ângulo correspondente à ordem do eixo, e então invertida em relação a um centro de simetria. Por exemplo, a operação de um eixo impróprio de ordem dois, $\bar{2}$, é a seguinte: a posição atômica inicial é rotacionada em 180° no sentido anti-horário e invertida em relação ao centro de simetria.

Como uma classe cristalina se relaciona com um grupo pontual cristalográfico?
A forma externa de um cristal pode ser classificada em uma das 32 classes cristalinas, dependendo das operações de simetria presentes. O conjunto de elementos de simetria presentes em um sólido é denominado grupo pontual geral de um sólido. Há uma quantidade infinita de grupos pontuais tridimensionais, mas ao considerar que os eixos de rotação são restritos àqueles compatíveis com as propriedades de translação do retículo, um pequeno conjunto é definido, que são os 32 grupos pontuais cristalográficos. Eles são idênticos às 32 classes cristalinas e os termos podem ser usados como sinônimos.

> **O que são pares enantiomórficos?**
> Atividade óptica é a capacidade de um cristal de rotacionar o plano da luz polarizada para a direita ou para a esquerda. Enantiomorfos são as duas formas de cristais opticamente ativos, que rotacionam a luz em direções opostas. Pares de cristais enantiomórficos levogiros e dextrogiros não coincidem entre si por sobreposição, assim como as mãos direita e esquerda não se sobrepõem uma sobre a outra. Os termos enantiomorfos e pares enantiomórficos também são usados em relação a moléculas opticamente ativas, como a alanina, descritas no Cap. 5.

Problemas e exercícios

Teste rápido

1. A operação de um eixo de simetria impróprio, $\bar{n}$, envolve:
   a) rotação no sentido horário mais reflexão
   b) rotação no sentido horário mais inversão por um eixo de simetria
   c) rotação no sentido horário mais translação

2. Há quantos sólidos platônicos regulares?
   a) Cinco
   b) Sete
   c) Nove

3. As posições nos símbolos de Hermann-Mauguin para grupos pontuais se referem a:
   a) planos
   b) eixos
   c) direções

4. O símbolo de grupo pontual $4/m$ significa:
   a) um plano de simetria paralelo a um eixo de rotação de ordem quatro
   b) a normal a um plano de simetria coincidente com um eixo de rotação de ordem quatro
   c) um plano de simetria que contém um eixo de rotação de ordem quatro

5. O número de grupos pontuais cristalográficos de simetria tridimensional é:
   a) 14
   b) 23
   c) 32

6. Propriedades físicas direcionais podem fornecer:
   a) a descrição completa da simetria do cristal
   b) a descrição parcial da simetria do cristal
   c) nenhuma informação sobre a simetria do cristal

7. Uma direção polar pode ocorrer apenas em:
   a) grupos pontuais centrossimétricos
   b) quaisquer grupos pontuais não centrossimétricos
   c) um subgrupo dos grupos pontuais não centrossimétricos

8 Um cristal monoclínico deve possuir:
   a) dois índices de refração principais
   b) três índices de refração principais
   c) quatro índices de refração principais

9 Um cristal opticamente ativo é aquele que:
   a) rotaciona o plano da luz polarizada que o atravessa
   b) divide a luz em dois componentes polarizados
   c) produz harmônicos da frequência fundamental da luz polarizada

10 A quantidade de grupos pontuais magnéticos é:
   a) menor que a de grupos pontuais cristalográficos
   b) igual à de grupos pontuais cristalográficos
   c) maior que a de grupos pontuais cristalográficos

Cálculos e questões

4.1 Liste os elementos de simetria presentes e indique os grupos pontuais correspondentes às moléculas desenhadas a seguir. As moléculas são tridimensionais, com as seguintes formas: (A) $SiCl_4$, tetraedro regular; (B) PCl_5, bipirâmide pentagonal; (C) PCl_3, pirâmide triangular; (D) benzeno, anel hexagonal; (E) SF_6, octaedro regular. Indique os símbolos de Schoenflies de cada grupo pontual com base no Apêndice 3.

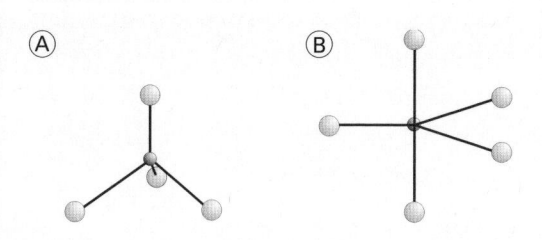

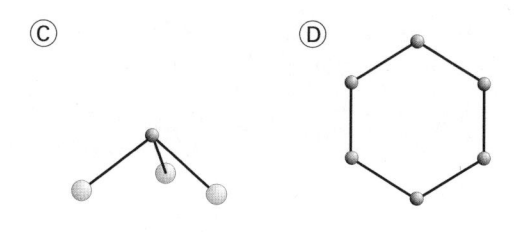

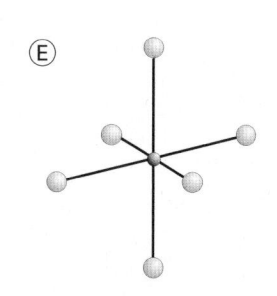

4.2 Determine o grupo pontual dos cristais ideais da figura a seguir, em que (A) é uma forma romboédrica com cela unitária monoclínica (ver Cap. 1) e (B) e (C) são formas similares, com vértices substituídos por faces triangulares. Considere que as faces triangulares são idênticas. Os eixos se referem a todos os objetos, com o eixo **b** perpendicular ao plano que contém **a** e **c**.

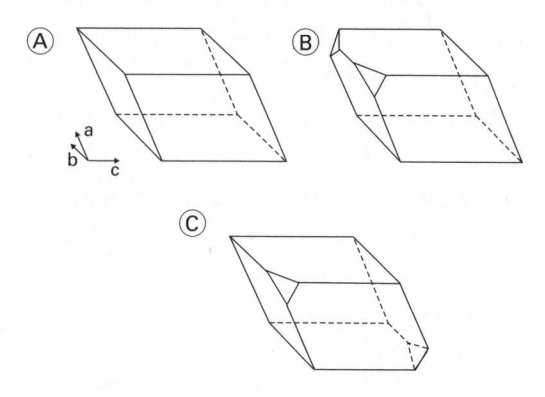

4.3 Determine o grupo pontual dos cristais ideais da figura adiante, em que (A) é uma forma romboédrica com cela unitária ortorrômbica (ver Cap. 1) e (B) e (C) são formas similares, mas com os vértices substituídos por faces triangulares. Considere que as faces triangulares são idênticas. Os eixos se referem a todos os objetos.

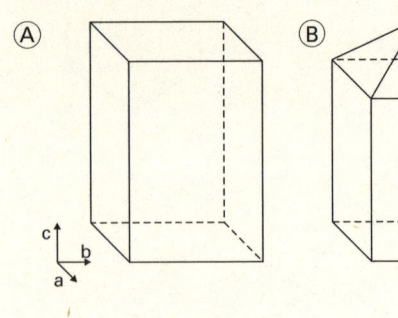

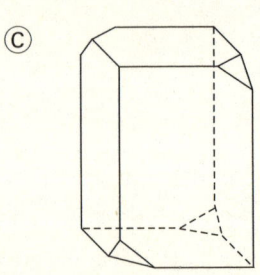

(A) (B)

(C)

4.4 Escreva os símbolos completos de Hermann-Mauguin para os seguintes símbolos abreviados: (A) *mmm*; (B) 4/*mmm*; (C) $\bar{3}m$; (D) 6/*mmm*; (E) $m\bar{3}m$.

4.5 a) Desenhe um cubo regular (símbolo abreviado $m\bar{3}m$) e indique os eixos e planos de simetria presentes.
b) Marque as faces do cubo para que o grupo pontual seja alterado para o grupo cúbico 2/*m* $\bar{3}$ (símbolo abreviado $m\bar{3}$, ver Quadro 4.4).

4.6 Determine o grupo pontual das celas unitárias de cristais dos metais Cu, Fe e Mg, descritas no Cap. 1.

4.7 O crômio, Cr, tem estrutura A2 similar à do ferro, conforme mostra a figura (A) a seguir, mas, em vez de apresentar momentos magnéticos alinhados em ordem ferromagnética, eles estão alinhados de maneira antiferromagnética (Fig. 4.16B), de modo que as direções dos momentos são alternadas de uma camada para outra. Considerando os possíveis arranjos ilustrados na figura adiante, qual é o sistema cristalino aplicável a cristais com domínios únicos (B), (C) e (D)?

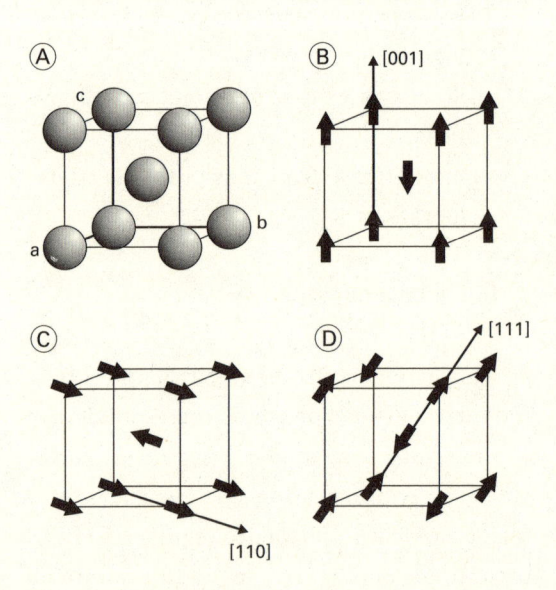

Construção de estruturas cristalinas com base em retículos e grupos espaciais

5

Que simetria está relacionada a um eixo helicoidal?
O que é um grupo espacial cristalográfico?
O que representam os símbolos de Wyckoff?

5.1 Simetria de padrões tridimensionais: grupos espaciais

Os 17 grupos planos, derivados da combinação das translações dos cinco retículos planos com os elementos de simetria presentes nos dez grupos pontuais planos, juntamente com o operador de deslizamento, representam, de modo compacto, todos os padrões possíveis de repetição em duas dimensões. De modo análogo, a combinação das translações inerentes aos 14 retículos de Bravais com os elementos de simetria presentes nos 32 grupos pontuais cristalográficos, juntamente com um novo elemento de simetria, o eixo helicoidal, descrito a seguir, permite classificar todos os padrões cristalográficos repetitivos tridimensionais. As 230 combinações resultantes são denominadas *grupos espaciais cristalográficos*.

Há semelhanças entre a simetria em duas e em três dimensões. Naturalmente, as operações de *planos de simetria* e de *planos deslizantes* passam a ocorrer em três dimensões. O vetor de translação com deslizamento, **t**, tem valor limitado à metade do respectivo vetor do retículo, **T**, pela mesma razão discutida em um padrão de translação de um retículo bidimensional (Cap. 3).

Além desses, com a combinação dos elementos de simetria tridimensionais, surge um novo operador de simetria, o *eixo helicoidal*. Eixos helicoidais são elementos de *simetria rototranslacional*, constituídos pela combinação de rotação e translação. Um eixo helicoidal de ordem n opera um objeto por uma rotação $2\pi/n$ no sentido anti-horário, seguida de uma translação segundo o vetor **t**, paralelo ao eixo, em uma direção positiva. O valor de n indica a ordem do eixo helicoidal. Por exemplo, um eixo helicoidal paralelo ao eixo **c** em um cristal ortorrômbico causa uma rotação no sentido anti-horário no plano **a** – **b** (001), seguida por uma translação paralela a +**c**. Nesse caso, a rotação helicoidal se dá para a direita. Se o componente de rotação do operador for aplicado n vezes, a rotação total será igual a 2π. Ao mesmo tempo, o deslocamento total é representado por um vetor n**t**, paralelo ao eixo de rotação. Para manter o padrão de repetição do retículo, é necessário que:

$$n\mathbf{t} = p\mathbf{T}$$

em que p é um número inteiro e **T** é a unidade de repetição do retículo na direção paralela ao eixo de simetria. Portanto:

$$\mathbf{t} = (p/n)\mathbf{T}$$

Por exemplo, as translações repetidas por um eixo helicoidal de ordem três são:

$$\left(\tfrac{0}{3}\right)\mathbf{T}, \left(\tfrac{1}{3}\right)\mathbf{T}, \left(\tfrac{2}{3}\right)\mathbf{T}, \left(\tfrac{3}{3}\right)\mathbf{T}, \left(\tfrac{4}{3}\right)\mathbf{T}, \ldots$$

Desses, apenas $\left(\tfrac{1}{3}\right)\mathbf{T}$ e $\left(\tfrac{2}{3}\right)\mathbf{T}$ têm valores únicos. Os valores correspondentes de p são usados para descrever o eixo helicoidal de ordem três como 3_1 (pronuncia-se *três sobre um*) ou 3_2 (pronuncia-se *três sobre dois*). De modo similar, um eixo de simetria de ordem dois, 2, apenas pode produzir um eixo helicoidal 2_1 (pronuncia-se *dois sobre um*). Os eixos helicoidais são listados no Quadro 5.1.

A operação do eixo helicoidal 4_2 é representada na Fig. 5.1. A primeira ação é uma rotação no sentido anti-horário segundo $2\pi/4$, ou seja, 90° (Fig. 5.1A). O átomo rotacionado é então transladado segundo o vetor $\mathbf{t} = \mathbf{T}/2$, igual à metade do vetor de repetição do retículo na direção paralela ao eixo helicoidal (Fig. 5.1B). Essa operação gera a posição atômica B com base na posição A. A repetição desse par de operações gera a posição atômica C com base na posição B (Fig. 5.1C). A distância total de deslocamento nessas operações é igual a $2\mathbf{t} = 2 \cdot \mathbf{T}/2 = \mathbf{T}$, fazendo com que a posição atômica C seja repetida na origem do vetor helicoidal (Fig. 5.1D). A operação do eixo helicoidal sobre a posição atômica C gera a posição D (Fig. 5.1E). O resultado da operação de um eixo 4_2 é a geração de quatro posições atômicas com base na posição de referência. Essa operação de simetria é em geral representada em projeção segundo o eixo (Fig. 5.1F). Nessa representação, o motivo é retratado por um círculo (ver seção 3.6), o símbolo + significa que o motivo está situado acima do plano da página, e ½ + indica a posição de um motivo gerada pela operação de um eixo helicoidal. Se o eixo helicoidal for paralelo ao eixo **c**, as alturas podem ser indicadas por $+z$ e $+z+$ ½c, em que c é o parâmetro do retículo.

QUADRO 5.1 EIXOS DE ROTAÇÃO, INVERSÃO E HELICOIDAL POSSÍVEIS EM CRISTAIS

Eixo de rotação, n	Eixo de inversão, $\bar{n}$	Eixo helicoidal, n_p
1	$\bar{1}$ (centro de simetria)	
2	$\bar{2}$ (m)	2_1
3	$\bar{3}$	3_1 3_2
4	$\bar{4}$	4_1 4_2 4_3

5.2 Cristalografia de grupos espaciais

Os 230 grupos espaciais cristalográficos abrangem todos os padrões tridimensionais resultantes da combinação dos 32 grupos pontuais com os 14 retículos de Bravais, incluindo o eixo helicoidal. Cada grupo espacial é designado por um símbolo único e por um número (Apêndice 4). Assim como os 17 grupos planos podem gerar um número infinito de desenhos simplesmente por variações no motivo, os 230 grupos espaciais podem produzir um número infinito de estruturas cristalinas apenas pela variação dos tipos de átomos e de suas posições relativas nos motivos tridimensionais. Entretanto, cada estrutura resultante possui uma cela unitária que pertence a um dos 230 grupos espaciais.

Cada grupo espacial tem um símbolo que resume seus principais elementos de simetria. Assim como nos capítulos anteriores, serão usados aqui os símbolos internacionais ou de Hermann-Mauguin. Os símbolos alternati-

5 Construção de estruturas cristalinas com base em retículos e grupos espaciais · 105

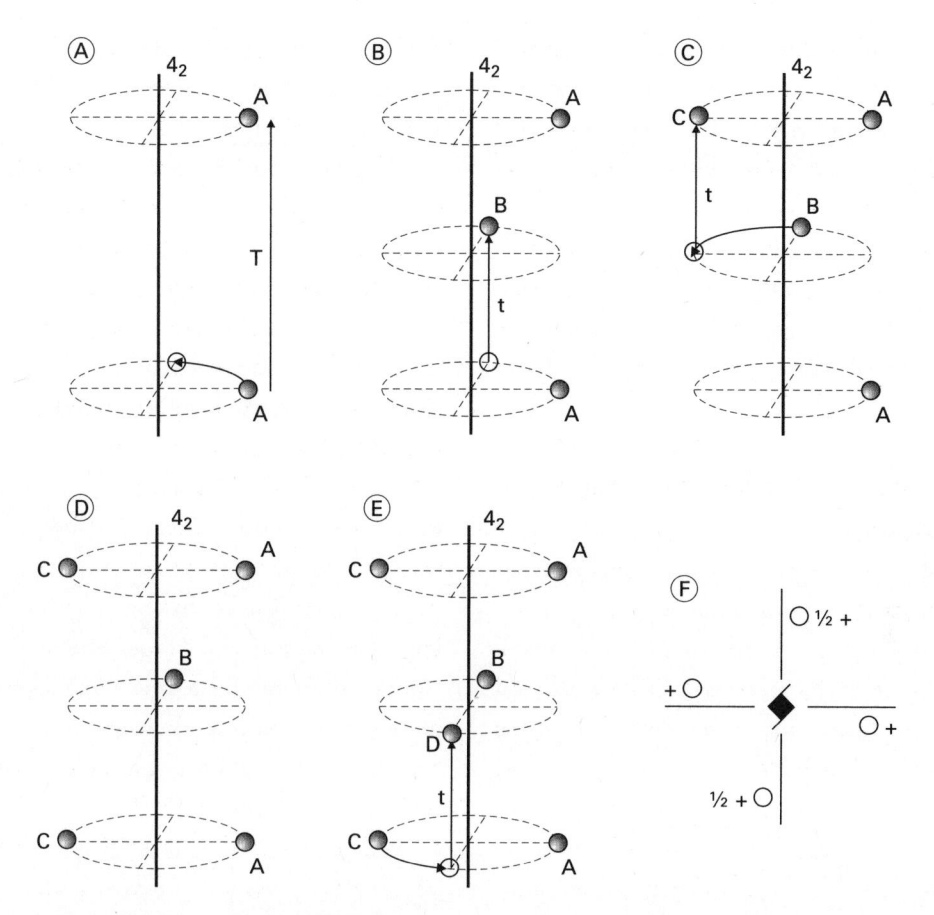

FIG. 5.1 Operação de um eixo helicoidal 4_2 paralelo à direção z; (A) posição atômica A em $z = 0$ é rotacionada 90° no sentido anti-horário; (B) a posição atômica é transladada o equivalente a $t = 2T/4$, ou seja, $t = T/2$, em direção paralela a z para criar a posição atômica B; (C) a posição atômica B é transladada o equivalente a $t = 2T/4$, ou seja, $t = T/2$, em direção paralela a z para criar a posição atômica C; (D) a posição atômica C se situa em $z = T$, a unidade de repetição do retículo, e, portanto, é repetida em $z = 0$; (E) repetição da operação de simetria para produzir a posição atômica D em $z = T/2$; (F) notação cristalográfica padrão do eixo helicoidal 4_2 projetado na direção do eixo

vos de Schoenflies estão listados no Apêndice 4. Os símbolos dos grupos espaciais podem ser escritos de forma completa ou abreviada, ambas listadas no Apêndice 4. Em ambos os casos, o símbolo do grupo espacial tem duas partes: (i) uma letra maiúscula, que indica o tipo de retículo que representa a estrutura; e (ii) um conjunto de caracteres que representa os elementos de simetria presentes.

O Quadro 5.2 lista as letras usadas para descrever o retículo no símbolo dos grupos espaciais e as coordenadas dos pontos do retículo respectivo. Deve-se tomar cuidado para evitar confusão. Por exemplo, um grupo espacial derivado de um retículo de Bravais hexagonal primitivo tem como prefixo a letra *P*, indicando primitivo, e não *H*, que indicaria um retículo hexagonal centrado. Há dois modos de descrever o retículo trigonal. O mais simples é com base em uma cela primitiva e eixos romboédricos. Assim como em todos os retículos primitivos, há apenas um ponto de retículo na cela unitária. Entretanto, um modo mais conveniente de descrever uma estrutura trigonal é usar uma cela unitária hexagonal. Quando se opta por essa possibilidade, as coordenadas dos pontos do retículo na cela unitária podem ser especificadas de dois modos equivalentes, o *modo obverso* e o *modo reverso*. As coordenadas dos pontos do retículo nos dois modos são listadas no Quadro 5.2.

5.3 Símbolos de simetria de grupo espacial

A segunda parte do símbolo do grupo espacial consiste em uma, duas ou três informações, que seguem a letra maiúscula inicial. Cada informação é composta por um ou dois caracteres, que descrevem elementos de simetria que podem ser eixos ou planos. Os grupos espaciais podem conter mais elementos de simetria que os indicados no símbolo completo do grupo espacial. A notação padrão indica apenas os operadores de simetria essenciais, que, quando aplicados, permitem que os demais operadores sejam reconstituídos. Os símbolos usados na representação das operações de simetria são apresentados no Quadro 5.3.

Como descrito anteriormente, a posição do elemento de simetria no símbolo tem significado estrutural que varia de um sistema cristalino para outro (Quadro 5.4).

Os planos de simetria são sempre designados pelas suas normais. Se um eixo de simetria e a normal de um plano de simetria são paralelos entre si, os dois símbolos são separados por uma barra, como no grupo espacial *P* 2/*m* (pronuncia-se *P dois sobre m*). Os símbolos completos contêm marcadores para que a indicação dos elementos de simetria seja inequívoca. Por exemplo, convencionou-se considerar o único eixo do sistema monoclínico como sendo o eixo **b**. O símbolo abreviado do grupo espacial monoclínico de número 3 é o símbolo *P*2. Usando-se os eixos convencionais, isso significa que o elemento de simetria mais significativo é um eixo de ordem dois paralelo ao eixo **b**. Para que isso fique evidente, o símbolo completo é *P*121. Se o único eixo fosse considerado como sendo o

QUADRO 5.2 SÍMBOLOS DOS GRUPOS ESPACIAIS CRISTALOGRÁFICOS

Símbolo	Tipo de retículo	Números de pontos do retículo por cela unitária	Coordenadas dos pontos do retículo
P	Primitivo	1	0, 0, 0
A	Face *a* centrada	2	0, 0, 0; 0, ½, ½
B	Face *b* centrada	2	0, 0, 0; ½, 0, ½
C	Face *c* centrada	2	0, 0, 0; ½, ½, 0
I	Corpo centrado	2	0, 0, 0; ½, ½, ½
F	Todas as faces centradas	4	0, 0, 0; ½, ½, 0; 0, ½, ½; ½, 0, ½
R	Primitivo (eixos romboédricos)	1	
	Romboédrico centrado (eixos hexagonais)	3	0, 0, 0; ⅔, ⅓, ⅓; ⅓, ⅔, ⅔ (modo obverso) 0, 0, 0; ⅓, ⅔, ⅓; ⅔, ⅓, ⅔ (modo reverso)
H	Hexagonal centrado	3	0, 0, 0; ⅔, ⅓, 0; ⅓, ⅔, 0

QUADRO 5.3 ELEMENTOS DE SIMETRIA NO SÍMBOLO DE GRUPO ESPACIAL

Símbolo	Operação de simetria	Comentários
m	Plano de simetria	Reflexão
a	Plano deslizante axial ⊥ [010], [001]	Vetor deslizante **a**/2
b	Plano deslizante axial ⊥ [001], [100]	Vetor deslizante **b**/2
c	Plano deslizante axial ⊥ [100], [010]	Vetor deslizante **c**/2
	⊥ [1$\bar{1}$0], [110]	Vetor deslizante **c**/2
	⊥ [100], [010], [$\bar{1}\bar{1}$0]	Vetor deslizante **c**/2, eixos hexagonais
	⊥ [1$\bar{1}$0], [120], [$\bar{2}\bar{1}$0], [$\bar{1}\bar{1}$0]	Vetor deslizante **c**/2, eixos hexagonais
n	Plano deslizante diagonal ⊥ [001], [100], [010]	Vetor deslizante ½ (**a**+**b**), ½ (**b**+**c**), ½ (**a**+**c**)
	Plano deslizante diagonal ⊥ [1$\bar{1}$0], [01$\bar{1}$], [$\bar{1}$01]	Vetor deslizante ½ (**a**+**b**+**c**)
	Plano deslizante diagonal ⊥ [110], [011], [101]	Vetor deslizante ½ (−**a**+**b**+**c**), ½ (**a**−**b**+**c**), ½ (**a**+**b**−**c**)
d	Plano deslizante em diamante ⊥ [001], [100], [010]	Vetor deslizante ¼ (**a**±**b**), ¼ (**b**±**c**), ¼ (±**a**+**c**)
	Plano deslizante em diamante ⊥ [1$\bar{1}$0], [01$\bar{1}$], [$\bar{1}$01]	Vetor deslizante ¼ (**a**+**b**±**c**), ¼ (±**a**+**b**+**c**), ¼ (**a**±**b**+**c**)
	Plano deslizante em diamante ⊥ [110], [011], [101]	Vetor deslizante ¼ (−**a**+**b**±**c**), ¼ (±**a**−**b**+**c**), ¼ (**a**±**b**−**c**)
1	Nenhuma	–
2, 3, 4, 6	Eixo de rotação de ordem n	Rotação anti-horária em ângulo de 360°/n
$\bar{1}$	Centro de simetria	–
$\bar{2}$ (= m), $\bar{3}$, $\bar{4}$, $\bar{6}$	Eixo de inversão (rotoinversão) de ordem n	Rotação anti-horária em ângulo de 360°/n, seguida por inversão
$2_1, 3_1, 3_2$, $4_1, 4_2, 4_3$, $6_1, 6_2, 6_3$, $6_4, 6_5$	Eixo de inversão (rototranslação), n_p	Rotação dextral anti-horária em ângulo de 360°/n, seguida por translação (p/n)**T**

QUADRO 5.4 ORDEM DOS SÍMBOLOS DE HERMANN-MAUGUIN NO SÍMBOLO DOS GRUPOS ESPACIAIS

Sistema cristalino	Primário	Secundário	Terciário
Triclínico	–	–	–
Monoclínico	[010], eixo **b** único [001], eixo **c** único	–	–
Ortorrômbico	[100]	[010]	[001]
Tetragonal	[001]	[100], [010]	[1$\bar{1}$0], [110]
Trigonal, eixos romboédricos	[111]	[1$\bar{1}$0], [01$\bar{1}$], [$\bar{1}$01]	
Trigonal, eixos hexagonais	[001]	[100], [010], [$\bar{1}\bar{1}$0]	
Hexagonal	[001]	[100], [010], [$\bar{1}\bar{1}$0]	[1$\bar{1}$0], [120], [$\bar{2}\bar{1}$0]
Cúbico	[100], [010], [001]	[111], [1$\bar{1}\bar{1}$], [$\bar{1}$1$\bar{1}$], [$\bar{1}\bar{1}$1]	[1$\bar{1}$0], [110], [01$\bar{1}$], [011], [$\bar{1}$01], [101]

eixo **c**, o símbolo completo seria *P*112, mas o símbolo abreviado continuaria sendo *P*2. Mais exemplos do sistema monoclínico são dados no Quadro 5.5. Os grupos pontual e espacial são diretamente relacionados. Para determinar o grupo pontual correspondente a um determinado grupo espacial, a letra inicial do grupo espacial deve ser ignorada e os operadores de simetria translacional, *a*, *b*, *c*, *n*, *d*, devem ser substituídos pelo operador plano de simetria, *m*. Alguns exemplos são fornecidos no Quadro 5.6.

5.4 Representação gráfica de grupos espaciais

Um grupo espacial pode ser representado por dois diagramas, um com o efeito dos elementos de simetria presentes e outro com a localização dos vários elementos de simetria. Em alguns grupos espaciais, é possível escolher entre diversas origens para os diagramas, havendo diagramas para cada caso.

Cada diagrama é uma projeção da cela unitária segundo um de seus eixos. A posição de um átomo ou de um motivo é representada por um círculo e a origem da cela unitária é escolhida em razão dos elementos de simetria presentes. Os elementos de simetria são localizados nos vértices ou arestas da cela unitária, sempre que possível. A forma enantiomórfica de um motivo, gerada pela reflexão em um plano de simetria, é representada por um círculo contendo uma vírgula. Há um conjunto de símbolos gráficos especiais usados nesses diagramas, sendo os mais importantes listados no Quadro 5.7.

Considere, por exemplo, os diagramas do grupo espacial de número 75, *P*4 (Fig. 5.2).

QUADRO 5.5 SIGNIFICADO DE ALGUNS SÍMBOLOS DE GRUPOS ESPACIAIS

Número do grupo espacial	Símbolo abreviado	Símbolo completo	Significado
3	*P*2	*P*121	eixo de ordem dois ao longo do eixo **b** único
		*P*112	eixo de ordem dois ao longo do eixo **c** único (convencional)
6	*Pm*	*P*1*m*1	plano de simetria normal ao eixo **b** único
		*P*11*m*	plano de simetria normal ao eixo **c** único
10	*P*2/*m*	*P*1 2/*m* 1	eixo de ordem dois e plano de simetria ao longo do eixo **b** único (convencional)
		*P*1 1 2/*m*	eixo de ordem dois e plano de simetria ao longo do eixo **c** único

QUADRO 5.6 GRUPOS PONTUAIS E GRUPOS ESPACIAIS

Número do grupo espacial	Símbolo abreviado	Símbolo completo	Grupo pontual cristalográfico
3	*P*2	*P*121	2
6	*Pm*	*P*1*m*1	*m*
10	*P*2/*m*	*P*1 2/*m* 1	2/*m*
200	*Pm*$\bar{3}$	*P* 2/*m* $\bar{3}$	*m*$\bar{3}$
203	*Fd*$\bar{3}$	*F* 2/*d* $\bar{3}$	*m*$\bar{3}$
216	*F*$\bar{4}$3*m*	*F*$\bar{4}$3*m*	$\bar{4}$3*m*
219	*F*$\bar{4}$3*c*	*F*$\bar{4}$3*c*	$\bar{4}$3*m*

5 Construção de estruturas cristalinas com base em retículos e grupos espaciais · 109

O símbolo do grupo espacial indica que a cela unitária é primitiva e, portanto, contém apenas um ponto do retículo. O principal elemento de simetria é um eixo de rotação de ordem quatro paralelo ao eixo **c**. O eixo de ordem quatro é sempre considerado paralelo ao eixo **c**, não havendo necessidade de especificar o grupo espacial como $P \, 1 \, 1 \, 4$. A origem da cela unitária coincide com o eixo de ordem quatro e a projeção é feita segundo esse eixo –

QUADRO 5.7 SÍMBOLOS GRÁFICOS USADOS EM DIAGRAMAS DE GRUPOS ESPACIAIS

Eixos de simetria perpendiculares ao plano do diagrama			
○	Centro de simetria		Eixo helicoidal de ordem seis: 6_2
●	Eixo de rotação de ordem dois		Eixo helicoidal de ordem seis: 6_3
	Eixo helicoidal de ordem dois: 2_1		Eixo helicoidal de ordem seis: 6_3 com centro de simetria
	Eixo de rotação de ordem dois com centro de simetria		Eixo helicoidal de ordem seis: 6_4
	Eixo helicoidal de ordem dois com centro de simetria		Eixo helicoidal de ordem seis: 6_5
▲	Eixo de rotação de ordem três	**Planos de simetria normais ao plano do diagrama**	
△	Eixo de inversão de ordem três: $\overline{3}$	———	Plano de simetria
	Eixo helicoidal de ordem três: 3_1	- - - - -	Plano deslizante axial: vetor ½ **a**, **b** ou **c**, paralelo ao plano
	Eixo helicoidal de ordem três: 3_2	··········	Plano deslizante axial: vetor ½ **a**, **b** ou **c**, normal ao plano
◆	Eixo de rotação de ordem quatro	—·—·—	Plano deslizante diagonal: vetor ½ **a**, **b** ou **c**, paralelo ao plano, mais vetor ½ **a**, **b** ou **c**, normal ao plano
	Eixo de inversão de ordem quatro: $\overline{4}$	**Planos de simetria paralelos ao plano do diagrama**	
	Eixo de rotação de ordem quatro com centro de simetria	⌐	Plano de simetria
	Eixo helicoidal de ordem quatro: 4_1	⌐	Plano deslizante axial: vetor ½ **a**, **b** ou **c**, na direção da seta
	Eixo helicoidal de ordem quatro: 4_2	⌐ $^{1/4}$	Plano deslizante diagonal: vetor ½ (**a+b**), (**b+c**), (**a+c**), na direção da seta
	Eixo helicoidal de ordem quatro: 4_2 com centro de simetria	**Diagramas de posições equivalentes**	
	Eixo helicoidal de ordem quatro: 4_3	○	Motivo em posição geral no plano do diagrama
	Eixo de rotação de ordem seis	○+	Motivo em altura arbitrária, x, y ou z, acima do plano do diagrama
	Eixo de inversão de ordem seis: $\overline{6}$	⊘	Enantiomorfo do motivo em posição geral no plano do diagrama
	Eixo de rotação de ordem seis com centro de simetria	⊘+	Enantiomorfo do motivo em altura arbitrária, x, y ou z, acima do plano do diagrama
	Eixo helicoidal de ordem seis: 6_1		

(A) Grupo espacial número 75, P4

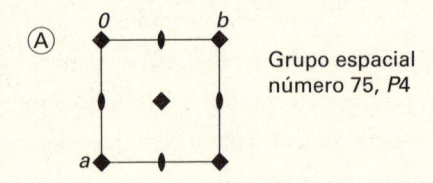

◆ Eixo de rotação de ordem quatro paralelo a c (perpendicular ao plano do diagrama)

● Eixo de rotação de ordem dois paralelo a c (perpendicular ao plano do diagrama)

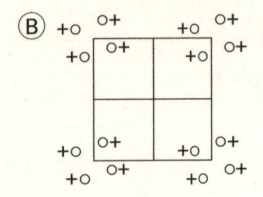

(B)

○+ motivo em altura arbitrária +z (0 < z < c)

(C)

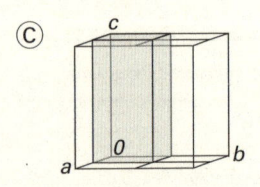

FIG. 5.2 Diagramas de grupo espacial do grupo espacial número 75, P4: (A) elementos de simetria; (B) posições do motivo geradas pelas operações de simetria; (C) unidade assimétrica

por convenção, a direção x aponta do topo para a base, e a direção y, da esquerda para a direita.

A disposição dos elementos de simetria é mostrada na Fig. 5.2A. Os diagramas revelam todos os elementos de simetria presentes, incluindo *elementos extra* gerados pelos elementos de simetria principais indicados no símbolo do grupo espacial. Por exemplo, a posição do eixo de ordem quatro no vértice da cela unitária gera outro no centro da cela e eixos de ordem dois no centro de cada aresta (Fig. 5.2A). A operação do eixo de ordem quatro sobre um motivo (representado por um círculo) gera outras quatro cópias da cela unitária (Fig. 5.2B). O símbolo + ao lado do motivo indica que não houve mudança na altura do motivo com a operação do eixo de ordem quatro.

A menor parte da cela unitária que permite reproduzir a cela completa pela aplicação das operações de simetria é denominada unidade assimétrica. Essa unidade não é única; várias unidades assimétricas alternativas podem ser definidas em uma cela unitária, mas os eixos de rotação e de inversão devem sempre se situar nas extremidades da unidade assimétrica. A unidade assimétrica convencional do grupo espacial P4 é mostrada na Fig. 5.2C. A extensão da unidade assimétrica equivale a uma cela unitária em altura, e é definida pelas relações $0 \leq x \leq \frac{1}{2}$, $0 \leq y \leq \frac{1}{2}$, $0 \leq z \leq 1$.

Os símbolos de Wyckoff, que são descritos no Cap. 3 em relação aos grupos planos, indicam as várias simetrias de sítio que podem ser ocupadas por um átomo na cela unitária. Se a posição atômica escolhida, (x,y,z), for uma posição geral na cela unitária, as posições geradas pelas operações de simetria são denominadas posições equivalentes, que são:

(1) (x,y,z) (2) $(\bar{x},\bar{y},z)$ (3) $(\bar{y},x,z)$ (4) $(y,\bar{x},z)$

Essas posições são indicadas pelo símbolo d de Wyckoff e a multiplicidade da posição é igual a 4, como indicado no Quadro 5.8.

Se a posição atômica escolhida se situar sobre um elemento de simetria, em uma posição especial, sua multiplicidade será menor. Por exemplo, um átomo localizado sobre um eixo de ordem dois não será repetido pela operação desse eixo. Entretanto, como há dois eixos de ordem dois, um átomo em um dos eixos irá implicar a presença de um átomo no outro eixo. Essa posição terá multiplicidade igual a 2, enquanto um ponto em

QUADRO 5.8 POSIÇÕES NO GRUPO ESPACIAL $P4$

Multiplicidade	Símbolo de Wyckoff	Simetria do sítio	Coordenadas das posições equivalentes
4	d	1	(1) x, y, z (2) $\bar{x}, \bar{y}, z$ (3) $\bar{y}, x, z$ (4) $y, \bar{x}, z$
2	c	2	$0, ½, z$ $½, 0, z$
1	b	4	$½, ½, z$
1	a	4	$0, 0, z$

uma posição geral tem multiplicidade igual a 4. As posições especiais são encontradas em:

$$0, ½, z \quad ½, 0, z$$

A multiplicidade é igual a dois e o símbolo de Wyckoff é c (Quadro 5.8).

Há ainda posições especiais associadas aos eixos de ordem quatro na origem (0, 0) e no centro (½, ½) da cela unitária (Fig. 5.2A). A multiplicidade de um átomo situado em um eixo de ordem quatro é igual a 1. Essas duas posições são:

$$½, ½, z \quad 0, 0, z$$

O número total de posições na cela unitária é indicado no Quadro 5.8.

5.5 Construção de uma estrutura com base em um grupo espacial

Assim como em duas dimensões, uma estrutura cristalina pode ser formada com base em um motivo e em um retículo. O motivo é um conjunto mínimo de átomos necessários para gerar o conteúdo completo da cela unitária pela aplicação dos operadores de simetria especificados no grupo espacial, também conhecidos como geradores. As posições dos átomos na estrutura podem ser organizadas de modo compacto, com base nas propriedades de simetria do grupo espacial correspondente à estrutura cristalina.

Nesse exemplo, será visto como construir uma estrutura do grupo espacial $P4_1$ (número 76). Esse grupo é similar ao grupo descrito na seção anterior, $P4$, mas, em vez de um eixo de simetria de ordem quatro, há um eixo helicoidal de ordem quatro. Os diagramas do grupo espacial são apresentados na Fig. 5.3. Note que a altura do motivo é indicada ao lado do símbolo na Fig. 5.3B. Essas alturas podem ser obtidas por meio dos métodos descritos na Fig. 5.1, para eixos helicoidais 4_2. A Fig. 5.3 é similar aos diagramas referentes ao grupo espacial $P4$ (Fig. 5.2). Entretanto, o eixo helicoidal não gera eixos de simetria de ordem dois, mas eixos helicoidais de ordem dois, 2_1. As únicas posições disponíveis são as posições equivalentes gerais, indicadas no Quadro 5.9.

QUADRO 5.9 POSIÇÕES NO GRUPO ESPACIAL $P4_1$

Multiplicidade	Símbolo de Wyckoff	Simetria do sítio	Coordenadas das posições equivalentes
4	a	1	(1) x, y, z (2) $\bar{x}, \bar{y}, z + ½$ (3) $\bar{y}, x, z + ¼$ (4) $y, \bar{x}, z + ¾$

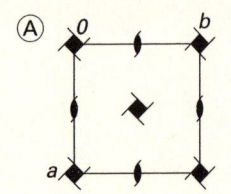

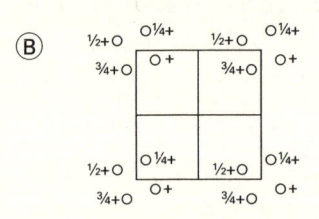

(A)

Grupo espacial número 75, P4₁

◆ eixo helicoidal de ordem quatro, 4_1, paralelo a **c** (perpendicular ao plano do diagrama)

♦ eixo helicoidal de ordem dois, 2_1, paralelo a **c** (perpendicular ao plano do diagrama)

(B)

○+ motivo em altura arbitrária $+z$ $(0 < z < c)$
○¼+ motivo em altura arbitrária $z + c/4$
○½+ motivo em altura arbitrária $z + c/2$
○¾+ motivo em altura arbitrária $z + 3c/4$

FIG. 5.3 Diagramas de grupo espacial do grupo espacial número 75, $P4_1$: (A) elementos de simetria; (B) posições do motivo geradas pelas operações de simetria

A estrutura do fosfeto de césio, Cs_3P_7, pertence ao grupo espacial $P4_1$ e os parâmetros do retículo são $a = b = 0{,}9046$ nm, $c = 1{,}6714$ nm. A estrutura é tetragonal e o eixo helicoidal é paralelo ao eixo **c**. Todas as posições atômicas devem ser localizadas em posições gerais equivalentes, cujas coordenadas são indicadas na Tab. 5.1. O número Z, que indica o número de unidades de Cs_3P_7 na cela unitária, é igual a quatro.

Há três átomos de Cs em posições diferentes, indicados por Cs1, Cs2 e Cs3. A cela unitária com apenas esses três átomos é representada em projeção segundo o eixo **c** (Fig. 5.4A), segundo o eixo **a** (Fig. 5.4B) e em perspectiva (Fig. 5.4C). O átomo na altura $z = 0$ é repetido no topo e na base da cela unitária. Esses átomos serão replicados quatro vezes pela operação do eixo de simetria e, portanto, a cela unitária contém 12 átomos de Cs. As posições desses átomos são indicadas na Tab. 5.2 como Cs1, Cs1_2, Cs1_3 etc., para mostrar quais átomos são derivados dos

TAB. 5.1 DADOS CRISTALOGRÁFICOS DE Cs_3P_7, GRUPO ESPACIAL $P4_1$

Sistema cristalino: tetragonal
Parâmetros do retículo: $a = 0{,}9046$ nm, $b = 0{,}9046$ nm, $c = 1{,}6714$ nm, $\alpha = \beta = \gamma = 90°$, $Z = 4$.
Grupo espacial $P4_1$, número 75

Átomo	Multiplicidade e símbolo de Wyckoff	Coordenadas dos átomos		
		x	y	z
Cs1	4a	−0,2565	0,3852	0
Cs2	4a	0,4169	0,7330	0,8359
Cs3	4a	0,0260	0,8404	0,9914
P1	4a	0,790	0,600	0,811
P2	4a	0,443	0,095	0,947
P3	4a	0,106	0,473	0,893
P4	4a	0,357	0,024	0,061
P5	4a	0,629	0,794	0,032
P6	4a	0,998	0,341	0,705
P7	4a	0,011	0,290	0,840

Fonte: Meyer, Hoenle e Schnering (1987).

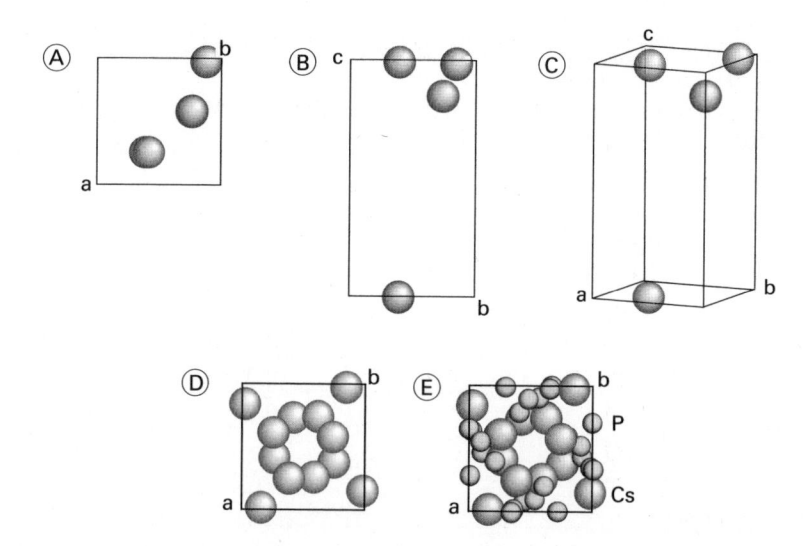

5 Construção de estruturas cristalinas com base em retículos e grupos espaciais · 113

FIG. 5.4 Estrutura de Cs_3P_7: (A) cela unitária projetada segundo o eixo **c**, contendo apenas os átomos Cs1, Cs2 e Cs3; (B) cela unitária projetada segundo o eixo **a**, apenas com os átomos Cs1, Cs2 e Cs3; (C) vista em perspectiva da cela unitária, apenas com os átomos Cs1, Cs2 e Cs3; (D) cela unitária projetada segundo o eixo **c**, com todos os 12 átomos de 12 Cs representados; (E) cela unitária projetada segundo o eixo **c**, com todos os átomos representados

TAB. 5.2 POSIÇÕES DOS ÁTOMOS DE Cs NA CELA UNITÁRIA DO Cs_3P_7

Átomo	Coordenadas dos átomos		
	x	y	z
Cs1	0,7435	0,3852	0
Cs1_2	0,6148	0,7435	¼
Cs1_3	0,2565	0,6148	½
Cs1_4	0,3852	0,2565	¾
Cs2	0,4169	0,7330	0,8359
Cs2_2	0,2670	0,4169	0,0859
Cs2_3	0,5831	0,2670	0,3359
Cs2_4	0,7330	0,5831	0,5859
Cs3	0,0260	0,8404	0,9914
Cs3_2	0,1596	0,0260	0,2414
Cs3_3	0,9740	0,1569	0,4914
Cs3_4	0,8404	0,9740	0,7414

átomos na posição original de referência. A estrutura projetada segundo o eixo **c** e com todos os átomos de Cs presentes é apresentada na Fig. 5.4D. De modo similar, há sete posições atômicas de P listadas, totalizando 28 átomos de P na cela unitária. As posições desses átomos são obtidas da mesma forma que as dos átomos de Cs.

O uso da simetria da cela permite que apenas dez átomos sejam especificados em vez de quarenta. A projeção da estrutura completa segundo o eixo **c** é apresentada na Fig. 5.4E.

Mesmo em uma estrutura relativamente simples como essa, é difícil visualizar a posição de todos os átomos na cela unitária ou a construção do cristal como um todo. Nesse processo, a computação gráfica é muito útil. Alternativamente, uma descrição baseada em poliedros pode ser bastante adequada, como será discutido no Cap. 7.

5.6 Estrutura do diopsídio, $CaMgSi_2O_6$

Como exemplo adicional de formação de estruturas, considere o mineral diopsídio, $CaMgSi_2O_6$, cuja estrutura foi uma das primeiras a ser determinada, nos primórdios da Cristalografia de Raios X. Os dados cristalográficos são apresentados na Tab. 5.3.

TAB. 5.3 DADOS CRISTALOGRÁFICOS DO DIOPSÍDIO, $CaMgSi_2O_6$

Sistema cristalino: monoclínico
Parâmetros do retículo: a = 0,95848 nm, b = 0,86365 nm, c = 0,51355 nm, α = 90°,
β = 103,98°, γ = 90°, Z = 4.
Grupo espacial C 1 2/c 1, número 15

Átomo	Multiplicidade e símbolo de Wyckoff	Coordenadas dos átomos		
		x	y	z
Ca1	4e	0	0,3069	¼
Mg1	4e	0	0,9065	0,464
Si1	8f	0,284	0,0983	0,2317
O1	8f	0,1135	0,0962	0,1426
O2	8f	0,3594	0,2558	0,3297
O3	8f	0,3571	0,0175	0,9982

Fonte: Dove (1989).

Os diagramas do grupo espacial são mostrados na Fig. 5.5A,B. A convenção para cristais monoclínicos é projetar a cela segundo o eixo **b** (Fig. 5.5A). A origem da cela unitária é alocada em um centro de simetria, o eixo **a** aponta para a direita e o eixo **c** aponta para baixo na página. O eixo **b**, portanto, é perpendicular ao plano da página. O símbolo do grupo espacial indica que o elemento de simetria mais importante é um eixo de simetria de ordem dois, paralelo ao eixo **b**. Perpendicular a ele há um plano deslizante, sendo o vetor de deslizamento paralelo ao eixo **c** e de valor igual a c/2, que gera um conjunto de eixos helicoidais 2_1. A informação sobre a altura dos símbolos indica a altura do operador sobre o plano da figura como frações do parâmetro de cela **b** (Fig. 5.5A). A ação dos operadores de simetria sobre um motivo em uma posição geral pode transformá-lo em

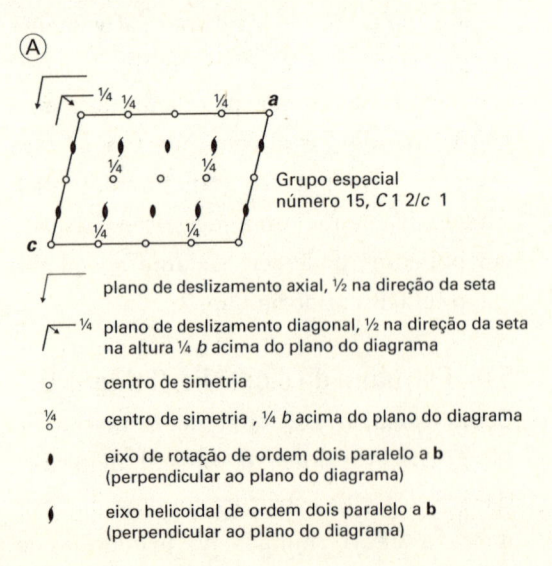

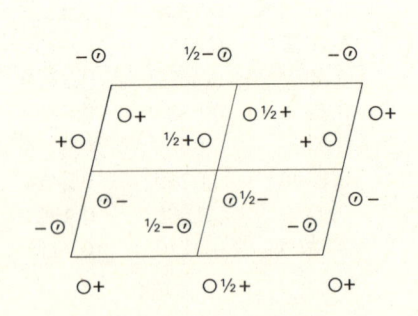

Ⓐ

Grupo espacial
número 15, C 1 2/c 1

⇲ plano de deslizamento axial, ½ na direção da seta

⇲ ¼ plano de deslizamento diagonal, ½ na direção da seta na altura ¼ b acima do plano do diagrama

○ centro de simetria

○¼ centro de simetria, ¼ b acima do plano do diagrama

● eixo de rotação de ordem dois paralelo a **b** (perpendicular ao plano do diagrama)

♦ eixo helicoidal de ordem dois paralelo a **b** (perpendicular ao plano do diagrama)

Ⓑ

○+ motivo em altura arbitrária +y (0 < y < b)
○½+ motivo em altura arbitrária y + ½ b
⊘− enantiomorfo do motivo em altura arbitrária −y
⊘½− enantiomorfo do motivo em altura arbitrária −y −½ b

FIG. 5.5 Diagramas de grupo espacial do grupo espacial número 15, C 1 2/c 1: (A) elementos de simetria; (B) posições do motivo geradas pelas operações de simetria

sua imagem especular, indicada por uma vírgula no interior do círculo que representa o motivo. A posição de um motivo acima do plano da página é indicada pelo sinal +, e abaixo do plano da figura, por –. Aqueles indicados por ½ + e ½ – foram transladados por uma distância igual a ½ do parâmetro de cela **b** em relação aos símbolos que não estão marcados (Fig. 5.5B). As posições equivalentes na cela unitária são apresentadas no Quadro 5.10. Quando elas são aplicadas aos átomos listados na Tab. 5.3, percebe-se a utilidade da notação de grupos espaciais para a construção de estruturas cristalinas, já que apenas seis átomos são listados na Tab. 5.3 apesar de haver 40 átomos na cela unitária. A estrutura é projetada segundo os eixos **b** (Fig. 5.6A) e **c** (Fig. 5.6B). Mais uma vez, note que a estrutura não é facilmente visualizável na representação atômica (ver representação alternativa da estrutura com poliedros na Fig. 7.17).

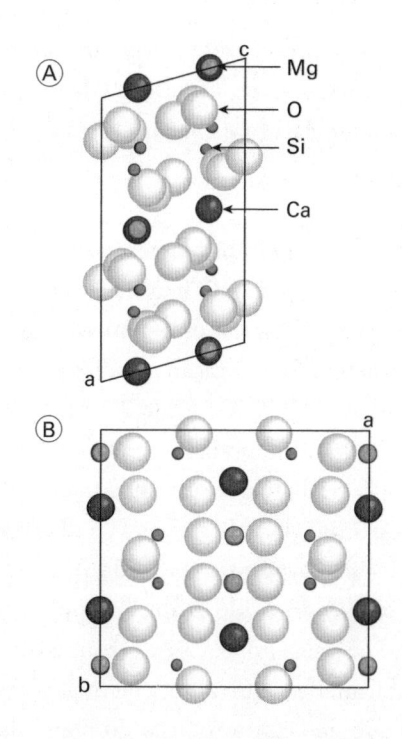

FIG. 5.6 Estrutura do diopsídio, $CaMgSi_2O_6$: (A) cela unitária projetada segundo o eixo **b**; (B) cela unitária projetada segundo o eixo **c**

5.7 Estrutura da alanina, $C_3H_7NO_2$

A alanina, ou ácido 2-aminopropiônico, $C_3H_7NO_2$, é um aminoácido natural e um dos blocos fundamentais da construção de proteínas. Moléculas de aminoácidos naturais ocorrem apenas com uma configuração, que é a forma *sinistral*. Portanto, a alanina natural é descrita na literatura antiga como L-ala-

QUADRO 5.10 POSIÇÕES NO GRUPO ESPACIAL $C\ 1\ 2/c\ 1$

Multiplicidade	Símbolo de Wyckoff	Simetria do sítio	Coordenadas das posições equivalentes
8	f	1	(1) x, y, z (2) $\bar{x}, y, \bar{z} + ½$ (3) $\bar{x}, \bar{y}, \bar{z}$ (4) $x, \bar{y}, z + ½$ (5) $x + ½, y + ½, z$ (6) $\bar{x} + ½, y + ½, \bar{z} + ½$ (7) $\bar{x} + ½, \bar{y} + ½, \bar{z}$ (8) $x + ½, \bar{y} + ½, z$
4	e	2	$0, y, ¼;\ 0, \bar{y}, ¾$
4	d	$\bar{1}$	$¼, ¼, ½;\ ¾, ¼, 0$
4	c	$\bar{1}$	$¼, ¼, 0;\ ¾, ¼, ½$
4	b	$\bar{1}$	$0, ½, 0;\ 0, ½, ½$
4	a	$\bar{1}$	$0, 0, 0;\ 0, 0, ½$

nina ou ácido L-α-aminopropiônico, em que a letra L descreve a configuração da molécula. Essa nomenclatura é confusa, pois o prefixo L é similar ao prefixo *l*, que significa levogiro. De fato, a molécula natural de alanina é dextrogira e deve ser indicada pela notação *d*-alanina ou (+)-alanina. O uso da letra L como símbolo para designar essa configuração caiu em desuso e uma notação atual para descrever a molécula é (*S*)-(+)-ácido 2-aminopropiônico, em geral abreviado como (*S*)-alanina. A letra *S* simboliza a configuração da molécula e o sinal (+) indica que ela é dextrogira. A molécula levogira é indicada por (*R*)-alanina ou (*R*)-(–)-ácido 2-aminopropiônico. A síntese química normal produz uma mistura de quantidades equivalente de moléculas (*R*) e (*S*), que não causa rotação do plano da luz polarizada e que é designada como (*R*, *S*)-alanina. Na literatura mais antiga, essa mistura é denominada DL-alanina.

Um aspecto fundamental é o arranjo espacial dos quatro grupos que circundam o átomo de carbono quiral, ou seja, a configuração molecular. Em Química Orgânica, conhecia-se há tempos a atividade óptica dos diferentes átomos ou grupos de átomos ligados ao átomo central de carbono em ligações de arranjo tetraédrico. Entretanto, não se sabia qual das duas imagens ou configurações especulares causavam a rotação da luz. Estudos difratométricos detalhados auxiliaram na solução desse problema (ver Cap. 6).

As moléculas de ocorrência natural de (*S*)-alanina, opticamente ativas, e as misturas sintéticas de (*R*, *S*)-alanina formam cristais diferentes. Para determinar a configuração absoluta da molécula, é mais simples iniciar pela (*S*)-alanina (L-alanina, (*S*)-(+)-ácido 2-aminopropiônico) opticamente ativa.

A presença de um único enantiômero tem implicações na simetria possível do cristal. Por exemplo, o grupo pontual de um cristal contendo apenas um enantiômero de uma molécula opticamente ativa deve ser um dos 11 grupos que não possuem eixo de inversão. Além disso, todas as moléculas biológicas enantiomórficas se cristalizam em grupos espaciais que não apresentam centro de simetria e planos de simetria. Há, portanto, apenas 65 grupos espaciais possíveis. O grupo espacial da (*S*)-alanina de ocorrência natural é $P\,2_1 2_1 2_1$ (número 19) e seus dados cristalográficos são fornecidos na Tab. 5.4.

Os diagramas de grupo espacial são apresentados na Fig. 5.7. O símbolo do grupo espacial indica que os elementos de simetria mais importantes são eixos helicoidais de ordem dois, que atravessam a cela unitária em direções paralelas aos seus três eixos. Esses operadores de simetria projetam um motivo acima do plano do diagrama para uma posição abaixo desse plano, como indicado pela presença dos símbolos +, + ½, – e – ½, sendo que as frações representam a metade da aresta da cela unitária na respectiva direção. As posições equivalentes na cela estão listadas no Quadro 5.11. Há apenas uma posição geral, com multiplicidade igual a quatro, o que gera quatro moléculas de alanina na cela unitária.

A estrutura da (*S*)-alanina opticamente ativa consiste em duas camadas de moléculas de alanina, todas do mesmo enantiômero (Fig. 5.8). A estrutura representada na forma de átomos é de pouca utilidade (por exemplo, ver ureia no Cap. 1), sendo mais adequada a representação das moléculas na forma usual de esferas e hastes (*ball and stick*), que permite a visualização da geometria molecular

5 Construção de estruturas cristalinas com base em retículos e grupos espaciais · 117

e seu empacotamento. Mesmo assim, a estrutura da molécula não é facilmente perceptível em duas dimensões: o átomo de hidrogênio está abaixo do átomo de carbono central, o grupo NH_2 situa-se a sua frente, o grupo CH_3 situa-se a sua esquerda e o grupo COOH está na posição posterior. Essa configuração é idêntica à da Fig. 5.9A (para confirmar essa

TAB. 5.4 DADOS CRISTALOGRÁFICOS DA (S)-ALANINA (L-ALANINA, (S)-(+)--ÁCIDO 2-AMINOPROPIÔNICO)

Sistema cristalino: ortorrômbico
Parâmetros do retículo: a = 0,5928 nm, b = 1,2260 nm, c = 0,5794 nm, α = 90°, β = 90°, γ = 90°, Z = 4.
Grupo espacial $P\,2_1\,2_1\,2_1$, número 19

Átomo	Multiplicidade e símbolo de Wyckoff	Coordenadas dos átomos		
		x	y	z
C1	4a	0,55409	0,14081	0,59983
C2	4a	0,46633	0,16105	0,35424
C3	4a	0,25989	0,09069	0,30332
N1	4a	0,64709	0,08377	0,62438
O1	4a	0,72683	0,25580	0,32970
O2	4a	0,44086	0,18403	0,76120
H1	4a	0,70360	0,05720	0,19790
H2	4a	0,77830	0,18970	0,20860
H3	4a	0,58070	0,14920	0,01100
H4	4a	0,42130	0,24980	0,33590
H5	4a	0,19360	0,11090	0,13400
H6	4a	0,12610	0,10560	0,43570
H7	4a	0,30410	0,00510	0,30560

Fonte: Destro, Marsh e Bianchi (1988).

(A) Grupo espacial número 19, $P\,2_1\,2_1\,2_1$

⚬ eixo helicoidal de ordem dois paralelo a c (perpendicular ao plano do diagrama)

⟵¼ eixo helicoidal de ordem dois paralelo ao plano do diagrama, altura ¼ c

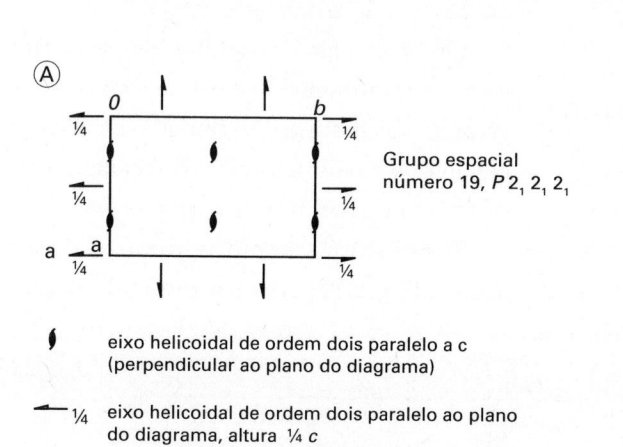

↑ eixo helicoidal de ordem dois no plano do diagrama

(B)

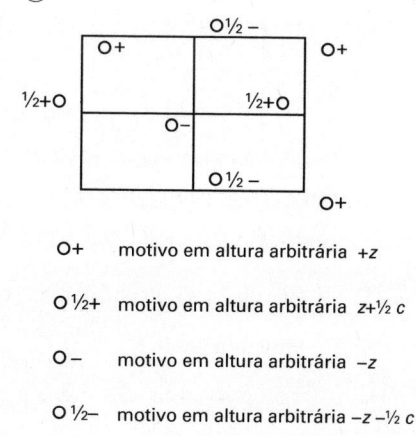

O+ motivo em altura arbitrária +z
O½+ motivo em altura arbitrária z+½ c
O− motivo em altura arbitrária −z
O½− motivo em altura arbitrária −z −½ c

FIG. 5.7 Diagramas de grupo espacial do grupo espacial número 19, $P\,2_1 2_1 2_1$: (A) elementos de simetria; (B) posições do motivo geradas pelas operações de simetria

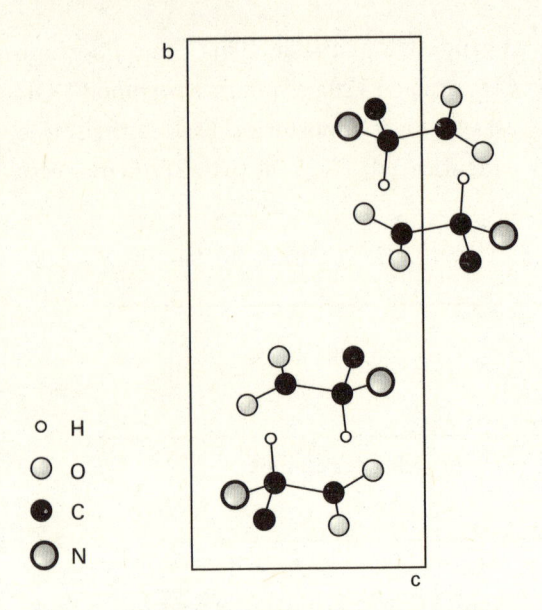

FIG. 5.8 Estrutura da (S)-alanina opticamente ativa, projetada segundo o eixo **a**. A maior parte dos átomos de hidrogênio foi omitida para maior clareza, apenas o átomo ligado ao carbono quiral é representado

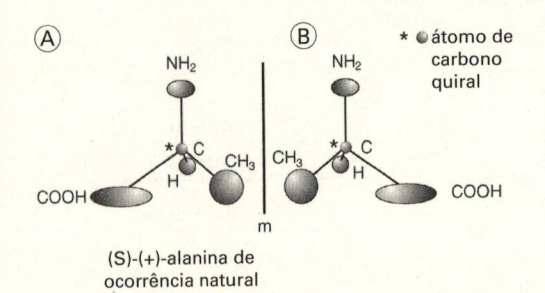

FIG. 5.9 Representação do tipo esferas e hastes (*ball and stick*) das formas enantiomórficas (imagens especulares) da molécula de alanina, $CH_3CH(NH_2)COOH$: (A) forma de ocorrência natural, (S)-(+)-alanina; (B) forma sintética (R)-(−)-alanina. O carbono quiral é indicado por asterisco

correspondência, é conveniente construir um pequeno modelo com massa de modelar e palitos; outra possibilidade é visualizar as moléculas em um programa gráfico).

É interessante comparar cristais sintéticos de (R, S)-alanina opticamente inativos com cristais naturais opticamente ativos. Os dados cristalográficos da (R, S)-alanina são fornecidos na Tab. 5.5 e no Quadro 5.12. Como há imagens especulares da molécula de alanina na cela unitária, o grupo espacial deve conter planos de simetria ou planos deslizantes. Os diagramas de grupo espacial (Fig. 5.10) confirmam essa suposição. Os elementos de simetria são um eixo helicoidal de ordem dois paralelo ao eixo **c**, um plano deslizante axial perpendicular ao eixo **b** e um plano deslizante diagonal perpendicular ao eixo **a** (Fig. 5.10A). O plano deslizante axial produz o efeito de mover o motivo segundo o vetor ½ **a**, paralelo ao eixo **a**, enquanto o deslizamento diagonal move o motivo segundo um vetor ½ **b**, paralelo ao eixo **b**, e ½ **c**, paralelo ao eixo **c** (Fig. 5.10B). Essas operações de simetria geram cópias enantiomórficas de qualquer motivo na cela unitária. Se o motivo for uma molécula de alanina, os elementos de simetria presentes no grupo espacial irão gerar uma estrutura com camadas de alanina de um tipo enantiomórfico, intercaladas com camadas de outro tipo enantiomórfico.

A estrutura cristalina confirma esse arranjo (Fig. 5.11). Assim como a (S)-alanina,

QUADRO 5.11 POSIÇÕES NO GRUPO ESPACIAL $P\,2_1 2_1 2_1$

Multiplicidade	Símbolo de Wyckoff	Simetria do sítio	Coordenadas das posições equivalentes
4	a	1	(1) x, y, z
			(2) $\bar{x} + ½, \bar{y}, z + ½$
			(3) $\bar{x}, y + ½, \bar{z} + ½$
			(4) $x + ½, \bar{y} + ½, \bar{z}$

5 Construção de estruturas cristalinas com base em retículos e grupos espaciais · 119

TAB. 5.5 DADOS CRISTALOGRÁFICOS DA (R, S)-ALANINA (DL-ALANINA, (R, S)-ÁCIDO 2-AMINOPROPIÔNICO)

Sistema cristalino: ortorrômbico
Parâmetros do retículo: $a = 1,2026$ nm, $b = 0,6032$ nm, $c = 0,5829$ nm, $\alpha = 90°$, $\beta = 90°$, $\gamma = 90°$, $Z = 4$.
Grupo espacial $Pna\,2_1$, número 33

Átomo	Multiplicidade e símbolo de Wyckoff	Coordenadas dos átomos		
		x	y	z
C1	4a	0,66363	0,22310	0,33800
C2	4a	0,64429	0,31330	0,58180
C3	4a	0,59233	0,02160	0,29160
N1	4a	0,63948	0,39760	0,16590
O1	4a	0,58960	0,48620	0,60450
O2	4a	0,68614	0,20090	0,74090
H1	4a	0,74190	0,18040	0,32370
H2	4a	0,60600	−0,03080	0,13870
H3	4a	0,51530	0,06050	0,30690
H4	4a	0,61040	−0,09300	0,29970
H5	4a	0,68150	0,51600	0,19420
H6	4a	0,56800	0,43510	0,17410
H7	4a	0,65440	0,34630	0,02610

Fonte: Nandhini, Krishnakumar e Natarajan (2001).

QUADRO 5.12 POSIÇÕES NO GRUPO ESPACIAL $Pna\,2_1$ NÚMERO 33

Multiplicidade	Símbolo de Wyckoff	Simetria do sítio	Coordenadas das posições equivalentes
4	a	1	(1) x, y, z
			(2) $\bar{x}, \bar{y}, z + ½$
			(3) $x + ½, \bar{y} + ½, z$
			(4) $\bar{x} + ½, y + ½, z + ½$

(A) Grupo espacial número 33, $Pna\,2_1$

↯ eixo helicoidal de ordem dois paralelo a c (perpendicular ao plano do diagrama)
------- plano de deslizamento axial perpendicular a b; vetor ½ a
-·-·-·- plano de deslizamento diagonal perpendicular a a; vetor ½ (b+c)

(B)

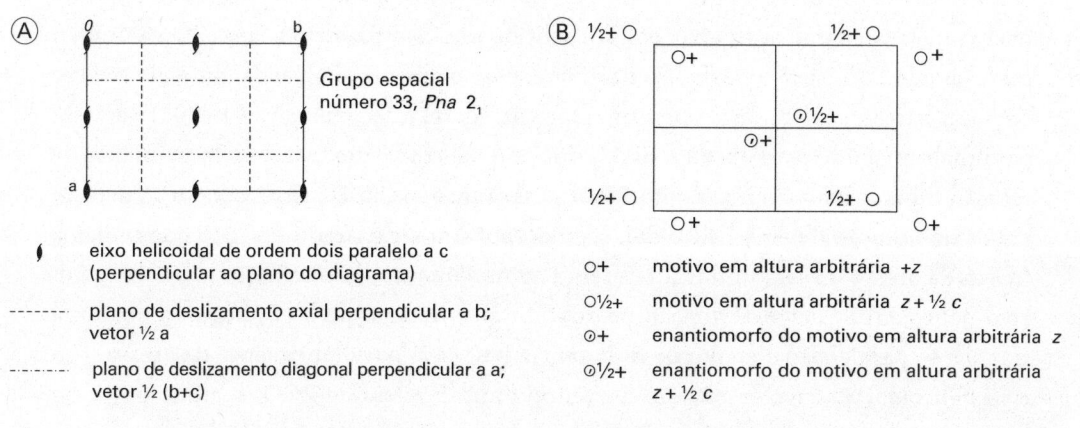

○+ motivo em altura arbitrária +z
○½+ motivo em altura arbitrária $z + ½\,c$
⊙+ enantiomorfo do motivo em altura arbitrária z
⊙½+ enantiomorfo do motivo em altura arbitrária $z + ½\,c$

FIG. 5.10 Diagramas de grupo espacial do grupo espacial número 33, $Pna\,2_1$: (A) elementos de simetria; (B) posições do motivo geradas pelas operações de simetria

a estrutura contém camadas de moléculas de alanina. Cada camada contém apenas um dos enantiômeros. As moléculas na camada 1 são idênticas às da camada 4, compostas pela molécula de (S)-alanina de ocorrência natural. O enantiômero de configuração oposta, (R)-alanina, forma as camadas 2 e 3 (para evidenciar essa diferença, mais átomos de hidrogênio são representados e com um tamanho maior em comparação com os da Fig. 5.8; é conveniente construir um modelo com massa de modelar e palitos, ou visualizar as moléculas em um programa gráfico). A atividade óptica do cristal é internamente suprimida pela presença das duas formas da molécula.

A comparação dessas duas estruturas representa, portanto, uma boa demonstração da relação entre estrutura, simetria e propriedades físicas dos cristais. Note, entretanto, que a cela unitária e as propriedades de simetria de um cristal são uma consequência do arranjo das moléculas com mínima energia livre e não vice-versa.

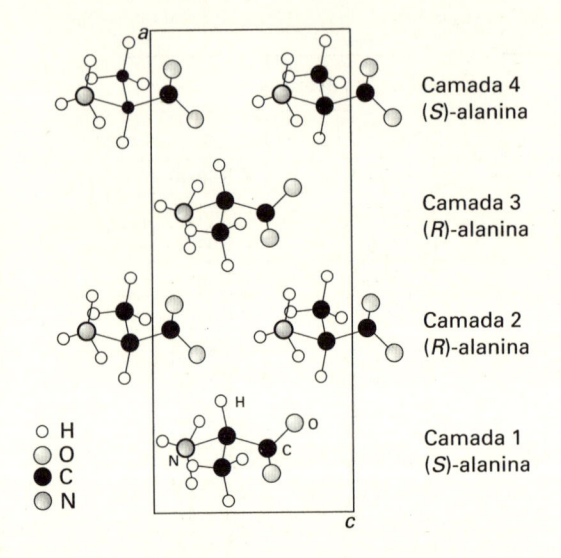

FIG. 5.11 Estrutura da (R, S)-alanina (racêmica), projetada segundo o eixo **b**. Todos os átomos de hidrogênio estão representados

Respostas das questões introdutórias

Que simetria está relacionada a um eixo helicoidal?

Os eixos helicoidais são elementos de simetria rototranslacionais. Um eixo helicoidal de ordem n opera um objeto segundo uma rotação $2\pi/n$ no sentido anti-horário e segundo uma translação paralela ao eixo, em um sentido positivo paralelo ao eixo. O valor de n corresponde à ordem do eixo helicoidal. Por exemplo, um eixo helicoidal paralelo ao eixo **c** em um cristal ortorrômbico causa uma rotação em relação ao plano **a** – **b** (001), seguida por uma translação paralela a +**c**. Esse é um eixo helicoidal dextral. Se o componente de rotação for aplicado n vezes, a rotação total será igual a 2π. O valor de n é o algarismo maior na notação do eixo helicoidal, seguido por um algarismo subscrito que indica a fração da aresta da cela unitária referente ao movimento de translação. Portanto, um eixo helicoidal 3_1 envolve rotação no sentido anti-horário de $2\pi/3$, seguida por uma translação paralela ao eixo por uma distância igual a ⅓ do comprimento da aresta. Um eixo helicoidal 3_2 envolve rotação no sentido anti-horário de $2\pi/3$, seguida por uma translação paralela ao eixo por uma distância igual a ⅔ do comprimento da aresta.

O que é um grupo espacial cristalográfico?

Um grupo espacial cristalográfico descreve a simetria de um padrão tridimensional repetitivo, como os que ocorrem nos cristais. Em cada grupo espacial, há um conjunto de operadores de simetria. Há 230 grupos espaciais, que podem ser derivados pela combinação dos 32 grupos pontuais cristalográficos com os 14 retículos de Bravais. Qualquer cela unitária tridimensional de um cristal tem simetria interna que pode ser classificada em um desses 230 grupos espaciais cristalográficos. É evidente que, pela variação do motivo, podem ser criadas infinitas estruturas cristalinas, cuja combinação de elementos de simetria corresponde a um dos grupos espaciais cristalográficos.

O que representam os símbolos de Wyckoff?

Se houver átomo em uma posição ou sítio (x,y,z) da cela unitária, haverá átomos idênticos em outras posições, (x_1,y_1,z_1), (x_2,y_2,z_2) etc., em virtude das operações de simetria presentes. Os símbolos de Wyckoff indicam os diferentes tipos de sítio existentes na cela unitária. O número máximo de cópias de um sítio é gerado quando a posição atômica inicial é uma posição geral na cela unitária, sendo que as posições resultantes são denominadas posições equivalentes. Se, entretanto, uma posição atômica coincidir com um elemento de simetria, ou seja, se ela for uma posição especial, os operadores de simetria irão gerar um número menor de cópias. O número de cópias geradas de um átomo para cada sítio distinto da cela unitária é a multiplicidade do sítio. Os sítios são listados em ordem decrescente de multiplicidade e os símbolos de Wyckoff são adicionados, começando pela posição inferior da lista, com a letra *a* e seguindo alfabeticamente para as posições gerais equivalentes, designadas como *b, c, d* etc., dependendo do número de sítios distintos na cela unitária.

Problemas e exercícios

Teste rápido

1. O vetor de translação associado com um plano deslizante é:
   a) um quarto do vetor de translação do retículo
   b) meio vetor de translação do retículo
   c) um vetor inteiro de translação do retículo

2. O vetor de translação associado a um eixo 3_2 é:
   a) dois terços do vetor de translação do retículo
   b) meio vetor de translação do retículo
   c) dois vetores de translação do retículo

3. O número de grupos espaciais cristalográficos é:
   a) 210
   b) 230
   c) 250

4. A primeira posição no símbolo de grupo espacial de Hermann-Mauguin se refere:
   a) ao sistema cristalino (cúbico etc.)
   b) ao grupo pontual
   c) ao retículo de Bravais

5. As três posições finais do símbolo de grupo espacial de Hermann-Mauguin se referem:
   a) aos eixos
   b) aos planos
   c) às direções

6. A letra d no símbolo de grupo espacial significa:
   a) um plano deslizante tipo diamante
   b) um plano deslizante diagonal
   c) um plano deslizante duplo

7. Um eixo de rototranslação no símbolo de um grupo espacial é representado por:
   a) n ($n = 2,3,4,6$)
   b) $\bar{n}$ ($\bar{n} = \bar{3},\bar{4},\bar{6}$)
   a) n_p ($n = 2,3,4,6, p = 1,2,3,4,5$)

8. O símbolo $2/m$ na notação de grupo espacial significa:
   a) um plano de simetria paralelo a um eixo de ordem dois
   b) que a normal de um plano de simetria é paralela a um eixo de ordem dois
   c) que um plano de simetria contém um eixo de ordem dois

9. A menor porção da cela unitária que pode reproduzir a cela como um todo, com base nas operações de simetria, é denominada:
   a) motivo
   b) unidade assimétrica
   c) grupo pontual

10. O símbolo de Wyckoff a é atribuído:
    a) aos sítios equivalentes gerais
    b) aos sítios equivalentes com mais alta multiplicidade
    c) aos sítios equivalentes com mais baixa multiplicidade

Cálculos e questões

5.1 Desenhe diagramas similares aos da Fig. 5.1F para os eixos 3; $\bar{3}$; 3_1; 3_2.

5.2 Escreva o símbolo completo de Hermann-Mauguin para os grupos espaciais, com base nos símbolos abreviados:
a) monoclínico, n° 7, Pc;
b) ortorrômbico, n° 47, $Pmmm$;
c) tetragonal, n° 133, $P4_2/nbc$;
d) hexagonal, n° 193, $P6_3/mcm$;
e) cúbico, n° 225, $Fm\bar{3}m$.

5.3 O símbolo do grupo espacial tetragonal n° 79 é $I4$.
a) Quais elementos de simetria são especificados por esse símbolo de grupo espacial?
b) Desenhe diagramas equivalentes ao da Fig. 5.2A,B para esse grupo espacial.
c) Surge que novo elemento de simetria que não está especificado nesse símbolo de grupo espacial?

5.4 Determine as posições gerais equivalentes de um motivo em x, y, z, no grupo espacial tetragonal n° 79, $I4$ (ver questão anterior).

5.5 Os dados estruturais de PuS_2 são apresentados na tabela a seguir:

Sistema cristalino: tetragonal
Parâmetros do retículo: $a = b = 0{,}3943$ nm, $c = 0{,}7962$ nm
Grupo espacial: $P4mm$, número 99

Átomo	Multiplicidade e símbolo de Wyckoff	Coordenadas dos átomos		
		x	y	z
Pu1	1a	0	0	0
Pu2	1b	½	½	0,464
S1	1a	0	0	0,367
S2	1b	½	½	0,097
S3	2c	½	0	0,732

Fonte: Marcon e Pascard (1966).

As posições equivalentes nesse grupo espacial são:

Posições no grupo espacial $P4mm$, número 99

Multipli-cidade	Símbolo de Wyckoff	Simetria do sítio	Coordenadas das posições equivalentes
8	g	1	(1) x, y, z (2) $\bar{x}, \bar{y}, z$ (3) $\bar{y}, x, z$ (4) $y, \bar{x}, z$ (5) $x, \bar{y}, z$ (6) $\bar{x}, y, z$ (7) y, x, z (8) $\bar{y}, \bar{x}, z$
4	f	.m.	$x, ½, z; \bar{x}, ½, z;$ $½, x, z; ½, \bar{x}, z$
4	e	.m.	$x, 0, z; \bar{x}, 0, z;$ $0, x, z; 0, \bar{x}, z$
4	d	..m	$x, x, z; \bar{x}, \bar{x}, z;$ $\bar{x}, x, z; x, \bar{x}, z$
2	c	2mm	$½, 0, z; 0, ½, z$
1	b	4mm	$½, ½, z$
1	a	4mm	$0, 0, z$

Os diagramas do grupo espacial são fornecidos na figura adiante:

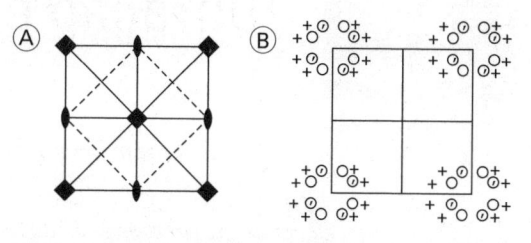

Grupo espacial $P4mm$, número 99

Diagramas do grupo espacial $P4mm$, número 99: (A) elementos de simetria; (B) posições do motivo geradas pelas operações de simetria

a) Que elementos de simetria estão indicados no símbolo do grupo espacial?
b) Que elementos de simetria adicionais surgem pela operação dos elementos de simetria referentes à questão a?
c) Quantos átomos de Pu há na cela unitária?
d) Quais são as posições dos átomos de Pu?
e) Quantos átomos de S há na cela unitária?
f) Quais são as posições dos átomos de S?

6 Difração e estruturas cristalinas

Que informações cristalográficas são fornecidas pela lei de Bragg?
O que é o fator de espalhamento atômico?
Quais são as vantagens da difração de nêutrons em relação à difração de raios X?

A radiação incidente em um cristal é espalhada de vários modos. Se o comprimento de onda da radiação for similar ao espaçamento entre os átomos do cristal, o espalhamento, denominado *difração*, dá origem a um conjunto bem definido de feixes difratados, com arranjo geométrico característico conhecido como *padrão de difração*. Os feixes difratados também são denominados *reflexões, pontos* ou *linhas*. O uso do termo reflexão tem origem na geometria da difração (ver seção 6.1, que trata da lei de Bragg). O uso dos termos pontos e linhas surgiu porque os padrões de difração de raios X eram inicialmente registrados em filmes fotográficos. Monocristais produzem pontos, enquanto amostras policristalinas produzem uma série de anéis ou linhas no filme. Os termos reflexões, pontos e linhas são usados neste livro como sinônimos de feixe.

As posições e intensidades dos feixes difratados são função do arranjo espacial dos átomos e de algumas outras propriedades atômicas, como, no caso dos raios X, o número atômico dos elementos presentes. Portanto, se as posições e intensidades dos feixes difratados são registradas, é possível deduzir o arranjo dos átomos no cristal e sua natureza química.

Essa afirmação simplista não faz jus aos muitos anos de árduo trabalho experimental e teórico que estão por trás da determinação de estruturas cristalinas, um campo conhecido como Cristalografia Estrutural. A primeira estrutura cristalina descrita foi a do NaCl, por W. H. e W. L. Bragg, em 1913. Em 1957, a técnica já estava apurada a ponto de ser publicada a estrutura da penicilina e, em 1958, foi feito o primeiro modelo tridimensional de uma proteína, a mioglobina. Atualmente, as estruturas de diversas proteínas complexas são conhecidas, permitindo grandes avanços na compreensão das funções biológicas dessas moléculas vitais. As estruturas cristalinas foram principalmente determinadas por difração de raios X, com dados complementares de difração de nêutrons e elétrons, que fornecem informações que não podem ser obtidas por difração de raios X. O tema pode ser dividido em três partes facilmente individualizáveis. Inicialmente, pode-se usar as posições dos feixes difratados para obter informações sobre o tamanho da cela unitária de um material. Um segundo estágio é o cálculo das intensidades dos feixes difratados e a definição de sua relação com a estrutura cristalina. Finalmente, é necessário recriar uma imagem da estrutura do cristal, com base nas informações contidas nos padrões de difração. Essas etapas são discutidas neste capítulo, mas uma abordagem detalhada dos modos de determinação de estruturas cristalinas está além dos objetivos deste livro.

6.1 Posição dos raios difratados: a lei de Bragg

Um feixe de radiação será difratado ao incidir sobre um conjunto de planos em um cristal, definidos por índices de Miller (*hkl*), apenas se o arranjo geométrico satisfizer condições específicas, definidas pela lei de Bragg:

$$n\lambda = 2d_{hkl}\sin\theta \quad (6.1)$$

em que *n* é um número inteiro, λ é o comprimento de onda da radiação, d_{hkl} é a distância interplanar (separação perpendicular) dos planos (*hkl*) e θ é o ângulo de difração ou *ângulo de Bragg* (Fig. 6.1). Note que o ângulo entre os feixes incidente e difratado é igual a 2θ. A lei de Bragg define as condições nas quais ocorre a difração e indica a *posição* do feixe difratado, sem qualquer referência à sua intensidade.

Alguns aspectos da lei de Bragg devem ser enfatizados. Embora a geometria representada na Fig. 6.1 seja idêntica à da reflexão, o processo físico envolvido é a difração e os ângulos de incidência e reflexão convencionalmente usados para descrever a reflexão da luz não são os mesmos usados na equação de Bragg. Além disso, não há limitações no ângulo de reflexão da luz em um espelho, porém os planos atômicos causam a difração apenas quando irradiados em ângulo igual a $\sin^{-1}(n\lambda/2d_{hkl})$.

A Eq. 6.1 inclui um número inteiro *n*, que indica a *ordem* do feixe difratado. Em Cristalografia, as diferentes ordens de difração são consideradas alterando-se os valores de (*hkl*) para (*nh nk nl*). Considere, por exemplo, que a reflexão de primeira ordem ocorra nos planos (111), em ângulo dado pela relação:

$$\sin\theta \text{ (1}^a \text{ ordem 111)} = 1\lambda/2d_{111}$$

A reflexão de segunda ordem do mesmo conjunto de planos ocorrerá no ângulo:

$$\sin\theta \text{ (2}^a \text{ ordem 111)} = 2\lambda/2d_{111}$$

mas convencionou-se indicá-la como a reflexão de primeira ordem dos planos (222), ou seja:

$$\sin\theta \text{ (1}^a \text{ ordem 222)} = 1\lambda/2d_{222}$$

ou, simplesmente, a reflexão (222):

$$\sin\theta \text{ (222)} = 1\lambda/2d_{222}$$

De modo similar, a reflexão de terceira ordem dos planos (111) ocorre no ângulo:

$$\sin\theta \text{ (3}^a \text{ ordem 111)} = 3\lambda/2d_{111}$$

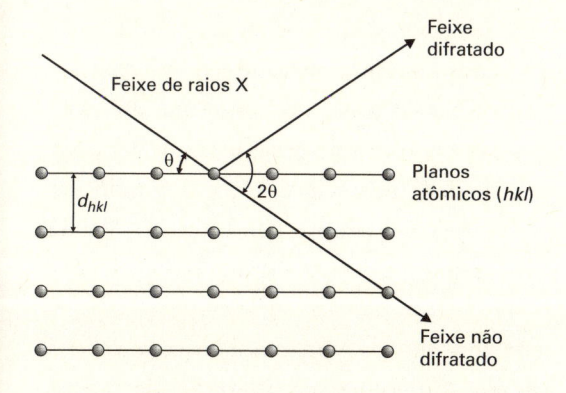

FIG. 6.1 Configuração geométrica da lei de Bragg em relação à difração de raios X por planos atômicos, (*hkl*), em cristal com espaçamento interplanar d_{hkl}

mas é indicada como reflexão de primeira ordem dos planos (333), ou seja:

$$\sin\theta\ (333) = 1\lambda/2d_{333}$$

Como $d_{111} = 2d_{222} = 3d_{333}$, as equações são formalmente idênticas. O mesmo é verdadeiro para todos os planos, de modo que a equação de Bragg é usada em Cristalografia na forma simplificada:

$$\lambda = 2d_{hkl}\sin\theta \qquad (6.2)$$

Em um cristal, há infinitos conjuntos de planos atômicos e a lei de Bragg é válida para todos. Desse modo, se o cristal for rotacionado, cada conjunto de planos irá difratar a radiação quando o valor de $\sin\theta$ satisfizer a equação. Em virtude desse princípio, os dados de difração são coletados para o cristal como um todo. O arranjo de feixes difratados, considerados em conjunto, é denominado padrão de difração do cristal.

Os valores de d_{hkl} de qualquer cristal podem ser calculados com base nos parâmetros do retículo (ver Cap. 2). A equação de Bragg, aplicada aos dados de difração de um material, resulta em uma lista de valores de d_{hkl}. Com base nesse conjunto de dados, é possível determinar o tamanho da cela unitária do material. De fato, esse procedimento significa atribuir um valor *hkl* para cada feixe difratado, em um processo denominado *indexação* do padrão de difração. Esse procedimento, apesar de simples em princípio, exige conhecimento e habilidade. Com os recursos atuais, essa indexação pode ser feita automaticamente por programas de computador que testam um grande número de celas unitárias alternativas em curto intervalo de tempo.

6.2 Geometria dos padrões de difração

Como descrito anteriormente, quando um feixe de radiação adequada incide sobre um cristal em rotação, o feixe irá passar diretamente pelo cristal; mas se o feixe estiver em um ângulo de Bragg para um dado conjunto de planos (*hkl*), uma parte da energia será desviada para o feixe difratado. É difícil conceber todos os fenômenos que ocorrem com a radiação incidente em um cristal real, porque há muitos conjuntos de planos a serem considerados simultaneamente, todos capazes de causar difração. Uma construção gráfica simples, como a proposta por Ewald, permite que se tenha essa compreensão.

O procedimento de construção do padrão de difração de um cristal segue os seguintes passos:

i) desenhe o retículo recíproco do cristal, em orientação equivalente à do cristal que está sendo irradiado (Fig. 6.2A);

ii) desenhe um vetor de comprimento $1/\lambda$ começando na origem do retículo recíproco com direção paralela e de sentido oposto ao feixe de radiação incidente. O símbolo λ indica o comprimento de onda da radiação (Fig. 6.2B);

iii) começando na extremidade do vetor, construa uma esfera, denominada esfera de Ewald (indicada como um círculo na seção), com raio igual a $1/\lambda$. Cada ponto do retículo recíproco que é tocado pela esfera (ou praticamente tocado) irá dar origem a um feixe difratado (Fig. 6.2C,D).

Note que essa construção equivale à lei de Bragg. A distância do ponto *hkl* do retículo recíproco até a origem do retículo recíproco é dada por $1/d_{hkl}$, em que d_{hkl} é a distância interplanar do conjunto de planos (*hkl*) (Fig.

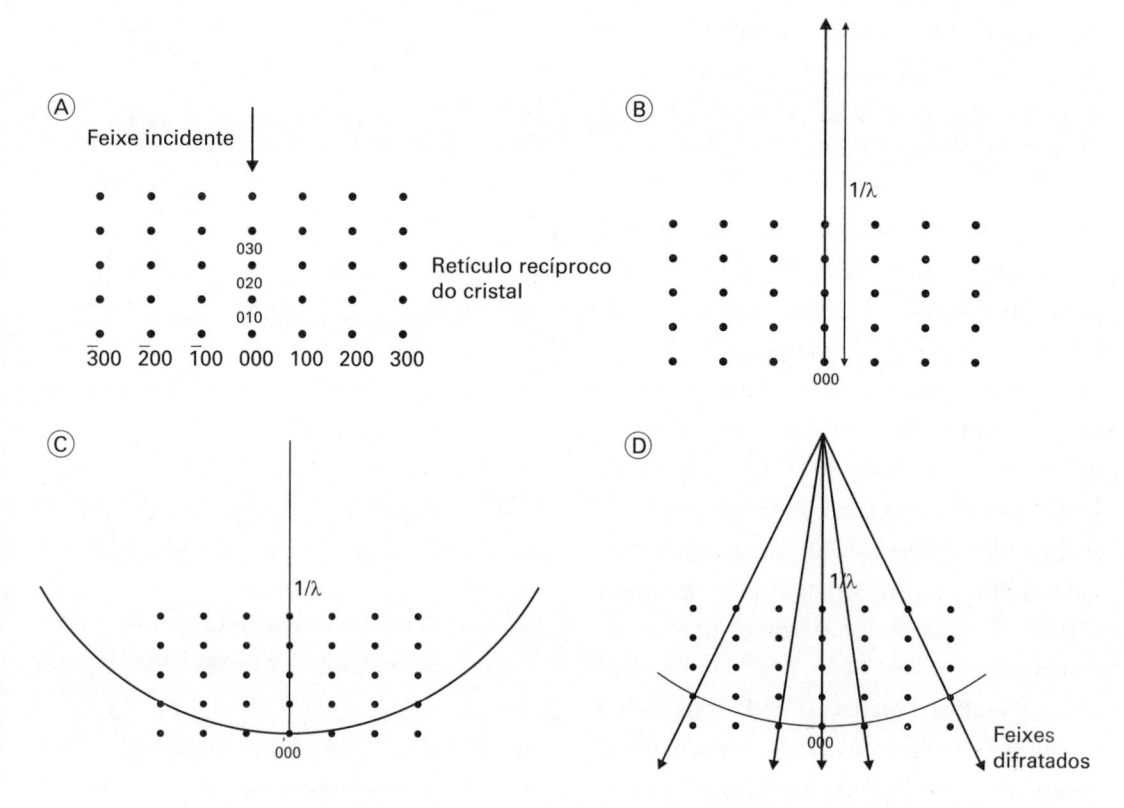

FIG. 6.2 Construção de Ewald: (A) o retículo recíproco; (B) vetor de comprimento $1/\lambda$, paralelo à direção do feixe; (C) esfera que toca a reflexão 000, cujo raio é igual ao vetor em (B); (D) posições dos feixes difratados

6.3). O ângulo de difração, θ, está de acordo com a relação geométrica:

$$\sin\theta = [1/2d_{hkl}]/[1/\lambda] = \lambda/2d_{hkl}$$

que pode ser rearranjada de modo idêntico à lei de Bragg:

$$2d_{hkl}\sin\theta = \lambda$$

A utilidade do método de Ewald de visualização do padrão de difração é mais bem compreendida por meio da formação de padrões de difração de elétrons. Isso porque a esfera de Ewald é muito maior que o espaçamento entre os pontos do retículo recíproco. No caso de elétrons acelerados a uma voltagem de 100 kV, que é típica de um microscópio eletrônico, o comprimento de onda é igual a 0,00370 nm, o que gera uma esfera de Ewald com raio igual a 270,27 nm^{-1}. O parâmetro de retículo do cobre (ver Cap. 1), que pode ser tomado como exemplo para vários compostos inorgânicos, é igual a 0,360 nm, o que gera um espaçamento a^* do retículo recíproco igual a 2,78 nm^{-1}. Em razão dessa disparidade em tamanho, a superfície da esfera de Ewald se aproxima de um plano e os pontos do retículo situados em um plano perpendicular ao feixe de elétrons e que passam pela origem do retículo irão ser tocados pela esfera de Ewald. Dessa forma, os feixes difratados correspondentes a todos esses pontos serão produzidos simultaneamente. Se os feixes difratados forem interceptados em uma tela e apresentados graficamente, o arranjo dos pontos de difração irá representar uma seção plana através do retículo recíproco, em uma escala que depende da configuração geométrica do conjunto. Em suma, um padrão de difração de elétrons é uma projeção de uma seção plana através do retículo recíproco (Fig. 6.4A,B), embora o modo como ele é produzido, por uma série de lentes eletrônicas, seja mais complexo que isso (ver seção 6.11). Inclinando-se o cristal, outras seções do retículo recíproco serão visualizadas e, dessa forma, o retículo recíproco completo pode ser construído.

Se o material analisado estiver na forma de um pó de pequenos cristalitos aleatoriamente arranjados, cada cristalito irá produzir seu próprio padrão de difração. Se houver um grande número de cristalitos, todas as seções do retículo recíproco estarão presentes. Nesse caso, um padrão de anéis pontilhados será formado (Fig. 6.4C). A definição dos anéis aumenta conforme aumenta o número de cristalitos, entretanto, se o tamanho dos cristalitos se tornar pequeno demais, os anéis começam a perder definição e se tornar difusos, como será discutido na seção seguinte.

Embora os padrões de difração obtidos em microscópio eletrônico sejam de fácil compreensão em termos de retículo recíproco, é necessário atribuir valores adequados de *hkl* para cada ponto para que seja possível obter informações cristalográficas. Esse procedimento é denominado indexação do padrão. Na comparação da situação no *espaço real* com o equivalente no *espaço recíproco*, a construção da esfera de Ewald (Fig. 6.5) mostra

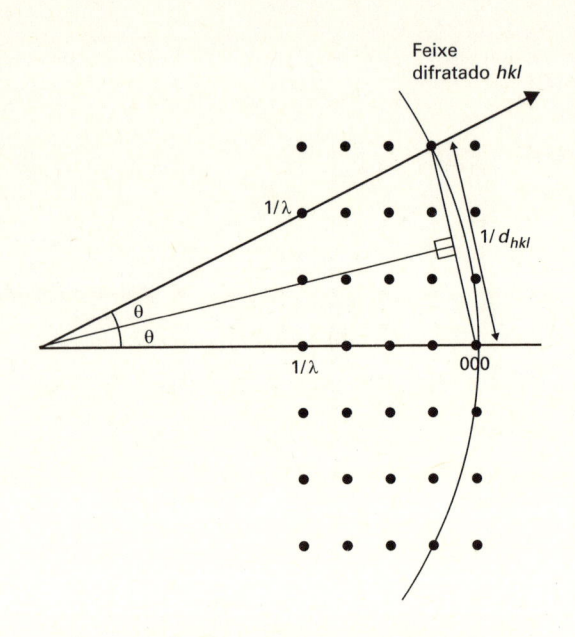

FIG. 6.3 Geometria da construção de Ewald, revelando ser idêntica à lei de Bragg

que os valores de d_{hkl} dos pontos registrados no padrão de difração são dados por uma relação simples:

$$r/l = (1/d_{hkl})/(1/\lambda)$$
$$d_{hkl} = \lambda l/r$$

em que *r* é a distância da origem do padrão de difração, 000, ao ponto *hkl*, e *l* é a distância na qual o padrão de difração é projetado. Na prática, como o padrão é produzido pela ação de lentes, o valor de *l* não é diretamente acessível, e o par de constantes λl é denominado *constante da câmera*, sendo fornecido pelo fabricante do microscópio. Outra possibilidade é determinar a constante da câmera experimentalmente, pela observação do padrão de uma substância conhecida. Um filme fino policristalino evaporado de TlCl, com a mesma estrutura do CsCl e $a = 0{,}3834$ nm, em geral, é usado com essa finalidade. Os sucessivos anéis de difra-

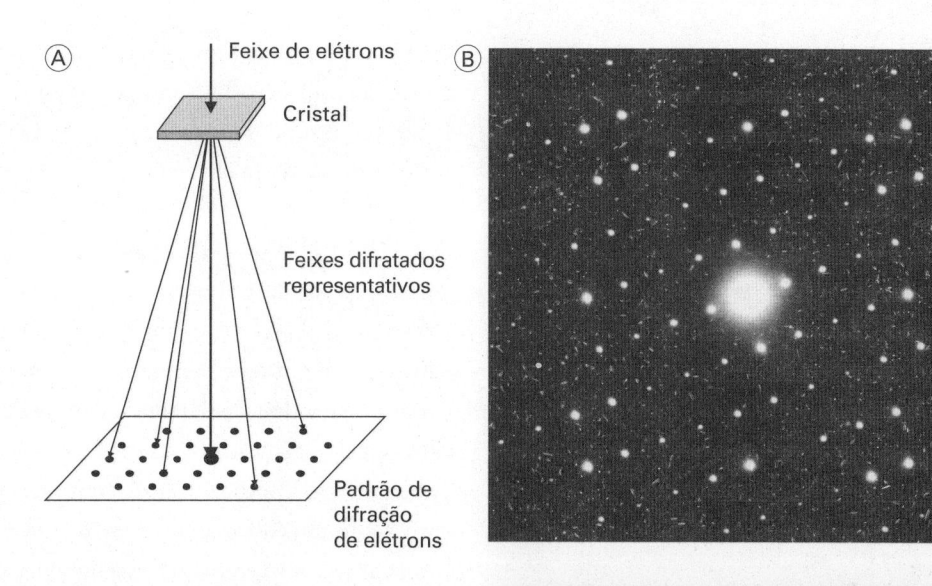

FIG. 6.4 Padrões de difração de elétrons: (A) diagrama esquemático mostrando a formação de um padrão de difração de elétrons em um microscópio eletrônico; (B) padrão de difração de elétrons de $WNb_{12}O_{33}$, semelhante a uma seção plana através do retículo recíproco; (C) padrão de difração de elétrons com anel granulado, feito com base na amostra policristalina do fotocatalisador TiO_2

ção são indexados como 100, 110, 111, 200, 210, 211, com o menor anel sendo indexado primeiro. Os valores de d de cada plano são calculados de modo simples, com a fórmula discutida no Cap. 2:

$$1/d_{hkl}^2 = (h^2 + k^2 + l^2)/a^2$$

A medição dos diâmetros dos anéis permite determinar o valor de λl.

Indexar um padrão de difração de elétrons, ou seja, atribuir a cada ponto um índice hkl adequado, é uma operação trivial se a constante da câmera, λl, for conhecida. A distância do centro do padrão até uma dada reflexão é medida, resultando no valor r, e então convertida no valor d pela relação:

$$d = \lambda l/r$$

Uma lista de valores de d_{hkl} da amostra é calculada por meio das equações apresentadas no Cap. 2, e o valor medido de d é identificado como d_{hkl} usando-se essa lista. É normal

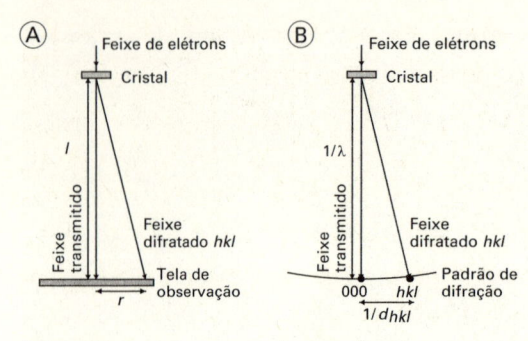

FIG. 6.5 Comparação do espaço real e da formação de padrões de difração no espaço recíproco: (A) formação esquemática de um padrão de difração em um microscópio eletrônico; (B) construção de Ewald de um padrão de difração

que ocorram ambiguidades em virtude de erros na determinação dos valores de d com base no padrão de difração, mas elas podem ser identificadas e sanadas pelo cálculo dos ângulos entre os possíveis planos.

No caso da difração de raios X, o raio da esfera de Ewald é de magnitude similar à do espaçamento dos pontos do retículo recíproco. Por exemplo, o comprimento de onda da radiação CuKα, tipicamente usada em difração de raios X, é 0,15418 nm, o que gera uma esfera de Ewald de raio igual a 6,486 nm^{-1}, que tem magnitude comparável à do parâmetro do retículo recíproco do cobre (2,78 nm^{-1}) e de outros materiais inorgânicos. Nesse caso, um número muito menor de pontos do retículo é interceptado pela esfera e, portanto, um número menor de feixes difratados é produzido. A formação de um padrão de difração de raios X não é de percepção imediata como o padrão de difração de elétrons, e uma configuração geométrica mais complexa é necessária na coleta dos dados de difração do retículo recíproco como um todo.

Qualquer que seja a forma de derivação do retículo recíproco, ele é em geral um recurso fundamental na determinação da cela unitária de uma dada fase.

6.3 Tamanho de partícula

Apesar da lei de Bragg fornecer o valor preciso do ângulo de difração, θ, de fato a difração ocorre em um pequeno intervalo angular, próximo ao valor ideal, devido a imperfeições no cristal. Cristais mais perfeitos difratam em intervalo angular mais estreito e cristais com maior grau de desordem difratam em intervalos mais largos. A faixa *aproximada* de ângulos em que ocorre o efeito da difração, δθ, centrada no ângulo exato de Bragg, θ, é dada por:

$$\delta\theta \approx \lambda/(D_{hkl} \cos\theta)$$

em que D_{hkl} é a espessura do cristal na direção normal aos planos (hkl), que difratam a radiação, sendo δθ medido em radianos. Portanto:

$$D_{hkl} = m\, d_{hkl}$$

em que m é um número inteiro. O tamanho *aparente* do cristal na direção perpendicular aos planos (hkl) é dado por:

$$m\, d_{hkl} \approx \lambda/(\delta\theta \cos\theta)$$

Portanto, o tamanho e a resolução dos feixes difratados fornecem informações sobre a perfeição do cristal; um ponto nítido indica um cristal altamente ordenado, enquanto um ponto difuso indica que o material é desordenado ou que seus cristalitos são extremamente pequenos. Materiais amorfos chegam a produzir apenas alguns anéis de baixa resolução, ou nem isso. Antes do desenvolvimento da microscopia eletrônica (ver seção 6.13), o grau de alargamento das reflexões de raios X era um dos principais métodos usados na estimativa de tamanho de partículas; entretanto, para um trabalho preciso, são necessárias análises mais sofisticadas que as que acabaram de ser discutidas.

O efeito do tamanho dos cristalitos pode ser facilmente visualizado no retículo recíproco. Idealmente, cada ponto do retículo recíproco é nítido e a difração apenas ocorre quando a esfera de Ewald o intersecta. Entretanto, em um cristal de dimensões finitas, a forma de cada ponto do retículo recíproco é modificada, sendo que a forma de cada ponto é distorcida para fora do retículo recíproco, em uma direção normal à direção menor no espaço real. As descrições a seguir são apenas uma primeira aproximação (uma descrição mais precisa da mudança da forma dos pontos do retículo recíproco pode ser feita com base na teoria da difração). Um cristal quadrado de aresta w terá cada ponto do retículo recíproco modificado para a forma de uma cruz, com braços de dimensões aproximadas de $1/w$ se estendendo na direção perpendicular às faces do quadrado; um cristal cúbico terá comportamento similar, com cada braço estendendo-se em direções normais às faces do cubo. Um cristal esférico de diâmetro w terá pontos do retículo recíproco alargados na forma de uma esfera, com diâmetro de aproximadamente $1/w$; uma agulha de diâmetro w terá pontos do retículo recíproco alargados na forma de um disco de diâmetro aproximadamente igual a $1/w$, normal ao eixo da agulha; um cristal delgado, de espessura w, produzirá pontos no retículo recíproco na forma de uma agulha com comprimento de aproximadamente $1/w$ na direção normal ao plano do cristal (Fig. 6.6A-D). O efeito desse alargamento é aumentar significativamente as áreas das seções do retículo recíproco amostradas ao microscópio eletrônico. Por exemplo, o retículo recíproco de um filme fino apresenta pontos projetados como agulhas em posição normal ao plano do filme, permitindo que a esfera de Ewald intersecte um número consideravelmente maior de pontos do que no caso de um filme espesso (Fig. 6.7).

6.4 Intensidade dos raios difratados

As técnicas experimentais descritas nas seções anteriores permitem a determinação dos parâmetros de retículos cristalinos.

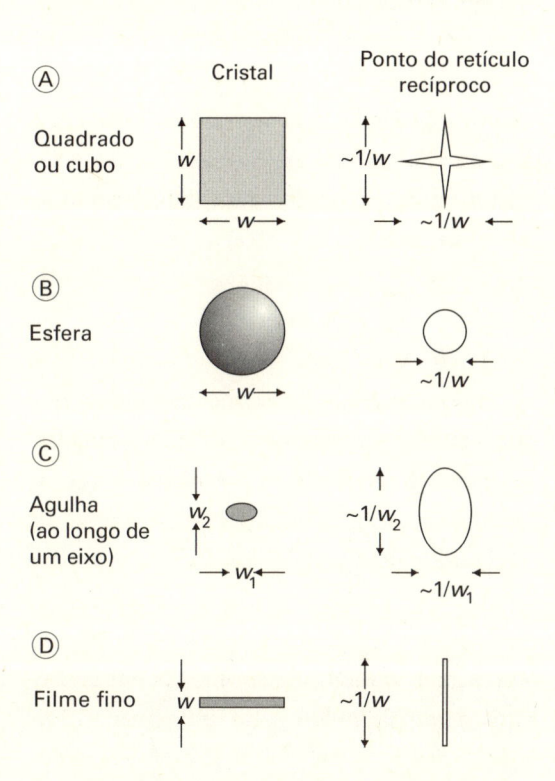

FIG. 6.6 Efeito da forma do cristalito na forma do ponto de difração: (A) quadrado ou cubo; (B) esfera; (C) agulha elíptica; (D) filme fino

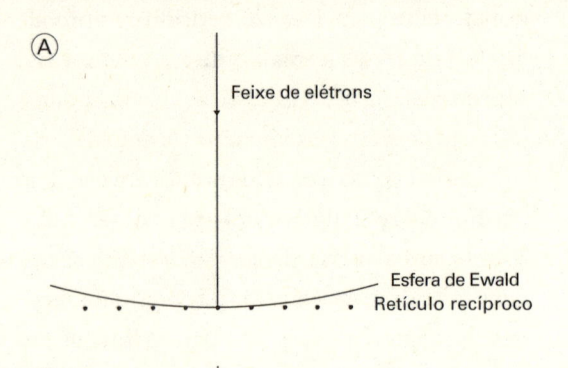

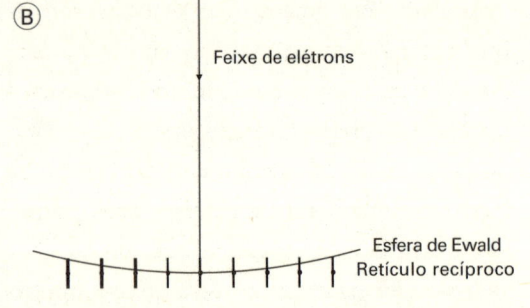

FIG. 6.7 A esfera de Ewald intersecta poucos pontos do retículo recíproco de (A) um filme espesso em comparação com (B) um filme fino, devido à elongação dos pontos do retículo recíproco como agulhas

Entretanto, a determinação mais adequada do retículo cristalino, por exemplo, cúbico de face centrada ou de corpo centrado, requer informações sobre as intensidades dos feixes difratados. Mais importante ainda, para realizar a determinação completa da estrutura cristalina, é de vital importância compreender a relação entre a intensidade do feixe difratado por um conjunto de planos (hkl) e os átomos que constituem os próprios planos.

A intensidade dos feixes difratados varia de um tipo de radiação para outro e depende dos seguintes fatores:

i) natureza da radiação;
ii) ângulo de Bragg do feixe difratado;
iii) poder de difração dos átomos presentes – fator de espalhamento atômico;
iv) arranjo atômico no cristal – fator de estrutura;
v) vibração térmica dos átomos – fator térmico;
vi) polarização do feixe de radiação;
vii) espessura, forma e perfeição do cristal – fator de forma. Esse aspecto foi discutido na seção 6.3 e será mencionado novamente na seção 8.6;
viii) na difração de pó, em vez da difração de monocristal, o número de planos (hkl) equivalentes presentes – a multiplicidade.

Antes de discutir esses fatores, é conveniente descrever a determinação de intensidade na difração de raios X. As diferenças em relação a outros tipos de radiação são listadas a seguir (seções 6.12, 6.14, 6.17). Nas próximas quatro seções, são consideradas as contribuições relevantes do arranjo atômico e dos tipos de átomos. Os outros fatores, que podem ser considerados como termos de correção, são descritos na parte final deste capítulo. No caso dos raios X, o feixe inicial praticamente não perde energia ao atravessar um pequeno cristal e as intensidades dos feixes difratados são apenas uma pequena fração da intensidade do feixe incidente. Por esse motivo, é razoável considerar que cada fóton de raios X difratado seja espalhado apenas uma vez. O espalhamento do feixe difratado no sentido contrário ao do feixe incidente é ignorado. Essa aproximação razoável é a base da *teoria cinemática* da difração, que, por sua vez, está na base do cálculo teórico da intensidade de um feixe difratado de raios X.

6.5 Fator de espalhamento atômico

Os raios X são difratados pelos elétrons dos átomos. O espalhamento de raios X aumenta com o aumento do número de elétrons, ou seja, com o aumento do número atômico (número de prótons), Z. Portanto, metais pesados, como chumbo (Pb, Z = 82), espalham raios X de modo muito mais eficiente que átomos leves, como carbono (C, Z = 6). Átomos vizinhos, como cobalto (Co, Z = 27) e níquel (Ni, Z = 28), espalham os raios X de modo praticamente idêntico. O poder de espalhamento de um átomo é denominado *fator de espalhamento atômico*, f_a.

Os fatores de espalhamento foram originalmente determinados de modo experimental, mas hoje podem ser calculados com base na mecânica quântica. Os valores dos fatores de espalhamento atômico, derivados de cálculos de mecânica quântica da densidade de elétrons em torno do átomo, podem ser aproximados pela equação:

$$f_a = \sum_{i=1}^{4} a_i \cdot \exp\left[-b_i\left(\frac{\sin\vartheta}{\lambda}\right)^2\right] + c \quad (6.3)$$

As nove constantes, a_i, b_i e c, denominadas *coeficientes de Cromer-Mann*, variam de um átomo ou íon para outro. Os coeficientes de Cromer-Mann do sódio (Na, Z = 11) a serem usados na Eq. 6.3 são fornecidos nas Tabs. 6.1 e 6.2 (os valores usados nessas tabelas e ao longo deste capítulo foram extraídos de <www-structure.llnl.gov>). As unidades de f_a são elétrons e os comprimentos de onda da radiação são dados em Å. Para usar a unidade do Sistema Internacional (10 Å = 1 nm) para o comprimento de onda, utilizam-se os mesmos valores de a_i e c, mas b_i é dividido por 100.

Observa-se que o espalhamento é fortemente dependente do ângulo de incidência, sendo, portanto, expresso em função de $(\sin\theta)/\lambda$, que, segundo a lei de Bragg (Eqs. 6.1 e 6.2), é igual a $1/2d_{hkl}$. As curvas de fator de espalhamento de todos os átomos têm formato similar (Fig. 6.8). Para $(\sin\theta)/\lambda = 0$, o fator de espalhamento é igual ao número atômico, Z, do elemento em questão. O elemento sódio, com Z = 11, tem fator de espalhamento igual a 11 em $(\sin\theta)/\lambda = 0$. Em íons, o fator de espalhamento também é dependente do número de elétrons presentes. Por exemplo, o fator de espalhamento do íon de sódio Na^+

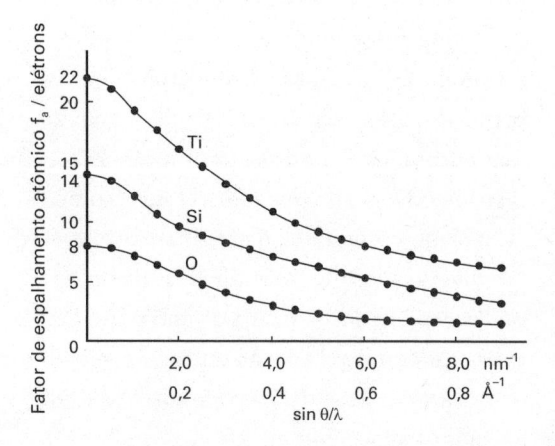

FIG. 6.8 Fatores de espalhamento atômico de titânio (Ti), silício (Si) e oxigênio (O) em função de $\sin\theta/\lambda$

TAB. 6.1 COEFICIENTES DE CROMER-MANN DO SÓDIO, λ EM Å

Coeficiente	Índice			
	1	2	3	4
a	4,763	3,174	1,267	1,113
b	3,285	8,842	0,314	129,424
c	0,676			

TAB. 6.2 COEFICIENTES DE CROMER-MANN DO SÓDIO, λ EM nm

Coeficiente	Índice			
	1	2	3	4
a	4,763	3,174	1,267	1,113
b	0,03285	0,08842	0,00314	1,29424
c	0,676			

em $(\sin\theta)/\lambda = 0$ corresponde a $Z - 1$, isto é, 10, em vez de 11. De modo similar, o fator de espalhamento de K^+ ($Z = 18$) e Cl^- ($Z = 18$) são idênticos.

Os elétrons também espalham a radiação por outro efeito, denominado efeito Compton, que se soma ao sinal de fundo (*background*) dos raios X espalhados, sendo em geral ignorado na determinação de estruturas.

6.6 Fator de estrutura

Para obter a intensidade total da radiação espalhada pela cela unitária, o espalhamento de todos os átomos presentes na cela unitária deve ser combinado. Isso é feito pela soma das ondas espalhadas por cada conjunto de planos (*hkl*) independentemente, para obter o valor de *fator de estrutura*, **F**(*hkl*), de cada plano (*hkl*). O cálculo é feito da seguinte forma:

A amplitude (ou seja, a *força*) da radiação difratada espalhada por um átomo em um plano (*hkl*) é dada pelo valor de f_a, devidamente corrigido quanto a $(\sin\theta)/\lambda$ ($= 1/2d_{hkl}$) do respectivo plano (*hkl*). Entretanto, como os átomos que produzem o espalhamento estão em diversas localizações na cela unitária, as ondas espalhadas por cada átomo estão defasadas umas em relação às outras ao deixar a cela unitária. Essa defasagem entre as ondas é denominada *diferença de fase*.

O modo como a radiação espalhada se soma é controlado pelas fases relativas de cada onda espalhada. A diferença de fase entre duas ondas espalhadas, ou seja, a magnitude da defasagem, é representada por um *ângulo de fase*, medido em radianos. As ondas que estão em fase têm ângulo de fase igual a zero ou a um múltiplo par de 2π. Ondas que estão completamente fora de fase têm diferença igual a π ou a um múltiplo ímpar de π. Se duas ondas

com diferença de fase igual a 2π são somadas, o resultado é uma onda com o dobro da amplitude da onda original. Se a diferença de fase das ondas somadas for igual a π, o resultado é igual a zero. Valores intermediários de defasagem de onda geram valores intermediários de amplitude da onda resultante (Fig. 6.9).

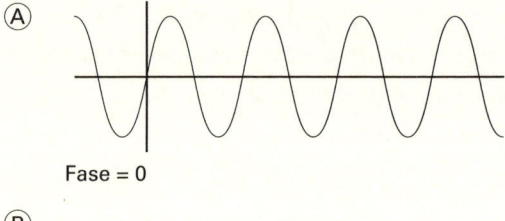

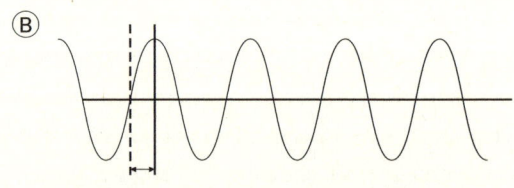

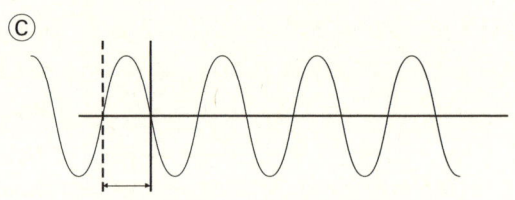

Ⓐ
Fase = 0

Ⓑ
Diferença de fase em relação a (A) = $\pi/2$

Ⓒ
Diferença de fase em relação a (A) = π

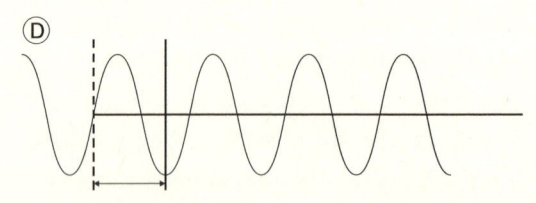

Ⓓ
Diferença de fase em relação a (A) = $3\pi/2$

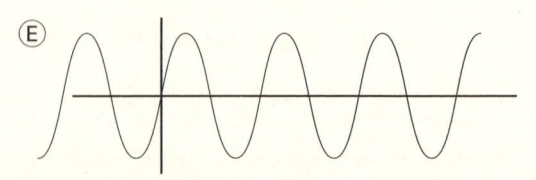

Ⓔ
Diferença de fase em relação a (A) = 0 ou 2π

FIG. 6.9 Diferença de fase entre ondas: (A) 0; (B) $\pi/2$; (C) π; (D) $3\pi/2$; (E) 2π

A diferença de fase entre as ondas espalhadas por dois átomos dependerá de suas posições relativas na cela unitária e do ângulo de propagação das ondas. Os ângulos relevantes são aqueles definidos pela lei de Bragg (Eqs. 6.1 e 6.2), que por simplicidade são indicados pelos índices (hkl) dos planos envolvidos no espalhamento, em vez do ângulo propriamente dito. A fase da onda espalhada (em radianos) a partir de um átomo A em posição x_A, y_A, z_A no feixe espalhado pelo plano (hkl) é:

$$2\pi(hx_A + ky_A + lz_A) = \phi_A$$

em que x_A, y_A, z_A são coordenadas fracionais relativas às arestas da cela unitária, como usado normalmente.

Como exemplo, suponha que a cela unitária contenha apenas dois átomos idênticos, $M1$, na origem da cela (0, 0, 0), e $M2$, no centro da cela (½, ½, ½) (Fig. 6.10A). Não haverá reflexão nos planos (100), porque as ondas espalhadas pelos átomos $M1$, na origem da cela, cuja fase é:

$$M1\ 2\pi(1 \times 0) = 0$$

são combinadas com ondas similares espalhadas pelos átomos $M2$, no centro da cela, cuja fase é:

$$M2\ 2\pi(1 \times \text{½}) = \pi$$

gerando amplitude de onda igual a zero (Fig. 6.10B). Por outro lado, a amplitude da reflexão do plano (110) (Fig. 6.10C) será grande, porque nesse caso as ondas espalhadas por $M1$ e $M2$ estão em fase (Fig. 6.10D):

$$M1\ 2\pi(1 \times 0 + 1 \times 0) = 0$$
$$M2\ 2\pi(1 \times \text{½} + 1 \times \text{½}) = 2\pi$$

Portanto, mesmo nesse caso simples, a amplitude da onda espalhada resultante pode variar entre zero e $2f_M$, dependendo dos planos que estão espalhando as ondas.

Quando as ondas espalhadas por todos os átomos de uma cela unitária são somadas, a forma da onda resultante irá depender, portanto, da capacidade de espalhamento dos átomos presentes e das fases individuais das ondas. Uma visão clara da importância relativa do espalhamento de cada átomo em uma cela unitária e das fases de onda para o valor final de $\mathbf{F}(hkl)$ pode ser obtida pela soma do espalhamento de cada átomo por adição vetorial (Apêndice 1). O espalhamento de um átomo A é representado pelo vetor $\mathbf{f}_A$, cujo comprimento é igual à amplitude espalhada (isto é, a força de espalhamento) de f_A e um ângulo de fase ϕ_A. Para desenhar o diagrama, o vetor $\mathbf{f}_A$, de comprimento ϕ_A, é desenhado em ângulo

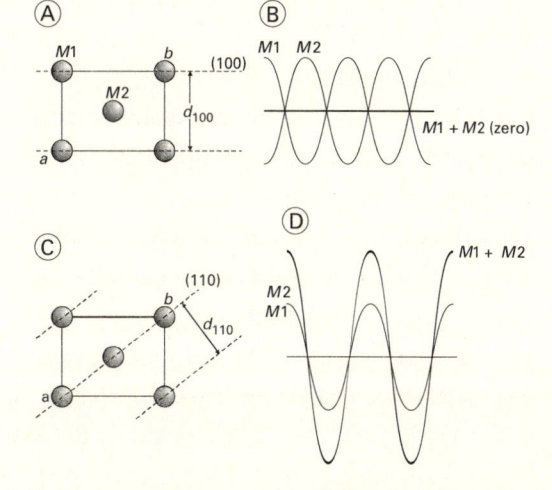

FIG. 6.10 Espalhamento de ondas partindo de uma cela unitária: (A) planos (100), resultando em amplitude zero; (B) planos (110), resultando em amplitude duplicada

ϕ_A em sentido anti-horário partindo do eixo horizontal (x) (Fig. 6.11A). De modo a representar o espalhamento de uma cela unitária completa, o espalhamento de cada um dos N átomos presentes é representado por vetores $\mathbf{f}_n$, de comprimento f_n, desenhados em ângulo ϕ_n a partir da horizontal (Fig. 6.11B), em que n varia de 1 a N. Note que o espalhamento que parte de um átomo na origem da cela unitária, na posição 000, será representado por um vetor horizontal, pois o ângulo de fase será igual a zero (Fig. 6.11C).

Cada vetor sucessivo é adicionado na extremidade do vetor anterior, com o ângulo ϕ_n sempre tomado no sentido anti-horário partindo da horizontal. O resultado da adição de todos os $\mathbf{f}_n$ vetores, usando o método gráfico de adição de vetores (ver Apêndice 1), é o vetor $\mathbf{F}(hkl)$, com ângulo de fase ϕ_{hkl} (Fig. 6.11D). O comprimento numérico do vetor $\mathbf{F}(hkl)$ é grafado como $F(hkl)$. Observa-se que o valor de ϕ_{hkl} é igual à soma de todos os ângulos de fases, ϕ_n, das ondas espalhadas pelos n átomos.

6.7 Fatores de estrutura e intensidades

O método gráfico fornece uma imagem clara do espalhamento a partir de uma cela unitária, mas não é prático para o cálculo da intensidade de feixes difratados. Para esse cálculo, a soma deve ser expressa de modo algébrico. O modo mais simples de realizar essa operação é expressar as ondas espalhadas como uma *amplitude complexa* (ver Apêndices 5 e 6):

$$\mathbf{f}_A = f_A \exp[2\pi i(hx_A + ky_A + lz_A)] = f_A e^{i\phi_A} \quad (6.4)$$

A amplitude (ou seja, sua dimensão numérica), f_A, é o *módulo* de $\mathbf{f}_A$, $|\mathbf{f}_A|$.

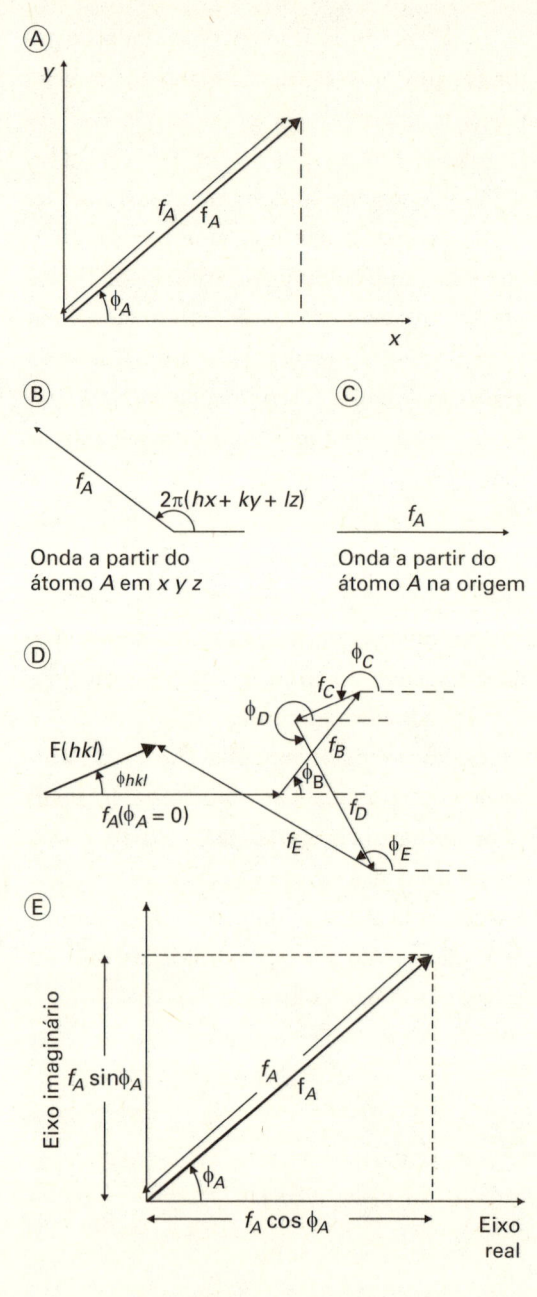

FIG. 6.11 Representação de ondas espalhadas como vetores: (A) vetor de onda espalhada no plano x, y; (B) onda espalhada pelo átomo A em (x,y,z); (C) onda espalhada pelo átomo A na origem (000); (D) adição de ondas espalhadas pelos cinco átomos A, B, C, D e E; (E) representação de $\mathbf{f}_A$ como um número complexo em diagrama de Argand

A Eq. 6.4 pode ser escrita de forma equivalente como um número complexo:

$$\begin{aligned}\mathbf{f}_A &= a_{hkl} + ib_{hkl} \\ &= f_A\{\cos\phi_A + i\sin\phi_A\} \\ &= f_A\{\cos[2\pi(hx_A + ky_A + lz_A)] \\ &\quad + i\sin[2\pi(hx_A + ky_A + lz_A)]\}\end{aligned}$$

Essa representação do espalhamento pode ser feita em um *diagrama de Argand*, usado para representar números complexos (Fig. 6.11E). Esse tipo de representação está no assim chamado *plano gaussiano* ou no *plano complexo*. Quando $\mathbf{f}_A$ é projetado no plano gaussiano, sua projeção horizontal, $f_A\cos\phi_A$, representa a parte real, a_{hkl}, do número complexo. De modo análogo, a projeção vertical, $f_A\sin\phi_A$, representa a parte imaginária, b_{hkl}, do número complexo. Dessa forma, é possível somar as amplitudes espalhadas no plano complexo graficamente, como na Fig. 6.11D, ou de modo algébrico, o que é mais conveniente (Apêndice 6).

Nessa forma, o espalhamento total a partir de uma cela unitária contendo N átomos diferentes é dado por:

$$\begin{aligned}\mathbf{F}(hkl) &= \sum_{n=1}^{N} f_n \exp\left[2\pi i\left(hx_n + ky_n + lz_n\right)\right] \\ &= F(hkl)e^{i\phi_{hkl}} \\ &= \sum_{n=1}^{N} f_n \cos 2\pi\left(hx_n + ky_n + lz_n\right) + \\ &\quad + i\sum_{n+1}^{N} f_n \sin 2\pi\left(hx_n + ky_n + lz_n\right) \\ &= A_{hkl} + iB_{hkl}\end{aligned}$$

em que hkl são os índices de Miller dos planos de difratantes, sendo a soma feita para todos os N átomos da cela unitária, cada um com fator de espalhamento atômico próprio, f_n, no plano (hkl) considerado. A magnitude do espalhamento é $F(hkl)$, módulo de $\mathbf{F}(hkl)$, ou seja, $|\mathbf{F}(hkl)|$, enquanto ϕ_{hkl} indica a fase do fator de espalhamento, que é a soma de todas as contribuições das fases dos vários átomos da cela unitária.

A *intensidade* espalhada por todos os átomos da cela unitária no feixe hkl, $I_0(hkl)$, é dada por $|\mathbf{F}(hkl)|^2$ (ver Apêndice 6):

$$\begin{aligned}I_0(hkl) &= |\mathbf{F}(hkl)|^2 = \mathbf{F}(hkl)^2 \\ &= \left\{\sum_{n=1}^{N} f_n \exp\left[2\pi i\left(hx_n + ky_n + lz_n\right)\right]\right\}^2 \\ &= \left\{\sum_{n=1}^{N} f_n \cos 2\pi\left(hx_n + ky_n + lz_n\right) + \right. \\ &\quad \left. + i\sum_{n+1}^{N} f_n \sin 2\pi\left(hx_n + ky_n + lz_n\right)\right\}^2 \\ &= A_{hkl}^2 + B_{hkl}^2\end{aligned}$$

Se a cela unitária possuir um centro de simetria, os termos de seno, B_{hkl}^2, podem ser omitidos, pois sua soma é zero.

O cálculo da intensidade difratada por um plano de átomos de uma estrutura conhecida é simples, embora seja tedioso sem o auxílio de um computador. Por causa dos fatores instrumentais e outros que afetam a intensidade medida, as intensidades calculadas, que não levam em consideração esses fatores, são geralmente listadas como uma fração ou porcentagem do feixe difratado de maior intensidade.

6.8 Avaliação numérica de fatores de estrutura

Apesar dos cálculos de fator de estrutura poderem ser feitos em computador, é conveniente calcular alguns exemplos manualmente, para perceber os passos envolvidos. Como exemplo, considere o fator de estrutura e a intensidade do feixe difratado 200 de um cristal de rutilo, TiO_2 (ver Cap. 1). Os detalhes dessa cela tetragonal são:

Parâmetros de cela: $a (=b) = 0,4594$ nm, $c = 0,2959$ nm.

Posições atômicas: Ti: 0, 0, 0; ½, ½, ½
O: ³⁄₁₀, ³⁄₁₀, 0; ⅘, ⅕, ½; ⁷⁄₁₀, ⁷⁄₁₀, 0; ⅕, ⅘, ½

Há dois átomos de Ti e quatro de O na cela unitária. O cálculo é feito da seguinte forma:

i) Estime o valor de $(\sin\theta/\lambda)$ para (200):

$(\sin\theta/\lambda) = 1/(2\, d_{200})$
$= 2,177$ nm^{-1} (0,2177 Å^{-1})

ii) Determine os fatores de espalhamento de Ti e O nesse valor, com base em bancos de dados ou com a Eq. 6.3, usando os coeficientes de Cromer-Mann adequados (valores aproximados podem ser obtidos na Fig. 6.7). Os valores precisos são: $f_{Ti} = 15,513$ e $f_O = 5,326$.

iii) Calcule os ângulos de fase das ondas espalhadas por cada um dos átomos da cela unitária. Note que a cela unitária é centrossimétrica e, portanto, o termo ligado ao seno, (B_{hkl}), pode ser omitido; os ângulos de fase são dados simplesmente pelo termo ligado ao cosseno, (A_{hkl}), dado por $[\cos 2\pi(hx_n + ky_n + lz_n)]$, que, nesse caso, pode ser simplificado para $[\cos 2\pi(2x_n)]$. Os resultados são apresentados na Tab. 6.3.

iv) $F(200)$ é obtido pela soma dos valores na coluna final da Tab. 6.3.

$F(200) = 2(15,513) - 4(4,3097) = 13,79$

v) O ângulo de fase ϕ_{200}, associado a $F(200)$, é a soma de todos os ângulos de fase individuais da Tab. 6.3; $\phi_{200} = 10\pi$ (1.800°) $= 2\pi$ (360° = 0°).

vi) Calcule a intensidade, $I_0(200)$, do feixe difratado a 360°, que é igual a $|F(hkl)|^2$:

$I_0(200) = |F(200)|^2 = F(200)^2 = 186,16$

Esse procedimento é repetido para todos os demais feixes hkl difratados pela cela unitária.

Para relacionar essa avaliação numérica com a adição vetorial descrita, os valores listados na Tab. 6.3 são apresentados graficamente na Fig. 6.12. O valor obtido de $F(200)$ com base na figura é 13,8, enquanto o valor obtido aritmeticamente é 13,6. O ângulo de fase, ϕ_{hkl}, é igual a zero.

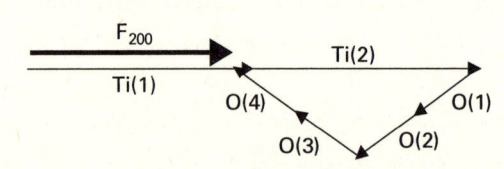

FIG. 6.12 Adição vetorial de ondas espalhadas que contribuem para a reflexão 200 do rutilo, TiO_2

TAB. 6.3 CÁLCULO DE $F(200)$ PARA TiO_2, RUTILO

Átomo	Ângulo de fase, ϕ/radianos	Ângulo de fase, $\phi/°$	$\cos\phi$	$f_a \cos\phi = A_{200}$
Ti(1)	0	0	1,0	15,513
Ti(2)	2π	360	1,0	15,513
O(1)	$1,2\pi$	216	−0,8090	−4,3087
O(2)	$3,2\pi$	576 (= 216)	−0,8090	−4,3087
O(3)	$2,8\pi$	504 (= 144)	−0,8090	−4,3087
O(4)	$0,8\pi$	144	−0,8090	−4,3087

A análise da Tab. 6.3 e da Fig. 6.12 evidencia a importância das fases de ondas, que em grande medida controlam a intensidade. Se o cálculo do rutilo for repetido para o plano (100), os ângulos de fase das ondas espalhadas pelos dois átomos de Ti são:

Ti(1) $\quad\quad\quad\quad\cos 2\pi(1 \times 0) = 1$
Ti(2) $\quad\quad\quad\quad\cos 2\pi(1 \times ½) = -1$

Ou seja, as ondas espalhadas pelos dois átomos de Ti estão completamente fora de fase e irão se cancelar. O feixe difratado pelo plano (100) dependeria, portanto, apenas dos átomos de oxigênio. Entretanto, estes também se cancelam, fazendo com que a intensidade seja nula (Tab. 6.4). O ângulo de fase, ϕ_{100}, igual à soma dos ângulos de fase individuais, é igual a = 5π (900°) = π (180°) (Tab. 6.4).

6.9 Simetria e intensidade de reflexão

Os átomos presentes na cela unitária determinam a intensidade do feixe difratado, de acordo com o fator de estrutura, descrito anteriormente. Há uma relação entre os diversos valores de **F**(hkl) em virtude da simetria da cela unitária. A simetria da estrutura tem, portanto, papel importante na intensidade dos raios difratados. Uma consequência disso é a *lei de Friedel*, segundo a qual os fatores de estrutura, **F**, do par de feixes difratados por hkl e $\overline{h}\,\overline{k}\,\overline{l}$ têm *igual magnitude, mas fases opostas*. Ou seja:

$$F(hkl) = F(\overline{h}\,\overline{k}\,\overline{l}); \phi_{hkl} = -\phi_{\overline{hkl}}$$

Esses pares de reflexões são denominados *pares de Friedel*. Suas intensidades podem ser expressas como:

$$F(hkl)^2 = I_0(hkl) = F(\overline{h}\,\overline{k}\,\overline{l})^2 = I_0(\overline{h}\,\overline{k}\,\overline{l})$$

As intensidades dos pares de Friedel são iguais. Isso faz com que o padrão de difração de um cristal seja centrossimétrico, mesmo que o cristal não possua centro de simetria. A difração é, portanto, uma propriedade física centrossimétrica e isso faz com que a simetria pontual de qualquer padrão de difração pertença a uma das 11 classes de Laue (ver seção 4.7).

A consequência mais importante dos elementos de simetria presentes em um cristal é de que alguns planos (hkl) têm $F(hkl) = 0$, e não geram feixes difratados, independentemente dos átomos presentes. Esses feixes faltantes são denominados *ausências sistemáticas*, um conceito que pode ser apresentado na representação vetorial descrita anteriormente. Suponha que um cristal seja derivado de um retículo de corpo centrado. No caso mais simples, o motivo contém apenas um

TAB. 6.4 CÁLCULO DE $F(100)$ PARA TiO_2, RUTILO

Átomo	Ângulo de fase, ϕ/radianos	Ângulo de fase, ϕ/°	$f_a \cos\phi = A_{100}$
Ti(1)	$2\pi (1 \times 0)$	0	$f(Ti) \times 1$
Ti(2)	$2\pi (1 \times ½)$	180	$f(Ti) \times -1$
O(1)	$2\pi (1 \times ³⁄_{10})$	108	$f(O) \times -0,3090$
O(2)	$2\pi (1 \times ⅘)$	288	$f(O) \times 0,3090$
O(3)	$2\pi (1 \times ⁷⁄_{10})$	252	$f(O) \times -0,3090$
O(94)	$2\pi (1 \times ⅕)$	72	$f(O) \times 0,3090$

átomo por ponto do retículo e a cela unitária contém átomos em 000 e ½ ½ ½ (Fig. 6.13A) (note que a cela pode apresentar qualquer simetria). O fator de estrutura para cada conjunto (hkl) é dado por:

$$F(hkl) = f_a \exp 2\pi i(h \times 0 + k \times 0 + l \times 0)$$
$$+ f_a \exp 2\pi i(h \times \tfrac{1}{2} + k \times \tfrac{1}{2} + l \times \tfrac{1}{2})$$

Se (h + k + l) for um número par, F(hkl) será:

$$F(hkl) = f_a \exp 2\pi i(0) + f_a \exp 2\pi i\left(\tfrac{2n}{2}\right)$$

em que n é um número inteiro. A representação no plano gaussiano (Fig. 6.13B) indica que os vetores são paralelos e se somam para produzir um valor positivo de F(hkl) para qualquer valor de n.

Se (h + k + l) for ímpar, F(hkl) se torna:

$$F(hkl) = f_a \exp 2\pi i(0) + f_a \exp 2\pi i\left(\tfrac{n}{2}\right)$$

em que n é um número inteiro ímpar, 1, 3 etc. O diagrama do plano gaussiano (Fig. 6.13C) indica que os vetores são opostos e F(hkl) = 0 para qualquer valor de n. Portanto, todos os planos cujo (h + k + l) for um número par irão gerar feixes difratados, enquanto aqueles em que (h + k + l) for ímpar não irão gerar feixes difratados.

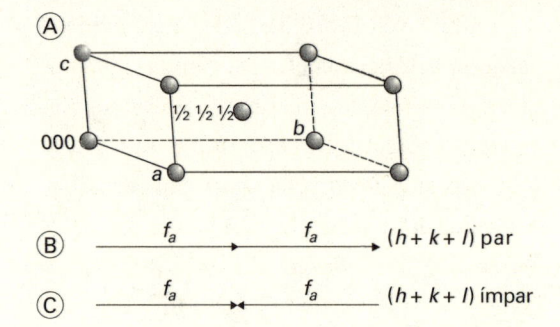

FIG. 6.13 Reflexões a partir de uma cela unitária de corpo centrado: (A) cela unitária de corpo centrado; (B) adição vetorial das ondas das reflexões h + k + l de número par, gerando amplitude de onda espalhada; (C) adição vetorial das ondas das reflexões h + k + l de número ímpar, gerando amplitude nula de onda espalhada

Todas as celas unitárias derivadas de um retículo de corpo centrado produzem as mesmas ausências sistemáticas. Considerações similares também se aplicam aos demais retículos de Bravais. As condições necessárias para que ocorra difração a partir de um plano (hkl) de um retículo de Bravais, denominadas condições de reflexão, são listadas no Quadro 6.1.

Além do tipo de retículo de Bravais, outras características cristalográficas podem causar ausências sistemáticas. Os elementos de simetria que causam ausências sistemáticas são (i) centro de simetria, (ii) eixos helicoidais e (iii)

QUADRO 6.1 CONDIÇÕES DE DIFRAÇÃO EM RETÍCULOS DE BRAVAIS

Tipo de retículo	Condições de difração*
Primitivo (P)	Nenhuma
Face A centrada (A)	$k + l = 2n$
Face B centrada (B)	$h + l = 2n$
Face C centrada (C)	$h + k = 2n$
Corpo centrado (I)	$h + k + l = 2n$
Todas as faces centradas (F)	$h + k, h + l, k + l = 2n$ (h, k, l, todos ímpares ou todos pares)

* n é um número inteiro

planos deslizantes. As ausências sistemáticas que ocorrem em um padrão de difração podem fornecer informações sobre os elementos de simetria da cela unitária e o tipo de retículo.

As ausências sistemáticas são causadas por relações de simetria, que fazem com que $F(hkl)$ seja igual a zero. Elas são diferentes das *ausências estruturais*, que se formam por combinações de fatores de espalhamento dos átomos que resultam em $F(hkl)$ igual a zero por outras razões. Por exemplo, os feixes difratados (100) em NaCl e KCl têm ausência sistemática, pois ambos têm a estrutura da halita, derivada de um retículo cúbico com todas as faces centradas (F) (ver Quadro 6.1). Por outro lado, as reflexões (111) estão presentes em NaCl, mas (praticamente) ausentes em KCl, por razões estruturais – o fator de espalhamento atômico de K^+ é praticamente igual ao de Cl^-, pois ambos têm o mesmo número de elétrons (18).

O retículo recíproco, descrito no Cap. 2, consiste em um arranjo de pontos. Como o padrão de difração é uma representação do retículo recíproco, em geral é útil representá-lo como um *retículo recíproco ponderado*, no qual a área em cada ponto do retículo é proporcional ao fator de estrutura, $F(hkl)$, em cada reflexão, em que:

$$F(hkl) = \sum_{n=1}^{N} f_n \exp\left[2\pi i\left(hx_n + ky_n + lz_n\right)\right]$$

O retículo recíproco ponderado omite todas as reflexões ausentes e, portanto, fornece uma impressão clara do aspecto do padrão de difração de um cristal (Fig. 6.14).

6.10 Fator térmico

A principal correção aplicada nos cálculos de intensidade é o *fator térmico*. Nos cálculos

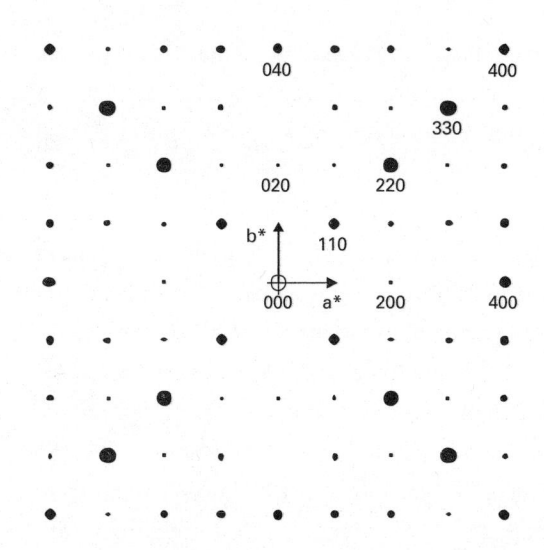

FIG. 6.14 Seção $hk0$ do retículo recíproco ponderado do rutilo, TiO_2. Os pontos do retículo são desenhados como círculos, com raios proporcionais ao fator de estrutura da reflexão

descritos anteriormente, considera-se que os átomos estão estacionários na estrutura cristalina. Entretanto, em cristais moleculares e inorgânicos, as vibrações térmicas podem ser consideráveis, mesmo à temperatura ambiente. Essas vibrações têm efeito significativo na intensidade do feixe difratado, como pode ser observado no exemplo a seguir. A frequência de vibração de um átomo é de aproximadamente 10^{13} Hz em temperatura ambiente. A frequência de um raio X com comprimento de onda de 0,154 nm (comprimento de onda da radiação do cobre Kα, uma das radiações mais usadas em estudos cristalográficos) é de $1,95 \times 10^{18}$ Hz. Consequentemente, os átomos em todos os planos (hkl) estão continuamente sendo deslocados para fora do plano por distâncias variáveis, na escala de tempo da radiação incidente. Esse fenômeno causa uma diminuição da densidade eletrônica dos átomos e, portanto, dos respectivos fatores de espalhamento atômico. Em planos com grande distância interplanar, d_{hkl}, que difratam em baixo ângulo, os deslocamentos são apenas uma pequena fração de d_{hkl} e o efeito também é pequeno. Entretanto, os deslocamentos atômicos em planos com pequeno espaço interplanar podem ser iguais ou mesmo superiores ao próprio d_{hkl}, o que causa considerável perda de intensidade do feixe difratado. Por causa disso, os padrões de difração de cristais moleculares orgânicos, que em geral têm baixo ponto de fusão e grande amplitude de vibração térmica, têm feixes difratados de baixa intensidade em altos ângulos de Bragg, enquanto cristais inorgânicos com alto ponto de fusão em geral produzem feixes nítidos de difração em altos ângulos de Bragg. Os padrões de difração de cristais cujos átomos possuem alto grau de vibração térmica são mais bem obtidos em baixas temperaturas, em porta-amostras criogênicos, para minimizar esse problema (os dados de (S)-alanina apresentados na seção 5.7 foram obtidos com um cristal mantido a 23 K).

Apesar de as ligações químicas conectarem-se às vibrações atômicas por meio do cristal, a vibração térmica de um átomo é em geral considerada independente da vibração dos demais átomos. Com essa aproximação, o fator de espalhamento atômico de um átomo em vibração térmica, f_{th}, é dado por:

$$f_{th} = f_a \exp\left[-B\left(\frac{\sin\theta}{\lambda}\right)^2\right] \quad (6.5)$$

em que f_a é o fator de espalhamento atômico definido no estado estacionário, B é o *fator térmico atômico* (também denominado *fator de Debye-Waller* ou *fator B*), θ é o ângulo de Bragg e λ é o comprimento de onda da radiação. O efeito da temperatura é reduzir consideravelmente o valor do fator de espalhamento atômico em altos valores de $\sin\theta/\lambda$

(Fig. 6.15). O fator de estrutura do feixe difratado no plano (*hkl*) é, portanto:

$$F(hkl) = \sum_{n=1}^{N} f_n \exp\left[2\pi i\left(hx_n + ky_n + lz_n\right)\right]$$
$$\times \exp\left[-B\left(\frac{\sin\theta}{\lambda}\right)^2\right]$$

$$F(hkl)^2 = \left\{\sum_{n=1}^{N} f_n \exp\left[2\pi i\left(hx_n + ky_n + lz_n\right)\right]\right.$$
$$\left.\times \exp\left[-B\left(\frac{\sin\theta}{\lambda}\right)^2\right]\right\}^2 = I(hkl)$$

e a intensidade corrigida do feixe difratado, *I*(*hkl*), é dada por:

$$I(hkl) = I_0(hkl) \exp\left[-2B\left(\frac{\sin\theta}{\lambda}\right)^2\right]$$

O fator térmico dos átomos está relacionado à magnitude da vibração do respectivo átomo, segundo a equação:

$$B = 8\pi^2 U$$

em que *U* é o *fator térmico isotrópico*, igual ao quadrado do deslocamento médio do átomo, $(\bar{r}^2)$, partindo da posição normal de equilíbrio, r_0. Como, em Cristalografia, as distâncias são geralmente medidas em Å (10^{-10} m), a unidade usada para *B* é Å^2. O valor de *B* pode variar de 1 a 100 Å^2 (0,1 a 10 nm^2), e valores na faixa de 1 a 10 Å^2 (0,1 a 1 nm^2) são mais frequentes. Para usar a unidade nm (Sistema Internacional) para o comprimento de onda da radiação na Eq. 6.5, o valor de *B* em Å^2 deve ser dividido por 100. Em modelos gráficos de estruturas cristalinas, as posições atômicas são comumente representadas como esferas com raio proporcional a *B*.

Embora o valor de U dê uma noção da magnitude geral da vibração térmica de um átomo, essas vibrações não são isotrópicas, ou seja, não são iguais em todas as direções. Para representar essa anisotropia, as posições atômicas na estrutura cristalina podem não ser indicadas por esferas com raio proporcional a B, mas por elipsoides com eixos proporcionais ao deslocamento médio dos átomos nas três principais direções. O fator térmico isotrópico, U, é então substituído pelos *fatores térmicos anisotrópicos*, U_{11}, U_{22}, U_{33}, U_{12}, U_{13}, U_{23}. Esses fatores definem o tamanho e a orientação do elipsoide térmico em relação aos eixos cristalográficos. Os modelos gráficos de moléculas são em geral representados dessa forma, em diagramas denominados Ortep, que é um acrônimo de Oak Ridge Thermal Ellipsoid Program (Programa de Elipsoide Térmico de Oak Ridge). Essa representação gráfica fornece uma impressão da forma tridimensional da molécula, indicando as distâncias e os ângulos das ligações por elipsoides. A Fig. 6.16 apresenta um diagrama Ortep da molécula $Ru_3(CO)_{10}(PMe_2naftil)_2$.

6.11 Difração de raios X, método do pó

Apesar de a difração pelo método do pó não ser a primeira escolha para a determinação de estruturas, ela é usada rotineiramente para identificação de sólidos, em especial

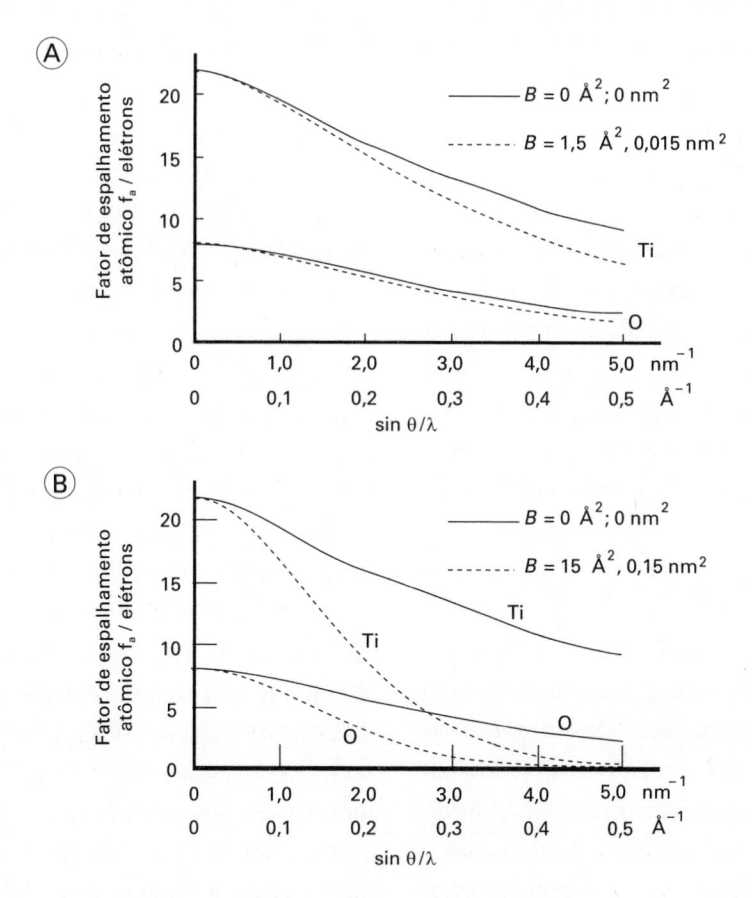

FIG. 6.15 Efeito do fator de temperatura na capacidade de espalhamento de átomos de titânio (Ti) e oxigênio (O): (A) $B = 0$ e $0,015$ nm² ($1,5$ Å²); (B) $B = 0$ e $0,15$ nm² (15 Å²)

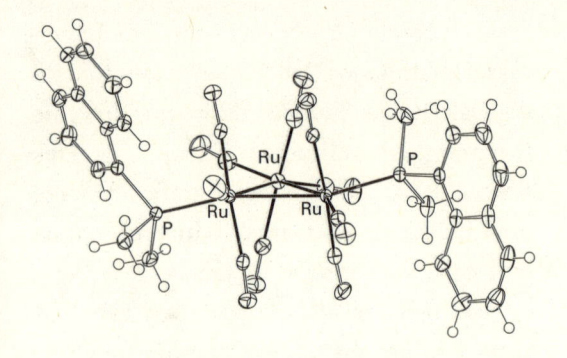

FIG. 6.16 Diagrama Ortep da molécula de $Ru_3(CO)_{10}(PMe_2naftil)_2$. Os átomos de Ru e P estão indicados. Um átomo de Ru é conectado a quatro grupos CO e os outros dois átomos de Ru são conectados a P e a três grupos CO. Cada átomo de P é conectado a dois grupos metil (CH_3) e um naftil ($C_{10}H_7$). Todos os átomos são representados como elipsoides de oscilação térmica, exceto o hidrogênio
Fonte: reimpresso de Bruce et al. (2005), com permissão da Elsevier.

em misturas, em ampla gama de áreas. Na primeira história de Sherlock Holmes (*Um estudo em vermelho*, publicado pela primeira vez no *Beeton's Christmas Annual*, em 1887), é enfatizada a habilidade do detetive em distinguir diferentes tipos de solo à primeira vista, habilidade esta mencionada em diversas outras histórias. É claro que Sherlock Holmes tinha apenas sua capacidade visual para distinguir solos. A análise de solos por difração pelo método do pó tornou-se uma prática muito difundida, tanto em Ciências da Terra como na área forense.

Há dois tipos de porta-amostras mais usados em experimentos de difração pelo método do pó. Um deles é o tubo capilar de vidro, em que a amostra finamente pulverizada é inserida – de modo análogo, a amostra pode ser agregada com um ligante plástico e conformada em um pequeno bastão. Um segundo tipo é o porta-amostras plano, em que a amostra é compactada ou fixada com material adesivo. Em ambos os casos, a amostra pulverizada é irradiada pelo feixe de raios X.

Cada cristalito terá seu próprio retículo recíproco e, se os cristalitos estiverem distribuídos de modo aleatório, os retículos recíprocos também estarão distribuídos de forma aleatória. Desse modo, o retículo recíproco geral da amostra será caracterizado por séries de camadas *hkl* concêntricas, em vez de pontos discretos. O padrão de difração de raios X de uma amostra pulverizada é formado por uma série de cones, em vez de pontos (Fig. 6.17A). As posições e intensidades dos feixes difratados são registradas ao longo de uma faixa estreita (Fig. 6.17B), o que resulta em um padrão característico de picos de difração (Fig. 6.17C). A posição de um pico (mas não sua intensidade) depende apenas do espaçamento entre os planos atômicos da estrutura cristalina envolvidos na difração e do comprimento de onda dos raios X usados, conforme descrito pela lei de Bragg. O ângulo entre o feixe incidente e o feixe difratado é 2θ, e o ângulo no ápice do cone de difração é igual a 4θ, sendo θ o ângulo de Bragg. Em essência, as posições dos picos de difração de uma amostra em pó simplesmente dependem das dimensões da cela unitária das fases presentes.

As intensidades dos picos de difração dependem dos fatores anteriormente mencionados, mas outras correções devem ser consideradas para que as intensidades calculadas se aproximem das intensidades observadas experimentalmente. Um fator importante é o fator de multiplicidade dos picos no difratograma de pó, *p*. Esse termo de correção pode ser facilmente visualizado

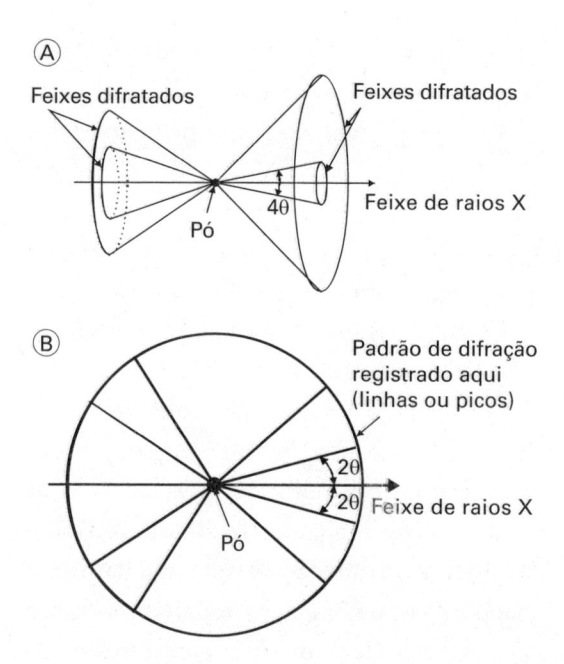

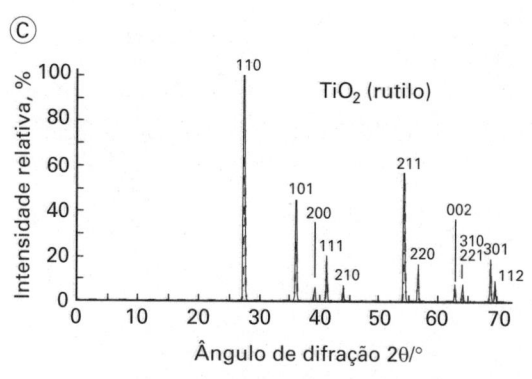

FIG. 6.17 Difração de raios X pelo método do pó: (A) um feixe de raios X incide sobre a amostra e é difratado em uma série de cones; (B) os feixes difratados são registrados ao longo de círculos, que geram o padrão de difração; (C) padrão de difração do rutilo pulverizado, TiO_2

por meio da derivação do difratograma da amostra pulverizada com base no padrão de pontos de difração produzido pelo monocristal (Fig. 6.18A). A intensidade de cada ponto é bem definida e, por exemplo, a intensidade do ponto 200, $I(200)$, pode ser medida independentemente das intensidades dos demais pontos de difração. Na amostra pulverizada, com o raio X incidindo sobre um conjunto de cristais aleatoriamente distribuídos, em vez de um monocristal, cada ponto de difração estará projetado em ângulo aleatório ao longo de um círculo. Com um pequeno número de cristais na amostra pulverizada, forma-se um círculo granulado e descontínuo. A Fig. 6.18B mostra o padrão gerado pelo mesmo monocristal indicado na Fig. 6.18A na presença de outros quatro cristais idênticos a ele, rotacionados sucessivamente segundo (i) 25°, (ii) 39°, (iii) 32° e (iv) 43°. Ainda é possível determinar a intensidade de pontos individuais, como $I(200)$, mas com alguma dificuldade. Se um grande número de cristalitos está presente na amostra, forma-se um padrão em anéis (Fig. 6.18C), o que torna impossível a determinação direta de $I(200)$. O círculo que se forma a começar pelo feixe (200) contém a sobreposição da intensidade dos raios difratados em (200) e em ($\overline{2}00$). O melhor que se consegue obter é a soma de $I(200)$ e $I(\overline{2}00)$, sendo que a intensidade é o dobro da intensidade esperada para o feixe (200) individual. Portanto, as intensidades medidas em difratogramas de pó são maiores que as de monocristais, na proporção da multiplicidade das reflexões, p. No caso do feixe difratado (200), a multiplicidade é igual a 2. As multiplicidades dos demais anéis são indicadas na Fig. 6.18C.

Em geral, a *multiplicidade de reflexões equivalentes* será dependente do tipo de cela unitária. Para uma reflexão (hkl) qualquer, a multiplicidade será pelo menos igual a dois (Quadro 6.2).

Há outros dois fatores importantes, que dependem do ângulo de incidência e

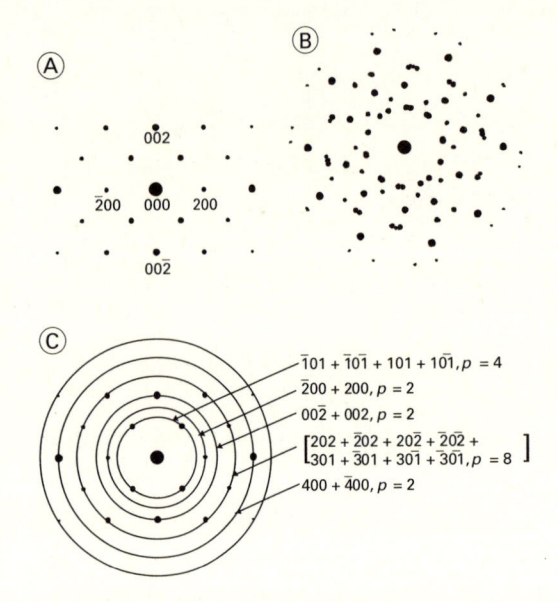

FIG. 6.18 Padrões de difração de pó: (A) padrão de difração de um monocristal; (B) padrão em anel granulado, criado pelos cinco cristais idênticos ao mostrado em (A), rotacionados a partir da posição original segundo 0°, 25°, 39°, 32° e 43°; (C) padrão em anéis gerado por um grande número de cristalitos orientados aleatoriamente, sobrepostos ao padrão de difração do monocristal. A intensidade de cada anel é a soma das intensidades de mais de um ponto de difração. As multiplicidades das reflexões equivalentes que formam os anéis são indicadas pela letra p

também devem ser considerados quando são analisadas as intensidades de picos em difratogramas de pó. O primeiro deles é o fator de *polarização* do feixe difratado. O feixe incidente de raios X não é polarizado, mas a difração faz com que ele seja parcialmente polarizado. Esse efeito produz redução de intensidade, dependendo do ângulo de incidência.

O segundo fator se relaciona ao tempo que um plano (hkl) permanece em posição de difração. Foi discutido na seção 6.1 que a difração de Bragg ocorre em um intervalo angular, e não apenas no valor angular exato dado pela lei de Bragg. No espaço recíproco, é possível considerar que cada ponto do retículo recíproco tem um volume (Fig. 6.6). O tempo que cada ponto do retículo permanece suficientemente próximo da esfera de Ewald para produzir um feixe difratado é um fator que depende do ângulo de incidência do feixe, e é denominado *fator de Lorentz*.

Em difratogramas de pó, os fatores de Lorentz e de polarização são em geral combinados em um único termo de correção:

$$(1 + \cos^2 2\theta)/(\sin^2 \theta \cos\theta)$$

QUADRO 6.2 MULTIPLICIDADE DE REFLEXÕES EQUIVALENTES EM PADRÕES DE DIFRAÇÃO DE PÓ

Classe cristalina	Planos de difração e multiplicidade *						
Triclínica	todos, 2						
Monoclínica	0k0, 2	h0l, 2	hkl, 4				
Ortorrômbica	h00, 2	0k0, 2	00l, 2	hk0, 4	0kl, 4	h0l, 4	hkl, 8
Tetragonal	00l, 2	h00, 4	hh0, 4	hk0, 8*	0kl, 8	hhl, 8	hkl, 16*
Trigonal	00l, 2	h00, 6	hh0, 6	hk0, 12*	0kl, 12*	hhl, 12*	hkl, 24*
Hexagonal	00l, 2	h00, 6	hh0, 6	hk0, 12*	0kl, 12*	hhl, 12*	hkl, 24*
Cúbica	h00, 6	hh0, 12	hk0, 24*	hhh, 8	hhl, 24	hkl, 48*	

* Em alguns grupos pontuais, a multiplicidade é dada pelas contribuições de dois conjuntos de feixes difratados no mesmo ângulo, mas com intensidades diferentes (ver Fig. 6.18C)

A intensidade do círculo de difração pode ser escrita como:

$$I(hkl) = I_0(hkl) \exp\left[-2B\left(\frac{\sin\theta}{\lambda}\right)^2\right]\left(\frac{1+\cos^2 2\theta}{\sin^2\theta \cos\theta}\right) \cdot p$$

Outra correção é necessária em função da absorção do feixe de raios X ao atravessar a amostra. O efeito da absorção é reduzir as intensidades principalmente das reflexões que atravessam volumes maiores da amostra, em comparação com aquelas que atravessam pequenos volumes. Os fatores de correção dependem do tamanho e da forma da amostra, não havendo uma fórmula geral aplicável a todas as formas de amostra. Esse termo, entretanto, deve ser considerado em estudos de detalhe.

Em essência, um difratograma de pó contém a mesma quantidade de informação que um difratograma de monocristal. Se forem consideradas as intensidades e posições dos picos, cada substância tem padrão de difração único. O padrão de difração de raios X pode ser comparado a uma impressão digital. De fato, o conjunto de picos de difração de uma fase é praticamente único, o que permite que misturas de fases sejam analisadas e as fases presentes sejam identificadas com base em bancos de dados de difração.

Para ilustrar essa situação, padrões de difração de pó de dois materiais com estrutura e cela unitária similares são apresentados na Fig. 6.19. As fases são PbO_2, com estrutura do rutilo, cela unitária tetragonal, $a = 0,4946$ nm, $c = 0,3379$ nm, e SnO_2, que também apresenta estrutura do rutilo, com $a = 0,4737$ nm, $c = 0,3186$ nm. Os detalhes das estruturas são fornecidos na Tab. 6.5. Os padrões são similares, mas diferentes um do outro e do padrão de difração do rutilo propriamente dito (TiO_2) (Fig. 6.17C). Uma mistura das duas fases produz um padrão que pode ser facilmente interpretado, e a comparação das intensidades dos picos de cada fase pode fornecer informações sobre as quantidades relativas de cada material na mistura.

6.12 Microscopia eletrônica e imageamento de estruturas

Com base em uma dada estrutura cristalina, é relativamente simples calcular as posições e intensidades dos feixes difratados formados pela irradiação do cristal. O principal desafio em Cristalografia, entretanto, é determinar uma estrutura cristalina desconhecida com base em dados de difração coletados experimentalmente. Para compreender o processo físico envolvido, é conveniente iniciar a discussão pela microscopia eletrônica. Há vários tipos de microscopia eletrônica, mas, para os presentes propósitos, ela pode ser dividida em duas categorias, de varredura e de transmissão. A microscopia eletrônica de varredura, em termos gerais, é usada principalmente na análise da topografia de superfície, enquanto a microscopia eletrônica de transmissão é usada na determinação de estruturas cristalinas. Este texto se refere apenas à microscopia eletrônica de transmissão.

Os elétrons têm carga e, portanto, interagem mais intensamente com os elétrons externos dos átomos que os raios X. O espalhamento de elétrons tem intensidade maior que o espalhamento de raios X, sendo que um feixe de elétrons acelerado por 100 kV penetra apenas cerca de 10 nm em um cristal antes de ser totalmente absorvido ou difratado em outras direções. Portanto, apesar de a condição de difração de elétrons ser dada pela lei

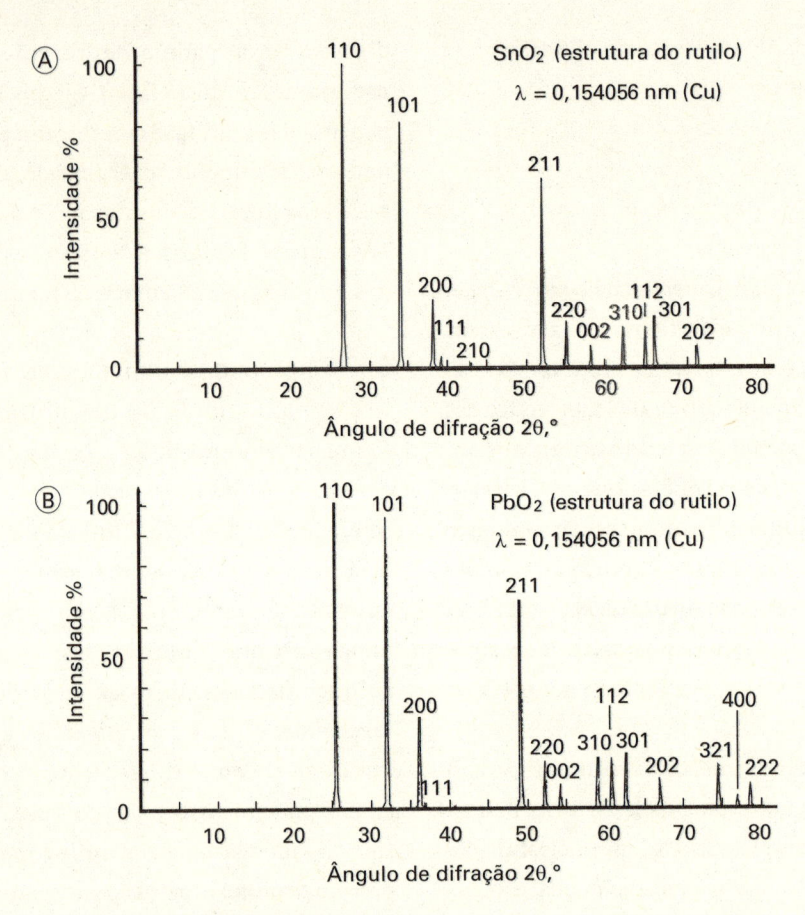

FIG. 6.19 Padrões de difração de pó de materiais com estrutura do rutilo: (A) dióxido de estanho, cassiterita, SnO_2; (B) dióxido de chumbo, PbO_2

TAB. 6.5 DADOS DE DIFRAÇÃO DE PÓ DE SnO_2 E PbO_2, AMBOS COM ESTRUTURA DO RUTILO, COLETADOS COM RADIAÇÃO DO COBRE, λ = 0,1540562 nm

\multicolumn{3}{c}{SnO_2 a = 0,4737 nm, c = 0,3186 nm}	\multicolumn{3}{c}{PbO_2 a = 0,4946 nm, c = 0,3379 nm}
hkl	d/nm	Intensidade relativa	hkl	d/nm	Intensidade relativa
110	0,3350	100	110	0,3497	100
101	0,2644	81	101	0,2790	95,5
200	0,2368	22,4	200	0,2473	29,5
111	0,2309	3,8	111	0,2430	1,5
210	0,2118	1,3	211	0,1851	67,4
211	0,1764	61,7	220	0,1749	15,1
220	0,1675	14,6	002	0,1689	7,4
002	0,1593	7,0	310	0,1564	16,1
310	0,1498	13,2	112	0,1521	16,1
112	0,1439	13,2	301	0,1482	17,4
301	0,1415	16,5	202	0,1395	9,4
202	0,1322	6,3	321	0,1271	13,7
321	0,1215	9,7	400	0,1237	3,8

de Bragg, é necessária uma teoria mais complexa para calcular a intensidade dos feixes difratados. No caso dos raios X, é possível considerar que cada fóton de raios X difratado foi espalhado apenas uma vez, o que permite que seja aplicada a teoria cinemática da difração de raios X (ver seção 6.4). Os elétrons são em geral difratados ao atravessar um cristal, e cada elétron é difratado diversas vezes, mesmo ao atravessar um cristal de apenas um ou dois nanômetros de espessura. Com isso, a intensidade do feixe incidente não apenas diminui quando os elétrons são difratados, mas pode também aumentar se os elétrons forem redifratados de volta na direção do feixe incidente. A teoria necessária para descrever esse processo é denominada teoria dinâmica da difração. O cálculo das intensidades do padrão de difração não é tão simples como no caso dos raios X. Entretanto, a principal vantagem dos elétrons, e que supera suas desvantagens, é que eles têm carga e podem ser focalizados por lentes magnéticas e produzir, dessa forma, uma imagem da estrutura cristalina. Essa relação recíproca entre a formação do padrão de difração e a imagem é a essência da determinação de estrutura, não importando qual técnica se utilize. Ela é mais evidente na microscopia eletrônica de alta resolução.

Os passos de formação da imagem em microscópios eletrônicos (ou outros) são os seguintes: uma lente objetiva, situada próximo à amostra, coleta cada um dos feixes difratados pelo cristal e os focaliza em um ponto no plano focal posterior da lente (Fig. 6.20). Esse conjunto de pontos forma o padrão de difração. Como descrito, o padrão de difração de elétrons é uma boa aproximação de uma seção plana através do retículo

recíproco ponderado do cristal. Se necessário, lentes abaixo da objetiva, denominadas lentes intermediária e projetora, são focalizadas de modo a ampliar a imagem do padrão de difração em um monitor (Fig. 6.21), pos-

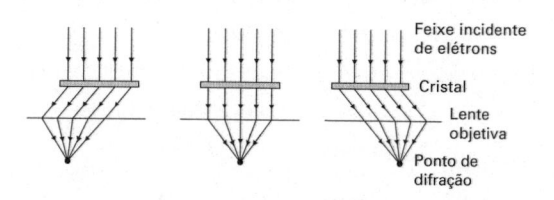

FIG. 6.20 Formação de padrão de difração de elétrons em um microscópio eletrônico de transmissão. Todos os feixes difratados são focalizados no plano focal posterior da lente objetiva, formando um padrão de difração (apenas três feixes difratados são apresentados)

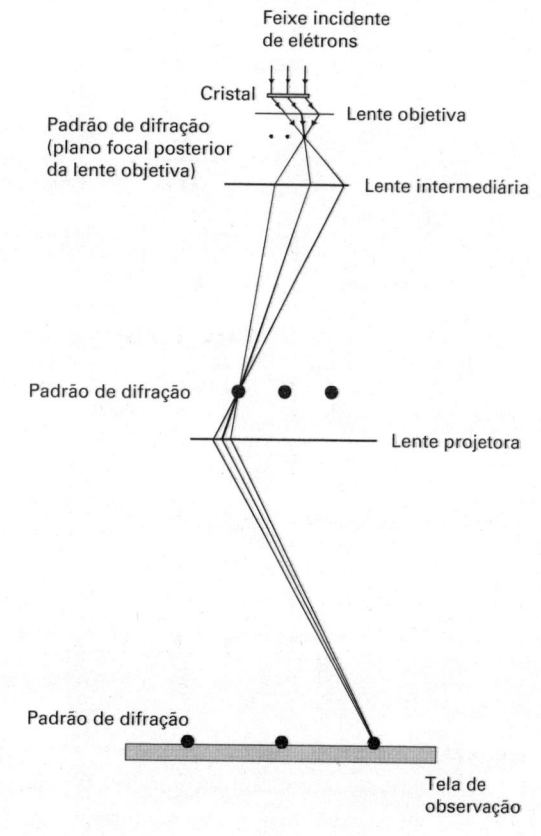

FIG. 6.21 Formação de padrão de difração em um microscópio eletrônico (esquemático)

sibilitando seu registro (anteriormente neste capítulo, o padrão de difração de elétrons foi simplesmente descrito como uma projeção do retículo recíproco na tela de observação (ver Fig. 6.4) – apesar de não introduzir erros de interpretação, essa simplificação omite a complexidade do equipamento).

Entretanto, se os feixes difratados seguem em sua trajetória, eles criam uma imagem do objeto no plano focal da lente objetiva, muito além do padrão de difração. Essa imagem se forma pela recombinação dos feixes difratados. O comprimento focal das lentes intermediária e projetora pode ser alterado para focalização sobre o padrão de difração (Fig. 6.22A) ou sobre a imagem (Fig. 6.22B). Dessa forma, ambos podem ser observados em grandes aumentos. Além disso, como os comprimentos focais das lentes podem ser variados de modo contínuo, os padrões de intensidade que se formam podem ser observados na tela de observação, tanto o padrão de difração como a imagem da estrutura. O modo como os feixes difratados se recombinam para formar a imagem da estrutura é descrito a seguir.

A imagem da estrutura se forma pela recombinação dos feixes do padrão de difração. O nível de detalhe vai depender criticamente da quantidade de feixes difratados que contribuem para a formação da imagem. Se apenas o feixe direto, não difratado, 000, for usado, praticamente não haverá informações estruturais reveladas na imagem (Fig. 6.23A) (embora defeitos significativos na estrutura, como precipitados e deslocamentos, possam ser imageados usando uma técnica especial, a difração de contraste).

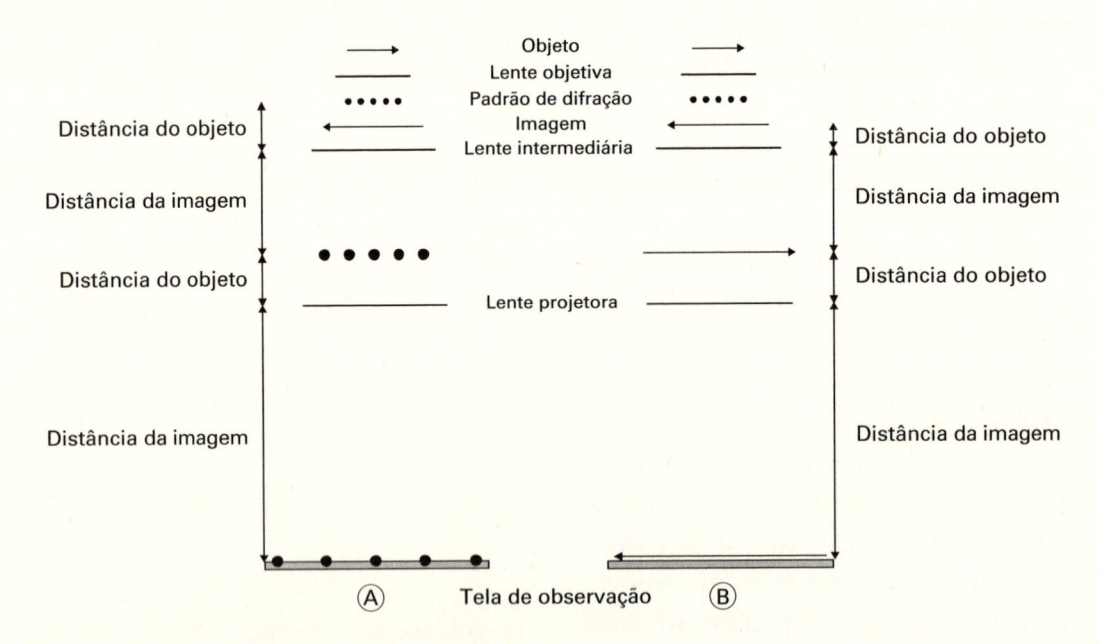

FIG. 6.22 Formação de imagem em microscópio eletrônico (esquemático): (A) para visualizar o padrão de difração, a lente intermediária é focalizada no plano focal posterior da lente objetiva; (B) para visualizar a imagem, a lente intermediária é focalizada no plano da imagem da lente objetiva. A recombinação dos feixes difratados para formar a imagem é feita variando-se, de modo contínuo, o comprimento focal das lentes

Se o feixe não difratado e dois outros feixes forem recombinados, como 100 e $\bar{1}00$, a imagem irá conter um conjunto de franjas de retículo senoidais com espaçamento d_{100}, dispostas paralelamente aos planos (100) do cristal (Fig. 6.23B). No jargão da microscopia eletrônica, o microscópio resolveu os planos (100) do retículo. À medida que outras reflexões são recombinadas, como, por exemplo, 200 e $\bar{2}00$, mais conjuntos de franjas aparecem na imagem, os quais se somam ou se subtraem aos já presentes, formando um padrão mais complexo, mas ainda paralelo ao conjunto original (100), e com espaçamento d_{200} – dessa forma, o microscópio resolveu os planos (200) do retículo (Fig. 6.23C) (os perfis de franjas nessa figura são idealizados; de fato, um padrão mais complexo de ondas é observado, dependendo das intensidades dos feixes 100 e 200, mas o padrão geral de repetição permanece igual a d_{200}).

Com um aumento do número de pares de feixes $h00$ e $\bar{h}00$ recombinados, o perfil das franjas se torna mais complexo, mas o resultado sempre pode ser interpretado em termos simples, como um conjunto de franjas paralelo a (100), com espaçamento igual a d_{h00}. Dependendo da resolução do equipamento, esses planos 300, 400 etc. podem ser resolvidos. Se as reflexões correspondentes aos pontos de difração $0k0$ forem consideradas, as franjas na imagem serão paralelas aos planos (010) do cristal. Quando estas são sobrepostas às franjas referentes aos planos ($h00$), surge um contraste mais complexo: um padrão xadrez que é mais facilmente relacionável à estrutura que às franjas unidimensionais. Mais detalhes são adicionados quando se incluem as franjas oblíquas, como as do conjunto $hk0$. O mesmo é válido para todas as séries de reflexões hkl e $\bar{h}kl$. Cada par extra de reflexões produz um conjunto de franjas senoidais com espaçamento d_{hkl} paralelo aos planos (hkl) do cristal, adicionados à imagem resultante de modo proporcional à intensidade de suas reflexões. Em cada passo, a imagem se torna mais semelhante ao objeto (estrutura cristalina).

Há outro aspecto significativo nessas imagens. Como os elétrons interagem com as nuvens eletrônicas dos átomos, o contraste da imagem de microscopia eletrônica é, de fato, um mapa da densidade eletrônica do cristal, projetado na direção paralela ao feixe de elétrons. Como as maiores densidades eletrônicas em geral ocorrem próximas aos

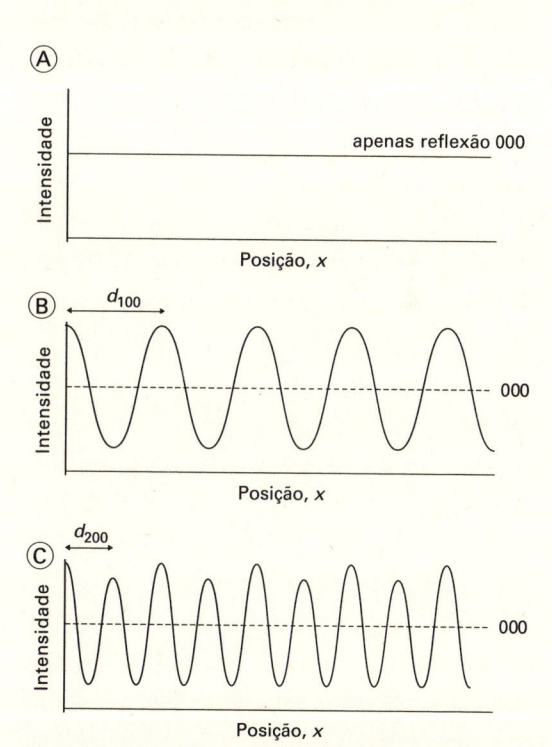

FIG. 6.23 Formação de imagem em microscópio eletrônico: (A) apenas feixe 000, sem contraste; (B) feixes 000, 100 e $\bar{1}00$, formando as franjas de retículo 100; (C) feixes 000, 100, $\bar{1}00$, 200 e $\bar{2}00$, formando as franjas de retículo 200

núcleos dos átomos, a imagem pode ser interpretada como uma projeção das posições atômicas, sem perda significativa de precisão.

Há dois pontos importantes a serem considerados. Em primeiro lugar, a quantidade de informação na imagem, ou seja, sua *resolução*, depende do número de feixes difratados que são recombinados no processo de formação da imagem. Em segundo lugar, toda a informação contida em cada feixe difratado contribui para a formação da imagem (inclusive informações espúrias relativas a defeitos nas lentes). Portanto, uma micrografia eletrônica contém informações sobre estruturas não periódicas, como defeitos estruturais que podem estar presentes. Como os microscópios eletrônicos são capazes de produzir imagens com resolução em escala atômica, os *defeitos estruturais* em materiais complexos podem ser interpretados em um grau de detalhe não alcançado pela difração de raios X. Por exemplo, a Fig. 6.24A apresenta uma micrografia de um cristal de pentóxido de nióbio, $H\text{-}Nb_2O_5$. A estrutura é composta por colunas de octaedros de NbO_6 ligados pelos vértices, que, em projeção, se assemelham a blocos ou peças de mosaico. Os blocos são de dois tamanhos, aproximadamente 1 x 1,4 nm e 1 x 1,8 nm. O modo regular como esses blocos cobrem a superfície é revelado claramente à direita na Fig. 6.24A, mas uma observação atenta na porção superior esquerda revela a presença de blocos de tamanhos distintos e de uma lamela estrutural, em que os blocos têm as mesmas dimensões mas estão arranjados de modo diferente. Essas variáveis não seriam reveladas pela difração de raios X. A microscopia eletrônica é uma técnica especialmente importante no estudo de nanopartículas. Por exemplo, a Fig. 6.24B mostra a imagem de uma

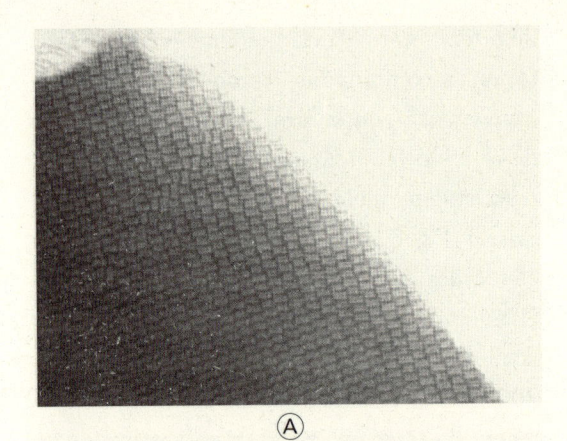

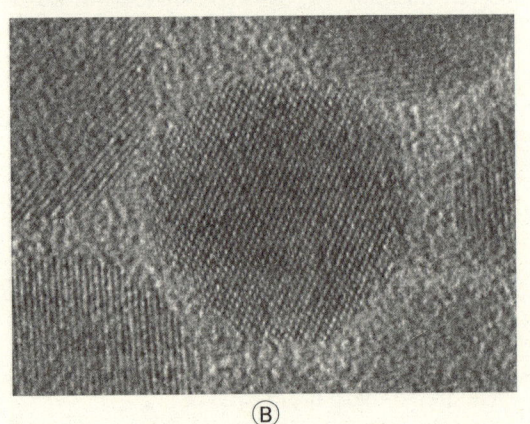

FIG. 6.24 Micrografia de elétrons: (A) cristal de $H\text{-}Nb_2O_5$. Em projeção, a estrutura é composta pelo ajuste de *peças* retangulares – peças de tamanhos irregulares são visíveis; (B) partícula de sulfeto de cádmio de aproximadamente 8 nm de diâmetro. A partícula é revelada por dois conjuntos de franjas de retículo sobrepostas. O contraste irregular de fundo é formado devido ao carbono amorfo usado como suporte das partículas
Fonte: cortesia de Dr. Warner e Dr. Tilley, Victoria University of Wellington, Nova Zelândia.

nanopartícula de sulfeto de cádmio de aproximadamente 8 nm de diâmetro. A partícula é revelada pela sobreposição de dois conjuntos de franjas de retículo. A análise de detalhes microestruturais de partículas dessas dimensões não é possível por difração de raios X. Aspectos correlatos de estruturas cristalinas são considerados a seguir, no Cap. 8.

6.13 Determinação de estrutura por difração de raios X

As estruturas cristalinas são em geral determinadas por difração de raios X em monocristais, embora determinações estruturais em amostras pulverizadas policristalinas também sejam importantes, especialmente por meio de difração de nêutrons, como descrito a seguir. Conforme visto na seção anterior, para produzir uma imagem de estrutura, é necessário recombinar os feixes que contribuem para o padrão de difração. Infelizmente, isso não pode ser feito com o uso de lentes, mas sim pela aplicação de transformações matemáticas.

A técnica é simples, em princípio. Um pequeno cristal da amostra, com dimensões da ordem de frações de milímetro, é montado na trajetória de um feixe de raios X. Cada plano atômico do cristal produz um feixe difratado estreito. A posição e a intensidade de cada feixe são registradas. Cada conjunto de dados contém a posição, a intensidade e o índice hkl.

Desse ponto em diante, o problema é converter matematicamente esse conjunto de dados em um mapa de densidade de elétrons. O modo como isso é feito é similar ao descrito anteriormente, na formação de imagens em microscopia eletrônica. As contribuições de todos os conjuntos de reflexões hkl são combinadas. Considere um cristal unidimensional, composto por uma linha de diferentes tipos de átomos. A contribuição do feixe não difratado é $\mathbf{F}(000)$, o fator de estrutura da reflexão 000. A essa contribuição, são adicionadas (matematicamente) as contribuições, por exemplo, das reflexões 100 e $\bar{1}00$, $\mathbf{F}(100)$ e $\mathbf{F}(\bar{1}00)$, para formar uma imagem de baixa resolução. Mais pares de reflexões são adicionados para aumentar a resolução e obter uma imagem mais realística dessa cadeia de átomos. O contraste da imagem pode ser representado por:

$$\text{contraste} = \mathbf{F}(000) + \mathbf{F}(100) + \mathbf{F}(\bar{1}00) + \ldots$$

Infelizmente, os valores de $\mathbf{F}(hkl)$ não estão disponíveis em dados de raios X. Lembre-se de que:

$$\mathbf{F}(hkl) = F(hkl)e^{i\phi_{hkl}}$$

O valor de $F(hkl)$ pode ser facilmente obtido, sendo igual à raiz quadrada da intensidade observada. Entretanto, o ângulo de fase da reflexão, ϕ_{hkl}, não pode ser obtido com base na intensidade. Esse fato é uma limitação importante em Cristalografia Estrutural, sendo conhecido como *problema de fase*. A equação do contraste deve ser reescrita com os valores de $F(h00)$ e com as fases desconhecidas, ϕ_{100}, ϕ_{200}, ϕ_{300} etc. A equação para a cadeia unidimensional de átomos passa a ser:

$$\begin{aligned}contraste &= F(100) + F(100)\cos 2\pi(x - \phi_{100}) + \\ &\quad + F(200)\cos 2\pi(2x - \phi_{200}) + \\ &\quad + F(300)\cos 2\pi(3x - \phi_{300}) + \ldots \\ &= F_{000} + \sum_{h=-\infty}^{+\infty} F_h \cos 2\pi(hx - \phi_h)\end{aligned}$$

em que a somatória abrange todas as reflexões $h00$ e $\bar{h}00$. As unidades dos vários fatores de espalhamento, $F(h00)$, são elétrons. A densidade de elétrons do cristal na direção x, ou seja, elétrons/unidade de distância, é dada por $\rho(x)$, em que:

$$\rho(x) = (1/d_{100}) \left[F_{000} + \sum_{h=-\infty}^{+\infty} F_h \cos 2\pi (hx - \phi_h) \right]$$

A equação unidimensional pode ser generalizada para três dimensões, e a densidade de elétrons de um cristal em um ponto qualquer da cela unitária, x,y,z, é dada por:

$$\rho(x,y,z) = \frac{1}{V} \sum_{h=-\infty}^{+\infty} \sum_{k=-\infty}^{+\infty} \sum_{l=-\infty}^{+\infty} F(hkl)$$
$$\times \exp\left[-2\pi i (hx + ky + lz - \phi_{hkl}) \right]$$

em que V é o volume da cela unitária e os índices h, k e l variam de $-\infty$ até $+\infty$. Como os valores de $F(hkl)$ são determinados experimentalmente, o problema em computar a densidade de elétrons, ou seja, em determinar a estrutura cristalina, é reduzido à obtenção das fases, ϕ_{hkl}, para cada reflexão e, portanto, resume-se em resolver o problema das fases.

É claro que o grande número de estruturas já determinadas indica que o problema das fases tenha sido solucionado. Uma breve introdução a algumas das técnicas usadas nessa solução é apresentada na seção 6.16, especialmente aquelas relevantes para a Cristalografia de Proteínas.

O procedimento de determinação de estruturas com dados de difração de raios X pode ser resumido nas seguintes etapas:

i) obter dados precisos de intensidades de difração. Obviamente, dados brutos de boa qualidade são essenciais. Os fatores de correção mencionados, assim como os fatores instrumentais ligados à configuração geométrica do difratômetro, devem ser levados em consideração (nos primórdios da Cristalografia de Raios X, essa não era uma tarefa simples);

ii) determinar a cela unitária e indexar os feixes difratados em termos de hkl. Determinar o grupo pontual e o grupo espacial do cristal com base nas ausências sistemáticas;

iii) construir um modelo possível para o cristal, usando intuição física e química ou com base nas técnicas desenvolvidas para solucionar o problema das fases (ver seção 6.16);

iv) comparar as intensidades ou, mais frequentemente, os fatores de estrutura do modelo proposto com aqueles obtidos experimentalmente;

v) ajustar as posições atômicas no modelo, passo a passo, de modo a obter uma convergência entre os valores observados e os calculados. Esse processo é denominado refinamento. A estrutura cristalina é, em geral, considerada como satisfatória quando se obtém um baixo valor do *fator de confiabilidade*, *fator residual* ou *fator R cristalográfico*. Há várias formas de avaliar o fator R, cada uma gerando valores diferentes, sendo citados em geral mais de um valor. A expressão mais usada é:

$$R = \frac{\sum_{hkl} \left\| F_{obs} \right| - \left| F_{calc} \right\|}{\sum_{hkl} |F_{obs}|}$$

em que F_{obs} e F_{calc} são os fatores de estrutura observados e calculados, respectivamente, e os valores em módulo, indicados por $|F_{obs}|$ etc., significam que são considerados os valores absolutos dos fatores de estrutura e que os sinais negativos são ignorados. Determinações de estrutura de compostos orgânicos e metálicos bem cristalizados em geral apresentam valores de R em torno de 0,03. Os valores de R para compostos orgânicos ou moléculas complexas são, em geral, mais elevados.

Quando uma amostra em pó é analisada, os feixes difratados se sobrepõem (ver seção 6.11), fazendo com que a determinação de estruturas seja mais complexa, especialmente porque a determinação do grupo espacial não é direta. Não obstante, dados de difração pelo método do pó são usados rotineiramente para a determinação de estruturas de novos materiais. Um método importante de refinamento na solução de estruturas pelo método do pó é o *método de Rietveld*. Nesse método, a forma exata de cada pico de difração, denominada *perfil*, é calculada e ajustada aos dados experimentais. As dificuldades surgem não apenas por causa da sobreposição de picos, mas também porque fatores instrumentais contribuem de modo significativo para o perfil dos picos de difração. De qualquer modo, o refinamento pelo método de Rietveld é usado rotineiramente na determinação de estrutura de materiais que não podem ser preparados de modo adequado para estudos de difração de raios X de monocristal.

6.14 Difração de nêutrons

Os nêutrons, assim como os raios X, não possuem carga, mas, diferentemente dos raios X, não interagem significativamente com a nuvem eletrônica dos átomos, mas apenas com os núcleos. Por causa disso, os nêutrons penetram distâncias consideráveis nos sólidos. Os nêutrons são difratados de acordo com a lei de Bragg, e as intensidades dos feixes difratados podem ser calculadas de modo similar em relação às dos feixes difratados de raios X. Naturalmente, os fatores atômicos de espalhamento de nêutrons diferem significativamente dos fatores de espa-

lhamento de raios X. Na prática, essa técnica é totalmente diferente da difração de raios X, porque os nêutrons são gerados em um reator nuclear e sua energia deve ser diminuída para atingir um nível adequado para experimentos de difração. Apesar dessa dificuldade, a difração de nêutrons tem diversos pontos favoráveis, sendo usada rotineiramente na determinação de estruturas. A difração de nêutrons é em geral realizada em amostras pulverizadas, enquanto os refinamentos estruturais são feitos pelo método de Rietveld, normalmente em conjunto com dados de difração de raios X do mesmo material.

Uma vantagem da difração de nêutrons é que, em muito casos, ela permite distinguir entre átomos em um cristal que são de difícil distinção com raios X. Isso porque os fatores de espalhamento de raios X são uma função do número atômico dos elementos, o que não acontece no caso dos nêutrons. É especialmente importante que o fator de espalhamento de nêutrons de elementos leves, como hidrogênio, carbono, nitrogênio e oxigênio, seja similar ou até maior que o de metais de transição e metais pesados. Isso torna mais fácil determinar as posições de átomos de elementos leves em uma estrutura cristalina em comparação com a difração de raios X. A difração de nêutrons é, portanto, o método mais usado na determinação precisa da posição atômica de elementos leves em estruturas.

Outra vantagem da difração de nêutrons é o fato de os nêutrons possuírem *spin* e, portanto, interagirem com estruturas magnéticas de sólidos, cujo campo magnético surge pelo alinhamento de elétrons não pareados em suas estruturas. A ordenação magnética em cristais é invisível aos raios X, mas pode ser determinada por difração de nêutrons na forma de raios difratados adicionais, ou seja, de uma alteração na cela unitária.

6.15 Cristalografia de Proteínas

A Cristalografia de Proteínas e de quaisquer grandes moléculas orgânicas é, a princípio, idêntica à dos sólidos inorgânicos. Entretanto, estudos estruturais de proteínas e de outras grandes moléculas orgânicas são complexos e seu sucesso dependeu do desenvolvimento de importantes técnicas cristalográficas. As proteínas estão presentes em todos os aspectos da vida, o que faz do estudo de suas estruturas um campo especial da Cristalografia.

A principal diferença entre proteínas e outros sólidos cristalinos descritos anteriormente é a enorme complexidade estrutural das proteínas. Por exemplo, uma das menores proteínas, a insulina, tem massa molar de aproximadamente 5.700 g mol^{-1}, enquanto uma proteína comum (em termos de tamanho), a hemoglobina, tem massa molar de aproximadamente 64.500 g mol^{-1}. Quando se considera que as proteínas são compostas principalmente por elementos leves (H, C, N, O), pode-se ter uma ideia de sua complexidade. Essa complexidade está refletida na grande diferença na velocidade de desenvolvimento da Cristalografia Inorgânica em comparação com a Cristalografia de Proteínas. A primeira estrutura cristalina inorgânica foi determinada por W. H. e W. L. Bragg no início do século XX, e apenas cerca de 50 anos depois as primeiras estruturas de macromoléculas foram determinadas.

As proteínas são polímeros de aminoácidos. Os aminoácidos, exemplificados pela alanina (ver seção 5.7), têm um grupo ácido –COOH e um grupo básico –NH$_2$ na mesma molécula. Os aminoácidos de ocorrência natural são denominados aminoácidos-α, em que o grupo –NH$_2$ é ligado ao átomo de carbono (carbono α), próximo ao grupo –COOH. As proteínas naturais são formadas por 20 aminoácidos-α naturais e em todas elas, exceto na glicina (NH$_2$CH$_2$COOH), o átomo de carbono é um centro quiral, que faz com que as moléculas sejam enantiomórficas (ver Cap. 4). Entretanto, apenas um enantiômero é usado na formação de proteínas em células, uma configuração denominada forma L. Portanto, a forma de ocorrência natural da alanina é denominada L-alanina (ver seção 5.7).

Os aminoácidos são ligados entre si na formação de polímeros pela reação do grupo ácido –COOH de uma molécula com o grupo básico –NH$_2$ de outra. A ligação resultante é conhecida como ligação peptídica (Fig. 6.25). Se houver menos de 50 aminoácidos na cadeia, as moléculas são denominadas *polipeptídeos*, e, se esse número for maior, elas são denominadas *proteínas*. Por conveniência, as proteínas de ocorrência natural são divididas em duas categorias. *Proteínas fibrosas* são aquelas

$$H_2N-R-COOH + H_2N-R'-COOH \rightarrow H_2N-R-\underline{CO-NH}-R'-COOH + H_2O$$

Aminoácido 1   Aminoácido 2   Ligação peptídica

R e R' representam as demais moléculas dos aminoácidos

FIG. 6.25 Formação de uma ligação peptídica

em que as cadeias polimerizadas estão dispostas na forma de fibras longas. Essas proteínas são constituintes comuns de músculos, tendões, cabelo e pele, sendo fortes e flexíveis. As *proteínas globulares* têm suas cadeias polimerizadas dispostas de modo compacto, de forma aproximadamente esférica. Moléculas desse tipo são importantes em alguns processos vitais, incluindo a maioria das enzimas e hormônios, moléculas importantes como a hemoglobina, que controla o transporte de oxigênio no sangue, e a insulina, que faz a mediação do metabolismo da glucose.

O primeiro passo na determinação da estrutura de proteínas é definir a sequência de aminoácidos presentes na cadeia polimerizada, conhecida como *estrutura primária* da molécula (Fig. 6.26). A estrutura primária pode ser determinada por métodos químicos, mas fornece poucas informações sobre a estrutura adotada pela molécula em seres vivos. O desafio, na Cristalografia de Proteínas, é determinar o arranjo tridimensional da estrutura primária.

Para um estudo cristalográfico satisfatório, é importante começar com um cristal de alta qualidade, o que não é algo simples no caso de proteínas. No processo de cristalização, as grandes moléculas complexas em geral aprisionam solvente, e os cristais de proteínas podem conter entre 30% e 80% de solvente. Como o solvente não é ordenado, ele não é registrado nos dados de difração, mas grandes quantidades de solvente diminuem a qualidade dos dados e limitam a resolução final da estrutura.

Inicialmente, os cristalógrafos determinavam as dimensões da cela unitária da proteína e sua densidade. A densidade permite definir o valor da massa molar da proteína, contanto que seja considerada a fração de solvente presente. O grupo espacial do cristal é também importante. As moléculas de proteínas são enantiomórficas (ver Cap. 4) e, consequentemente, apenas se cristalizam em grupos espaciais sem centros de inversão e planos de simetria. Há apenas 65 grupos espaciais possíveis entre os 230 existentes.

Uma dificuldade experimental importante em Cristalografia de Proteínas é a solução do problema das fases (seção 6.13). Há várias formas de abordagem desse problema; a mais usada, uma das bases da análise estrutural de proteínas, é a substituição isomórfica. Essa e outras técnicas são descritas na seção a seguir.

6.16 Solução do problema das fases

Inicialmente, todas as estruturas foram determinadas com base na construção de modelos baseados em propriedades físicas que refletiam a simetria do cristal e na intuição química, quanto às formulas e ligações, no cálculo de valores de F_{hkl} e em sua comparação com os valores observados de F_{hkl}. Esse método de tentativa e erro foi usado

(A) E - K - F - D - K - F - L - T - A - M - K
(B) Glu - Lys - Phe - Asp - Lys - Phe - Leu - Thr - Ala - Met - Lys
(C) Ácido glutâmico – Lisina – Fenilalanina – Ácido aspártico – Lisina – Fenilalanina – Leucina – Treonina – Alanina – Metionina – Lisina

FIG. 6.26 Sequência primária de aminoácidos em uma proteína: (A) abreviaturas de aminoácidos com uma letra; (B) abreviaturas de aminoácidos com três letras; (C) nomes completos

para determinar estruturas de cristais relativamente simples, como os metais e minerais descritos no Cap. 1 (muitas das relações estruturais descritas no Cap. 7 surgiram de tentativas de estruturas iniciais para análises subsequentes por raios X). Entretanto, esse método é muito trabalhoso e o sucesso depende, em grande parte, da intuição (ou sorte) do pesquisador.

Uma das primeiras abordagens matemáticas de suporte em Cristalografia foi o desenvolvimento da *função de Patterson*, em 1934 e 1935:

$$P(u,v,w) = \frac{1}{V} \sum_h \sum_k \sum_l F(hkl)^2 \cos 2\pi(hu+kv+lw)$$

em que os índices h, k e l variam de $-\infty$ a $+\infty$. A função de Patterson não necessita de fases e os quadrados dos fatores de estrutura podem ser obtidos experimentalmente, com base na intensidade das reflexões hkl. A função de Patterson, quando lançada em eixos (u,v,w), forma um mapa similar à densidade eletrônica. Entretanto, os picos nos mapas de Patterson correspondem a vetores interatômicos, e a altura dos picos é proporcional ao produto do fator de espalhamento dos dois átomos nas extremidades do vetor. Ou seja, suponha que os átomos A, B e C estejam em uma cela unitária. A função $P(uvw)$ revelaria picos em U, V, W, em que $O-U$ é igual a $A-B$, $O-V$ é igual a $B-C$ e $O-W$ é igual a $A-C$ (Fig. 6.27). Os vetores podem ser relacionados às posições atômicas na cela unitária por diversos métodos, por exemplo, os métodos diretos, descritos nos próximos parágrafos. A principal limitação da função de Patterson é que um grande número de átomos similares gera picos sobrepostos que não podem ser resolvidos. É conveniente

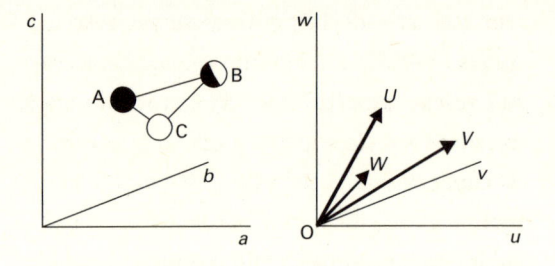

FIG. 6.27 Função de Patterson: (A) molécula contendo átomos A, B e C em uma célula unitária; (B) a função correspondente de Patterson contém os vetores OU, OV e OW, que correspondem aos vetores interatômicos A – B, B – C, A – C

posicionar um pequeno número de átomos pesados na cela unitária. Dessa forma, a determinação das posições de átomos de Co na vitamina B12 permitiu a resolução da estrutura desse composto, em 1957. Essa técnica também é importante no método de substituição isomórfica múltipla (MIR – *multiple isomorphous replacement*) de resolução de estruturas de proteínas, descrito a seguir.

Os métodos diretos substituíram os métodos de tentativa e erro e outros métodos de dedução de modelos estruturais em meados do século XX. Nos métodos diretos, as relações estatísticas entre as amplitudes e as fases das reflexões mais fortes são estabelecidas, e o tratamento matemático entre essas variáveis foi desenvolvido principalmente por Hauptmann e Karle, nas décadas de 1940 e 1950 (esses pesquisadores receberam o Prêmio Nobel em 1985). Diversos algoritmos, que se aproveitam da capacidade crescente dos computadores, realizam esse tratamento matemático para derivar estruturas diretamente com base em dados experimentais, como posição, intensidade e índices hkl dos picos. O uso desses programas permite que as estruturas moleculares com até cerca de 100 átomos sejam determinadas em rotina; à medida que mais átomos são adicionados, os cálculos se tornam mais extensos e mais sujeitos a erros. O aumento da capacidade de computação levou ao incremento do uso de métodos diretos para moléculas com até cerca de 500 átomos.

Há vários programas de computação que podem ser usados nos métodos diretos, um dos quais é o método *Bake and Shake*. Nesse procedimento, um modelo de estrutura é derivado. As fases são calculadas e, em seguida, perturbadas, ou seja, ligeiramente modificadas, para atingir um valor mais baixo, de acordo com as fórmulas implementadas nos algoritmos. Quando esse procedimento é completado, um novo conjunto de posições atômicas é calculado e o ciclo é repetido o quanto for necessário.

Embora os métodos diretos estejam sendo aplicados a moléculas cada vez maiores, as estruturas de grandes proteínas, com mais de 600 átomos, ainda são inacessíveis a essa técnica. Essas estruturas são principalmente determinadas pelos dois métodos descritos a seguir.

As primeiras estruturas de proteínas foram determinadas com uma técnica denominada *substituição isomórfica* (IR – *isomorphous replacement*), desenvolvida no final da década de 1950. Os materiais usados são derivados de metais pesados de cristais de proteínas. Para se obter um derivado de metal pesado de uma proteína, os cristais de proteína são saturados em uma solução de sal do metal pesado. Os metais mais usados são Pt, Hg, U, lantanídeos, Au, Pb, Ag e Ir. O metal pesado ou uma molécula menor contendo um metal pesado, dependendo das condições do experimento, difunde-se no interior do cristal pelos canais criados pela presença de solvente desordenado. O objetivo é fazer o metal pesado interagir com algumas superfícies atômicas da proteína, sem alterar a estrutura da proteína. Isso nunca é completamente alcançado, mas, nos casos mais favoráveis, as mudanças são sutis.

A situação experimental é tal que dois conjuntos de dados são obtidos: uma lista da magnitude dos fatores de estrutura da proteína nativa, F_P, e uma lista da magnitude dos fatores de estrutura da proteína com substituição isomórfica, F_{PH}. As relações vetoriais entre os fatores de estrutura, F_P, F_{PH} e o dos átomos de metais pesados, F_H, são:

$$F_{PH} = F_P + F_H \qquad (6.6)$$

A relação entre esses dados pode ser compreendida se os fatores de espalhamento forem representados em formato vetorial, como descrito na seção 6.6. O resultado é mostrado na Fig. 6.28, em que $\mathbf{F}_P$ é o vetor do

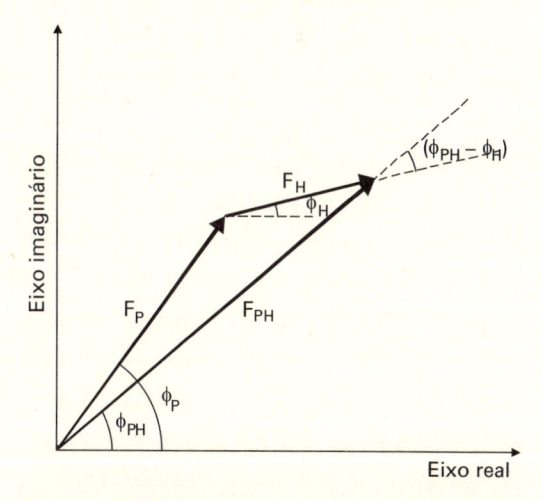

FIG. 6.28 Representação no plano gaussiano das relações de fase entre o fator de estrutura de uma proteína pura, $\mathbf{F}_P$, de um átomo de elemento pesado, $\mathbf{F}_H$, e de um derivado da proteína com metal pesado por substituição isomórfica, $\mathbf{F}_{PH}$

fator de espalhamento de qualquer reflexão *hkl* da proteína, com magnitude F_P e ângulo de fase ϕ_P, $\mathbf{F}_H$ é o vetor do fator de espalhamento dos átomos pesados, com magnitude F_H e ângulo de fase ϕ_H, e $\mathbf{F}_{PH}$ é o vetor do fator de espalhamento do derivativo de metal pesado da proteína, com magnitude F_{PH} e ângulo de fase ϕ_{PH}.

As posições dos átomos de metais pesados podem ser determinadas usando, por exemplo, as funções de Patterson. Assim que as posições dos átomos de metais pesados estiverem definidas com relativa precisão, os valores de $\mathbf{F}_H$, F_H e ϕ_H podem ser calculados. Com base na Fig. 6.28, é possível escrever a seguinte equação:

$$F_{PH}^2 = F_P^2 + F_H^2 + 2F_P F_H \cos(\phi_P - \phi_H)$$

ou seja:

$$\cos(\phi_P - \phi_H) = \left(F_{PH}^2 - F_P^2 - F_H^2\right)/2F_P F_H$$
$$\phi_P = \phi_H + \cos^{-1}\left[\left(F_{PH}^2 - F_P^2 - F_H^2\right)/2F_P F_H\right] \quad (6.7)$$

Essa equação não tem uma solução única para ϕ_P, pois o termo do $\cos^{-1}$ tem duas soluções, como indicado graficamente na Fig. 6.29. Um círculo de raio F_P delimita as possíveis posições do vetor $\mathbf{F}_P$. Um círculo de raio F_{PH}, desenhado a partir da extremidade do vetor $-\mathbf{F}_H$, representa todas as possíveis posições do vetor $\mathbf{F}_{PH}$ em relação ao vetor $\mathbf{F}_H$. As posições em que esses dois círculos se intersectam representam as soluções da Eq. 6.7. Embora não haja um valor único para o ângulo de fase, é possível expandir os dados e definir um valor preferencial. Assim que um número suficiente de ângulos de fase tiver sido definido, o refinamento da estrutura poderá ser feito.

Esse método de *substituição isomórfica única* (SIR – *single isomorphous replacement*) tem sido empregado com sucesso na determinação da estrutura de diversas proteínas.

O valor de ϕ_P pode ser determinado sem ambiguidades se outro derivado de metal pesado (átomo diferente) for obtido, de modo que $\mathbf{F}_{H1}$, $\mathbf{F}_{H2}$, $\mathbf{F}_{HP1}$, $\mathbf{F}_{HP2}$ e $\mathbf{F}_P$ possam ser determinados. Esse método, denominado *substituição isomórfica múltipla* (MIR – *multiple isomorphous replacement*), é mais usado que o da substituição isomórfica única. Os valores de $\mathbf{F}_{H1}$ e $\mathbf{F}_{H2}$ podem ser determinados com a função de Patterson. Há equações similares à Eq. 6.7:

$$\phi_P = \phi_{H1} + \cos^{-1}\left[\left(F_{PH1}^2 - F_P^2 - F_{H1}^2\right)/2F_P F_{H1}\right]$$
$$\phi_P = \phi_{H2} + \cos^{-1}\left[\left(F_{PH2}^2 - F_P^2 - F_{H2}^2\right)/2F_P F_{H2}\right]$$

Esse par de equações simultâneas pode ser resolvido com uma única solução. Se for traçado um diagrama similar ao da Fig. 6.29 com os dados dos dois derivativos de metal pesado, os três círculos formados se intersectam em um ponto, que corresponde ao valor único de ϕ_P (Fig. 6.30). Quando um número suficiente de ângulos de fase tiver sido determinado, o refinamento da estrutura pode ser feito.

As estruturas de proteínas em geral são determinadas por meio dos métodos de *dispersão anômala múltipla* (MAD – *multiple anomalous dispersion*). Nesses métodos, considera-se o espalhamento que não segue a teoria cinemática. A teoria cinemática trata do espalhamento individual de fótons de raios X, que têm baixa energia em comparação com os níveis de energia dos orbitais atômicos. Considera-se que o fóton espalhado não sofre perda de energia ou atraso de fase comparado com o fóton incidente. Esse processo é representado pelo fator de espalhamento atômico f_a (seção 6.5).

Entretanto, se a energia do fóton de raios X for suficiente para deslocar um elétron do átomo de um nível para outro, ocorrem processos suplementares. Além dos fótons espalhados no modo normal, outros serão absorvidos e reemitidos. Para considerar esse detalhe extra, o fator de espalhamento, f_a, deve ser substituído por um *fator de espalhamento complexo*:

$$f_a = f_a^0 + f_a' + if_a''$$

e o fator de estrutura, $F(hkl)$, por um *fator de estrutura complexo*:

$$F(hkl) = F'(hkl) + iF''(hkl)$$

O comprimento de onda em que ocorre o deslocamento de elétrons de um nível para outro é denominado *borda de absorção*. Um átomo pode apresentar várias bordas de absorção, dependendo dos níveis de energia disponíveis para os elétrons excitados, e ocorre uma *absorção anômala* quando o comprimento de onda dos raios X é próximo ao

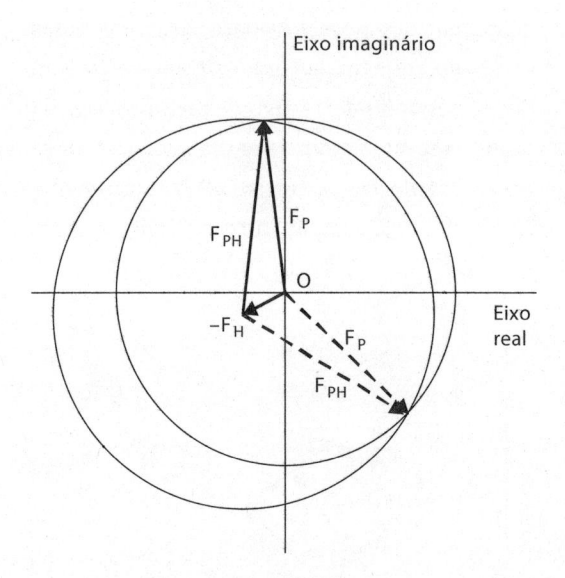

FIG. 6.29 Representação no plano gaussiano das relações de fase derivadas por substituição isomórfica simples (SIR – *single isomorphous replacement*) de uma proteína. O vetor do fator de estrutura da proteína, F_P, localiza-se ao longo de um círculo de raio F_P, centrado em O. O fator de estrutura do derivado de proteína com metal pesado, F_{PH}, situa-se em um círculo de raio F_{PH}, centrado na extremidade do vetor $-F_H$. As interseções dos dois círculos representam as duas soluções possíveis da Eq. 6.7. O vetor resultante, F_P, pode ser traçado em duas posições, que correspondem a dois ângulos de fases distintos

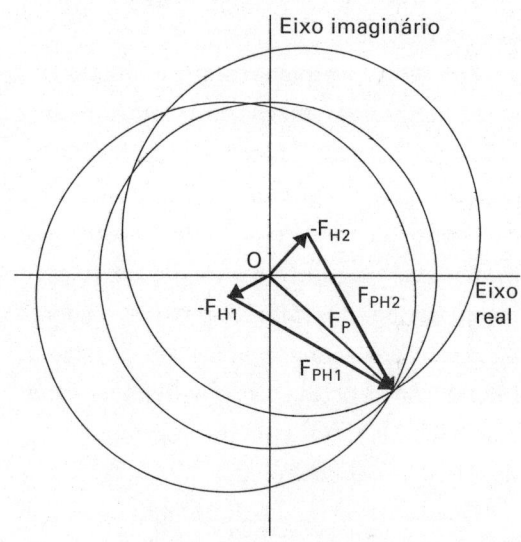

FIG. 6.30 Representação no plano gaussiano das relações de fase derivadas por substituição isomórfica múltipla (MIR – *multiple isomorphous replacement*) de uma proteína. O vetor do fator de estrutura da proteína, F_P, localiza-se ao longo de um círculo de raio F_P, centrado em O. Os fatores de estrutura dos derivados de proteína com metal pesado, F_{HP1} e F_{HP2}, situam-se em círculos de raios F_{HP1} e F_{HP2}, centrados nas extremidades dos vetores $-F_{H1}$ e $-F_{H2}$. A interseção dos três círculos representa a solução única para a posição de F_P, que corresponde a um único ângulo de fase

da borda de absorção do átomo presente na amostra. O espalhamento anômalo causa pequenas alterações nas intensidades e, em especial, a lei de Friedel (seção 6.9) deixa de ser válida, e F(hkl) não é igual ao seu oposto de Friedel, $F(\bar{h}\bar{k}\bar{l})$, no mesmo comprimento de onda. A diferença, ΔF_b, é denominada *diferença de Bijvoet*, e os pares de reflexões são os *pares de Bijvoet*.

$$\Delta F_b = F(hkl) - F(\bar{h}\bar{k}\bar{l})$$

Além disso, F(hkl) não é constante, mas varia ligeiramente de acordo com o comprimento de onda, fornecendo *diferenças adicionais na dispersão*.

Em geral, o espalhamento anômalo dos átomos leves é desprezível. Entretanto, o espalhamento anômalo de átomos pesados, sendo eles próprios da proteína ou presentes nos derivativos de metal pesado por substituição isomórfica, é significativo quando o comprimento de onda dos raios X é próximo da borda de absorção do átomo pesado em questão. A informação fornecida pelo espalhamento anômalo pode ser usada para resolver o problema das fases do seguinte modo:

Quando ocorre espalhamento anômalo a partir de pares de Bijvoet de um átomo de metal pesado em um derivativo de uma proteína, a Eq. 6.6 deve ser reescrita:

$$\mathbf{F}^+_{PH} = \mathbf{F}^+_P + \mathbf{F}^+_H = \mathbf{F}^+_P + \mathbf{F}^{+\prime}_H + \mathbf{F}^{+\prime\prime}_H$$

$$\mathbf{F}^-_{PH} = \mathbf{F}^-_P + \mathbf{F}^-_H = \mathbf{F}^-_P + \mathbf{F}^{-\prime}_H + \mathbf{F}^{-\prime\prime}_H$$

em que os sobrescritos + e – referem-se aos pares de Bijvoet, hkl e $\bar{h}\bar{k}\bar{l}$. Se a proteína contiver apenas um único tipo de espalhamento anômalo, produzindo uma *dispersão anômala única*, os vetores $\mathbf{F}'_H$ e $\mathbf{F}''_H$ são perpendiculares entre si, sendo que ϕ_H é o ângulo de fase de $\mathbf{F}'_H$ e $\phi_H + \pi/2$ é o ângulo de fase de $\mathbf{F}''_H$. Com base na Fig. 6.28, pode-se construir a Fig. 6.31, e, com base nesta, é possível escrever equações análogas à Eq. 6.7:

$$F^+_{PH} - F^-_{PH} = 2F''_H \sin(\phi_{PH} - \phi_H)$$

ou seja:

$$\phi_{PH} - \phi_H = \sin^{-1}\left[\left(F^+_{PH} - F^-_{PH}\right)/2F''_{PH}\right] \quad (6.8)$$

A Eq. 6.8, assim como a Eq. 6.7, fornece duas soluções possíveis para ϕ_{PH}, mas esses resultados podem ser usados como se fossem de um segundo derivativo de metal pesado da proteína, permitindo obter uma solução única para o ângulo de fase (Fig. 6.32). Naturalmente, dados de dois ou mais átomos com espalha-

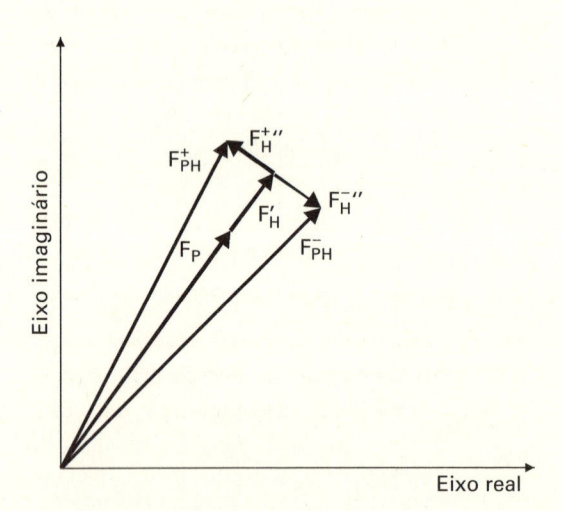

FIG. 6.31 Representação no plano gaussiano das relações de fase entre o fator de estrutura da proteína, $\mathbf{F}_P$, os de átomos pesados com espalhamento anômalo, $\mathbf{F}_H$, e o de um derivado da proteína com átomo pesado por substituição isomórfica, $\mathbf{F}_{PH}$, resultando em dois fatores de espalhamento, $\mathbf{F}^+_{PH}$ e $\mathbf{F}^-_{PH}$

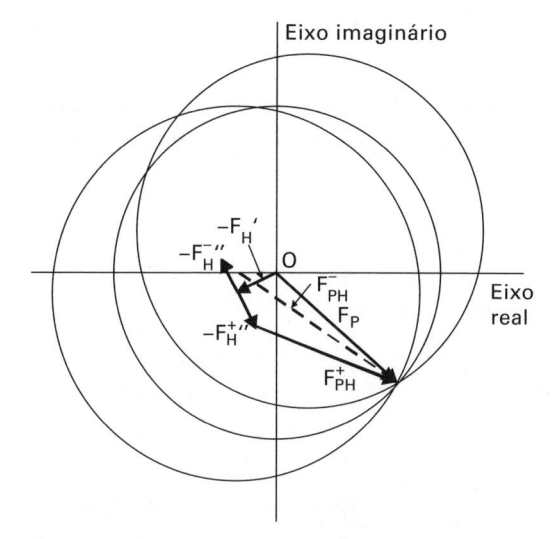

FIG. 6.32 Representação no plano gaussiano das relações de fase derivadas pelo espalhamento anômalo individual de um derivado de metal pesado de uma proteína. O fator de estrutura da proteína, $\mathbf{F}_P$, localiza-se ao longo de um círculo de raio F_P, centrado em O. Os fatores de estrutura dos derivados de metais pesados, $\mathbf{F}_{PH}^{+}$ e $\mathbf{F}_{PH}^{-}$, situam-se em círculos centrados nas extremidades dos vetores $-\mathbf{F}_{PH}^{-\prime\prime}$ e $-\mathbf{F}_{PH}^{+\prime\prime}$. A interseção dos três círculos representa a solução única para a posição de $\mathbf{F}_P$, que corresponde a um único ângulo de fase

mento anômalo e dados compilados de um átomo com espalhamento anômalo em diferentes comprimentos de onda (dispersão anômala múltipla) podem ser usados de modo similar.

Mais recentemente, o método da valência de ligação (ver seção 7.8) tem sido aplicado com sucesso na discriminação entre distintos sítios de cátions em cristais de proteínas.

6.17 Cristais fotônicos

Cristais fotônicos são sólidos naturais ou artificiais capazes de manipular a luz de modo predeterminado, assim como os raios X são manipulados por cristais comuns. Para que isso seja possível, os cristais fotônicos devem conter um arranjo de centros de espalhamento análogos aos átomos de cristais comuns. Esses fenômenos de difração são similares àqueles descritos para a difração de raios X, elétrons e nêutrons, e as equações apresentadas anteriormente também são válidas para os cristais fotônicos.

Dois aspectos podem ser comparados por meio da lei de Bragg (seção 6.1). A posição de um feixe de raios X fortemente difratado por um cristal é dada por:

$$n\lambda = 2d_{hkl} \sin\theta$$

em que n é um número inteiro, d_{hkl} é a distância entre os planos atômicos (hkl) responsáveis pela difração, λ é o comprimento de onda do raio X e θ é o ângulo de incidência do feixe em relação ao plano atômico. Essa equação é válida para qualquer arranjo tridimensional, independentemente do tamanho dos átomos. Portanto, um arranjo de partículas ou mesmo de vacâncias espaçadas em distância, d, similar ao comprimento de onda da luz irá difratar a luz de acordo com a lei de Bragg. Se uma luz branca for usada, cada comprimento de onda será difratado em um ângulo ligeiramente diferente (ângulo de Bragg) e serão produzidas cores.

O exemplo mais conhecido de material fotônico natural é a opala gemológica. As regiões que produzem as cores são constituídas por empacotamento de esferas de sílica (SiO_2) envoltas em sílica amorfa ou em uma matriz de esferas desordenadas (Fig. 6.33). Os pequenos volumes de esferas ordenadas se assemelham a pequenos cristalitos. Eles interagem com a luz porque o espaçamento das esferas ordenadas é similar ao comprimento de onda da luz.

Embora as condições de difração sejam especificadas pela equação de Bragg, como a difração ocorre em uma matriz de sílica, o espaçamento verdadeiro entre as camadas, d nm, é substituído pela espessura óptica $[d]$, igual a $n_s d$, em que n_s é o índice de refração da sílica na opala, cerca de 1,45. A equação para opala é, portanto:

$$n\lambda = 2n_s d \sin\theta \sim 2{,}9d \sin\theta$$

O comprimento de onda máximo difratado é definido quando o cristal de opala é observado com incidência de luz normal aos planos de esferas, e é encontrado substituindo-se, na equação anterior, $\sin\theta$ por 1:

$$\lambda_{max} = 2n_s d \approx 2{,}9d$$

A relação entre o raio das esferas de sílica, r, que constituem o cristal e a distância entre as camadas de esferas, d, depende do tipo de empacotamento. Se as esferas estiverem arranjadas em empacotamento hexagonal compacto, a relação entre o raio das esferas e o espaçamento das camadas (seção 7.2) é:

$$d = 1{,}633r$$

e, portanto:

$$\lambda_{max} \approx 4{,}74r$$

Como relação geral útil, tem-se que uma aproximação razoável do raio das esferas é um quinto do comprimento de onda da cor observada na incidência normal da luz.

Cristais fotônicos artificiais são estruturas com centros de difração separados por distâncias da mesma ordem de grandeza da luz. A interação com a luz pode ser interpretada por meio da equação de Bragg. Entretanto, a terminologia empregada para descrever a difração em cristais fotônicos artificiais é a usada na física de semicondutores. A transição da descrição da difração para uma descrição física pode ser ilustrada usando-se um cristal fotônico unidimensional.

Um cristal fotônico unidimensional é formado simplesmente por uma pilha de camadas translúcidas com diferentes índices de refração. Elas também são chamadas de *pilhas de Bragg* (*Bragg stacks*) ou, quando conformadas em uma fibra óptica, de *grade de fibras de Bragg* (*fibre Bragg gratings*). O modelo mais simples é o de um material transparente contendo espaços vazios com ar e regularmente espaçados (Fig. 6.34). Quando um feixe de luz incide sobre uma grade desse tipo, um comprimento de onda λ será difratado se a lei de Bragg for satisfeita:

$$n\lambda = 2[d] \sin\theta = 2n_m d \sin\theta$$

em que n é um número inteiro, n_m é o índice de refração do material, d é o espaço entre as vacâncias e $[d]$ é a espessura óptica

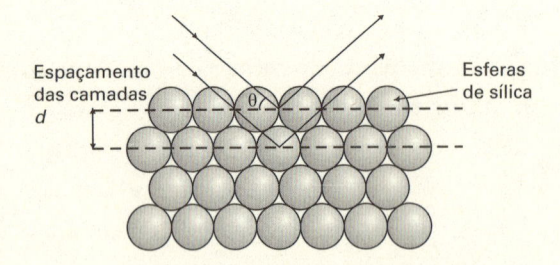

FIG. 6.33 Estrutura de opala gemológica, formada por arranjo ordenado de esferas de sílica com espaçamento da mesma ordem de grandeza do comprimento de onda da luz visível. O arranjo de esferas difrata a luz e produz as cores vistas nesse tipo de gema

correspondente ao espaçamento de repetição ($[d] = n_m d$). Para um feixe normal às vacâncias, $\sin\theta = 1$ e, portanto, a condição de difração é:

$$n\lambda = 2n_m d$$

$$\lambda_{max} = 2n_m d$$

Logo, um feixe de luz com comprimento de onda igual a λ_{max} será difratado sobre si mesmo e não será transmitido.

Em termos da física de semicondutores, o arranjo de espaços vazios abre um *hiato de banda fotônica* (PBG – *photonic band gap*) no material. Um hiato de banda fotônica bloqueia a transmissão da onda de luz com energia igual ao hiato de banda. A energia, E, da onda de comprimento de onda λ é dada pela relação:

$$E = hc/\lambda$$

em que h é constante de Planck e c é a velocidade da luz no vácuo. O hiato de energia do arranjo de espaços vazios (Fig. 6.34) é dado por:

$$E = hc/\lambda_{max} = hc/2n_m d$$

Em materiais reais, os espaços vazios têm espessura, o que faz com que uma faixa de comprimentos de onda centrada em λ_{max} seja bloqueada. Essa faixa de comprimentos de onda aumenta com o aumento da diferença entre o índice de refração do material e dos espaços vazios. Efeitos similares ocorrerão se os espaços vazios forem substituídos por esferas de um material transparente com índice de refração diferente do da matriz ou, alternativamente, se forem usados planos alternados de materiais transparentes com índices de refração diferentes.

Cristais bidimensionais com hiato de banda fotônica podem ser formados por meio de um arranjo de vacâncias ou de átomos em um meio transparente. A opala preciosa é um exemplo de material tridimensional com hiato de banda fotônica.

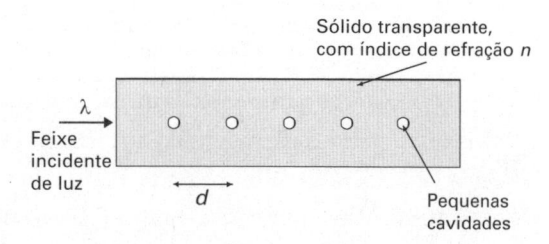

FIG. 6.34 Um cristal fotônico unidimensional simples pode ser imaginado como um arranjo de cavidades regularmente espaçadas e separadas por distância próxima ao comprimento de onda da luz

Respostas das questões introdutórias

Que informações cristalográficas são fornecidas pela lei de Bragg?
Um feixe de radiação de comprimento de onda adequado será difratado ao incidir sobre um cristal. A lei de Bragg define as condições nas quais a difração ocorre e fornece as posições angulares dos feixes difratados. A difração em um plano (*hkl*) irá ocorrer se:

$$n\lambda = 2d_{hkl}\sin\theta$$

em que *n* é um número inteiro, λ é o comprimento de onda da radiação, d_{hkl} é o espaçamento interplanar (separação perpendicular) dos planos (*hkl*) e θ é o ângulo de difração ou ângulo de Bragg. Note que o ângulo entre a direção do feixe incidente e do feixe difratado é igual a 2θ. A geometria da difração de Bragg é idêntica à da reflexão e os feixes difratados também são denominados reflexões na literatura de raios X.

O que é o fator de espalhamento atômico?

O fator de espalhamento atômico é uma medida da capacidade dos átomos de espalhar uma onda, como de raios X, elétrons ou nêutrons. Como cada tipo de radiação interage de modo diferente com o átomo, o fator de espalhamento atômico é diferente para raios X, elétrons e nêutrons. Os raios X são principalmente espalhados pelos elétrons de cada átomo. O espalhamento de raios X aumenta com o número de elétrons e, consequentemente, com o número atômico, Z (número de prótons), do átomo. Portanto, metais pesados espalham os raios X de modo mais eficiente que os átomos de elementos leves, e elementos próximos na tabela periódica têm fatores de espalhamento similares. O fator de espalhamento de raios X depende fortemente do ângulo de incidência e é expresso como uma função de $(\sin\theta)/\lambda$. As curvas de fator de espalhamento de todos os átomos têm forma similar, e, quando $(\sin\theta)/\lambda$ for igual a zero, o fator de espalhamento é igual ao número atômico, Z, do elemento em questão.

Quais são as vantagens da difração de nêutrons em relação à difração de raios X?

Uma das grandes vantagens da difração de nêutrons sobre a difração de raios X é sua capacidade de localizar átomos na estrutura que dificilmente seriam localizados com raios X. O fator de espalhamento de raios X é função do número atômico dos elementos, mas o mesmo não se aplica aos nêutrons. Os fatores de espalhamento de nêutrons de átomos leves, como hidrogênio, carbono e nitrogênio, são similares aos de átomos pesados, o que permite que as posições de átomos leves em uma estrutura sejam mais facilmente definidas com radiação de nêutrons em comparação com raios X. Isso faz com que a difração de nêutrons seja o principal método para a determinação precisa das posições de átomos leves, principalmente o hidrogênio, em uma estrutura. O estudo das ligações de hidrogênio em geral é feito com base em dados de difração de nêutrons, que permitem definir com precisão as distâncias interatômicas. Uma segunda vantagem é que, em alguns casos, átomos vizinhos na tabela periódica têm diferentes fatores de espalhamento de nêutrons, o que permite que suas posições atômicas sejam diferenciadas entre si. Isso não ocorre no caso dos raios X, em que átomos próximos sempre têm fatores de espalhamento similares. Uma terceira vantagem é o fato de que os nêutrons apresentam *spin* e, portanto, interagem com a estrutura magnética do sólido, estrutura esta que se forma pelo alinhamento do *spin* de elétrons não pareados na estrutura. O ordenamento magnético em um cristal é invisível aos raios X, mas pode ser revelado pela difração de nêutrons, na forma de feixes difratados adicionais que representam variações da cela unitária.

Problemas e exercícios

Teste rápido

1. A lei de Bragg, em Cristalografia, é escrita da seguinte forma:
   a) $2\lambda = d_{hkl} \sin\theta$
   b) $\lambda = 2d_{hkl} \sin\theta$
   c) $\lambda = nd_{hkl} \sin\theta$

2. Os feixes de raios X difratados por um material praticamente amorfo são:
   a) muito bem definidos
   b) moderadamente definidos
   c) mal definidos ou ausentes

3. A intensidade de um feixe difratado por um conjunto de planos (hkl) não depende de:
   a) tempo de irradiação
   b) tipo de radiação
   c) composição química do cristal

4. O fator de espalhamento atômico de raios X é maior em:
   a) metais
   b) não metais
   c) elementos pesados, sejam metais ou não

5. Quando feixes espalhados por dois átomos estão exatamente em fase, a diferença de fase é igual a:
   a) 2π
   b) π
   c) $\pi/2$

6. A intensidade dos raios X espalhados por uma cela unitária é dada pelo módulo:
   a) do fator de estrutura
   b) do quadrado do fator de estrutura
   c) da raiz quadrada do fator de estrutura

7. As reflexões de raios X com intensidade zero em virtude da simetria da cela unitária são denominadas:
   a) ausências sistemáticas
   b) ausências estruturais
   c) ausências simétricas

8. O composto SrF_2 se cristaliza com a mesma estrutura do CaF_2 (fluorita). Os padrões de raios X de ambos são:
   a) idênticos
   b) quase idênticos
   c) similares, mas facilmente distinguíveis

9. Para localizar acuradamente as posições atômicas de átomos leves em um cristal é preferível usar:
   a) difração de elétrons
   b) difração de nêutrons
   c) difração de raios X

10. Na Cristalografia de Proteínas, a técnica da substituição isomórfica é usada para:
    a) determinar o grupo espacial do cristal
    b) determinar o fator de estrutura das reflexões
    c) determinar as fases das reflexões

Cálculos e questões

6.1 O óxido $NiAl_2O_4$ adota a estrutura do espinélio, com retículo cúbico de parâmetro igual a 0,8048 nm. A estrutura é derivada do retículo cúbico de face centrada. Com base no Quadro 6.1, calcule os ângulos de difração dos primeiros seis picos esperados em um difratograma de pó.

6.2 Uma pequena partícula de CrN, com estrutura da halita (ver Cap. 1), com $a = 0{,}4140$ nm, produz picos de difração dos planos (200) em ângulo de 33,60°. O intervalo angular no qual essa reflexão ocorre é de aproximadamente 1,55°.
a) Calcule o comprimento de onda da radiação usada.
b) Estime o tamanho da partícula na direção normal aos planos (200).

6.3 Os padrões de difração de elétrons registrados em diversas posições a partir de um cristal de nióbio, Nb, cuja estrutura é cúbica do tipo A2 (ver Cap. 1), com $a = 0{,}3300$ nm, são reproduzidos na figura a seguir. Com base no padrão parcialmente indexado:
a) Complete a indexação;
b) Determine λl do microscópio;
c) Indexe os demais padrões (note que nem todos os pontos do retículo estão presentes, ver seção 6.9. Pode ser útil determinar inicialmente, com os dados do Quadro 6.1, uma lista de todas as reflexões presentes).

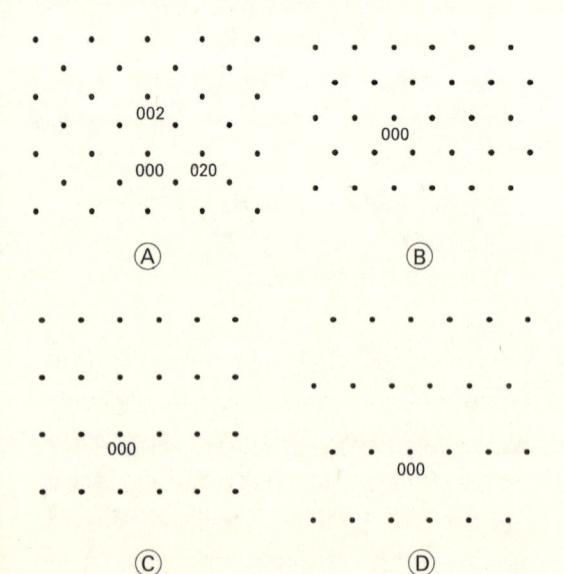

6.4 Os coeficientes de Cromer-Mann do nióbio (λ em nm) são fornecidos na tabela a seguir. Faça um gráfico com a variação do fator de espalhamento do nióbio em função de $(\sin\theta)/\lambda$.

Coeficiente	Índice			
	1	2	3	4
a	17,614	12,014	4,042	3,533
b	0,01189	0,11766	0,00205	0,69796
c	3,756			

Fonte: valores adaptados de <http://www-structure.llnl.gov>.

6.5 Repita os cálculos da questão anterior considerando os fatores térmicos, B, do nióbio (a) 0,1 nm² e (b) 0,2 nm². Quais são os deslocamentos médios dos átomos de nióbio correspondentes a esses valores de B?

6.6 Calcule o valor do fator de espalhamento (magnitude e fase) para a reflexão 110 de um cristal de rutilo (TiO_2). Os fatores de espalhamento são $f(Ti) = 17{,}506$ e $f(O) = 6{,}407$. Use esses dados para computar o fator de espalhamento por meio de diagramas vetoriais.

6.7 Calcule as intensidades dos picos (a) 200 e (b) 110 do rutilo (TiO_2) em difratograma de pó, com os dados da seção 6.8 e da questão 6.6. Considere o fator térmico, B, igual a 0,1 nm², e o comprimento dos raios X, como 0,15406 nm (radiação do cobre).

6.8 Diversos cristais inorgânicos contêm cadeias unidimensionais de átomos que conferem ao material propriedades eletrônicas interessantes. Usando um programa gráfico, crie um diagrama com a função de densidade eletrônica:

$$\rho(x) = F(000) + \sum_{h=-\infty}^{+\infty} F(h)\cos 2\pi\left(hx - \phi_h\right)$$

para uma cadeia de átomos alternados de Pt e Cl, usando primeiro apenas $F(000)$, 100 e $\bar{1}00$ para, em seguida, usar as quatro primeiras reflexões, $F(000)$, até 200 e $\bar{2}00$, e assim por diante, para perceber as mudanças no padrão conforme mais informações são fornecidas. A distância de repetição ao longo da cadeia, a, é de 1 nm, e as posições atômicas são Cl, 0; Pt, ½ (note que os padrões em franjas observados ao microscópio eletrônico usando essas reflexões irão se desenvolver de modo similar).

Fatores de estrutura e ângulo de fase para a cadeia de átomos de Pt e Cl

h	$|\mathbf{F}(h)| = F(h)$	ϕ_h
8	60	0
7	46	π
6	68	0
5	52	π
4	78	0
3	57	π
2	89	0
1	60	π
0	95	0
$\bar{1}$	60	π
$\bar{2}$	89	0
$\bar{3}$	57	π
$\bar{4}$	78	0
$\bar{5}$	52	π
$\bar{6}$	68	0
$\bar{7}$	46	π
$\bar{8}$	60	0

7 Representação de estruturas cristalinas

Qual é o tamanho de um átomo?
Como o conceito de valência de ligação pode auxiliar na determinação de estruturas?
O que é a estrutura secundária de uma proteína?

Listas de posições atômicas não são muito práticas quando se precisa comparar diversas estruturas cristalinas. Este capítulo procura explicar e sistematizar a enorme quantidade de dados estruturais disponíveis. O objetivo original da comparação de estruturas similares era fornecer um conjunto de regras empíricas que pudessem ser aplicadas na determinação de novas estruturas cristalinas. Com os métodos computacionais hoje disponíveis, esses procedimentos são raramente aplicados, mas uma das regras empíricas, o método da valência de ligação (ver seção 7.8), ainda é amplamente usada em estudos estruturais.

A maior parte dos dados disponíveis se refere a sólidos inorgânicos, que são estudados há mais tempo e em maior detalhe. As formas mais comuns de representação dessas estruturas são os modelos de empacotamento de esferas e os de poliedros ligados por vértices e arestas. A descrição de estruturas por redes ou por mosaicos também é útil em alguns tipos de estrutura. O estudo de grandes moléculas orgânicas, em particular as proteínas, tem tido importância crescente. Os modelos dessas estruturas são estilizados, com partes da estrutura sendo representadas por fitas dobradas ou espirais.

7.1 Tamanho dos átomos

A Mecânica Quântica tornou clara a noção de que um átomo não tem tamanho fixo. Os orbitais eletrônicos se estendem a partir do núcleo por distâncias maiores ou menores, dependendo do ambiente químico e físico no entorno do núcleo atômico. Pesquisas recentes baseadas nas condensações de Bose-Einstein e de Fermi revelam que um conjunto de milhões de átomos pode assumir um estado quântico idêntico a temperaturas pouco superiores a 0 K e se comportar como um único átomo, com uma única função de onda que se propaga por todo o conjunto.

É mais difícil definir o conceito de tamanho de átomo quando se consideram átomos em compostos. As interações entre átomos vizinhos perturbam significativamente as nuvens eletrônicas, e as ligações químicas têm influência importante nas distâncias entre átomos ligados. O espalhamento de raios X e elétrons não permite definir valores absolutos de tamanho de átomos em cristais. O espalhamento desses dois tipos de radiação se dá nas interações com as nuvens eletrônicas dos átomos. Um experimento de difração fornece informações detalhadas sobre as variações na densidade eletrônica ao longo da cela unitária. A densidade eletrônica ρ(x,y,z) em um ponto (x,y,z) da cela unitária é dada por:

$$\rho(x,y,z) = \frac{1}{V} \sum_{h=-\infty}^{\infty} \sum_{k=-\infty}^{\infty} \sum_{l=-\infty}^{\infty} \mathbf{F}(hkl) \times \exp\left[-2\pi i(hx + ky + lz)\right]$$

em que **F**(hkl) é o fator de estrutura de cada reflexão (hkl) e V é o volume da cela unitária (ver Cap. 6). Na Cristalografia de Raios X, a densidade eletrônica é computada matematicamente, enquanto, em microscopia eletrônica, essa operação é feita por meio de lentes. A densidade eletrônica é maior na proximidade dos núcleos atômicos e diminui com o distanciamento destes. Portanto, os experimentos de difração permitem definir com razoável precisão a posição dos núcleos atômicos em vez dos tamanhos dos átomos – estritamente, o que se determina com essas técnicas são distâncias interatômicas, e não raios atômicos.

Apesar de ser correto pensar no conteúdo de uma cela unitária em termos de variações na densidade de elétrons, a noção de um átomo com tamanho fixo e definido é atraente e constitui um ponto de partida interessante para a discussão de várias propriedades físicas, químicas e, principalmente, cristalográficas. Uma primeira utilidade dos raios atômicos é permitir a derivação de detalhes estruturais, como comprimento e ângulo de ligação, número de coordenação e geometria molecular, antes de qualquer determinação de estrutura. A Cristalografia Estrutural pode auxiliar nessa abordagem, ao fornecer um conjunto de distâncias interatômicas em um cristal que podem ser usadas para derivar os valores de tamanho dos átomos. Entretanto, é importante enfatizar que a determinação de estrutura fornece distâncias interatômicas e que a divisão dessas distâncias nas partes que pertencem a cada átomo é um procedimento até certo ponto arbitrário. Por exemplo, os raios de átomos similares e que são vizinhos diretos, ligados por ligações químicas fortes, são diferentes dos raios desses mesmos elementos quando eles não são vizinhos diretos. Considerações desse tipo fazem com que haja diversas escalas de tamanho de átomos.

Em Química Inorgânica, usa-se rotineiramente o conceito de raio iônico, com base na noção de que os ânions são esféricos e estão em contato entre si em um cristal inorgânico. Em Química Orgânica, na tentativa de modelar moléculas complexas, usa-se o termo *raio covalente* em relação a átomos vizinhos, também considerados esféricos, e *raio de Van der Waals* para átomos localizados na periferia de moléculas. Os físicos aplicam a teoria das bandas para calcular as propriedades físicas de metais e demonstram que a extensão dos orbitais internos fornece uma boa aproximação do tamanho dos átomos. Fontes que contêm detalhes das derivações desses e de outros tipos de raios atômicos, bem como discussões críticas sobre a lógica e a consistência interna dos valores obtidos, estão indicadas na Bibliografia.

7.2 Empacotamento de esferas

A estrutura de diversos cristais pode ser convenientemente descrita em termos de um empacotamento ordenado de esferas, representando átomos ou íons esféricos – os primeiros conjuntos de raios atômicos foram derivados através desse tipo de modelo. Apesar de haver um número infinito de modos de empacotar esferas, apenas dois arranjos principais, denominados empacotamentos compactos, são suficientes para descrever um grande número de estruturas cristalinas. Essas estruturas podem ser consideradas como formadas a partir de camadas de esferas em empacotamento compacto, em que cada camada consiste de um arranjo hexagonal de esferas se tocando mutuamente, para preencher o espaço do modo mais eficiente possível (Fig. 7.1).

As camadas de esferas podem ser empilhadas de dois modos principais para gerar estruturas. No primeiro caso, a segunda camada se encaixa nas cavidades da primeira e a terceira camada se encaixa nas cavidades da segunda, de modo perfeitamente alinhado com a primeira camada (Fig. 7.2). Essa sequência se repete indefinidamente. Se a posição das esferas da primeira camada for indicada por A, e a da segunda camada, por B, o empilhamento completo pode ser descrito pela sequência:

...ABABAB...

Essa estrutura tem simetria e cela unitária *hexagonal*. Os eixos **a** e **b** são paralelos ao plano A e B, e o eixo **c** hexagonal é perpendicular ao empilhamento, indo de uma camada A para a próxima acima dela (Fig. 7.3). Há duas esferas (dois átomos) em uma cela unitária, nas posições 0, 0, 0 e ⅓, ⅔, ½. Se as esferas apenas se tocam, a relação entre os raios das esferas, r, e o parâmetro de cela a é dada por:

$$2r = a = b$$

A unidade de repetição estrutural é normal ao empilhamento e consiste em duas camadas. O espaçamento das camadas, d, é dado por:

$$d = \sqrt{8}r/\sqrt{3} \approx 1{,}633\,r$$

de modo que a unidade de repetição vertical, o parâmetro de cela c, corresponde a:

$$c \approx 2 \times 1{,}633\,r \approx 2 \times 1{,}633 \times a/2 \approx 1{,}633\,a$$

A razão dos parâmetros hexagonais de retículo, c/a, nesse empacotamento ideal de

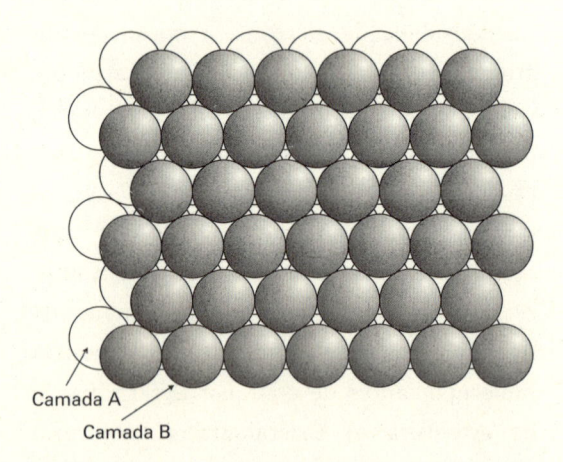

FIG. 7.2 Empacotamento hexagonal compacto de esferas. Todas as camadas são idênticas à camada representada na Fig. 7.1. A posição das esferas na camada inferior é indicada pela letra A, e a da segunda camada, pela letra B. As camadas subsequentes seguem a sequência ...ABAB...

FIG. 7.1 Camada única de esferas em empacotamento compacto

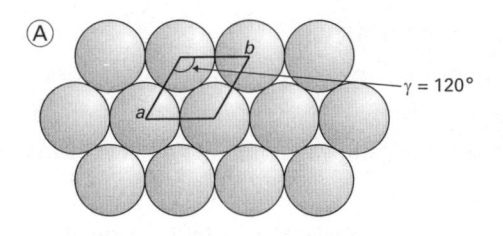

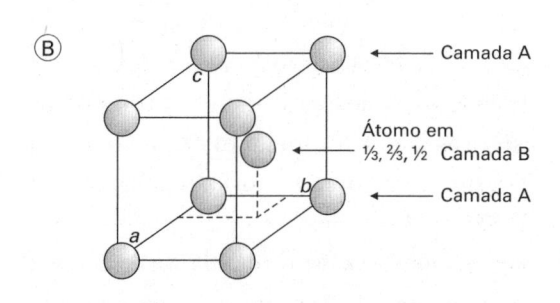

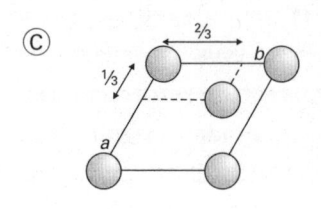

FIG. 7.3 Cela unitária hexagonal do empacotamento hexagonal compacto (AB) de esferas: (A) plano (001) da cela unitária; (B) cela unitária em perspectiva; (C) projeção da cela unitária segundo [001]

esferas é, portanto, 1,633. Esse modelo forma uma representação idealizada da estrutura A3 do magnésio (Cap. 1).

O segundo tipo relevante de estrutura é formado a partir de duas camadas de esferas, A e B, como no caso anterior. A diferença está na posição da terceira camada. Essa camada se ajusta sobre a camada B, mas se encaixa em um conjunto de cavidades que não está diretamente sobreposto à camada A inferior. Esse conjunto pode ser indicado pela letra C (Fig. 7.4), e esse empilhamento de três camadas se repete indefinidamente como:

...ABCABC...

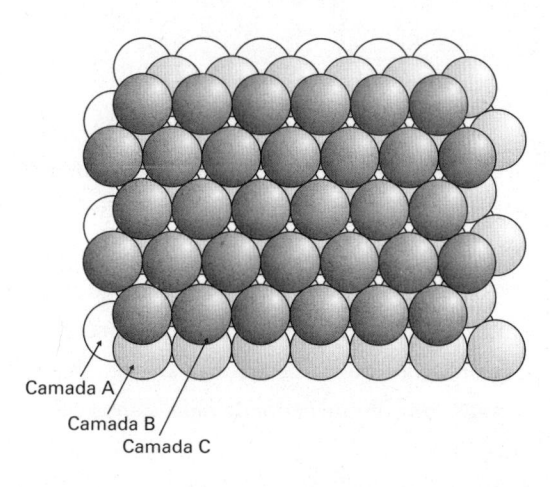

FIG. 7.4 Empacotamento cúbico compacto de esferas. Todas as camadas são idênticas à camada representada na Fig. 7.1. A posição das esferas é indicada por A na camada inferior, por B na camada intermediária e por C na camada superior. As camadas subsequentes seguem a sequência ...ABCABC...

Apesar de essa estrutura poder ser descrita em termos de uma cela unitária hexagonal, a estrutura é *cúbica*, e essa é sua definição preferencial. Em termos de cela unitária, há esferas nos vértices e no centro das faces. As camadas em empacotamento compacto estão dispostas ao longo da direção [111] (Fig. 7.5). O espaçamento ideal dos planos em empacotamento compacto, d, é igual a ⅓ da diagonal ao longo do volume da cela unitária e corresponde ao espaçamento dos planos (111), ou seja, $a/\sqrt{3}$. Se as esferas apenas se tocam, a relação entre o raio das esferas, r, e o parâmetro a do retículo cúbico é:

$$r = a/\sqrt{8}$$

A relação entre o espaçamento dos planos de esferas em empacotamento compacto, d, o parâmetro de cela a e o raio r é:

$$d = a/\sqrt{3} = \left(\sqrt{8}r\right)/\sqrt{3} \approx 1{,}633\,r$$

O arranjo de esfera em empacotamento cúbico compacto é praticamente idêntico à estrutura A1 do cobre (Cap. 1).

O empacotamento compacto de esferas, tanto o hexagonal como o cúbico, representa a forma mais densa de arranjo. Nesses casos, a fração de volume ocupada pelas esferas é de 0,7405.

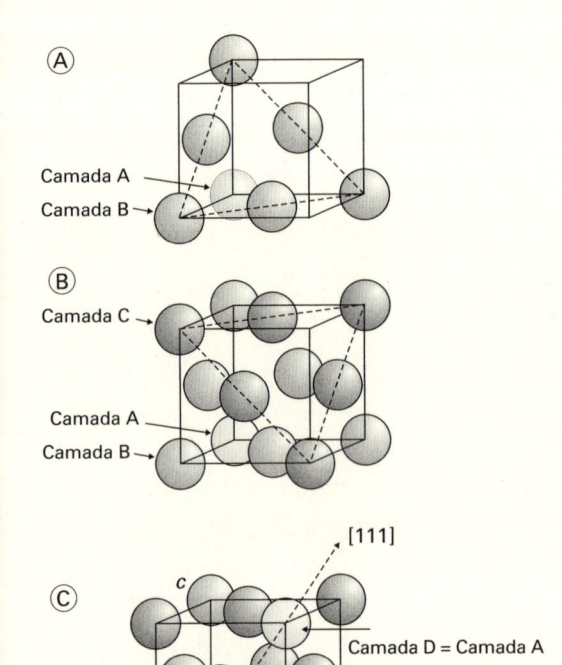

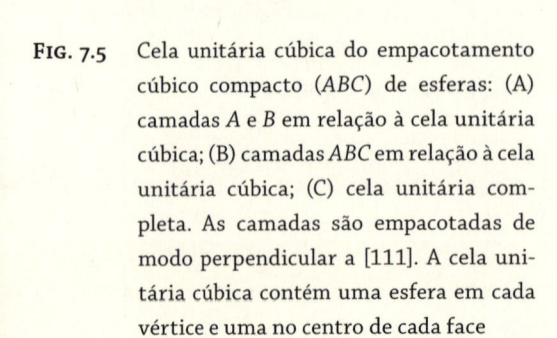

FIG. 7.5 Cela unitária cúbica do empacotamento cúbico compacto (*ABC*) de esferas: (A) camadas *A* e *B* em relação à cela unitária cúbica; (B) camadas *ABC* em relação à cela unitária cúbica; (C) cela unitária completa. As camadas são empacotadas de modo perpendicular a [111]. A cela unitária cúbica contém uma esfera em cada vértice e uma no centro de cada face

7.3 Raio metálico

A maioria dos metais puros adota uma dessas três estruturas: A1, estrutura do cobre (empacotamento cúbico compacto); A2, estrutura do tungstênio (empacotamento cúbico de corpo centrado); ou A3, estrutura do magnésio (empacotamento hexagonal compacto) (Cap. 1). Se forem consideradas as estruturas dos metais como empacotamentos de átomos esféricos que se tocam mutuamente (modelo descrito na seção anterior), a determinação dos raios dos átomos é uma operação simples quando se sabe o tipo da estrutura e o tamanho da cela unitária – esse tipo de raio é denominado *raio metálico*. As relações entre os raios dos átomos, *r*, e os parâmetros de retículo *a*, em cristais cúbicos, e *a* e *c*, em cristais hexagonais, são indicadas a seguir.

Em estruturas cúbicas de face centrada (A1, estrutura do cobre), os átomos estão em empacotamento *ABCABC* e em contato ao longo da diagonal da face, portanto:

$$r = a/\sqrt{8}$$

A distância entre planos de átomos em empacotamento compacto (ao longo da diagonal em volume do cubo) é $a/\sqrt{3}$, ou seja, d_{111}. Cada átomo tem 12 vizinhos próximos.

Em empacotamento cúbico de corpo centrado (A2, estrutura do tungstênio), os átomos estão em contato ao longo da diagonal do volume do cubo – essa diagonal na cela unitária é igual, portanto, a 4 *r*, e também equivale a $3d_{111}$, ou seja, $3a/\sqrt{3}$, de modo que:

$$r = \sqrt{3}a/4$$

Nesse caso, cada átomo tem oito vizinhos próximos.

No empacotamento hexagonal compacto (A3, estrutura do magnésio), os átomos estão em empacotamento *ABAB* e em contato segundo o eixo *a*, portanto:

$$r = a/2$$

A distância entre os planos atômicos em empacotamento compacto é igual a *c*/2, e a razão *c/a* em um empacotamento compacto ideal é igual a $\sqrt{8}/\sqrt{3} \approx 1{,}633$. A razão *c/a* apresenta um desvio em relação ao valor ideal de 1,633 na maioria das estruturas reais. Nesse caso, cada átomo tem 12 vizinhos próximos.

A determinação dos raios atômicos, mesmo em uma situação clara como essa, leva a contradições. O raio determinado experimentalmente depende do *número de coordenação* (o número de vizinhos próximos) do átomo em questão. Ou seja, os raios derivados das estruturas compactas, tanto a hexagonal como a cúbica de face centrada, em que os átomos têm 12 vizinhos próximos (número de coordenação 12, NC12), estão de acordo entre si, mas são diferentes daqueles derivados em metais com estrutura cúbica de corpo centrado, em que cada átomo tem oito vizinhos (número de coordenação 8, NC8). A conversão entre os dois conjuntos de raios pode ser feita usando a seguinte fórmula empírica:

$$\text{raio}[NC12] = 1{,}032 \times (\text{raio}[NC8]) - 0{,}0006$$

em que os raios são dados em nm. Os raios metálicos indicados para NC12 são dados na Fig. 7.6.

Há tendências que devem ser notadas. Nos metais alcalinos e alcalinoterrosos, o raio aumenta suavemente com o aumento do número atômico. Os metais de transição têm raios similares entre si ao longo de um período e aumentam ligeiramente ao passar de um grupo para o próximo. O mesmo se aplica aos lantanídeos e actinídeos.

Li 0,1562	Be 0,1128											B	C
Na 0,1911	Mg 0,1602											Al 0,1432	Si
K 0,2376	Ca 0,1974	Sc 0,1641	Ti 0,1462	V 0,1346	Cr 0,1282	Mn 0,1264	Fe 0,1274	Co 0,1252	Ni 0,1246	Cu 0,1278	Zn 0,1349	Ga 0,1411	Ge
Rb 0,2546	Sr 0,2151	Y 0,1801	Zr 0,1602	Nb 0,1468	Mo 0,1400	Tc 0,1360	Ru 0,1339	Rh 0,1345	Pd 0,1376	Ag 0,1445	Cd 0,1568	In 0,1663	Sn 0,1545
Cs 0,2731	Ba 0,2243	La 0,1877	Hf 0,1580	Ta 0,1467	W 0,1408	Re 0,1375	Os 0,1353	Ir 0,1357	Pt 0,1387	Au 0,1442	Hg	Tl 0,1716	Pb 0,1750

FIG. 7.6 Raios metálicos para o número de coordenação 12 (NC12)
Fonte: Teatum, Gschneidner e Waber *apud* Pearson (1972).

7.4 Raio iônico

Como mencionado anteriormente, as estruturas determinadas por raios X correspondem à definição precisa das distâncias entre os átomos. Embora isso não seja muito importante no caso dos metais puros, em que as distâncias interatômicas são divididas por dois para se obter o raio metálico, esse método simples não é válido para compostos iônicos. Para iniciar, considera-se que os íons individuais são esféricos e estão em contato entre si. A estratégia usada para derivar os raios iônicos é considerar como padrão o raio de um íon abundante, por exemplo, o íon oxigênio, O^{2-}. Outros raios consistentes podem ser derivados subtraindo-se o raio padrão das distâncias interatômicas.

Os raios iônicos listados para quaisquer espécies dependem do íon padrão com base no qual os raios foram derivados, o que culminou na existência de diferentes tabelas de raios iônicos. Além disso, assim como nos raios metálicos, os raios iônicos são sensíveis à geometria de coordenação em sua vizinhança. O raio de um cátion circundado por seis íons de oxigênio (coordenação octaédrica) é diferente do raio do mesmo cátion circundado por quatro íons de oxigênio (coordenação tetraédrica). De modo análogo, o raio de um cátion circundado por seis íons de oxigênio (coordenação octaédrica) é diferente do raio do mesmo cátion circundado por seis íons de enxofre (coordenação octaédrica). Idealmente, as tabelas de raios iônicos devem se referir a um ânion específico e a geometrias específicas de coordenação. Raios iônicos representativos são fornecidos na Fig. 7.7.

Considerando-se esses aspectos, várias tendências podem ser notadas nos raios iônicos:

i) Os cátions são geralmente menores que os ânions, e as principais exceções são os grandes cátions de metais alca-

+1	+2	+3	+4 (+3) [3+]	+5 (+4) [3+]	+6 (+4) [3+] {2+}	+6 (+4) [3+] [2+]	+4 (+3) [2+]	+4 (+3) [2+]	+4 (+2)	+2 (+1)	+2	+3	+4 (2+)	+5 (3+)	−2 (6+)	−1
Li 0,088	Be 0,041(t)											B 0,026 (t)	C** 0,006	N*** 0,002	O 0,126	F 0,119
Na 0,116	Mg 0,086											Al 0,067	Si 0,040 (t) (0,056)	P 0,031 (t)	S 0,170	Cl 0,167
K 0,1521	Ca 0,114	Sc 0,0885	Ti 0,0745 (0,081)	V 0,068 (0,073) [0,078]	Cr [0,0755]	Mn (0,068) [0,079*] {0,097*}	Fe (0,079*) [0,092*]	Co (0,075*) [0,089*]	Ni (0,083)	Cu 0,087 (0,108)	Zn 0,089	Ga 0,076	Ge 0,068	As 0,064	Se (0,043 t)	Br 0,182
Rb 0,163	Sr 0,1217	Y 0,104	Zr 0,086	Nb 0,078	Mo 0,074	Tc (0,078)	Ru 0,076	Rh 0,0755	Pd (0,100)	Ag (0,129)	Cd 0,109	In 0,094	Sn 0,083 (0,105)	Sb 0,075	Te (0,068)	I 0,206
Cs 0,184	Ba 0,150	La 0,1185	Hf 0,085	Ta 0,078	W 0,074 (0,079)	Re 0,066	Os 0,077	Ir 0,077	Pt 0,077 (0,092)	Au	Hg 0,116	Tl 0,1025	Pb 0,0915 (0,132)	Bi 0,086 (0,116)	Po	At

** C em carbonato, CO_3^{2-}; *** N em nitrato, NO_3^-

FIG. 7.7 Raios iônicos. Os valores indicados por * se referem a estados de alto *spin*, com número máximo de elétrons não pareados
Fonte: Shannon e Prewitt (1969, 1970), com dados adicionais de Muller e Roy (1974).

linos e alcalinoterrosos. A razão disso é a remoção de elétrons para a formação do cátion, que causa uma contração das nuvens de orbitais eletrônicos pelo aumento relativo da carga do núcleo. Da mesma forma, a adição de elétrons na formação dos ânions causa uma expansão das nuvens de elétrons em razão da relativa diminuição da carga do núcleo.

ii) O raio de um íon aumenta com o número atômico. Esse é um simples reflexo do fato de que a nuvem eletrônica em torno de íons pesados é maior que em torno de íons leves.

iii) O raio decresce rapidamente com o aumento da carga positiva para uma série de íons isoeletrônicos, por exemplo, Na^+, Mg^{2+}, Al^{3+}, todos com a configuração eletrônica do [Ne], pois o aumento na carga efetiva do núcleo exerce uma atração maior sobre a nuvem de elétrons.

iv) Aumentos sucessivos de valência causam diminuição do raio. Por exemplo, Fe^{2+} é maior que Fe^{3+}, pelo motivo apresentado no item (iii).

v) O aumento na carga negativa tem um efeito menor do que o aumento na carga positiva. Por exemplo, F^- é similar em tamanho a O^{2-}, enquanto Cl^- é similar em tamanho a S^{2-}.

Com base nessas considerações, é importante estar ciente de que o potencial a que um ânion está submetido em um cristal é diferente do potencial desse íon quando livre. Em razão disso, todas as considerações citadas devem ser tratadas com cuidado. Raios de cátions e ânions em sólidos podem ser significativamente diferentes do que indicam os cálculos feitos para íons livres.

Enquanto os íons em sua maioria são considerados esféricos, os *íons de par solitário*, situados na parte inferior dos grupos 13, 14 e 15 da tabela periódica, não são esféricos. Esses íons assumem dois estados iônicos. O estado de alta carga, M^{n+}, pode ser considerado esférico, mas o estado de valência baixa, $M^{(n-2)+}$, não. Por exemplo, a configuração eletrônica externa do estanho, Sn, é [Kr] $4d^{10}5s^25p^2$. A perda de dois elétrons p deixa o íon com uma série de orbitais fechados, moderadamente estáveis. Esse é o estado Sn^{2+}, cuja configuração é [Kr] $4d^{10}5s^2$. O par de elétrons s, o par solitário, impõe importantes restrições estereoquímicas ao íon. Entretanto, a perda do par solitário produz a configuração estável [Kr] $4d^{10}$ do íon Sn^{4+}, que pode ser considerado esférico. Os átomos que se comportam dessa maneira são caracterizados por dois estados de valência, separados por uma diferença de carga 2+. Os átomos com essa característica são índio (In, 1+,3+), tálio (Tl, 1+,3+), estanho (Sn, 2+,4+), chumbo (Pb, 2+,4+), antimônio (Sb, 3+,5+) e bismuto (Bi, 3+,5+). Os íons de par solitário, In^+, Tl^+, Sn^{2+}, Pb^{2+}, Sb^{3+} e Bi^{3+}, tendem a ser circundados por um poliedro irregular de coordenação de ânions, em geral uma bipirâmide trigonal distorcida, e é difícil atribuir um raio único para esses íons.

7.5 Raio covalente

Os raios covalentes são principalmente usados em Química Orgânica. A forma mais simples de determinar um conjunto de raios covalentes é medir a meia distância entre átomos ligados por ligação covalente em uma molécula homonuclear, como H_2. Os raios covalentes definidos dessa maneira em geral não reproduzem adequadamente as distâncias interatômicas em moléculas orgânicas, porque estas são influenciadas por ligações duplas e por diferenças de eletronegatividade entre átomos vizinhos. Em grandes moléculas como as proteínas, esse efeito tem consequências estruturais relevantes.

A estimativa de raios covalentes com base em dados de grandes moléculas coloca outro problema. As posições atômicas obtidas por diferentes técnicas não são idênticas. Por exemplo, a difração de nêutrons fornece informações sobre as posições dos núcleos atômicos, enquanto a difração de raios X gera informações sobre a densidade de elétrons do material. Essa diferença é desprezível para diversos elementos, mas, no caso de elementos leves, especialmente o hidrogênio, pode ser significativamente grande, da ordem de 0,1 nm. Como os átomos de hidrogênio têm papel importante na Química de Proteínas, essas diferenças podem ser relevantes. Por esse motivo, é mais difícil definir um conjunto autoconsistente de raios covalentes do que de raios iônicos ou metálicos. Não obstante, um grande número de compostos orgânicos estudados convergem para 0,767 nm como raio covalente do carbono em ligações simples. Assumindo esse valor como padrão, outros raios covalentes podem ser calculados pela subtração do raio do carbono do comprimento de ligação em moléculas orgânicas. As moléculas mais adequadas para isso são as tetraédricas simples, com carbono como átomo central, como o tetracloreto de carbono, CCl_4. Desse modo, pode ser derivado um conjunto consistente de *raios covalentes* baseado no carbono em ligação simples (Fig. 7.8). Uma comparação com moléculas com ligações duplas ou triplas permite definir os valores dos raios em ligações múltiplas.

H 0,0299					
	Be 0,106	B 0,083	C 0,0767 0,0661* 0,0591**	N 0,0702 0,0618* 0,0545**	O 0,0659 0,049*	F 0,0619
		Al 0,118	Si 0,109	P(III) 0,1088	S 0,1052	Cl 0,1023
		Ga 0,1411	Ge 0,122	As (III) 0,1196	Se (II) 0,1196	Br 0,1199
		In 0,141	Sn 0,139	Sb (III) 0,137	Te (II) 0,1391	I 0,1395

* Raio de ligação dupla   ** Raio de ligação tripla

FIG. 7.8   Raios covalentes
Fonte: Alcock (1990).

Esses raios são válidos para moléculas isoladas. Na maioria dos casos, o comprimento da ligação entre um par de átomos $A - B$ nessas moléculas é relativamente constante, porque a energia de estiramento e compressão da ligação em geral é alta. Os ângulos das ligações também são relativamente constantes, mas menos que os comprimentos das ligações, pois a energia necessária para distorcer o ângulo de ligação é significativamente menor. Nos modelos do tipo esqueleto e esferas e hastes, essa constância é considerada para permitir a construção de estruturas moleculares com formas consistentes. Nos cristais, entretanto, os comprimentos e ângulos de ligação podem se modificar por causa da predominância de outras interações.

7.6   Raio de Van der Waals

A ligação de Van der Waals é uma ligação fraca induzida pela presença de dipolos em átomos que, de outra forma, seriam neutros. Os átomos ligados por esse tipo de interação apresentam grandes distâncias interatômicas e, portanto, raios muito maiores em comparação com átomos em ligações químicas fortes. Uma medida do raio de Van der Waals amplamente usada, especialmente em Química Orgânica, é a noção de *raio não ligado*. Nessa abordagem, mede-se o comprimento de ligação entre um átomo X e seu segundo vizinho mais próximo Z, em uma configuração $X-Y-Z$. O raio de Van der Waals, ou raio não ligado, é determinado considerando que os átomos não ligados são esferas rígidas que apenas se tocam. Alguns valores são fornecidos na Fig. 7.9.

Em Química Orgânica, em geral se usam os modelos de preenchimento de espaço, também conhecidos como *modelos de Corey-Pauling-Koltun* ou *CPK*, para representar moléculas orgânicas. Nesses modelos, os átomos são representados com seus raios de Van der Waals e dispostos de modo a indicar a densidade de ocupação do espaço na molécula. Por exemplo, o modelo de preenchimento do espaço de uma α-hélice em uma proteína mostra o núcleo central totalmente preenchido, enquanto a descrição da hélice como uma fita em forma de espiral sugere que o núcleo seja oco (ver também seção 7.15).

7.7 Estruturas iônicas e regras de construção de estrutura

As ligações iônicas são não direcionais. A principal implicação estrutural disso é que os íons simplesmente se arranjam mutuamente para minimizar a energia total do retículo (note que as cargas reais dos cátions em sólidos são geralmente menores que as cargas iônicas formais em íons isolados). Foram feitas diversas tentativas de usar esse conceito simples, juntamente com a intuição quí-

H 0,120						
		C 0,170	N 0,155	O 0,152	F 0,147	
		Si 0,210	P 0,180	S 0,180	Cl 0,175	
		Ge 0,195	As 0,185	Se 0,190	Br 0,185	
		Sn 0,210	Sb 0,206	Te 0,206	I 0,198	Xe 0,200
			Bi 0,215			

FIG. 7.9 Raios de Van der Waals (não ligados)
Fonte: Alcock (1990).

mica, para deduzir as estruturas de sólidos inorgânicos. Isso resultou em algumas regras de formação de estruturas, conhecidas como regras de Pauling, usadas para derivar modelos de estruturas e que serviram como pontos de partida para o refinamento de dados de difração nos primórdios da Cristalografia de Raios X. Essas regras não são mais usadas para esse fim e foram substituídas por técnicas computacionais mais sofisticadas, que permitem derivar estruturas cristalinas com base em dados de difração, com a necessidade apenas da entrada de um modelo mínimo de estrutura. Não obstante, essa abordagem ainda pode ser útil em algumas situações. Por exemplo, embora a coordenação de cátions não seja determinada quantitativamente com base nos raios de cátions e ânions, de modo aproximado considera-se que cátions grandes tendem a ser coordenados por um arranjo cúbico de ânions, enquanto cátions de tamanho médio se inserem em uma coordenação octaédrica de ânions e cátions menores em uma coordenação tetraédrica de ânions. Os menores cátions são circundados por um triângulo de ânions. Além disso, o modelo de valência de ligação, descrito na próxima seção, é uma extensão da segunda regra de Pauling, sendo amplamente usado para determinar a localização de cátions em estruturas inorgânicas.

7.8 Modelo de valência de ligação

As intensidades dos feixes de raios X espalhados por átomos vizinhos na tabela periódica são praticamente idênticas e, por esse motivo, é difícil distinguir átomos desse tipo em uma estrutura. O mesmo é válido para os diferentes estados iônicos de um mesmo elemento. Portanto, problemas como a distribuição de Fe^{2+} e Fe^{3+} nos sítios de uma estrutura cristalina podem não ter solução com os métodos convencionais de determinação de estrutura. O modelo de valência de ligação é um conceito empírico que auxilia nessas situações, correlacionando a força relativa da ligação química entre dois íons com o comprimento de ligação. Uma ligação curta é mais forte que uma ligação longa. Como a determinação de estruturas cristalinas gera dados acurados de distâncias interatômicas, valores precisos podem ser derivados para esses comprimentos de ligações, denominados valores experimentais de *valência de ligação*. O modelo de valência de ligação (*bond valence model*) não deve ser confundido com o modelo de Mecânica Quântica de ligações químicas, denominado modelo de ligação de valência (*valence bond model*), que descreve ligações covalentes em compostos.

Imagine um cátion, i, circundado por j ânions. A valência formal do cátion central, V_i, é igual à carga formal do cátion. Portanto, o valor de V_i de um íon Fe^{3+} é +3, de um íon Nb^{5+} é +5 e assim por diante. O valor de V_i é também considerado como igual à soma de todas as valências de ligação, v_{ij}, dos íons j de carga oposta dentro do primeiro poliedro de coordenação do íon i, logo:

$$\Sigma_j v_{ij} = V_i = \text{carga formal do cátion} \quad (7.1)$$

Para aplicar esse simples conceito, é necessário relacionar os comprimentos de ligação experimentalmente determinados, r_{ij}, entre o cátion i e o ânion j, com a valência de ligação, v_{ij}. Duas equações empíricas foram sugeridas e podem ser usadas.

$$v_{ij} = \left(\frac{r_{ij}}{r_0}\right)^{-N}$$

$$v_{ij} = e^{(r_0 - r_{ij})/B} \quad (7.2)$$

em que r_0, N e B são parâmetros empíricos. Esses parâmetros são derivados de estruturas cristalinas especialmente confiáveis. A unidade usada aqui para r_{ij}, r_0, N e B é nm. Em Cristalografia, em geral se usa Å (não SI), em que 1 nm = 10 Å.

Em geral, a Eq. 7.2 é a mais frequentemente usada e o valor de B comumente utilizado é 0,037 nm (0,37 Å) em todas as ligações, fazendo com que a equação assuma a forma prática:

$$v_{ij} = e^{(r_0 - r_{ij})/0,37} \quad (7.3)$$

A Fig. 7.10 mostra os gráficos dessa função para Zn^{2+}, Ti^{4+} e H^+ ligados a íons O^{2-}. Aparentemente, a valência de ligação varia drasticamente com o comprimento da ligação.

Para ilustrar a relação entre a valência de um íon e o comprimento da ligação, imagine um íon Ti^{4+} coordenado em um octaedro regular de íons de oxigênio (Fig. 7.11A). Idealmente, cada ligação apresentará valência de ligação, v, igual a 4/6, ou seja, 0,6667. Usando um valor de r_0 igual a 0,1815 nm para Ti^{4+}, o comprimento, r, de cada ligação Ti – O, obtido por meio da Eq. 7.3, será de 0,1965 nm. Se alguns dos comprimentos de ligação, r, forem menores (Fig. 7.11B), é possível observar, na Fig. 7.10, que os valores das valências de ligação, v, dessas ligações mais curtas serão maiores que 0,6667 cada. Quando são somadas as seis valências de ligação, o resultado é superior a 4,0. Nesse caso, diz-se que o íon Ti^{4+} está *sobreligado*. No caso oposto, havendo comprimentos de ligações, r, mais longos que 0,1965 nm (Fig. 7.11C), as valências de ligação, v, serão menores que 0,6667. A soma das seis valências de ligação será menor que 4,0 e o íon é considerado *subligado*.

Para aplicar esse método a uma estrutura cristalina, são necessários os seguintes passos:

i) Os valores de r_0 (e de B, se for diferente de 0,037) podem ser encontrados em tabelas.
ii) Uma lista de valores de valência de ligação (v_{ij}) para as ligações em torno de cada cátion pode ser calculada com base nos comprimentos cristalográficos de ligação, r_{ij}.
iii) Os valores de valência de ligação (v_{ij}) são somados para cada cátion para produzir um conjunto de valências iônicas.

Se a estrutura estiver correta, os valores de valência iônica resultantes serão próximos dos valores de valência química normal.

O método pode ser exemplificado pela alocação de cátions nos sítios de uma estrutura cristalina. O óxido $TiZn_2O_4$ se cristaliza com a estrutura AB_2O_4. Nessa estrutura, os dois cátions, A e B, são distribuídos entre os dois sítios, um de coordenação octaédrica com oxigênio e outro de coordenação tetraédrica também com oxigênio. Se todos os cátions A estiverem nos sítios tetraédricos,

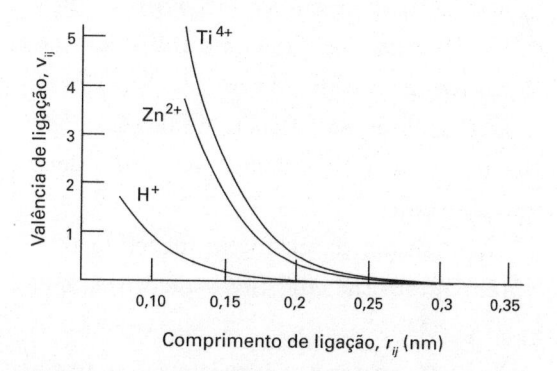

FIG. 7.10 Relação entre valência de ligação, v, e distância entre íons (nm) de Ti^{4+}, Zn^{2+} e H^+ ligados ao ânion oxigênio, O^{2-}

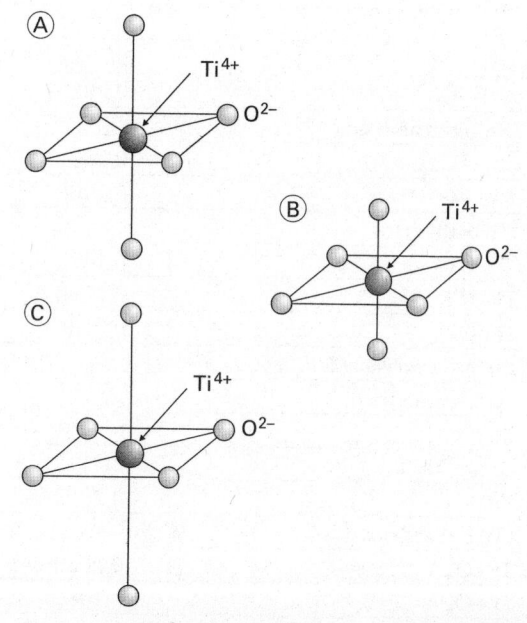

FIG. 7.11 Octaedros de TiO_6: (A) octaedro ideal de TiO_6, com ligações Ti – O de mesmo comprimento, 0,1965 nm; (B) octaedro de TiO_6 sobreligado, com duas ligações mais curtas; (C) octaedro de TiO_6 subligado, com duas ligações mais longas

(A), e todos os cátions B estiverem em sítios octaédricos, [B], a fórmula é escrita como (A)[B_2]O_4 e o composto é considerado um *espinélio normal*. Se todos os cátions A estiverem em sítios octaédricos, [A], e os cátions B estiverem distribuídos entre os sítios octaédricos remanescentes e os sítios tetraédricos, (B) e [B], a fórmula é escrita como (B)[AB]O_4 e o composto é considerado um *espinélio invertido*. O método da valência de ligação pode ser usado para diferenciar entre essas duas possibilidades.

A estrutura de espinélio invertido (Zn)[TiZn]O_4 tem Zn1 em sítios octaédricos, Zn2 em sítios tetraédricos e Ti em sítios octaédricos. Na estrutura do espinélio nomal, (Ti)[Zn_2]O_4, há uma troca do Ti de sítios octaédricos com o Zn2 dos sítios tetraédricos. A soma das valências de ligação dessas duas estruturas alternativas é apresentada na Tab. 7.1. As valências dos cátions na estrutura inversa, Zn1 = 2,13, Zn2 = 1,88, Ti = 3,85, são razoavelmente próximas às valências esperadas, ou seja, Zn1 = 2,0, Zn2 = 2,0, Ti = 4,0. Na estrutura do espinélio normal, o ajuste não é tão bom, com Zn1 = 2,13, Zn2 = 2,85, Ti = 2,53. É claro que as distâncias de ligações na estrutura são mais próximas às da

TAB. 7.1 DADOS DE VALÊNCIA DE LIGAÇÃO DE $TiZn_2O_4$

Par atômico	Comprimento de ligação, r_{ij}/nm	Número de ligações	Valência de ligação, v_{ij}	Soma (valência do cátion)
Espinélio invertido, (Zn)[TiZn]O_4				
[Zn1] octaédrico				
Zn1 – O1	0,2091	2	0,3514	2,13
Zn1 – O1	0,2112	2	0,3320	
Zn1 – O2	0,2059	2	0,3831	
(Zn2) tetraédrico				
Zn2 – O1	0,2010	2	0,4373	1,88
Zn2 – O2	0,1960	2	0,5006	
[Ti] octaédrico				
Ti – O1	0,1873	2	0,8558	3,85
Ti – O2	0,1996	2	0,6131	
Ti – O2	0,2106	2	0,4559	
Espinélio normal, (Ti)[Zn_2]O_4				
[Zn1] octaédrico				
Zn1 – O1	0,2091	2	0,3514	2,13
Zn1 – O1	0,2112	2	0,3320	
Zn1 – O2	0,2059	2	0,3831	
(Ti) tetraédrico				
Ti – O1	0,2010	2	0,5904	2,53
Ti – O2	0,1960	2	0,6758	
[Zn2] octaédrico				
Zn2 – O1	0,1873	2	0,6340	2,85
Zn2 – O2	0,1996	2	0,4542	
Zn2 – O2	0,2106	2	0,3378	

Os valores de r_o são Zn: 0,1704 nm e Ti: 0,1815 nm, segundo Brese e O'Keeffe (1991).
Fonte: Marin, O'Keeffe e Partin (1994).

estrutura de espinélio invertido, (Zn)[TiZn]O_4 (note que é possível melhorar esse ajuste, considerando que a estrutura não é inteiramente invertida, com a maioria dos íons Ti em sítios octaédricos e uma proporção menor ocupando sítios tetraédricos).

7.9 Estruturas em termos do empacotamento de não metais (ânions)

O problema geométrico do empacotamento de esferas é discutido na seção 7.2. Nessas estruturas, as esferas não preenchem todo o volume disponível. Há pequenas cavidades entre as camadas e as esferas. Essas cavidades, denominadas *interstícios*, *sítios intersticiais* ou *posições intersticiais*, são de dois tipos (Fig. 7.12). Em um tipo, três esferas na camada inferior são sobrepostas por uma esfera na camada superior e vice-versa. A geometria desse sítio é *tetraédrica*. O outro tipo de posição é criado entre três esferas na camada superior e três esferas na camada inferior. A forma do espaço delimitado nesse caso não é facilmente visível e tem geometria *octaédrica*.

Nas duas sequências de empacotamento compacto, ...ABCABC... e ...ABAB..., há $2N$ interstícios tetraédricos e N interstícios octaédricos para cada N esferas. Estruturas iônicas podem ser modeladas nesse arranjo, considerando que os ânions estão em empacotamento compacto como esferas. A estrutura se torna eletricamente neutra ao se alocarem cátions em alguns interstícios, considerando que a carga positiva total dos cátions é igual à carga positiva total dos ânions. A fórmula da estrutura pode ser encontrada computando-se o número de cada tipo de íon presente.

Considere a estrutura formada pelo empacotamento cúbico compacto de X ânions. Se cada posição octaédrica contiver um cátion M, haverá um número igual de cátions e ânions na estrutura. A fórmula dos compostos com essa estrutura é MX, e a estrutura corresponde à estrutura da halita (NaCl, B1). Se os ânions de haletos, X^-, formam o arranjo iônico, o balanço de cargas será dado por cátion de carga +1. Compostos com esse tipo de estrutura incluem AgBr, AgCl, AgF, KBr, KCl, KF, NaBr, NaCl e NaF. Se os ânions que formam o arranjo forem de oxigênio, O^{2-}, os cátions devem necessariamente ter carga 2+, para assegurar o balanço de cargas. Essa estrutura é adotada por diversos óxidos, como MgO, CaO, SrO, BaO, MnO, FeO, CoO, NiO e CdO.

Se os ânions adotarem empacotamento hexagonal compacto e se todos os sítios octaédricos forem ocupados por um cátion, o análogo hexagonal da halita será produzido. Nesse caso, a fórmula do cristal também é

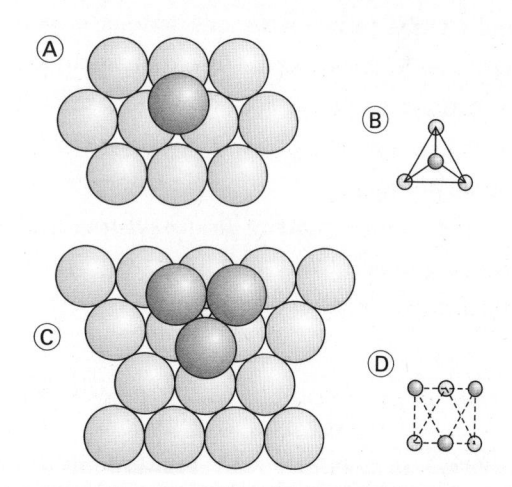

FIG. 7.12 Sítios tetraédricos e octaédricos em empacotamento compacto de esferas: (A) sítio tetraédrico entre duas camadas e (B) o mesmo sítio representado como um tetraedro; (C) sítio octaédrico entre duas camadas e (D) o mesmo sítio representado como um octaedro

MX. A estrutura é do tipo nicolita (NiAs), adotada por vários sulfetos metálicos e ligas, incluindo NiAs, CoS, VS, FeS e TiS.

Se apenas uma parte das posições octaédricas for ocupada em um arranjo hexagonal compacto de ânions, é gerada uma grande variedade de estruturas. A estrutura do corindon é adotada pelos óxidos α-Al_2O_3, V_2O_3, Ti_2O_3 e Fe_2O_3. Nessa estrutura, ⅔ dos sítios octaédricos são preenchidos de modo ordenado. Das estruturas formadas pelo preenchimento de metade dos sítios octaédricos, as do rutilo (TiO_2) e α-PbO_2 são as mais conhecidas. A diferença entre as duas está no modo como os cátions são ordenados. Na estrutura do rutilo, os cátions ocupam sítios dispostos em linhas retas, enquanto na estrutura de α-PbO_2 os sítios ocupados seguem linhas escalonadas.

Estruturas que contêm cátions em sítios tetraédricos podem ser descritas exatamente da mesma maneira. Nesse caso, há duas vezes mais sítios tetraédricos que ânions e, portanto, se todos os sítios forem preenchidos, a fórmula do sólido será M_2X. Se a metade dos sítios for ocupada, a fórmula será *MX*, e assim por diante.

Um grande número de estruturas pode ser gerado pelos vários padrões de preenchimento dos sítios octaédricos e tetraédricos. O número pode ser expandido se os dois tipos de sítio forem ocupados. Uma importante estrutura desse tipo é a do espinélio ($MgAl_2O_4$), discutida anteriormente. O retículo do óxido pode ser descrito por um empacotamento cúbico compacto de íons de oxigênio, e a cela unitária cúbica contém 32 átomos de oxigênio. Há, portanto, 32 sítios octaédricos e 64 sítios tetraédricos para cátions. Apenas uma parte desses sítios é preenchida de modo ordenado. A cela unitária contém 16 cátions em coordenação octaédrica e oito em coordenação tetraédrica, distribuídos de modo ordenado nas posições disponíveis, o que resulta na fórmula unitária $A_8B_{16}O_{32}$ ou, como em geral se escreve, AB_2O_4. Contanto que as cargas dos cátions *A* e *B* somem 8, qualquer combinação pode ocorrer. A combinação mais comum é $A=M^{2+}$, $B=M^{3+}$, como no próprio espinélio, $MgAl_2O_4$, mas há um grande número de outras possibilidades, incluindo $A=M^{6+}$, $B=M^+$, como em Na_2WO_4, ou $A=M^{4+}$, $B=M^{2+}$, como em $SnZn_2O_4$. Na prática, a distribuição dos cátions nos sítios octaédricos e tetraédricos depende das condições de formação. As duas possibilidades extremas, as estruturas de espinélio normal e invertido, foram descritas anteriormente.

Algumas estruturas que podem ser descritas dessa forma são listadas no Quadro 7.1.

Quadro 7.1 Estruturas em termos de empacotamento de elementos não metálicos (ânions)

Fração de sítios tetraédricos ocupados	Fração de sítios octaédricos ocupados	Sequência de camadas de ânions	
		... ABAB ...	... ABCABC ...
0	1	NiAs (nicolita)	NaCl (halita)
½	0	ZnO, ZnS (wurtzita)	ZnS (esfalerita)
0	⅔	Al_2O_3 (corindon)	–
0	½	TiO_2 (rutilo), α-PbO_2	TiO_2 (anatásio)
⅛	½	Mg_2SiO_4 (olivina)	$MgAl_2O_4$ (espinélio)

7.10 Estruturas em termos do empacotamento de metais (cátions)

Um modo alternativo de representação de estruturas considerando os raios metálicos (seção 7.3) se baseia no empacotamento dos átomos de elementos metálicos como esferas, com átomos pequenos de elementos não metálicos encaixados nos sítios intersticiais disponíveis. Em termos estruturais, esse modelo é o oposto do modelo descrito na seção anterior, e foi usado por muitos anos em Metalurgia para descrever estruturas de um grande grupo de materiais, as *ligas intersticiais*. As ligas intersticiais mais conhecidas são os vários tipos de aço, em que pequenos átomos de carbono ocupam sítios intersticiais entre os relativamente grandes íons de ferro, formando a estrutura A1 (cúbica compacta) adotada pelo ferro entre 912 °C e 1.394 °C.

As estruturas mais simples que podem ser visualizadas dessa forma são aquelas derivadas diretamente dos metais puros, as estruturas A1 (empacotamento cúbico compacto) e A3 (empacotamento hexagonal compacto). A estrutura da halita presente em muitos sólidos de composição, MX, descrita anteriormente em termos de empacotamento de ânions, também pode ser descrita em termos de empacotamento de metais. Por exemplo, Ni, Ca e Sr adotam a estrutura A1 do cobre. Os óxidos correspondentes, NiO, CaO e SrO, podem ser formados, pelo menos conceitualmente, pela inserção de ânions oxigênio nos sítios octaédricos do empacotamento dos metais. De modo similar, Zn adota a estrutura A3 do magnésio, enquanto ZnO pode ser formado pelo preenchimento ordenado de metade dos sítios tetraédricos por ânions de oxigênio. O mecanismo de oxidação desses metais em geral segue uma rota em que o oxigênio se difunde inicialmente pelas camadas superficiais da estrutura por meio dos sítios octaédricos, favorecendo uma visão da estrutura como um empacotamento de grandes átomos metálicos e átomos menores de não metais.

Diversos compostos inorgânicos podem ser derivados da estrutura de metais, de modo análogo. Por exemplo, a estrutura do mineral fluorita, CaF_2, pode ser vista como o metal cálcio em estrutura A1, com todos os sítios tetraédricos preenchidos pelo ânion flúor. Cada átomo de Ca é circundado por um cubo deformado de átomos de flúor.

Os modelos de empacotamento de metais podem servir de base para mais estruturas se as ligas forem consideradas como materiais de partida. Por exemplo, as posições atômicas AB_2 na estrutura do espinélio normal são idênticas às posições dos metais na liga cúbica $MgCu_2$. No espinélio propriamente dito, $MgAl_2O_4$, o arranjo dos átomos metálicos é idêntico ao da liga cúbica $MgAl_2$ (cuja estrutura é idêntica a $MgCu_2$). A estrutura do espinélio resulta da alocação de seis átomos de oxigênio em todos os sítios tetraédricos presentes em $MgAl_2$.

7.11 Representação de cristais com poliedros de coordenação de cátions centrados

Uma simplificação considerável na descrição de relações estruturais é possível se a estrutura for representada como um conjunto de poliedros ligados entre si. A desvantagem dessa simplificação é que, em geral, importantes detalhes estruturais são ignorados, principalmente quando os poliedros são idealizados. Os poliedros selecionados para essas representações são geralmente de coordenação metal – não metal, compostos por um átomo central de um metal circundado por diversos átomos não metálicos. Ao construir um poliedro com um metal ao centro, os não metais são reduzidos a pontos localizados nos vértices de poliedros. Esses poliedros são ligados entre si para formar a estrutura completa. Por exemplo, a estrutura da fluorita (seção 1.10) pode ser representada por um empacotamento tridimensional de cubos CaF_8 com cálcio centrado (Fig. 7.13). Cada cubo compartilha todas as suas arestas com seus vizinhos, criando um arranjo similar a um tabuleiro de xadrez tridimensional. Um modelo desse tipo pode ser construído com cubos de açúcar.

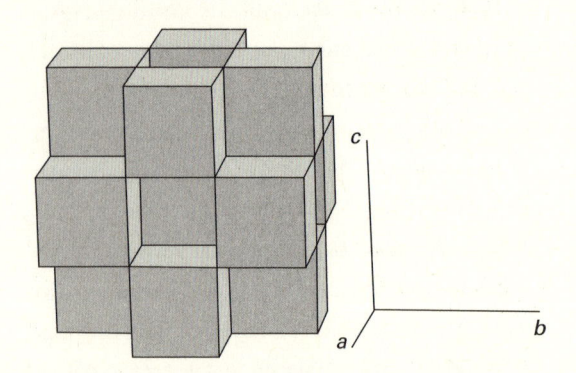

FIG. 7.13 Estrutura da fluorita (CaF_2) representada por um arranjo de cubos CaF_8 compartilhando arestas

A coordenação octaédrica é frequentemente adotada por importantes íons de metais de transição 3d. Nesse poliedro de coordenação, cada cátion é circundado por seis ânions, formando um grupo octaédrico [MO_6] (Fig. 7.14). A estrutura cúbica do trióxido de rênio, ReO_3, $a = 0{,}3750$ nm, é facilmente visualizável em termos de octaedros de [ReO_6] ligados pelos vértices (Fig. 7.15A). Essa estrutura é similar à do trióxido de tungstênio, WO_3, mas, neste último, os octaedros são ligeiramente deformados, o que faz com que a simetria seja reduzida de cúbica em ReO_3 para monoclínica em WO_3.

Assim como o mineral espinélio, $MgAl_2O_4$, dá nome a uma família de sólidos com estruturas topologicamente idênticas, o mineral perovskita, $CaTiO_3$, dá nome a uma família de fases com estruturas ABX_3 relacionadas entre si, em que A é o cátion maior, tipicamente Sr^{2+}, B é um cátion de tamanho médio, tipicamente Ti^{4+}, e X é, em geral, O^{2-}. As estruturas dessas fases podem ser representadas, de modo idealizado, por um arranjo cúbico com cela unitária de aresta aproximadamente igual a 0,375 nm. Nota-se que o esqueleto da estrutura idealizada, composta por octaedros de BO_6 ligados pelos vértices, é idêntica à estrutura do ReO_3 (Fig. 7.15A). Os grandes cátions A se situam em sítios

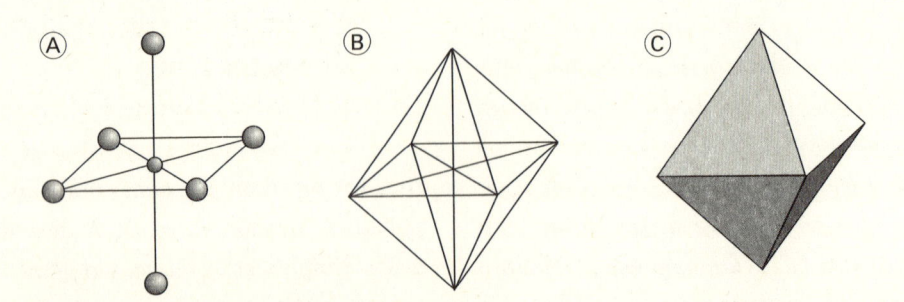

FIG. 7.14 Representações de octaedros: (A) haste e esfera, com um cátion pequeno cercado por seis ânions; (B) estrutura poliédrica; (c) poliedro sólido

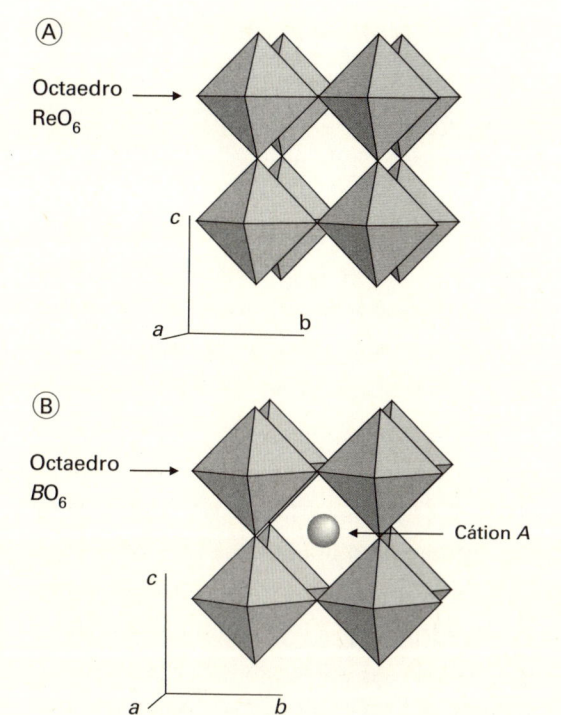

FIG. 7.15 (A) Vista em perspectiva da estrutura cúbica de ReO_3, representada como octaedros de ReO_6 ligados pelos vértices; (B) estrutura cúbica idealizada da perovskita ABO_3. A estrutura, em parte similar à estrutura em (A), consiste de octaedros de BO_6 ligados pelos vértices (note que B não se refere ao elemento boro). O cátion A ocupa a posição central na cela

entre o arranjo de octaedros (Fig. 7.15B). A maioria das perovskitas reais, incluindo a própria perovskita ($CaTiO_3$) e o titanato de bário, $BaTiO_3$, são formadas por octaedros de $[TiO_6]$ ligeiramente deformados e, em consequência disso, a simetria dos cristais é reduzida de cúbica para tetragonal, ortorrômbica ou monoclínica.

A representação mais adequada da complexa família dos silicatos é dada por tetraedros ligados entre si. A forma dos tetraedros é a forma idealizada do poliedro de $[SiO_4]$ (Fig. 7.16). Cada átomo de silício é ligado a

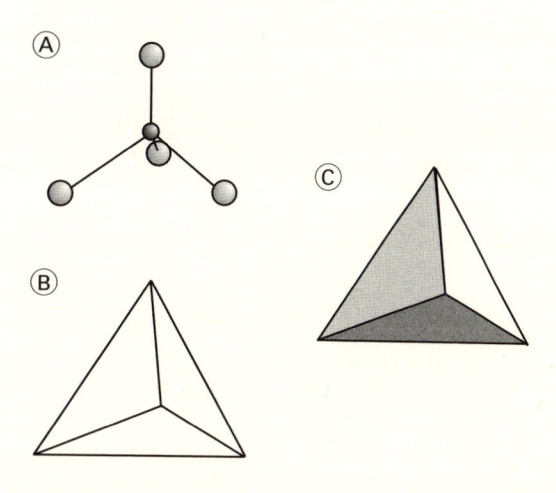

FIG. 7.16 Representações de tetraedros: (A) haste e esfera, com um pequeno cátion central circundado por quatro ânions; (B) estrutura poliédrica; (C) poliedro sólido

quatro átomos de oxigênio por meio de ligações híbridas sp^3. Por exemplo, a Fig. 7.17 mostra a estrutura do diopsídio, $CaMgSi_2O_6$, representada de modo a enfatizar os tetraedros de $[SiO_4]$. Estes formam cadeias ligadas por dois vértices, dispostas em camadas (100), proporcionando sítios octaédricos (seis ânions vizinhos) aos cátions de tamanho médio, Mg^{2+}, e sítios cúbicos (oito ânions vizinhos) aos íons maiores, Ca^{2+}. Por várias razões, essa representação é mais clara que a dada no Cap. 5 (Fig. 5.6). Em especial, as unidades $[SiO_4]$ têm ligações fortes e persistem durante as reações químicas e físicas e, portanto, as transformações do diopsídio são mais facilmente perceptíveis em termos do arranjo de tetraedros de $[SiO_4]$.

Apesar de as representações de poliedros serem em geral usadas para descrever relações estruturais, elas também oferecem um modo compacto de descrever padrões de difusão. As arestas de um poliedro com cátion centrado representam os caminhos que um ânion em difusão pode percorrer em

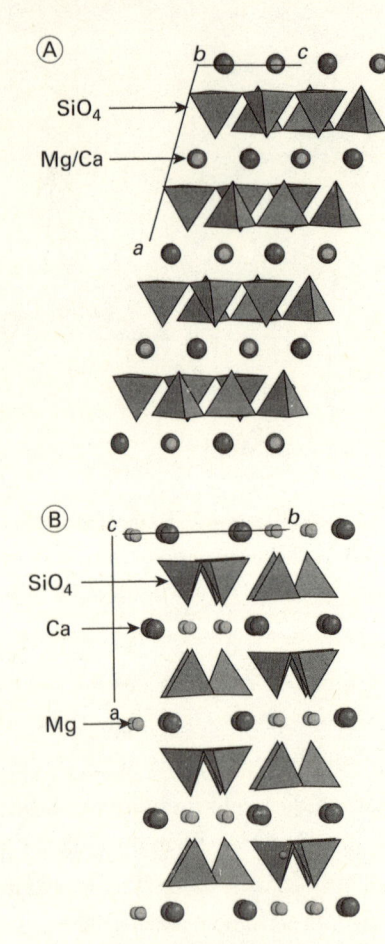

FIG. 7.17 Estrutura do diopsídio: (A) projeção segundo o eixo **b** monoclínico; (B) projeção segundo o eixo **c** monoclínico

uma estrutura, contanto que essa difusão ocorra de um sítio aniônico para outro. Da mesma forma, a difusão aniônica em cristais com estrutura do tipo fluorita será localizada ao longo das arestas dos cubos (Fig. 7.13).

7.12 Representação de cristais com poliedros de coordenação de ânions centrados

Assim como a visão de estruturas cristalinas em termos de empacotamento de metais em vez de ânions (seção 7.9 *versus* seção 7.10) oferece uma nova perspectiva das relações estruturais, uma visão alternativa pode ser obtida concebendo as estruturas com base em poliedros com ânions centrados em vez de poliedros com cátions centrados. Por exemplo, a estrutura da fluorita, descrita como cubos de CaF_8 compartilhando vértices (Fig. 7.13), pode igualmente ser descrita como tetraedros de FCa_4 ligados entre si.

Essa abordagem pode ser generalizada e revelar relações estruturais e trajetórias de difusão de cátions em sólidos. Por exemplo, o poliedro com ânion centrado formado considerando-se todos os sítios catiônicos possíveis em um empacotamento cúbico de face centrada com ânion nos vértices é um dodecaedro romboédrico (Fig. 7.18). Esse poliedro pode ser relacionado aos eixos cúbicos, comparando-se a Fig. 7.18A à Fig. 2.9D. Entretanto, em geral é conveniente representá-lo por camadas de ânions em empacotamento compacto, descritas na seção 7.9, e, nesse sentido, é melhor posicionar a direção normal às camadas, direção [111], na posição vertical (Fig. 7.18B), rotacionando o poliedro no sentido anti-horário.

O dodecaedro resultante, com ânion centrado, pode ser usado para descrever as possíveis estruturas derivadas de um empacotamento de face centrada de ânions. Os sítios octaédricos na estrutura são representados por vértices em que quatro arestas se encontram, enquanto os sítios tetraédricos são representados por vértices em que três arestas se encontram. A representação com poliedros com ânions centrados da estrutura da halita, em que todos os sítios octaédricos estão ocupados, é apresentada na Fig. 7.18C. O poliedro com ânion centrado correspondente ao sulfeto de zinco cúbico (esfalerita), ZnS, no qual metade dos sítios tetraédricos está preenchida, é mostrado na Fig. 7.18D.

O espinélio, cuja estrutura cúbica apresenta preenchimento ordenado de sítios octaédricos e tetraédricos, pode ser representado por dois blocos idênticos, rotacionados um em relação ao outro (Fig. 7.18E,F). Um bloco com a orientação indicada na Fig. 7.18E se liga a três blocos com a orientação indicada na Fig. 7.18F, com rotações de 0°, 120° e 240° em torno da direção [111], por meio do cátion de coordenação tetraédrica. As faces sombreadas são contíguas no poliedro composto.

O modelo de poliedros com ânions centrados de uma estrutura hexagonal compacta (Fig. 7.19A) é similar a um dodecaedro romboédrico, mas com um plano de simetria normal ao eixo vertical ou eixo **c** hexagonal, que é perpendicular aos planos com empacotamento compacto de ânions. Os sítios octaédricos da estrutura são localizados nos vértices em que quatro arestas se encontram, enquanto os sítios tetraédricos se situam nos vértices em que três arestas se encontram. As relações entre as estruturas formadas pelo preenchimento ordenado desses sítios são facilmente perceptíveis, por exemplo no corindon, Al_2O_3 (Fig. 7.19B), em que ⅔ dos sítios octaédricos são preenchidos de modo ordenado, e no rutilo (idealizado), TiO_2 (Fig. 7.19C), no qual metade dos sítios octaédricos é preenchida. O preenchimento de metade dos sítios tetraédricos gera a estrutura hexagonal da wurtzita, ZnS (Fig. 7.19D).

Assim como as arestas de poliedros com cátions centrados representam as trajetórias de difusão de ânions, as arestas de poliedros com ânions centrados indicam as trajetórias de difusão de cátions. Os poliedros da Fig. 7.18 mostram que, em estruturas cúbicas compactas, a difusão de cátions ocorrerá por meio de sítios octaédricos e tetraédri-

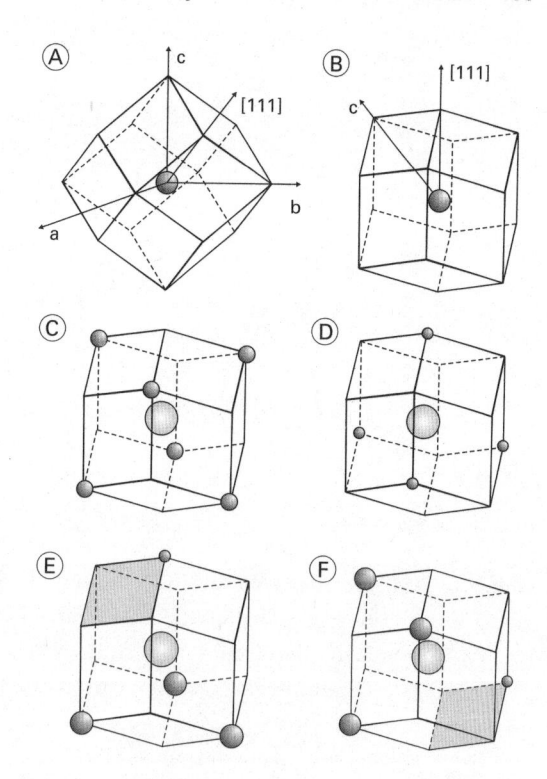

FIG. 7.18 Poliedro com ânion centrado (dodecaedro romboédrico) em estrutura de empacotamento cúbico compacto: (A) orientado segundo eixos cúbicos, com eixo **c** na posição vertical; (B) orientado com [111] na vertical; (C) posições dos cátions na estrutura da halita, NaCl; (D) posições dos cátions na estrutura da esfalerita, ZnS (E, F) dois poliedros com ânion centrado, necessários para formar a estrutura do espinélio, $MgAl_2O_4$. Cátions em sítios tetraédricos são relativamente pequenos e cátions em sítios octaédricos têm tamanho médio
Fonte: adaptado de Gorter (1959).

cos alternados. Trajetórias diretas, através das faces do poliedro, são improváveis, pois, nesse caso, o cátion teria que se comprimir entre dois ânions. Não há direções preferenciais para a difusão. Para íons que não se encaixam nos sítios octaédricos ou tetraédricos por razões de ligações ou de tamanho, a difusão será mais lenta em comparação com

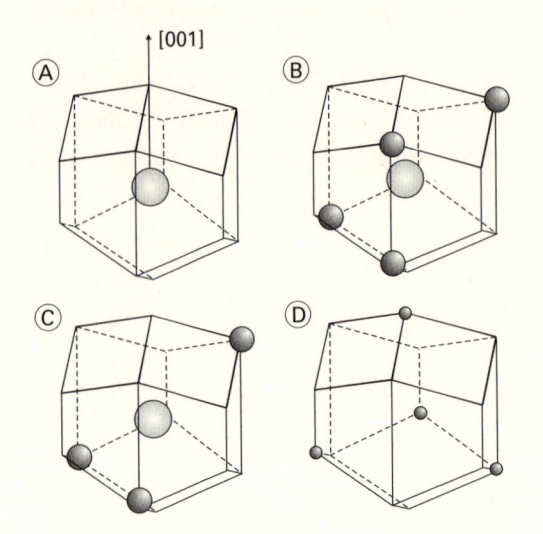

FIG. 7.19 Poliedro com ânion centrado em estrutura hexagonal compacta: (A) orientado com eixo **c** hexagonal na posição vertical; (B) posições dos cátions na estrutura ideal do corindon, Al_2O_3; (C) posições dos cátions na estrutura idealizada do rutilo, TiO_2; (D) posições dos cátions na estrutura da wurtzita, ZnS, com ânion central omitido para maior clareza. Cátions em sítios tetraédricos são relativamente pequenos e cátions em sítios octaédricos têm tamanho médio
Fonte: adaptado de Gorter (1959).

a de íons capazes de ocupar os sítios. Nos sólidos em que apenas uma fração dos sítios disponíveis para átomos metálicos é preenchida, como na estrutura do espinélio, as trajetórias livres para a difusão e as obstruídas podem ser facilmente traçadas.

A situação é distinta nas estruturas hexagonais compactas. Os sítios octaédricos e tetraédricos são arranjados em cadeias paralelas ao eixo **c** (Fig. 7.19). Um íon em difusão em um desses sítios, seja octaédrico, seja tetraédrico, pode passar de um sítio para outro sem alterar a geometria de sua coordenação com os vizinhos. Entretanto, a difusão perpendicular ao eixo **c** ocorre com alternância de sítios octaédricos e tetraédricos. Por esse motivo, para um cátion que tenha preferência por um dos sítios (por exemplo, Zn^{2+} prefere a coordenação tetraédrica e Cr^{3+} prefere a coordenação octaédrica), a difusão paralela ao eixo **c** será mais fácil em comparação com a difusão paralela aos eixos **a** ou **b**. Esse efeito é ampliado em estruturas nas quais apenas uma parte dos cátions é ocupada. Por exemplo, a difusão de cátions paralela ao eixo **c** no rutilo (Fig. 7.19C) é cerca de cem vezes mais rápida que a difusão perpendicular ao eixo **c**.

O uso de poliedros com ânions centrados pode ser particularmente útil para descrever a difusão em condutores iônicos rápidos. Esses materiais sólidos, cuja condutividade iônica é próxima à dos líquidos, são usados em baterias e sensores. Um exemplo é o polimorfo de alta temperatura do iodeto de prata, α-AgI. Nesse material, ânions iodeto formam um arranjo cúbico de corpo centrado (Fig. 7.20A). O poliedro com ânion centrado dessa estrutura é um octaedro truncado (Fig. 7.20B). Cada vértice do poliedro representa um sítio catiônico tetraédrico da estrutura. Os sítios octaédricos são encontrados no centro das faces quadradas e os sítios catiônicos de coordenação trigonal piramidal ocorrem no ponto médio de cada aresta (Fig. 7.20B). Em α-AgI, dois átomos de prata ocupam os 12 sítios tetraédricos disponíveis, distribuídos de modo estatístico. Esses cátions estão em contínua difusão de um sítio tetraédrico para outro, ao longo de trajetórias representadas pelas arestas dos poliedros segundo a sequência ...tetraédrico – trigonal bipiramidal – tetraédrico – trigonal bipiramidal... O movimento de um sítio tetraédrico para outro, passando por um sítio octaédrico, é possível com saltos atra-

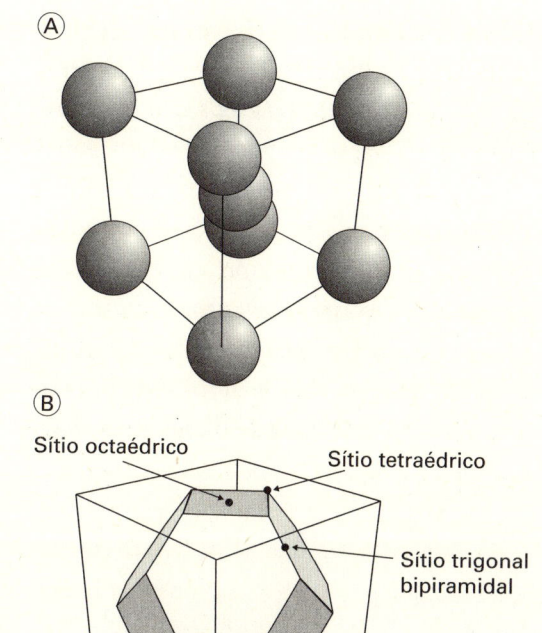

FIG. 7.20 Vista em perspectiva da estrutura de α-AgI: (A) arranjo cúbico de corpo centrado dos íons iodeto na cela unitária; (B) poliedro com ânion centrado (octaedro truncado) em torno do íon iodeto no centro da cela unitária (os íons em (A) são representados em tamanho menor que o sugerido pelos raios iônicos, para maior clareza)

vés dos centros das faces quadradas do poliedro. Entretanto, em um sítio octaédrico, os grandes íons de prata são comprimidos entre grandes íons iodeto, o que é energeticamente desfavorável. A difusão segundo as arestas do poliedro evita esse problema. Em virtude da alta taxa de difusão dos cátions, o arranjo dos íons de prata é descrito como um *sub-retículo fundido* (ou melhor, uma subestrutura fundida) de íons Ag^+. É essa característica estrutural que confere altos valores de condutividade iônica a esse composto.

7.13 Estruturas como redes

As ligações químicas entre os átomos em uma estrutura cristalina podem ser consideradas como uma rede. Os átomos da estrutura se situam nos nós da rede (em estruturas essencialmente bidimensionais, como estruturas em camadas, as redes podem ser vistas como mosaicos). Por exemplo, tanto a grafita como o nitreto de boro podem ser descritos como o empilhamento de redes hexagonais. Na estrutura da grafita (Fig. 7.21A,B), as redes são escalonadas de uma camada para outra, para minimizar a repulsão elétron – elétron entre as camadas. No caso do nitreto de boro (Fig. 7.21C,D), as camadas são empilhadas verticalmente umas sobre as outras, com átomos de boro situados sobre e sob átomos de nitrogênio em cada camada, refletindo as diferentes ligações químicas nesse material. Naturalmente, essas diferenças atômicas podem se perder quando as estruturas são representadas como redes.

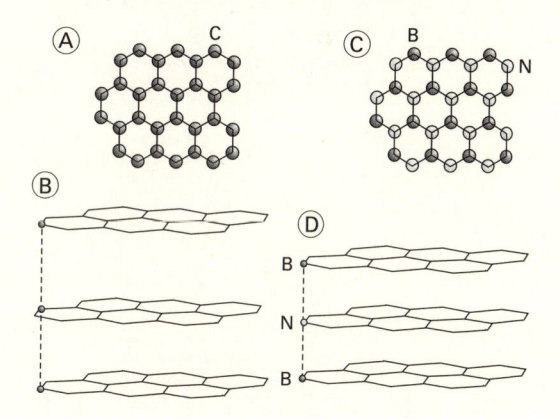

FIG. 7.21 Estruturas de grafita e nitreto de boro: (A) uma camada única da estrutura da grafita; (B) empilhamento de camadas na grafita, representadas como redes; (C) uma camada única da estrutura de nitreto de boro; (D) empilhamento de camadas em nitreto de boro, representadas como redes

É mais difícil representar estruturas verdadeiramente tridimensionais como redes em figuras planas, mas o arranjo tetraédrico de ligações em torno de átomos de carbono em diamantes ou em torno do zinco no sulfeto de zinco e no óxido de zinco é adequado para essa representação. Na estrutura cúbica do diamante (Fig. 7.22A), cada átomo de carbono é ligado a outros quatro, em vértices de um tetraedro. A estrutura também pode ser descrita como uma rede com conexões tetraédricas (Fig. 7.22B). Se os átomos de carbono forem substituídos por folhas alternadas de zinco (Zn) ou enxofre (S), a estrutura resultante é a do sulfeto de zinco cúbico, esfalerita (Fig. 7.22C; ver também Fig. 8.8). A rede que representa essa estrutura (Fig. 7.22D) é exatamente a mesma rede que representa o diamante. O sulfeto de zinco também adota a simetria hexagonal na estrutura da wurtzita, idêntica à da zincita, ZnO (Fig. 7.22E; ver também Fig. 8.4). A rede que representa essa estrutura é a estrutura do diamante hexagonal (Fig. 7.22F).

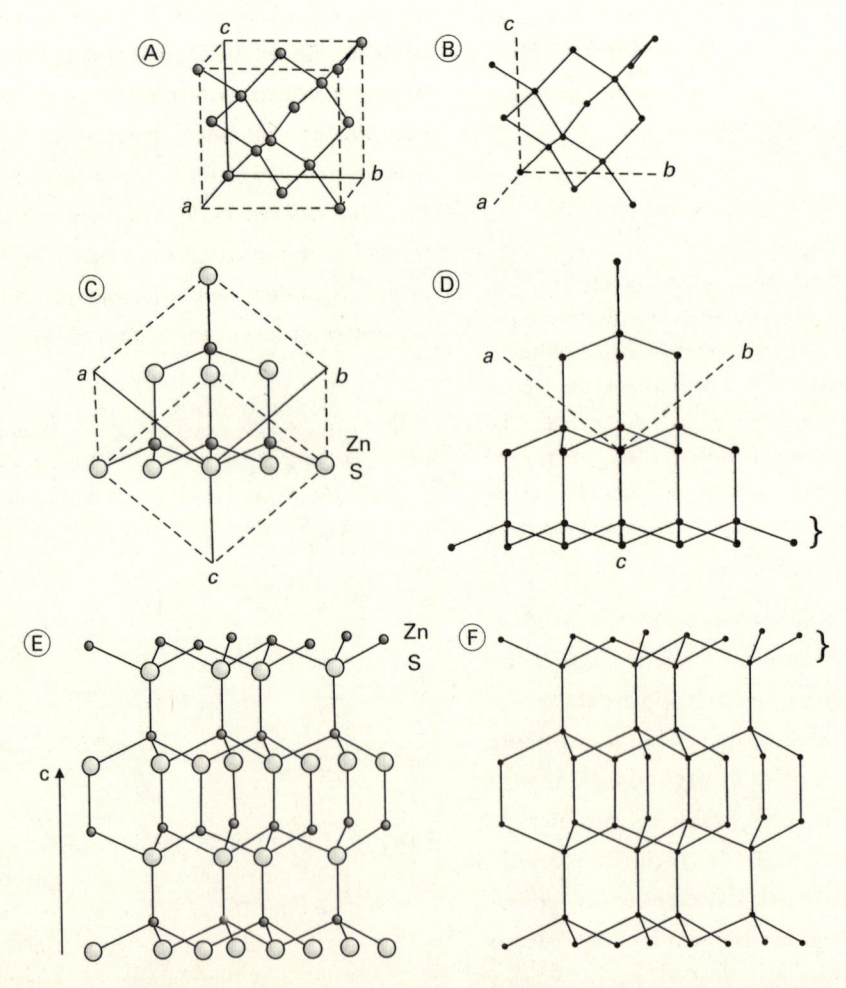

FIG. 7.22 Redes tridimensionais: (A) estrutura cúbica do diamante; (B) rede correspondente à estrutura (A); (C) estrutura cúbica da esfalerita; (D) rede correspondente à estrutura (C), que é idêntica à representada em (B); (E) estrutura hexagonal da wurtzita; (F) rede correspondente à estrutura (E)

Se as redes enrugadas formadas pelas bases dos tetraedros, indicadas por (}) na Fig. 7.22D,F, forem tornadas planas, elas formam camadas hexagonais idênticas àquelas das redes de nitreto de boro e de grafita.

A representação de estruturas cristalinas como redes em geral é útil para demonstrar relações estruturais que não são claramente visíveis na representação com poliedros ou com empacotamento de esferas. A pesquisa nessa área está em desenvolvimento, e a representação de estruturas complexas como redes (com frequência, belas figuras) é importante no projeto e síntese de novos sólidos, bem como na correlação dos vários tipos de estrutura.

7.14 Representação de estruturas orgânicas

A abordagem cristalográfica clássica é centrada em cristais inorgânicos e metálicos. Os átomos nesses materiais apresentam ligações químicas fortes, com energia da ordem de centenas de kJ mol^{-1}, fazendo com que os cristais sejam bem formados e estáveis. Além disso, nos primórdios da Cristalografia, era mais fácil obter cristais grandes e perfeitos em amostras de minerais. A situação com os materiais orgânicos é diferente. Uma estrutura cristalina orgânica, definida aproximadamente como um empacotamento de moléculas orgânicas, é produzida por ligações químicas fracas, com energia de ligação da ordem de apenas 1 ou 2 kJ mol^{-1}. Por isso, cristais compostos por moléculas orgânicas são em geral desordenados, e, no caso de moléculas grandes, o solvente pode ser incorporado no sólido, fazendo com que o padrão de difração tenha menor *resolução*, diminuindo a qualidade dos dados. Nesse contexto, a determinação da estrutura pode ser feita com base nas reflexões com menores valores de d_{hkl}, com intensidades confiáveis e mensuráveis. Dessa forma, uma estrutura orgânica computada com resolução de 0,15 nm tem intensidades mensuráveis determinadas até espaçamentos d_{hkl} de 0,15 nm. A resolução de macromoléculas de polímeros e cristais de proteínas deve ser maior que cerca de 0,15 nm, para evitar interpretações errôneas. Dados de *alta resolução*, em Cristalografia de Proteínas, referem-se a dados com resolução de 0,12 nm ou melhor.

A resolução necessária a uma determinação de estrutura vai depender do tipo de informação que se está buscando. Uma determinação da estrutura geral do cristal em termos do empacotamento de moléculas é relativamente simples. Entretanto, isso não é suficiente se o objetivo for determinar a verdadeira geometria das moléculas na estrutura no sólido orgânico. As moléculas orgânicas em geral são representadas por fragmentos de redes, em que as ligações entre os átomos de carbono são representadas por *hastes*, e os átomos, por *esferas*. Uma impressão mais realística da geometria molecular é obtida quando esses contornos esqueletais são preenchidos por esferas que representam os átomos, com raios proporcionais aos raios de Van der Waals (Fig. 7.23). Para representar o esqueleto molecular acuradamente, é necessário determinar o comprimento e os ângulos das ligações com precisão. Nesse aspecto, a qualidade dos dados e a resolução obtida são críticas. As ligações que determinam a configuração geral dessas moléculas são as ligações entre átomos de carbono. Uma ligação simples C–C tem comprimento de cerca de 0,154 nm, uma ligação aromática, como no benzeno, tem comprimento de cerca de 0,139 nm, uma ligação dupla tem comprimento de cerca de 0,133 nm, e uma ligação tripla tem comprimento de cerca de 0,120 nm. Ou seja, há uma faixa de variação de cerca de 0,034 nm que abrange esses tipos de ligação. A resolução dos dados de difração deve ser tal que permita distinguir com segurança esses tipos de ligação, para que informações estruturais e químicas relevantes possam ser obtidas.

A disposição dos átomos de hidrogênio é outro aspecto vital na Cristalografia dos sólidos orgânicos, porque ela controla a formação das pontes de hidrogênio no cristal. As pontes de hidrogênio são ligações formadas quando um átomo de hidrogênio se situa próximo ou entre dois átomos fortemente eletronegativos. Nos cristais orgânicos, as pontes de hidrogênio em geral envolvem átomos de oxigênio ou nitrogênio. A energia de uma ponte de hidrogênio é pequena, da ordem de 20 kJ mol^{-1}. Apesar disso, as pontes de hidrogênio têm papel vital na atividade biológica. Por exemplo, o pareamento de bases no DNA e em moléculas relacionadas é feito por pontes de hidrogênio. De modo similar, o dobramento de cadeias de proteínas em moléculas biologicamente ativas é quase totalmente controlado por pontes de hidrogênio. Como o hidrogênio é o elemento mais leve, são necessários dados difratométricos de alta precisão para delinear as prováveis regiões nas quais as pontes de hidrogênio podem ocorrer. A difração de nêutrons normalmente é necessária nesses casos, pois os nêutrons são mais sensíveis aos átomos de hidrogênio que os raios X (ver seção 6.14).

Os modelos de hastes e esferas ou de preenchimento do espaço são satisfatórios apenas na representação de moléculas pequenas, tornando-se pouco práticos no caso de grandes moléculas. No caso de moléculas complexas de ocorrência natural, esse nível de detalhe pode dificultar a visualização do modo como essas moléculas são ativas biologicamente. O problema da caracterização estrutural de grandes moléculas será discutido na seção seguinte, com base nas proteínas.

7.15 Representação de estruturas de proteínas

Mesmo nos materiais mais simples, o padrão geral da estrutura cristalina nem sempre pode ser percebido apenas pela descrição do conteúdo de uma única cela unitária. Esse problema de visualização é muito maior no caso de estruturas complexas, como as proteínas. Um dos desafios nas primeiras determinações de estruturas de proteínas foi a representação dos dados de modo a revelar a atividade biológica sem implicar perda de informação química ou estrutural. Para que isso seja possível, a descrição de proteínas é feita em níveis hierárquicos.

A sequência de aminoácidos presente ao longo da cadeia de proteína é conhecida como *estrutura primária* da molécula (ver seção 6.15 e Fig. 6.26). A estrutura primária

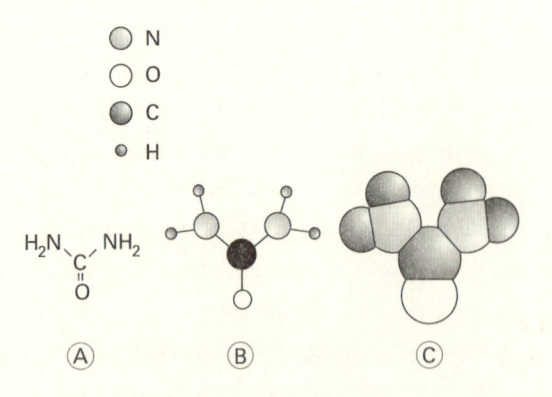

FIG. 7.23 Representação da ureia: (a) fórmula química estrutural; (b) estrutura com os raios covalentes da Fig. 7.8; (c) estrutura com os raios de Van der Waals da Fig. 7.9

é escrita da direita para a esquerda, iniciando pela extremidade amina (–NH$_2$) da cadeia molecular e terminando na extremidade carboxila (–COOH).

Apesar de a estrutura primária de uma proteína ser importante, o modo como a cadeia polipeptídica se dobra controla a atividade química da molécula. O dobramento é em geral causado por pontes de hidrogênio entre átomos de oxigênio e nitrogênio nas cadeias; problemas no dobramento levam ao mal funcionamento da proteína e podem causar doenças. A complexidade geral de uma molécula de proteína pode ser desmembrada, considerando que, em todas as proteínas, trechos das cadeias polipeptídicas são organizados em um pequeno número de conformações especiais. Essas formas locais representam a *estrutura secundária* da proteína, em geral representada por um esquema de fitas em espiral ou geminadas. As estruturas mais comuns são hélices e folhas beta.

As cadeias polipeptídicas podem se enrolar em diversos arranjos helicoidais, mas o mais comum é a α-*hélice*, uma espiral dextral. A espinha dorsal da hélice é definida por uma sequência repetida: (i) átomo de carbono com ligação dupla com oxigênio, C=O; (ii) átomo de carbono ligado a um grupo orgânico geral, C–R; (iii) nitrogênio, N (Fig. 7.24A). A con-

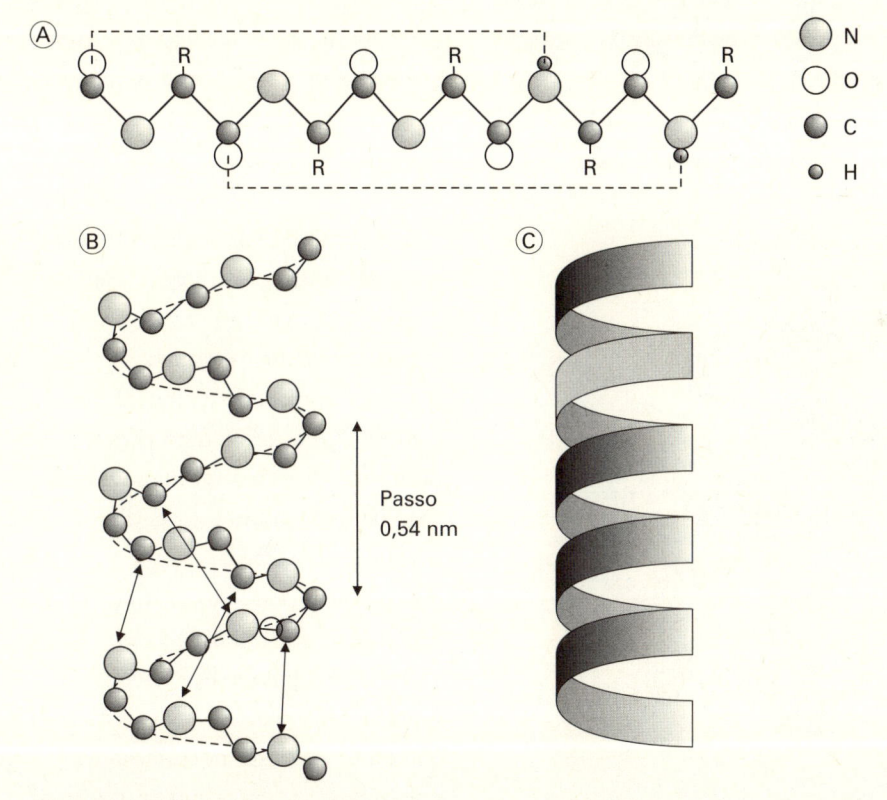

FIG. 7.24 Estrutura da α-hélice: (A) sucessão de átomos de carbono e nitrogênio ao longo da espinha dorsal da α-hélice; pontes de hidrogênio se formam entre átomos de O sobre carbono e átomos de H sobre nitrogênio, unidos por linhas tracejadas – R representa um grupo lateral orgânico genérico, e, para maior clareza, nem todos os átomos de hidrogênio estão representados; (B) representação esquemática da α-hélice retorcida, com quatro pontes de hidrogênio indicadas por setas com duas pontas; (C) representação esquemática de uma α-hélice como uma fita retorcida

formação helicoidal resulta da geometria das ligações em torno dos átomos de carbono e de pontes de hidrogênio entre átomos de hidrogênio em N e átomos de oxigênio nos grupos C–O.

A distância de repetição entre dois átomos correspondentes, o *passo da hélice*, é de 0,54 nm, e há 3,6 aminoácidos, denominados *resíduos*, em cada volta (Fig. 7.24B). A extremidade –NH$_2$ da hélice tem carga positiva em relação à extremidade –COOH, que é negativa. A representação esquemática da α-hélice como uma fita retorcida é mostrada na Fig. 7.24C. A estrutura da proteína mioglobina, a primeira proteína a ter sua estrutura determinada por difração de raios X, é formada por empacotamento compacto de α-hélices (Fig. 7.25).

As folhas são formadas pela associação de cadeias de polipeptídeos denominadas *fitas beta*. A espinha dorsal de uma fita beta é exatamente a mesma de uma α-hélice (Fig. 7.26A). Uma única fita beta não é estável quando isolada e se liga a uma fita paralela a ela para formar um par, por meio de pontes de hidrogênio. As fitas se estendem de uma extremidade –NH$_2$ até outra extremidade –COOH. Os pares de fitas podem ter a mesma orientação, formando *cadeias paralelas*, ou direções opostas, formando *cadeias antiparalelas* (Fig. 7.26B,C). O arranjo antiparalelo é mais estável que o paralelo e ambos ocorrem nas estruturas de proteínas. Uma fita beta é representada esquematicamente por uma fita larga em forma de seta, com a ponta voltada para a extremidade –COOH (Fig. 7.26D). Várias fitas beta paralelas ou antiparalelas formam uma *folha beta* ou *folha beta pregueada* (Fig. 7.26E). Folhas estáveis podem ser formadas por duas ou mais fitas beta antiparalelas ou, por causa da menor estabilidade do arranjo paralelo, quatro ou mais fitas beta paralelas. Um fragmento típico de uma estrutura secundária, contendo hélices e cadeias, é mostrado na Fig. 7.27A.

A *estrutura terciária* das proteínas, também conhecida como *estrutura supersecundária*, denota o modo como as estruturas secundárias estão organizadas em uma molécula biologicamente ativa (Fig. 7.27B). Esses arranjos são descritos em termos de *motivos*, que são um pequeno número de elementos de estruturas secundárias ligados por *voltas*, por exemplo, (α-hélice – volta – α-hélice). Note que o termo motivo é usado de modo diferente daquele normalmente empregado em Cristalografia – para indicar a unidade da estrutura colocada em cada ponto do retículo para recriar a estrutura como um todo. Os motivos são ordenados em arranjos maiores denominados *dobras*, que podem ser, por

FIG. 7.25 Estrutura da proteína mioglobina, composta por empacotamento compacto de oito α-hélices em torno de um grupo hemo plano
Fonte: cortesia de Whitford (2005).

exemplo, uma coleção de folhas beta arranjadas de modo cilíndrico para formar um barril beta, ou *domínios*, que podem ser compostos por hélices, folhas beta ou ambos.

A organização terciária controla a atividade molecular e tem grande importância em organismos vivos. Ela é mediada por ligações químicas fracas entre os componentes das cadeias polimerizadas, incluindo pontes de hidrogênio, ligações de Van der Waals, ligações entre átomos de enxofre, denominadas pontes dissulfeto, e assim por diante. As ligações devem ser relativamente fracas, porque a atividade biológica em geral requer que a estrutura terciária mude em resposta a sinais químicos induzidos biologicamente. Um erro na posição de um único aminoácido pode fazer com que essas interações fracas não operem corretamente, levando a erros nos dobramentos, o que pode ter consequências desastrosas para organismos vivos. A estrutura terciária é facilmente rompida e, nessas

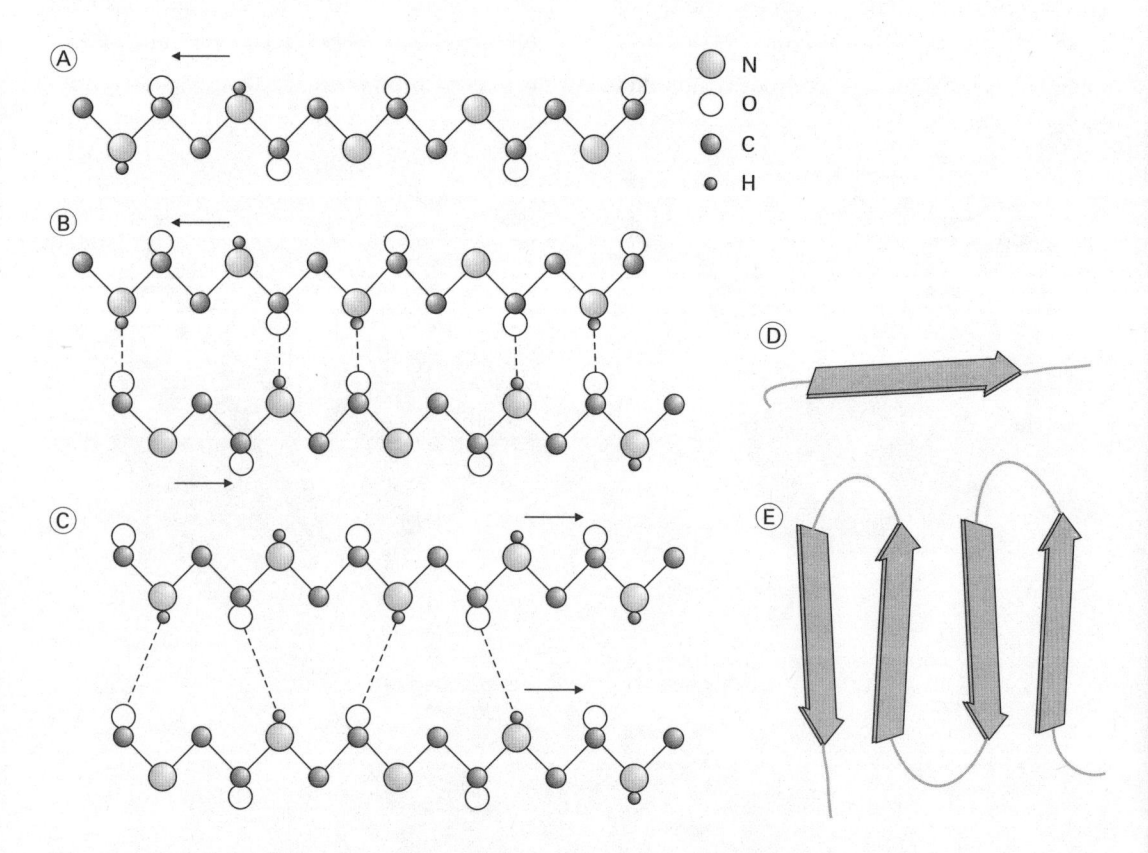

FIG. 7.26 Folha beta: (A) sucessão de átomos de carbono e nitrogênio ao longo da espinha dorsal de uma fita beta – a seta indica a direção da fita, partindo da extremidade –NH$_2$ até a extremidade –COOH (para maior clareza, nem todos os átomos de hidrogênio e nem todos os grupos laterais estão representados); (B) representação esquemática de um par de fitas beta antiparalelas, com pontes de hidrogênio entre átomos de O sobre carbono e átomos de H sobre nitrogênio, unidos por linhas tracejadas; (C) representação esquemática de um par de fitas beta paralelas, com pontes de hidrogênio entre átomos de O sobre carbono e átomos de H sobre nitrogênio, unidos por linhas tracejadas; (D) representação esquemática da fita beta como uma fita, com uma ponta de flecha representando a extremidade –COOH; (E) folha beta composta por quatro fitas beta antiparalelas

situações, diz-se que a proteína foi *desnaturada*. Um exemplo típico é o de um ovo ao ser cozido. A clara se torna branca e insolúvel, composta por albumina desnaturada. Em proteínas desnaturadas, a estrutura primária das cadeias polimerizadas é mantida, mas a torção que forma a estrutura terciária é destruída e a atividade biológica é perdida.

Muitas proteínas são formadas por mais de uma cadeia de polipeptídeos ou *subunidades*. As ligações e o arranjo dessas cadeias correspondem à *estrutura quaternária* da proteína (Fig. 7.27C). Por exemplo, a proteína globular hemoglobina é composta por duas subunidades distintas, denominadas cadeias α e β. Estas se ligam para formar $\alpha\beta$-dímeros, e dois destes, relacionados entre si por um eixo de simetria de ordem dois, formam a molécula, que consiste de quatro subunidades no total. Quando a molécula ganha ou perde oxigênio, tanto a estrutura terciária como a quaternária se alteram significativamente.

A pesquisa em proteínas é uma das áreas mais importantes e dinâmicas da Cristalografia. Mais informações sobre como estruturas imensamente complexas são descritas podem ser encontradas nas referências fornecidas na Bibliografia.

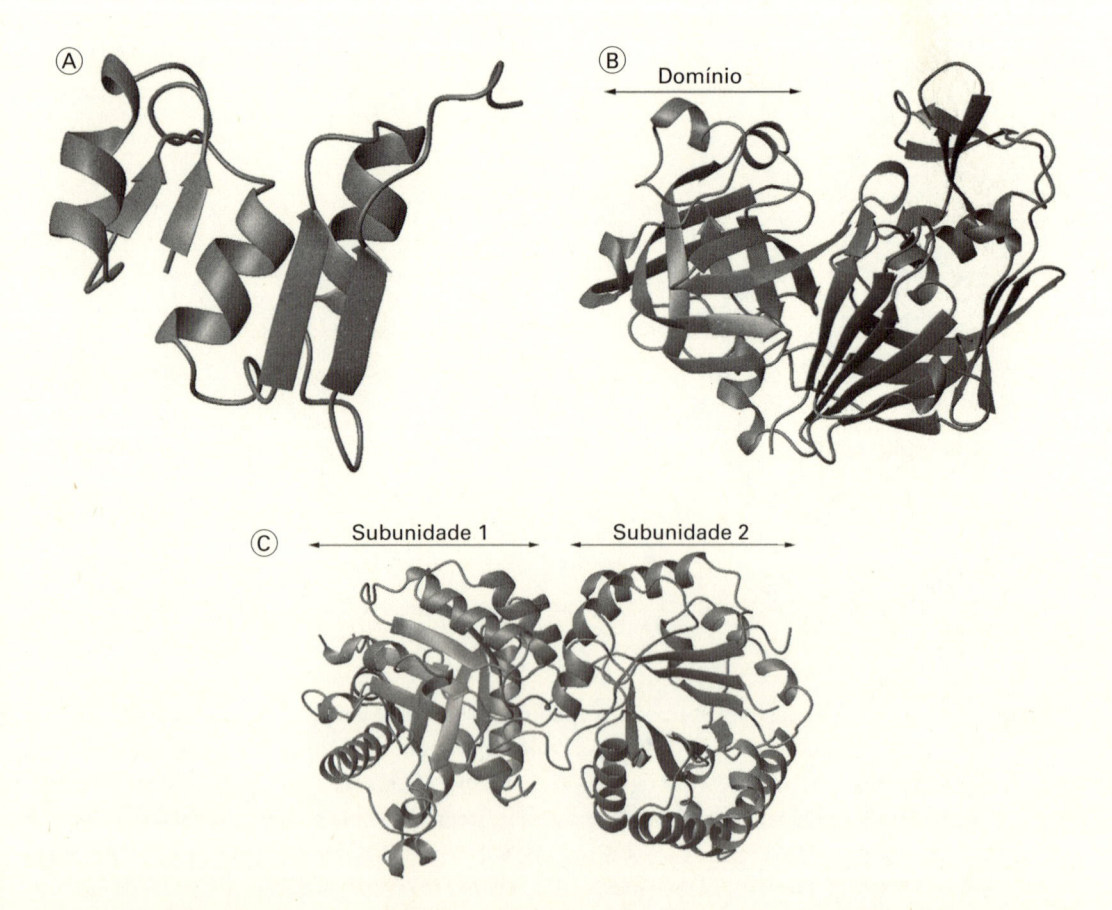

FIG. 7.27 Níveis organizacionais na Cristalografia de Proteínas: (A) estrutura secundária; (B) estrutura terciária; (C) estrutura quaternária

Fonte: figuras cedidas por cortesia de Whitford (2005).

Respostas das questões introdutórias

Qual é o tamanho de um átomo?

Por meio da Mecânica Quântica, percebeu-se que átomos não têm tamanho fixo. Os orbitais eletrônicos se estendem a partir do núcleo com maiores ou menores extensões, dependendo do ambiente químico e físico onde está o átomo. O espalhamento de raios X e de elétrons fornece informações sobre variações da densidade de elétrons na cela unitária. Como a densidade eletrônica é maior nas proximidades dos núcleos, os experimentos de difração permitem alocar a posição dos átomos, mas dessa forma são determinadas as distâncias interatômicas, não os tamanhos dos átomos. As tabelas disponíveis de raios atômicos são derivadas pela divisão das distâncias interatômicas obtidas por métodos de difração, atribuindo-se raios aos respectivos átomos. Esses raios são, até certo ponto, arbitrários, sendo definidos para melhor se adequar às propriedades químicas ou físicas do cristal, que, por sua vez, são responsáveis pelas diferenças de raio encontradas nos átomos.

Portanto, um átomo não tem um tamanho que possa ser definido categoricamente e aplicado a todos os regimes químicos e físicos, mas tamanhos empíricos que podem ser aplicados em circunstâncias restritas.

Como o conceito de valência de ligação pode auxiliar na determinação de estruturas?

A difração de raios X não permite distinguir de modo eficiente elementos vizinhos na tabela periódica, porque seus fatores de espalhamento são similares. Portanto, problemas como a distribuição de Fe^{2+} e Fe^{3+} nos sítios disponíveis em uma estrutura cristalina não podem ser resolvidos por métodos convencionais de determinação de estrutura. O modelo de valência de ligação é um conceito empírico que correlaciona a força de uma ligação química entre dois átomos com o comprimento da ligação. Como as determinações de estruturas cristalinas fornecem dados precisos de distâncias interatômicas, os valores precisos de força de ligação, denominados valências de ligação, podem ser derivados.

Com a determinação das distâncias interatômicas, é possível calcular a valência experimental de um átomo, com base em tabelas de parâmetros de ligações e valências. Se a valência aparente de um átomo for maior que a esperada para um dado modelo de ligação iônica, por exemplo, 4,2 para o íon nominalmente tetravalente Ti^{4+}, diz-se que o íon está sobreligado, e, se for menos, por exemplo, 3,8, o íon é considerado subligado. A distribuição de cátions e ânions na estrutura é considerada correta se nenhum íon estiver significativamente sobreligado ou subligado.

O que é a estrutura secundária de uma proteína?

A estrutura secundária de uma proteína é o arranjo espacial de sequências relativamente curtas dos aminoácidos que formam as cadeias peptídicas. Suas estruturas são em geral representadas por esquemas com fitas estendidas ou retorcidas. As estruturas secundárias mais comuns são as α-hélices e as folhas beta. A repetição de átomos correspondentes na hélice, distância denominada passo da hélice, é de 0,54 nm, e há 3,6 aminoácidos, denominados resíduos, em cada volta. A extremidade $-NH_2$ da hélice tem carga positiva em relação à terminação $-COOH$, negativa. As camadas são formadas por cadeias peptídicas, denominadas fitas beta, ligadas segundo seu comprimento. Considera-se que as fitas se iniciam na extremidade $-NH_2$ e terminam na extremidade $-COOH$. As fitas beta não são estáveis quando isoladas e se ligam entre si por pontes de hidrogênio, formando folhas.

Problemas e exercícios

Teste rápido

1. Por meio da difração de raios X, pode-se quantificar:
   a) o volume de um átomo
   b) o raio de um átomo
   c) a distância entre dois átomos

2. O empacotamento de esferas pode gerar um tipo de estrutura cúbica que pode ser descrito como:
   a) ...ABABAB...
   b) ...ABCABCABC...
   c) ...ABACABAC...

3. O raio de um cátion M^{4+} é:
   a) maior que o raio de M^{2+}
   b) menor que o raio de M^{2+}
   c) igual ao raio de M^{2+}

4. Os modelos de preenchimento de espaço de moléculas orgânicas se baseiam nos:
   a) raios de Van der Waals
   b) raios covalentes
   c) raios iônicos

5. Os maiores cátions em geral são circundados por ânions que definem os vértices de um:
   a) tetraedro
   b) octaedro
   c) cubo

6. Em um empacotamento cúbico de N esferas há:
   a) N sítios octaédricos
   b) $2N$ sítios octaédricos
   c) $4N$ sítios octaédricos

7. Em um sólido representado por poliedros com ânions centrados, as arestas dos polígonos são possíveis:
   a) trajetórias para difusão de cátions
   b) trajetórias para difusão de ânions
   c) trajetórias para difusão de cátions e ânions

8. A resolução necessária para a determinação da estrutura de proteínas corresponde:
   a) ao comprimento de onda da radiação usada no experimento de difração
   b) ao menor d_{hkl} cuja intensidade pode ser medida de modo confiável
   c) à menor intensidade difratada medida

9. Estruturas de proteínas são descritas segundo uma hierarquia de:
a) dois níveis
b) três níveis
c) quatro níveis

10. Em uma estrutura de proteína, as folhas beta preguedas são parte da:
a) estrutura primária
b) estrutura secundária
c) estrutura terciária

Cálculos e questões

7.1 Estime os parâmetros ideais de retículo dos polimorfos de temperatura ambiente e de alta temperatura dos seguintes metais, desconsiderando o efeito da expansão térmica:
a) Fe [r(NC12) = 0,1274 nm] adota a estrutura A2 (cúbica de corpo centrado) em temperatura ambiente e A1 (cúbica de face centrada) em alta temperatura;
b) Ti [r(NC12) = 0,1462 nm] adota a estrutura A3 (hexagonal compacta) em temperatura ambiente e A2 (cúbica de corpo centrado) em alta temperatura;
c) Ca [r(NC12) = 0,1974 nm] adota a estrutura A1 (cúbica de face centrada) em temperatura ambiente e A2 (cúbica de corpo centrado) em alta temperatura. Os raios fornecidos, r(NC12), são raios metálicos apropriados ao número de coordenação 12.

7.2 Os seguintes compostos apresentam estrutura da halita (NaCl) (ver Cap. 1): LiCl, a = 0,512954 nm; NaCl, a = 0,563978 nm; KCl, a = 0,629294 nm; RbCl, a = 0,65810 nm; CsCl, a = 0,7040 nm. Preencha uma tabela de raios iônicos desses íons, considerando que os ânions nesses compostos estão em contato com os cátions, que são relativamente menores.

7.3 Como os fatores de espalhamento de raios X de Mg e Al são similares, não é trivial identificar a posição dos cátions no mineral espinélio, $MgAl_2O_4$, entre sítios octaédricos e tetraédricos (ver seção 7.8 para mais informações). Os comprimentos das ligações em torno das posições tetraédricas e octaédricas são fornecidos na tabela a seguir. Aplique o método da valência de ligação para determinar se a estrutura do espinélio é normal ou inversa. Os valores de r_0 são: r_0 (Mg^{2+}) = 0,1693 nm, r_0 (Al^{3+}) = 0,1651 nm, B = 0,037 nm, segundo Brese e O'Keeffe (1991).

	Número de ligações	r_{ij}/nm
Sítio tetraédrico		
M – O	4	0,19441
Sítio octaédrico		
M – O	6	0,19124

Fonte: Zorina e Kvitka (1968), fornecido pelo Banco de Dados EPSRC, em Daresbury, no Reino Unido.

7.4 A estrutura do bronze de tungstênio tetragonal é adotada por diversos compostos, incluindo $Ba_3(ZrNb)_5O_{15}$. Há duas posições octaédricas diferentes na estrutura, ocupadas pelos íons Zr^{4+} e Nb^{5+}. Os comprimentos das ligações metal – oxigênio no composto, r_{ij}, para os dois sítios octaédricos são dados na tabela a seguir. Aplique o método da valência de ligação para determinar que íon ocupa cada sítio. Os valores de r_0 são: r_0 (Nb^{5+}) = 0,1911 nm, r_0 (Zr^{4+}) = 0,1937 nm, B = 0,037 nm, segundo Brese e O'Keeffe (1991).

	Número de ligações	r_{ij}/nm*
Sítio 1		
M – O1	1	0,1858
M – O2	1	0,2040
M – O3	4	0,2028
Sítio 2		
M – O1	1	0,1982
M – O2	1	0,1960
M – O3	1	0,2125
M – O4	1	0,2118
M – O5	1	0,2123
M – O6	1	0,2098

*Os comprimentos são médias derivadas de diversas fontes em Cristalografia.

7.5 Os seguinte sólidos podem ser descritos em termos de empacotamento compacto de ânions. Qual é a fórmula de cada um deles?

a) Óxido de lítio: ânions em empacotamento cúbico compacto; Li+ em todos os sítios tetraédricos.

b) Óxido de ferro e titânio, ilmenita: ânions em empacotamento hexagonal compacto; Fe^{3+} e Ti^{4+} dividem ⅔ dos sítios octaédricos.

c) Sulfeto de gálio: ânions em empacotamento hexagonal compacto; Ga^{3+} em ⅓ dos sítios tetraédricos.

d) Cloreto de cádmio: ânions em empacotamento cúbico compacto; Cd^{2+} em todos os sítios octaédricos disponíveis, em camadas alternadas.

e) Silicato de ferro, faialita: ânions em empacotamento hexagonal compacto; Fe^{2+} em ½ dos sítios octaédricos, Si^{4+} em ⅛ dos sítios tetraédricos.

f) Óxido de crômio: ânions em empacotamento cúbico compacto; Cr^{3+} em ⅙ dos sítios octaédricos, Cr^{6+} em ⅛ dos sítios tetraédricos.

7.6 Desenhe a molécula de ureia, CH_4N_2O (ver Cap. 1), usando raios metálicos, iônicos, covalentes e de Van der Waals e ângulos e comprimentos de ligações fornecidos na tabela a seguir. Discuta a validade de usar raios metálicos ou iônicos na representação dessa estrutura.

Dados da ureia (Zavodnik et al., 1999):
Comprimento das ligações: N–H, 0,100 nm; C–N, 0,134 nm; C–O, 0,126 nm.
Ângulos das ligações: O–C–N, 121,6°; N–C–N, 116,8°; H–N–H, 174,0°.

Elemento	Raio metálico, nm	Raio iônico, nm	Raio covalente, nm	Raio de Van der Waals, nm
H	0,078	0,004 (H^+)	0,0299	0,120
C	0,092	0,006 (C^{4+})	0,0767	0,170
N	0,088	0,002 (N^{5+})	0,0702	0,155
O	0,089	0,121 (O^{2-})	0,0659	0,152

Os raios iônicos foram extraídos de Muller e Roy (1974); os raios metálicos, de Teatum, Gschneidner e Waber apud Pearson (1972); os demais dados, das Figs. 7.7 e 7.8.

8 Defeitos, estruturas moduladas e quasicristais

O que são estruturas modulares?
O que são estruturas incomensuradamente moduladas?
O que são quasicristais?

Neste capítulo, os conceitos da Cristalografia clássica são gradualmente atenuados. Inicialmente, é considerada a presença de pequenos defeitos na estrutura cristalina, que praticamente não requerem alterações nos conceitos até aqui apresentados. Entretanto, estruturas com celas unitárias enormes apresentam restrições mais severas e há estruturas incomensuradas cujo padrão de difração é mais bem quantificado recorrendo-se a um espaço dimensional mais alto. Por fim, os conceitos clássicos de Cristalografia são rompidos quando se trata de quasicristais. Essas estruturas, relacionadas aos mosaicos de Penrose descritos no Cap. 2, não podem ser descritas com base em retículos de Bravais, apresentados anteriormente.

8.1 Defeitos e fatores de ocupação

Nas discussões anteriores sobre estruturas cristalinas, considerou-se que cada átomo ocupa completamente uma posição cristalográfica. Por exemplo, na estrutura cristalina do Cs_3P_7, descrita no Cap. 5, os átomos Cs1 ocupam completamente todas as posições com símbolo de Wyckoff 4a. Há quatro átomos Cs1 equivalentes na cela unitária. Nesses casos (normais), a *ocupação* das posições é igual a 1,0.

Nem todos os materiais têm essa distribuição simples. Por exemplo, várias ligas metálicas apresentam variações composicionais consideráveis, e um cálculo correto das intensidades dos feixes difratados deve incluir o *fator de ocupação* dos sítios. A estrutura desordenada da liga ouro-cobre Au_xCu_{1-x} pode ter composições com x variando entre 1, ouro puro, e 0, cobre puro. A estrutura da liga é a estrutura do cobre (A1) (ver Cap. 1), mas, na liga, os sítios correspondentes aos metais contêm uma mistura de Cu e Au (Fig. 8.1). Essa situação pode ser descrita atribuindo-se um fator de ocupação para cada elemento. Por exemplo, em uma liga $Au_{0,5}Cu_{0,5}$, cada elemento tem fator de ocupação igual a 0,5. O fator de ocupação de uma liga x Au e $(1-x)$ Cu é, simplesmente, x e $(1-x)$.

O mesmo é válido para compostos que formam *soluções sólidas*. Uma solução sólida, como o nome sugere, é um cristal no qual há diferentes elementos distribuídos entre os vários sítios disponíveis, de modo similar a moléculas distribuídas em um solvente. Várias ligas são soluções sólidas metálicas. Há exemplos de soluções sólidas nos óxidos, como na combinação de Al_2O_3 e Cr_2O_3 em alta temperatura. Como os dois óxidos adotam a estrutura cristalina do *corindon* (Al_2O_3), o

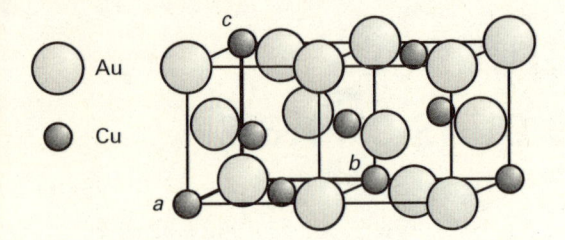

FIG. 8.1 Estrutura da liga desordenada CuAu. Os átomos de Cu e Au estão distribuídos aleatoriamente nos sítios disponíveis

○ Au
● Cu

produto final dessa combinação é um óxido em que os átomos de Al e Cr são distribuídos na estrutura, ocupando o mesmo sítio catiônico (com símbolo de Wyckoff 12c), enquanto a distribuição do oxigênio permanece inalterada, produzindo um material de fórmula $Cr_xAl_{2-x}O_3$. O fator de ocupação do sítio dos metais em um material com x Cr e $(2 - x)$ Al seria $x/2$ e $(1 - x/2)$, já que o fator de ocupação total do sítio é igual a 1, e não 2.

Há compostos nos quais as soluções sólidas ou ligas não são simples, em que alguns sítios são ocupados normalmente, com fator de ocupação igual a 1, e outros sítios podem acomodar misturas de elementos. A estrutura do espinélio, descrita anteriormente (seção 7.8), é um exemplo dessa situação. Os espinélios normais têm fórmula $(A)[B_2]O_4$, e os espinélios invertidos, fórmula $(B)[AB]O_4$, em que ( ) representa cátions metálicos em sítios tetraédricos e [ ] representa cátions metálicos em sítios octaédricos. As forças que controlam essa ordenação são de baixa intensidade e, em muitos espinélios, a distribuição catiônica não é simples, sendo o sítio tetraédrico ocupado por misturas de elementos. Nesses casos, uma determinação satisfatória da estrutura requer fatores de ocupação adequados. Os átomos de oxigênio, entretanto, não estão sujeitos a misturas e seu fator de ocupação permanece igual a 1.

O fator de espalhamento atômico aplicável a essas soluções sólidas e ligas é um valor médio, denominado *fator de espalhamento do sítio*, $f_{sítio}$. Em geral, se dois átomos, A e B, com fatores de espalhamento atômico f_A e f_B ocupam completamente o mesmo sítio estrutural, o fator de espalhamento do sítio é:

$$f_{sítio} = xf_A + (1-x)f_B$$

em que x é a ocupação de A e $(1 - x)$ é a ocupação de B.

Em algumas estruturas, todas as posições têm fatores de ocupação diferentes de 1, que devem ser consideradas no cálculo da intensidade dos feixes difratados. Isso ocorre quando as estruturas contêm defeitos denominados *defeitos pontuais* em todos os seus sítios. Um exemplo disso é a zircônia cúbica estabilizada com cal, que se cristaliza com estrutura da fluorita (CaF_2). A estrutura parental é a da zircônia, ZrO_2. A fase estabilizada contém cátions Ca^{2+} em algumas posições que normalmente são preenchidas por Zr^{4+}, ou seja, há uma substituição catiônica. Como a carga de Ca^{2+} é menor que a de Zr^{4+}, o cristal terá um excesso de carga negativa se a fórmula for escrita como $Ca^{2+}_xZr^{4+}_{1-x}O_2$. O cristal compensa o excesso de cargas negativas mantendo alguns sítios aniônicos vazios. Para garantir a neutralidade da estrutura, o número de vacâncias na subestrutura aniônica deve ser idêntico ao número de cátions de cálcio presentes, e a fórmula passa a ser escrita como $Ca^{2+}_xZr^{4+}_{1-x}O_{2-x}$. Para modelar corretamente as intensidades dos feixes difratados, é necessário considerar o fator de ocupação do sítio como menor que 1 para o sítio do oxigênio, assim como fatores de ocupação fracionais para os cátions Ca e Zr.

Vários outros exemplos poderiam ser citados sobre o uso de fatores de ocupação de sítios, especialmente em Mineralogia, em que a maioria dos cristais naturais apresenta misturas de átomos ocupando os diversos sítios cristalográficos disponíveis.

8.2 Defeitos e parâmetros de cela unitária

As posições das reflexões ou picos nos padrões de difração de uma fase única são diretamente relacionadas com as dimensões da cela unitária do material. A cela unitária de um sólido de composição fixa varia com a temperatura e pressão, mas sob condições normais essas dimensões são consideradas constantes. Se um sólido apresenta uma variação composicional, como uma solução sólida ou liga, seus parâmetros de cela irão variar. Segundo a *lei de Vegard*, enunciada em 1921, os parâmetros de cela de uma solução sólida de duas fases com estruturas similares serão uma função linear entre os parâmetros de cela das composições extremas nesse intervalo composicional (Fig. 8.2A).

$$x = (a_{ss} - a_1)/(a_2 - a_1)$$

ou seja,

$$a_{ss} = a_1 + x(a_2 - a_1)$$

em que a_1 e a_2 são os parâmetros de cela das fases de composição extrema, a_{ss} é o parâmetro de cela da solução sólida e x é a fração molar da fase com parâmetro de cela a_2 (essa relação é válida para os parâmetros a, b e c e para os ângulos interaxiais). Essa lei é simplesmente uma expressão do conceito de que os parâmetros de cela são uma consequência direta do tamanho dos átomos que compõem a solução sólida. A lei de Vegard praticamente nunca é observada em sua forma ideal. Se os parâmetros de cela estiverem abaixo dos valores ideais (Fig. 8.2B), considera-se que há um *desvio negativo* em relação à lei de Vegard, e valores mais altos que os ideais são *desvios positivos* (Fig. 8.2C). As interações atômicas,

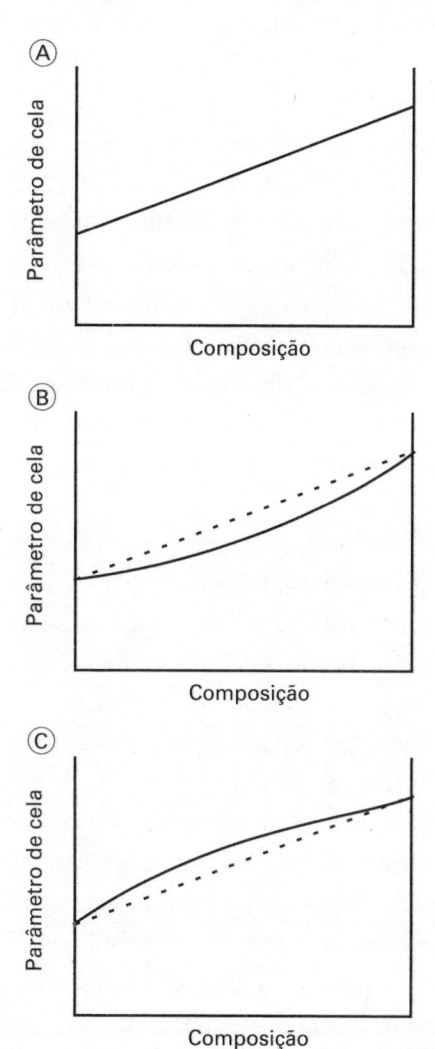

FIG. 8.2 Relação da lei de Vegard entre parâmetros de cela unitária e composição em soluções sólidas e ligas: (A) comportamento ideal segundo a lei de Vegard; (B) desvio negativo em relação à lei de Vegard; (C) desvio positivo em relação à lei de Vegard

que modificam o efeito do tamanho, são responsáveis por esses desvios. Em todos os casos, um gráfico de composição *versus* parâmetros de cela pode ser usado para determinar a fórmula de composições intermediárias em uma solução sólida.

8.3 Defeitos e densidade

A densidade teórica de um sólido com uma dada estrutura cristalina pode ser calculada dividindo-se a massa de todos os átomos presentes na cela unitária pelo volume da cela unitária (seção 1.12). Essa informação, juntamente com a densidade observada da amostra, pode ser usada para determinar o tipo de defeito pontual presente em um sólido com variabilidade composicional. Entretanto, como ambas as técnicas resultam em valores médios, elas não dão informações diretas sobre a organização real dos defeitos pontuais.

O procedimento geral é:
i) determinar a composição do sólido;
ii) determinar a densidade;
iii) determinar os parâmetros de cela unitária;
iv) calcular a densidade teórica para diferentes populações de defeitos pontuais;
v) comparar as densidades teóricas e experimental para escolher o modelo de defeito pontual que melhor se ajuste aos dados.

O método pode ser exemplificado por um estudo clássico sobre defeitos pontuais em monóxido de ferro (Jette; Foote, 1933). O monóxido de ferro, em geral conhecido pelo nome do mineral wustita, adota a estrutura da halita (NaCl). Na estrutura normal da halita, há quatro átomos de metal e quatro de não metal na cela unitária; compostos com essa estrutura têm composição ideal $MX_{1,0}$ (ver seção 1.8). A wustita apresenta composição relativamente rica em oxigênio em comparação com a fórmula ideal $FeO_{1,0}$. Dados experimentais em uma amostra revelaram razão oxigênio:ferro igual a 1,059, densidade igual a 5.728 kg m^{-3} e parâmetro a da cela unitária cúbica igual a 0,4301 nm. Como há mais oxigênio do que ferro na estrutura, a composição real pode ser determinada considerando que o excesso de átomos de oxigênio está na forma intersticial ou que há vacâncias nos sítios do ferro.

Modelo A: considere que os átomos de ferro na estrutura estão em arranjo perfeito, idêntico ao arranjo dos átomos metálicos na estrutura da halita, e que o excesso de oxigênio decorre de átomos de oxigênio intersticiais, além daqueles das posições aniônicas normais. A cela unitária ideal dessa estrutura contém 4 Fe e 4 O, e, portanto, nesse modelo, a cela deve conter quatro átomos de Fe e $4(1 + x)$ átomos de O. O conteúdo da cela unitária é Fe_4O_{4+4x} e a fórmula química é $FeO_{1,059}$.

A massa de uma cela unitária é indicada por m_A:

$$m_A = [(4 \times 55,85) + (4 \times 16 \times (1 + x))]/N_A$$
$$m_A = [(4 \times 55,85) + (4 \times 16 \times (1,059))]/N_A \text{ g}$$
$$= 4,835 \times 10^{-25} \text{ kg}$$

O volume da cela unitária, V, é dado por a^3, logo:

$$V = (0,4301 \times 10^{-9})^3 \text{ m}^3 = 7,9562 \times 10^{-29} \text{ m}^3$$

A densidade da cela unitária, ρ, é obtida dividindo-se a massa, m_A, pelo volume da cela unitária, V:

$$\rho = 4,835 \times 10^{-25} / 7,9562 \times 10^{-29}$$
$$= 6.077 \text{ kg m}^{-3}$$

Modelo B: considere que o arranjo de átomos de oxigênio é perfeito e idêntico ao arranjo dos não metais na estrutura da halita e que a cela unitária contém vacâncias nas posições do ferro. Nesse caso, uma cela unitária contém quatro átomos de oxigênio e $(4 - 4x)$ átomos de ferro. O conteúdo da cela unitária é $Fe_{4-4x}O_4$ e sua composição química é $Fe_{1/1,058}O_{1,0}$ ou $Fe_{0,944}O$.

A massa da cela unitária é indicada por m_B:

$$m_B = [4 \times (1 + x) \times 55,85) + (4 \times 16)]/N_A$$
$$m_B = [(4 \times 0,944 \times 55,85) + (4 \times 16)]/N_A \, g$$
$$= 4,568 \times 10^{-25} \text{ kg}$$

A densidade da cela unitária, ρ, é obtida dividindo-se a massa, m_B, pelo volume da cela unitária, V:

$$\rho = 4,568 \times 10^{-25}/7,9562 \times 10^{-29}$$
$$= 5.741 \text{ kg m}^{-3}$$

A diferença entre os dois modelos é surpreendentemente grande. O valor da densidade determinado experimentalmente, 5.728 kg m^{-3}, é bastante próximo do valor obtido no modelo B, que considera que há vacâncias nas posições do ferro. Isso indica que a fórmula deve ser escrita como $Fe_{0,945}O$ e que os defeitos pontuais presentes são vacâncias de ferro.

8.4 Estruturas modulares

Nesta seção e nas três seguintes, serão discutidas estruturas que podem ser consideradas como formadas com base em *lamelas* de uma ou mais estruturas parentais. Esses materiais apresentam complexidades cristalográficas próprias. Por exemplo, alguns possuem celas unitárias enormes, da ordem de centenas de nm de comprimento, mantendo perfeita sua ordem cristalográfica translacional. Exemplos desse tipo são comuns em espécies minerais, e o modo fragmentado no qual os primeiros casos foram descobertos levaram à criação de um grande número de termos para descrevê-los, que são praticamente sinônimos, incluindo *fases com intercrescimento, estruturas compostas, fases geminadas polissintéticas, fases polissomáticas* e *fases com celas geminadas tropoquímicas*. Em geral, todas são consideradas *estruturas modulares*.

As estruturas modulares podem ser formadas com base em lamelas de mesma composição ou de composição diferente; a largura das lamelas pode ser desordenada ou ordenada de diferentes modos. A situação mais simples corresponde a um material formado com base em lamelas de apenas uma fase parental, em que a espessura das lamelas varia de modo significativo. Nesse caso, os limites entre as lamelas não irá se situar no retículo regular e se formam *defeitos planos* (Fig. 8.3), que são análogos bidimensionais dos defeitos pontuais descritos anteriormente. A cela unitária de materiais desordenados é idêntica à do material parental, mas os padrões de difração vão revelar evidências da desordem na forma de reflexões difusas (ver seção 8.6).

Um exemplo desse tipo de material desordenado é mostrado na Fig. 8.4A. O material é $SrTiO_3$, que se cristalina com estrutura da perovskita. O cristal defeituoso pode ser mais bem descrito com base na estrutura ideal da perovskita, com parâmetro de retículo igual a 0,375 nm (Fig. 8.4B). O arcabouço do material é composto por octaedros de TiO_6 ligados pelos vértices, com grandes cátions Sr nos sítios maiores situados entre

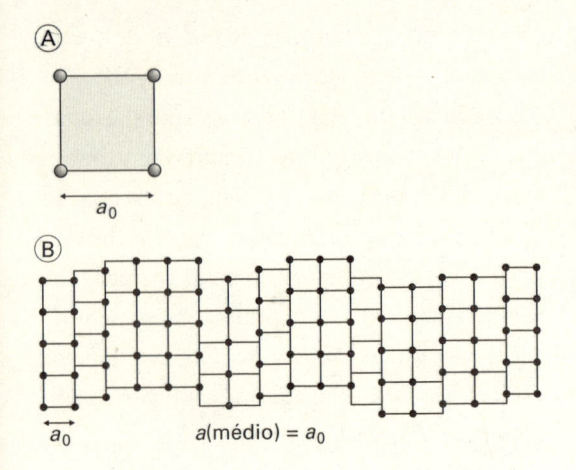

FIG. 8.3 Cristal contendo falhas planas aleatórias: (A) cela unitária da estrutura parental; (B) a mesma estrutura cristalina com falhas planas aleatoriamente distribuídas. A cela unitária média desse material tem as mesmas dimensões da cela da estrutura parental

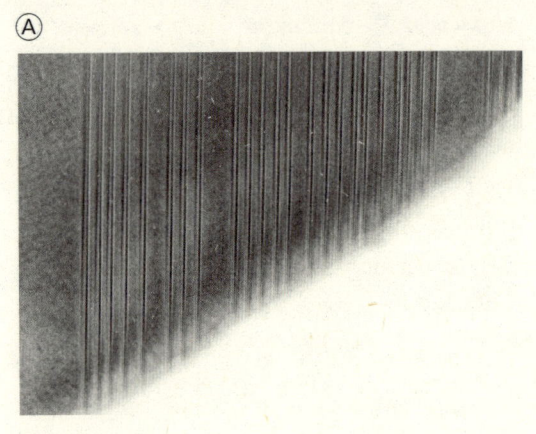

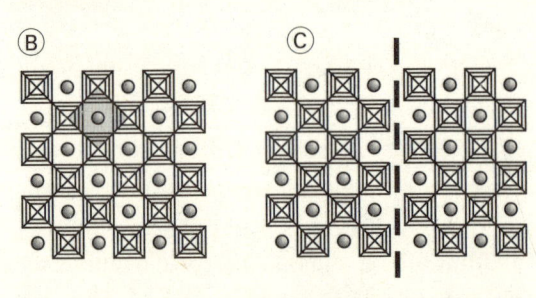

FIG. 8.4 (A) Micrografia eletrônica de uma lâmina de $SrTiO_3$ com defeitos planos desordenados dispostos segundo {110} em relação à cela unitária cúbica ideal. As franjas do retículo, visíveis próximo à borda do cristal, são planos (110) com espaçamento de 0,265 nm. (B) Estrutura idealizada de $SrTiO_3$ projetada segundo o eixo a cúbico, com quadrados representando octaedros de TiO_6 e círculos representando átomos de Sr. A cela unitária está sombreada. (C) Representação idealizada de falha (110) em $SrTiO_3$

a estrutura de octaedros. Os defeitos planos, que surgem quando a estrutura da perovskita tem irregularidades em seu empilhamento, situam-se em [110] em relação à estrutura cúbica ideal (Fig. 8.4C).

Se a largura das lamelas em uma estrutura modular for constante, *não* ocorrem defeitos na estrutura, porque as celas unitárias podem incluir os limites dos domínios como parte dela. Considere um caso em que há duas larguras diferentes de lamelas da estrutura parental (Fig. 8.5). No caso em que a distância entre as lamelas é sempre a mesma (e diferente de ½ do parâmetro de cela na direção do deslocamento), a cela unitária é (em geral) monoclínica e recebe o prefixo *clino* na literatura mineralógica (Fig. 8.5B). O caso em que a largura das lamelas se alterna produz uma cela unitária ortorrômbica, denominada forma *orto* (Fig. 8.5C).

Um exemplo desse comportamento é dado pelo $SrTiO_3$, descrito anteriormente.

Nos casos em que os limites entre as lamelas são ordenados, novas estruturas se formam com celas unitárias bem definidas e composições precisas. A Fig. 8.6A mostra a estrutura da fase formada pelo empilhamento de lamelas de espessura igual a quatro octaedros, e a Fig. 8.6B mostra uma estrutura construída por lamelas com cinco octaedros de espessura. A Fig. 8.6C apresenta a forma mais simples, que consiste em lamelas alternadas de

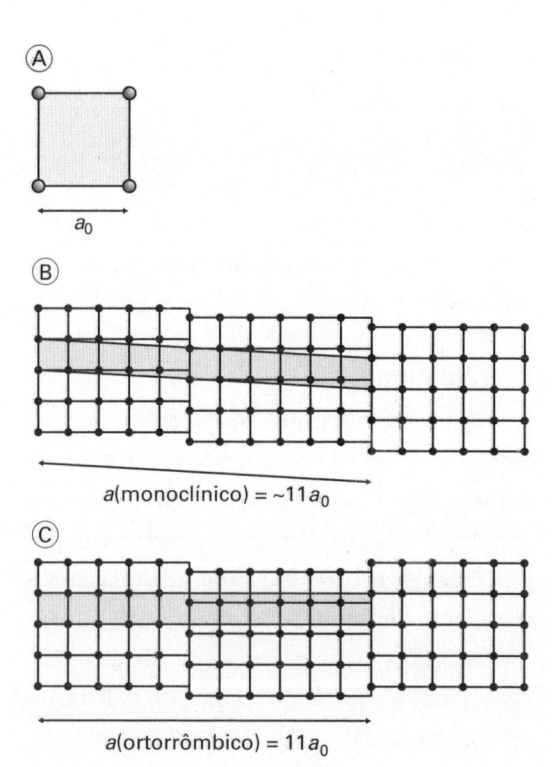

FIG. 8.5 Estruturas derivadas da fase parental pelo empilhamento alternado de lamelas do material com cinco e seis celas unitárias de espessura: (A) uma cela unitária da espessura parental; (B) o deslocamento das lamelas pode ser o mesmo em toda a estrutura, o que em geral resulta em simetria monoclínica da cela unitária; (C) o deslocamento das lamelas pode ocorrer em direções alternadas, o que em geral resulta em uma cela unitária ortorrômbica

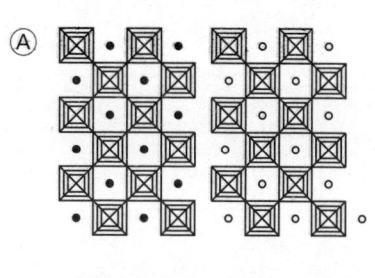

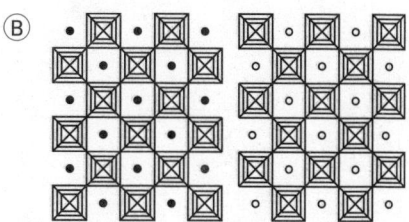

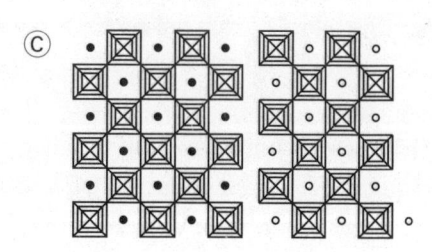

FIG. 8.6 Representação esquemática das estruturas de fases $Sr_n(Nb,Ti)_nO_{3n+2}$: (A) $Sr_4Nb_4O_{14}$; (B) $Sr_5(Ti,Nb)_5O_{17}$; (C) $Sr_9(Ti,Nb)_9O_{29}$. Os quadrados representam octaedros de $(Nb,Ti)O_6$, e os círculos, átomos de Sr. Em (A) as lamelas com estrutura de perovskita têm quatro octaedros de espessura e em (B) as lamelas têm cinco octaedros de espessura. Em (C) há uma intercalação de lamelas de quatro e cinco octaedros de espessura

quatro e cinco octaedros de espessura, indicados por (4,5); outros tipos de sequências regulares repetitivas são conhecidos, como (4,4,4,5), (4,4,5), (4,5,5), entre outros. A multiplicidade das estruturas é enormemente aumentada quando outras espessuras de lamelas são consideradas.

A análise dessas estruturas revela que a composição geral deixa de ser $SrTiO_3$. As falhas surgem em virtude da presença de Nb_2O_5, resultando na composição $Sr(Nb_xTi_{1-x})O_{3+x}$. Cada íon Nb^{5+} que substitui um íon Ti^{4+} requer que a estrutura assimile mais átomos de oxigênio. Os defeitos planos abrem a estrutura e permitem que o oxigênio adicional seja acomodado sem ocupar posições intersticiais. A fórmula geral das estruturas ordenadas é $Sr_n(Nb,Ti)_nO_{3n+2}$, em que n representa números inteiros iguais ou maiores que 4.

Ⓐ

• Cu
○ Au

$a = 10\,a_0$

Ⓑ

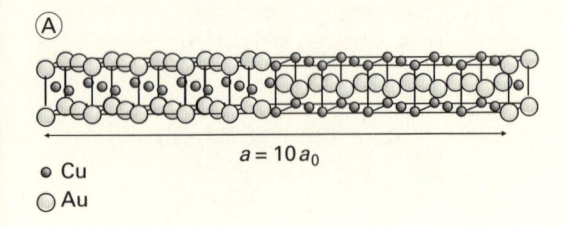

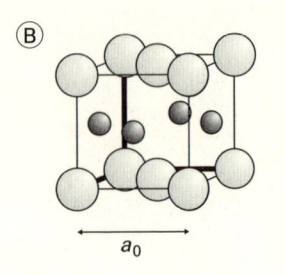

a_0

FIG. 8.7 Estrutura de ligas ordenadas de cobre – ouro: (A) CuAu II; (B) CuAu I

Variações na composição química não são pré-requisitos fundamentais para a formação de estruturas modulares. Um exemplo típico de estrutura composta por lamelas deslocadas e sem variação composicional é a liga ordenada CuAu II (Fig. 8.7A), que pode ser considerada como composta por lamelas de outra liga ordenada, CuAu I, cada lamela com cinco celas unitárias de espessura (Fig. 8.7B).

Como revelam esses exemplos, além de alterações nas dimensões da cela unitária, as estruturas modulares podem ou não mostrar variações composicionais regulares. Quando apenas um tipo de lamela estrutural está presente, essa característica vai depender da natureza dos limites planos entre as lamelas. As variações composicionais ocorrem quando uma série de estruturas é composta por dois ou mais tipos de lamela, cada uma com composição própria. Nas próximas três seções, esses aspectos serão descritos em detalhe; também serão abordadas estruturas compostas por lamelas de um único tipo parental, sem variações composicionais gerais,

os polítipos (seção 8.5), estruturas formadas por lamelas de uma única fase parental e com variações composicionais regulares, os planos de cisalhamento cristalográfico (seção 8.6) e estruturas formadas por lamelas com dois tipos diferentes de estrutura, os intercrescimentos ou polissomas (seção 8.7).

8.5 Polítipos

As primeiras estruturas de longa periodicidade a serem caracterizadas foram os polimorfos de um material aparentemente simples, o carbeto de silício ou carborundum, SiC. Essas estruturas foram denominadas *polítipos*, para distingui-las dos polimorfos, tipos mais comuns e que ocorrem em vários minerais, como as formas aragonita e calcita do carbonato de cálcio, $CaCO_3$. Os polítipos são considerados estruturas de longo período, formados pelo empilhamento de camadas idênticas ou muito similares entre si, e com pouca ou nenhuma variação composicional.

Além do carbeto de silício, outro material aparentemente simples que apresenta politipismo é o sulfeto de zinco, ZnS. As fases carbeto de silício e sulfeto de zinco existem em centenas de modificações estruturais, muitas delas com enormes distâncias de repetição estrutural ao longo de um dos eixos da cela unitária. Apesar dessa complexidade, a composição desses compostos não se afasta da composição da fase parental.

As estruturas dos polítipos de SiC e ZnS podem ser descritas com base nas formas cristalinas de ZnS. O sulfeto de zinco pode se cristalizar segundo dois tipos de estrutura, uma cúbica, do mineral esfalerita, e outra hexagonal, do mineral wurtzita. As relações entre esses dois tipos de estrutura podem ser entendidas comparando-se os empacotamentos compactos cúbico e hexagonal de esferas (ver seção 7.9). Quando a estrutura da esfalerita é projetada segundo a diagonal da face do cubo, na direção [110], e posicionada com a direção [111] na vertical, as camadas de zinco e de enxofre ficam na posição horizontal, e ambas as camadas apresentam arranjo cúbico compacto ...*aAbBcCaAbBcC*..., em que as letras minúsculas representam as camadas de Zn, e as maiúsculas, as camadas de S (Fig. 8.8A). A estrutura da wurtzita, vista com o eixo **c** hexagonal na vertical e projetada segundo a diagonal da cela unitária hexagonal, revela que o plano (11$\bar{2}$0) tem empacotamento ...*aAbBaAbB*..., em que as letras minúsculas se referem às camadas de Zn, e as maiúsculas, às de S (Fig. 8.8B). Os polítipos de sulfeto de zinco são arranjos complexos de camadas de wurtzita (hexagonal) e esfalerita (cúbica). Alguns dos polítipos de sulfeto de zinco estão listados no Quadro 8.1.

O carbeto de silício ou carborundum também se cristaliza em duas formas, e a forma β-SiC tem a mesma estrutura cúbica da esfalerita (Fig. 8.8A). Quando observado

QUADRO 8.1 ALGUNS POLÍTIPOS DE SiC E ZnS

Notação de Ramsdell	Notação de Zhdanov*	Sequência de empilhamento*
2H	(11)	h
3C (3R)	(1)	c
4H	(22)	hc
6H	(33)	hcc
8H	(44)	hccc
10H	(82)	$(hc_7)(hc)$
	(55)	hcccc
14H	(5423)	$(hc_4)(hc_3)(hc)(hc_2)$
	(77)	$(hc_6)_2$
16H	(88)	$(hc_7)_2$
	(14,2)	$(hc_{13})(hc)$
	(5335)	$(hc_4)_2(hc_2)_2$
	$(3223)_2$	$(hcc)_4(hc)_2$
24H	(15, 9)	$(hc_{14})(hc)_8$
24R	$(53)_2$	$[(hc_4)(hc_2)]_2$
36R	$(6222)_3$	$[(hc_5)(hc)_3]_3$
48R	$(7423)_3$	$[(hc_6)(hccc)(hc)(hcc)]_3$
72R	$(6, 11, 5, 2)_3$	$[(hc_5)(hc_{10})(hc_4)(hc)]_3$

* Os números subscritos têm o mesmo significado da nomenclatura química normal. Portanto, $(53)_2$ = (5353), hc_7 = hccccccc e $(hcc)_2$ = hcchcc.

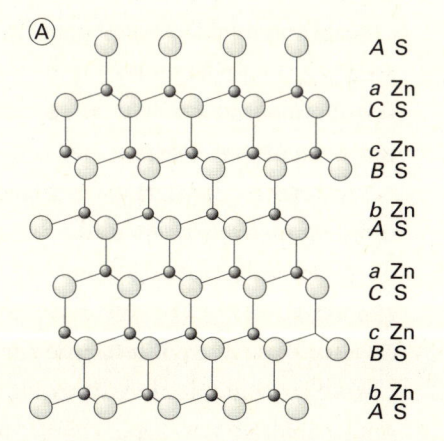

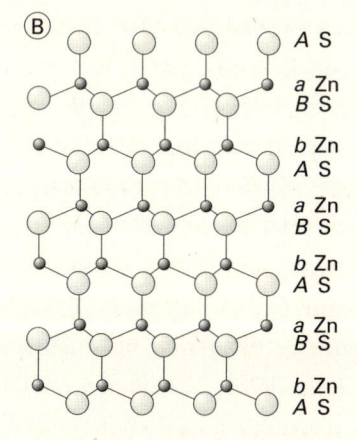

FIG. 8.8 (A) Estrutura da forma cúbica do sulfeto de zinco, esfalerita. A direção cúbica [111] está na posição vertical e a estrutura é vista segundo a direção [110], ou seja, projetada no plano cúbico (110). (B) Estrutura da forma hexagonal do sulfeto de zinco, wurtzita. O eixo **c** hexagonal está na posição vertical e a estrutura é vista projetada segundo (110) = (11$\bar{2}$0)

segundo a face diagonal do cubo, direção [110], as camadas de silício e carbono apresentam empacotamento cúbico compacto ...*aAbBcCaAbBcC*..., em que as letras maiúsculas e minúsculas se referem a Si e C, respectivamente. A outra forma do carbeto de silício, α-SiC, é um nome coletivo de vários polítipos de carbeto de silício, formados por arranjos complexos de lamelas de estruturas do tipo esfalerita e wurtzita. Algumas dessas formas são conhecidas por nomes como carborundum I, carborundum II, carborundum III etc. Uma das estruturas mais simples é a do carborundum I, cujo empacotamento é ...*aAbBaAcCaAbBaAcC*..., em que as letras maiúsculas e minúsculas se referem aos dois tipos de átomo. Alguns dos polítipos de carbeto de silício estão listados no Quadro 8.1.

A complexidade das estruturas levou ao desenvolvimento de diversas formas compactas de nomenclatura. A mais amplamente usada é a notação de Ramsdell, que indica o número de camadas das lamelas empilhadas em uma unidade de repetição cristalográfica, juntamente com a simetria da cela unitária, em que se usa C para cúbica, H para hexagonal e R para romboédrica. As lamelas repetitivas nos polítipos de carbeto de silício são consideradas como uma camada de átomos de Si mais uma camada de átomos de C (Si + C), e nos polítipos de esfalerita se considera como unidade uma camada de átomos de Zn mais uma camada de S (Zn + S). O empacotamento das camadas (Si + C) em β-SiC cúbico, com estrutura da esfalerita, é ...*ABC*..., e a notação de Ramsdell é 3C. O mesmo símbolo se aplica à estrutura cúbica de ZnS. A notação de Ramsdell da forma wurtzita de ZnS, em que as camadas (Zn + S) seguem um empilhamento hexagonal ...*AB*..., seria 2H. O mesmo termo se aplica à forma pura hexagonal de SiC. A notação de Ramsdell da forma de carbeto de silício conhecida como carborundum I, descrita anteriormente, é 4H.

A notação de Ramsdell é compacta, mas não fornece informações sobre a sequência de empilhamento de camadas nos polítipos, e outras notações foram desenvolvidas para superar essa limitação. A notação de Zhdanov, uma das formas de especificar a sequência de empilhamento, é derivada da seguinte maneira. A translação entre uma camada A e uma camada B, ou entre B e C, pode ser representada por uma rotação de +60° ou por uma translação de +⅓. Transformações reversas, de C para B ou de B para A, são representadas por −60° ou −⅓. A sequência de empilhamento de qualquer polítipo pode ser escrita como uma série de sinais + e −. A notação de Zhdanov de um polítipo indica o número de sinais de mesmo tipo na sequência. Portanto, a estrutura da esfalerita cúbica de ZnS ou SiC tem sequência de empilhamento ...+ + + + +... O símbolo de Zhdanov nesse caso é (1), em vez de (∞). A estrutura hexagonal da wurtzita tem sequência de empilhamento ...+ − + − ... e seu símbolo de Zhdanov é (11). De modo análogo, o carborundum I tem sequência de empilhamento ...+ + − −..., que é representada pelo símbolo de Zhdanov (22).

A notação de Zhdanov também fornece uma representação pictórica da estrutura. Ao desenhar estruturas com a mesma projeção usada na Fig. 8.8 e representar cada par de camadas do empilhamento, por exemplo, (Zn + S), como um único átomo, o resultado é um padrão em zigue-zague. A notação de Zhdanov permite especificar a sequência desse zigue-zague. A estrutura hexagonal de ZnS (11) é um zigue-zague simples

(Fig. 8.9A), carborundum I (22) apresenta uma repetição dupla (Fig. 8.9B) e uma estrutura com símbolo de Zhdanov (33) apresenta uma repetição tripla (Fig. 8.9C).

Uma terceira terminologia amplamente usada se baseia em especificar a posição relativa das camadas. Mais uma vez, é conveniente considerar duas camadas, (Si + C) ou (Zn + S), como uma unidade. Uma camada central entre duas camadas do mesmo tipo, por exemplo, *BAB* ou *CAC*, é indicada por *h*. De modo similar, uma camada entre duas camadas de tipos diferentes, como *ABC* ou *BCA*, é indicada por *c*. O polítipo 4*H* do carbeto de silício é indicado por (*hc*) (Quadro 8.1).

A complexidade dos polítipos é enorme, como se pode deduzir com base nos poucos exemplos dados no Quadro 8.1. Não se pode esquecer que os polítipos existem em diversos sistemas químicos, desde compostos químicos simples, como CdI_2, até silicatos complexos, como as micas. Explicar como o empilhamento de sequências se repete de modo preciso em longas distâncias ainda é um desafio, apesar de haver muitas tentativas teóricas.

8.6 Fases de cisalhamento cristalográfico

Assim como os polítipos, as fases de cisalhamento cristalográfico (CC) são formadas com base em lamelas de uma única estrutura parental, mas nesse caso unidas de modo a produzir uma alteração na composição global do sólido. Esse efeito pode ser exemplificado com estruturas simples, como as fases CC formadas pela redução do trióxido de tungstênio, WO_3.

O trióxido de tungstênio tem cela unitária monoclínica em temperatura ambiente, com parâmetros de cela $a = 0{,}7297$ nm,

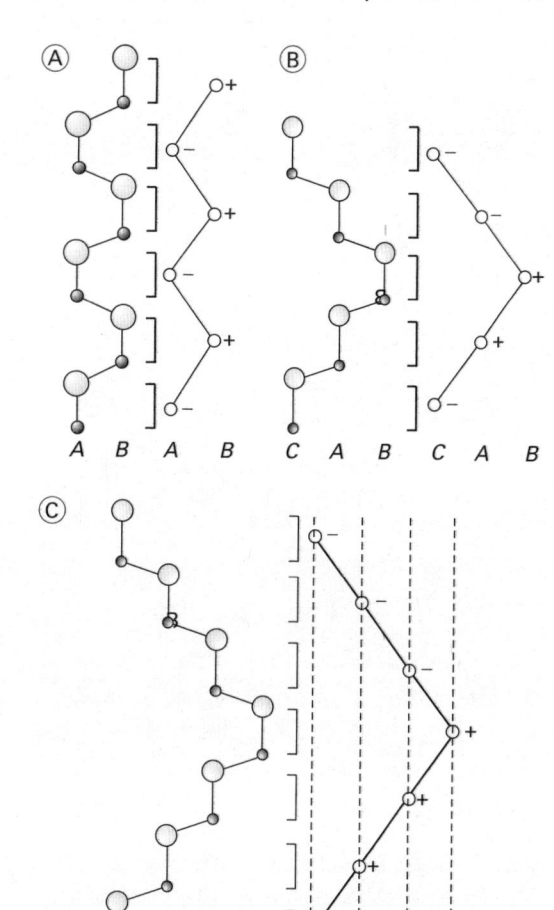

FIG. 8.9 Representações simplificadas de polítipos: (A) wurtzita, 2*H*, (11); (B) carborundum I, 4*H*, (22); (C) 6*H*, (33). As linhas em zigue-zague à direita das representações de estruturas mostram as sequências de translações em uma direção, + ou −, resumidas no símbolo de Zhdanov. Nos zigue-zagues, cada círculo representa a posição de uma camada composta (Zn + S) ou (Si + C)

$b = 0{,}7539$ nm, $c = 0{,}7688$ nm, $\beta = 90{,}91°$, e que pode ser imaginada como um arranjo tridimensional de octaedros de WO_6, ligeiramente deformados e compartilhando vértices. Para esta discussão, a estrutura pode ser idealizada como um cubo (Fig. 8.10A)

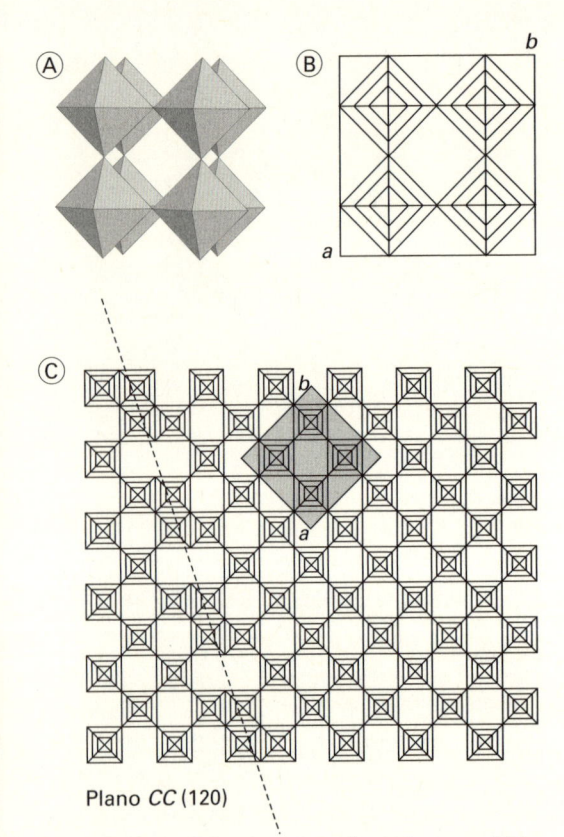

FIG. 8.10 Cisalhamento cristalográfico em WO_3: (A) visão em perspectiva idealizada de WO_3 cúbico; (B) projeção da estrutura idealizada segundo o eixo **c** cúbico, com indicação dos limites da cela unitária; (C) plano CC (120) idealizado, com a cela unitária de WO_3 sombreada. Os quadrados representam octaedros de WO_6

Plano *CC* (120)

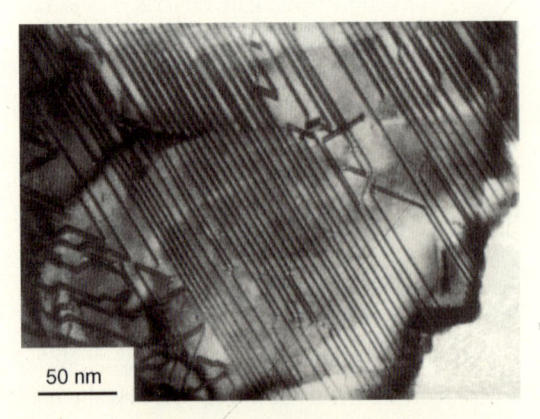

FIG. 8.11 Micrografia eletrônica de WO_3 ligeiramente reduzido, mostrando planos CC {120} desordenados, visíveis como linhas escuras

com parâmetro de cela a = 0,750 nm, visto em projeção segundo um dos eixos do cubo, como um arranjo de quadrados ligados pelos vértices (Fig. 8.10B). Um pequeno grau de redução para uma composição, por exemplo, de $WO_{2,9998}$, resulta em um cristal contendo uma pequena concentração de falhas localizadas nos planos {120}. Estruturalmente, essas falhas consistem em lamelas de blocos de quatro octaedros compartilhando arestas em uma matriz normal de WO_3, de octaedros compartilhando vértices (Fig. 8.10C). Um cristal levemente reduzido contém planos CC distribuídos segundo planos {120} (Fig. 8.11).

O avanço da redução causa um aumento na densidade de planos CC e, quando a composição atinge $WO_{2,97}$, a estrutura tende a se tornar ordenada. Nesse caso, a estrutura irá apresentar uma cela unitária (em geral) monoclínica com um eixo longo, que será aproximadamente perpendicular aos planos CC (Fig. 8.12). O comprimento do eixo longo, que pode ser considerado como eixo **c**, será igual a um número inteiro, m, correspondente ao espaçamento d_{102}. O eixo **a** é aproximadamente perpendicular ao eixo **c** e o eixo monoclínico **b** é perpendicular ao plano da figura e semelhante ao eixo **c** de WO_3.

Os planos CC acomodam a redução da quantidade de oxigênio da estrutura. A composição de um cristal contendo planos CC ordenados é dada por W_nO_{3n-1}, em que n é o número de octaedros que separam os planos CC (contados segundo a direção da seta na Fig. 8.12). A família de óxidos representada pela fórmula W_nO_{3n-1} é uma série homóloga, que abrange a faixa entre $W_{30}O_{89}$ ($WO_{2,9666}$) e $W_{18}O_{53}$ ($WO_{2,9444}$).

Com a continuidade da redução do óxido, os planos CC adotam outra configuração, orientada segundo os planos cúbicos {130} (Fig. 8.13). O plano CC é agora composto por blocos de seis octaedros que compartilham arestas, e o grau de redução por unidade de comprimento do plano CC é consequentemente aumentado. Uma vez mais, se os planos CC são ordenados, o óxido irá fazer parte de uma série homóloga, nesse caso, uma série de fórmula W_nO_{3n-2}, em que n é o número de octaedros que separam os planos CC, contados na direção da seta na Fig. 8.13. Se a situação da Fig. 8.13 for repetida de modo ordenado ao longo de todo o cristal, a fórmula será $W_{15}O_{43}$, correspondendo à composição $WO_{2,8667}$. Essa série homóloga abrange uma faixa composicional de $W_{25}O_{73}$ ($WO_{2,9200}$) a $W_{16}O_{46}$ ($WO_{2,8750}$). As celas unitárias dessas fases serão similares às da Fig. 8.12.

Os padrões de difração de óxidos contendo planos CC se desenvolvem de modo característico, com base no padrão da estrutura parental. Isso pode ser explicado por meio do exemplo do WO_3. Como a estrutura parental representa o maior componente da estrutura CC, o padrão de difração desse material será semelhante ao do próprio WO_3 (Fig. 8.14A). Entretanto, os planos CC impõem novos conjuntos de condições de difração. Considere que um cristal contenha planos CC (210) desordenados, mas paralelos entre si. O padrão de difração será similar ao da estrutura parental, mas outros traços irão surgir, paralelos às linhas que unem a origem à reflexão 210 e que atravessam todos os pontos do retículo recíproco (Fig. 8.14B). De fato, essa é uma expressão do fator de forma do cristal (ver seções 6.3 e 6.4). As falhas planas dividem o cristal em várias pequenas lamelas e os traços na difração são perpendiculares aos limites desordenados

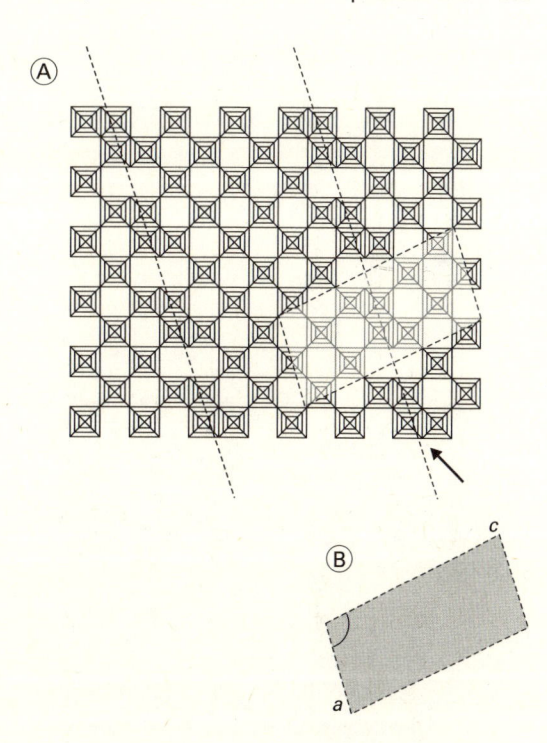

FIG. 8.12 (A) Estrutura idealizada de $W_{11}O_{32}$; (B) cela unitária monoclínica de $W_{11}O_{32}$. Os quadrados representam octaedros de WO_6 e os planos CC são delineados por linhas tracejadas inclinadas

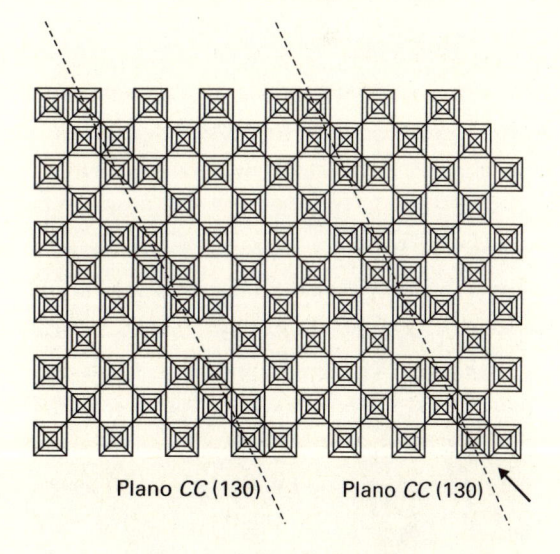

FIG. 8.13 Estrutura idealizada de planos CC (130). Os quadrados representam octaedros de WO_6 e os planos CC são delineados por linhas tracejadas inclinadas

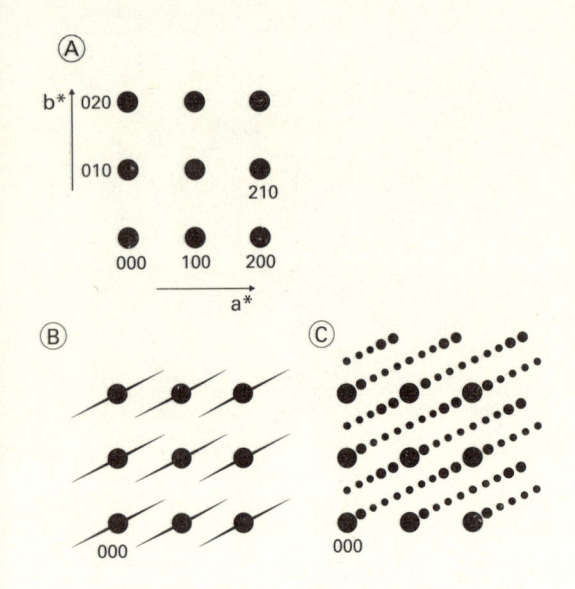

FIG. 8.14 Evolução de padrões de difração de materiais contendo planos CC: (A) estrutura cúbica idealizada de WO_3; (B) WO_3 idealizado com planos CC (210) desordenados, produzindo traços no padrão de difração; (C) WO_3 idealizado com planos CC (210) ordenados. Note que as estruturas reais são menos simétricas e nem todas as reflexões mostradas podem estar presentes em gráficos obtidos experimentalmente

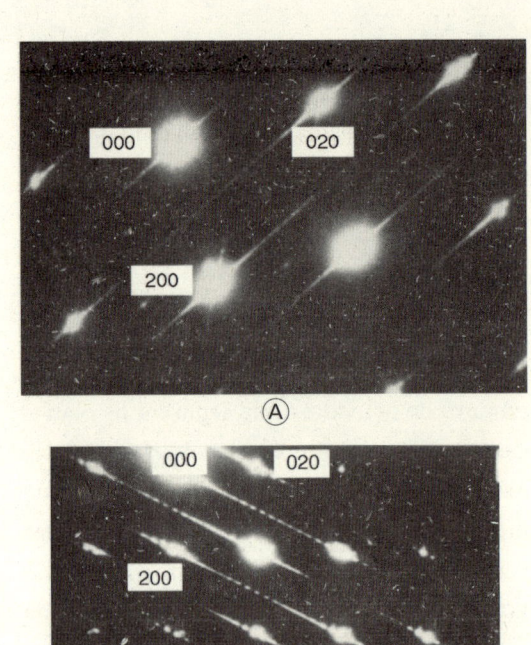

FIG. 8.15 Padrões de difração de elétrons: (A) cristal com planos CC ($\bar{1}20$) desordenados, apresentando traços contínuos; (B) cristal com planos CC (120) mais ordenados, mostrando os traços se desintegrando em linhas de reflexões do super-retículo

entre as lamelas. À medida que os planos CC se tornam ordenados, os traços passam a apresentar máximos e mínimos, enquanto planos CC totalmente ordenados formam pontos nítidos (Fig. 8.14C). O número de reflexões adicionais será igual a n da fórmula das séries homólogas ou um múltiplo desse número, dependendo da verdadeira simetria da cela unitária. Essas reflexões adicionais são denominadas *reflexões de super-retículo* ou de *superestrutura*; como o espaçamento entre elas é $1/md_{210}$, se m for um número inteiro, as reflexões se ajustam exatamente ao retículo recíproco da fase WO_3, e são denominadas *comensuradas*. Exemplos desses tipos de padrão de difração são mostrados na Fig. 8.15.

A discussão desses padrões de difração é geral e não se restringe apenas a planos CC. Os politipos e outras fases descritas anteriormente, como as fases de longo período descritas na seção anterior, produzem padrões de difração semelhantes. Nessas fases, o padrão de difração da estrutura parental será enfatizado, juntamente com traços ou linhas comensuradas das reflexões do super-retículo no padrão de difração, sendo essas reflexões perpendiculares aos planos de falha que dividem a estrutura. Para calcular as intensidades dessas reflexões, aplicam-se fatores de estrutura, do mesmo modo que descrito anteriormente.

8.7 Intercrescimentos planos e polissomas

Muitos sólidos apresentam variações composicionais ligadas a intercrescimentos. Diferentemente dos exemplos anteriores, nesses compostos, lamelas de composições diferentes, por exemplo, A e B, intercalam-se para formar um sólido de fórmula A_aB_b. Isso implica a existência de pelo menos um plano cristalográfico estruturalmente compatível, compartilhado pelas lamelas de composições distintas em suas interfaces. A composição de qualquer fase será dada pelo número de lamelas de cada tipo. Se $a = \infty$ e $b = 0$, a composição do cristal é simplesmente A (Fig. 8.16A). Da mesma forma, se $a = 0$ e $b = \infty$, a composição é igual a B (Fig. 8.16B). Um enorme número de sequências de empilhamento ordenado pode ser imaginado, como $ABAB$, cuja composição é AB (Fig. 8.16C), $ABBABB$, de composição AB_2 (Fig. 8.16D) e $ABAAB$, de composição A_3B_2 (Fig. 8.16E). A composição global pode variar de modo praticamente contínuo entre as duas fases parentais, dependendo da proporção das fases presentes. Esses materiais são conhecidos como *polissomas*, em vez de polítipos.

Há muitos exemplos de polissomas, especialmente entre os minerais. Uma série polissomática clássica é a dos minerais com intercrescimentos ordenados com lamelas de mica e piroxênio. Ambos são compostos por camadas de silicato fracamente ligadas entre si, o que dá origem aos planos de clivagem. A fórmula das micas pode ser exemplificada pela flogopita, $KMg_3(OH)_2Si_3AlO_{10}$, em que íons K^+ se situam entre camadas de silicato, íons Mg^{2+} se situam em sítios octaédricos e íons Si^{4+} e Al^{3+} ocupam sítios tetraédricos nas camadas de silicato. As micas também compõem polítipos, que se formam quando as unidades estruturais acamadadas das minas se empilham em modos alternativos. Nesses polítipos, a composição não varia entre os membros de uma série, permanecendo igual à da fase parental.

Os piroxênios podem ser representados pela enstatita, $MgSiO_3$, em que os íons Mg^{2+} ocupam sítios octaédricos e Si^{4+} ocupa sítios tetraédricos. Esses dois materiais têm estruturas em camadas que se ajustam mutuamente na direção paralela aos planos. Se uma mica ideal for representada pela letra M, e um piroxênio ideal, por P, as séries polisso-

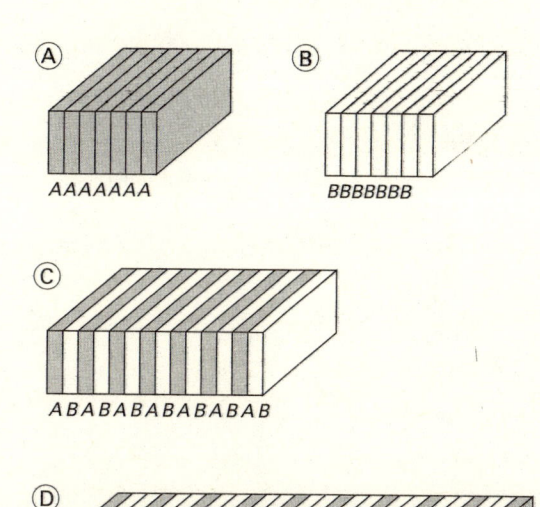

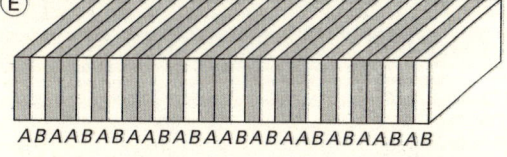

FIG. 8.16 Empilhamento de lamelas de duas composições diferentes, A e B: (A) ...AAA..., composição A; (B) ...BBB..., composição B; (C) ...$ABAB$..., composição AB; (D) ...$ABBABB$..., composição AB_2; (E) ...$ABAAB$..., composição A_3B_2

máticas podem variar desde ...MMM..., mica pura, até ...PPP..., piroxênio puro. Várias fases intermediárias são conhecidas, como a sequência MMPMMP no mineral jimthompsonita ($(Mg,Fe)_{10}(OH)_4Si_{12}O_{32}$) e a sequência ...MPMMPMPMMP... no mineral chesterita ($(Mg,Fe)_{17}(OH)_6Si_{20}O_{54}$).

Há diversas fases de intercrescimento que são compostas por lamelas com estrutura de perovskita ABO_3. Uma família, $Sr_n(Ti,Nb)_nO_{3n+2}$, relacionada à fase $SrTiO_3$ foi descrita na seção 8.4. Outra série estruturalmente simples, formada com base em lamelas de $SrTiO_3$, é a dos óxidos Sr_2TiO_4, $Sr_3Ti_2O_7$ e $Sr_4Ti_3O_{10}$, com fórmula geral $Sr_{n+1}Ti_nO_{3n+1}$, conhecidos como fases de Ruddleston-Popper. Nesses materiais, lamelas de $SrTiO_3$ (Fig. 8.4B) são cortadas segundo os planos {100} da estrutura cúbica ideal da perovskita (em vez de {110}, como descrito anteriormente) e empilhadas, sendo cada lamela ligeiramente deslocada em relação à anterior (Fig. 8.17A-D). A estrutura da região de junção é idêntica à estrutura da halita (NaCl) e, dessa forma, a série pode ser descrita como intercrescimentos de espessura variável de perovskita $SrTiO_3$, ligados a lamelas idênticas de SrO com estrutura de halita.

Várias fases de Ruddleston-Popper já foram sintetizadas. A fórmula genérica das séries homólogas pode ser escrita como $A_{n+1}B_nO_{3n+1}$ (= $(AO)(ABO_3)_n$ ou $(H)(P)_n$), em que A é um cátion grande, tipicamente um metal alcalino, alcalinoterroso ou lantanídeo, B é um cátion de tamanho médio, tipicamente um metal de transição 3d, e H e P correspondem às estruturas de halita e perovskita. A série $Sr_{n+1}TiO_{3n+1}$ é, portanto, composta por $(SrO)_a(SrTiO_3)_b$ ou $(H)_a(P)_b$, em que a é igual a 1 e b varia entre 1 e 3. A estrutura do primeiro membro da série, em que $n = 1$, é adotada por muitos compostos e é em geral denominada estrutura de K_2NiF_4. Uma fase desse tipo, La_2CuO_4, quando dopada com Ba^{2+} para formar o óxido $(La_xBa_{1-x})_2CuO_4$, tornou-se conhecida como a primeira cerâmica supercondutora em alta temperatura a ser caracterizada (as estruturas reais desses materiais têm menor simetria que as estruturas ideais, principalmente devido a deformações nos octaedros de BO_6 causadas pela temperatura).

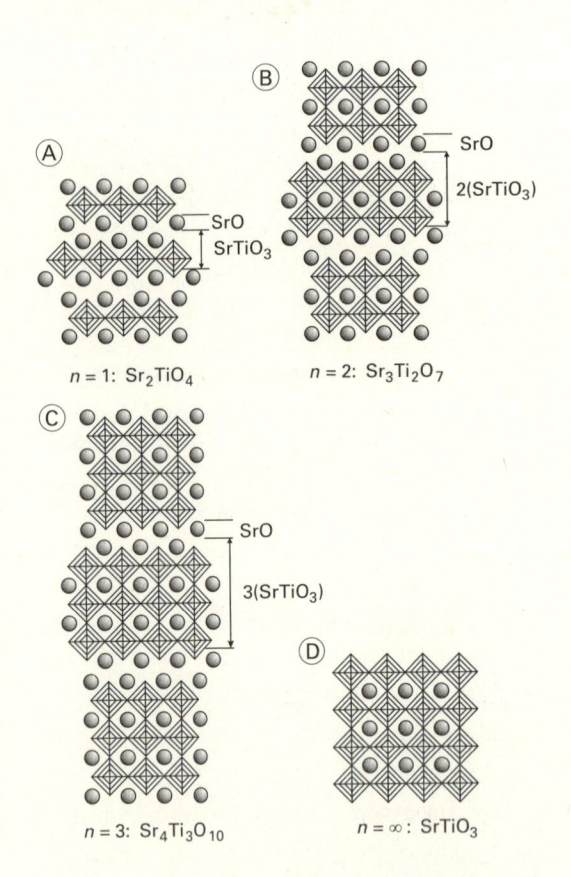

FIG. 8.17 Estruturas idealizadas de fases de Ruddleston-Popper, $Sr_{n+1}Ti_nO_{3n+1}$: (A) Sr_2TiO_4, $n = 1$; (B) $Sr_3Ti_2O_7$, $n = 2$; (C) $Sr_4Ti_3O_{10}$, $n = 3$; (D) $SrTiO_3$, $n = \infty$. As estruturas podem ser consideradas como formadas com base em lamelas de $SrTiO_3$ e de SrO intercaladas

Se as camadas com estrutura de halita na série descrita forem substituídas por camadas de composição Bi_2O_2, forma-se uma série de fases denominadas *fases de Aurivillius*, de fórmula genérica $(Bi_2O_2)(A_{n-1}B_nO_{3n+1})$, em que A é um cátion grande, B é um cátion de tamanho médio e o índice n varia de 1 a ∞. A estrutura da camada Bi_2O_2 é similar à da fluorita (ver seção 1.10), e essas séries podem ser representadas por intercrescimentos de fases com estrutura de fluorita e perovskita, $(F)_a(P)_b$, em que a é igual a 1 e $b = n$, variando de 1 a ∞. O membro da série com $n = 1$ é representado por Bi_2WO_6 ou [FP], o membro com $n = 2$ corresponde a $Bi_2SrTa_2O_9$, [FPP], e o membro mais bem estudado dessa série é a fase ferroelétrica $Bi_4Ti_3O_{12}$, [FPPP], em que $n = 3$ e A representa Bi (Fig. 8.18A). Intercrescimentos ordenados de lamelas com mais de uma espessura, em especial n e ($n+1$), são encontrados com frequência nessa série de fases, por exemplo, $n = 1$ e $n = 2$, [FPFPP], tipificado por $Bi_5TiNbWO_{15}$ (Fig. 8.18B) (assim como em outras estruturas descritas, a simetria dessas estruturas é menor que a sugerida pelas representações idealizadas, principalmente em razão de deformações dos octaedros de metal–oxigênio).

Os supercondutores de alta temperatura são similares em vários aspectos a esses dois últimos exemplos, pois são compostos por lamelas com estrutura de perovskita intercrescidas com lamelas estruturalmente relacionadas a halita ou fluorita. Para exemplificar esses materiais, as estruturas ideais das fases $Bi_2Sr_2CuO_6$ (= $Tl_2Ba_2CuO_6$), $Bi_2CaSr_2Cu_2O_8$ (= $Tl_2CaBa_2Cu_2O_8$) e $Bi_2Ca_2Sr_2Cu_3O_{10}$ (= $Tl_2Ca_2Ba_2Cu_3O_{10}$) são representadas na Fig. 8.19. As camadas únicas com estrutura de perovskita na estrutura idealizada

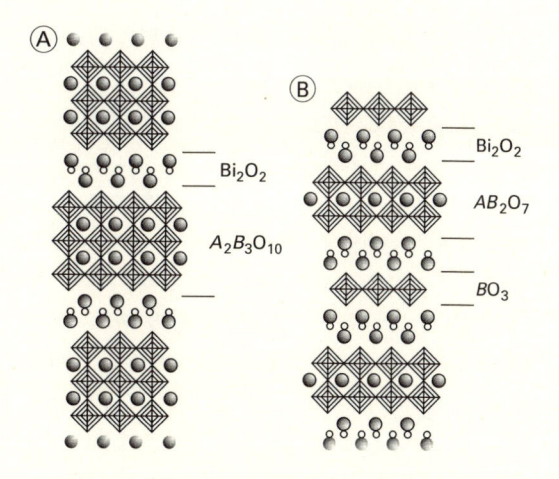

FIG. 8.18 Estruturas idealizadas de fases de Aurivillius, vistas segundo [110]: (A) $n = 3$, tipificada por $Bi_4Ti_3O_{12}$; (B) intercrescimento ordenado $n = 1$, $n = 2$, tipificado por $Bi_5TiNbWO_{15}$

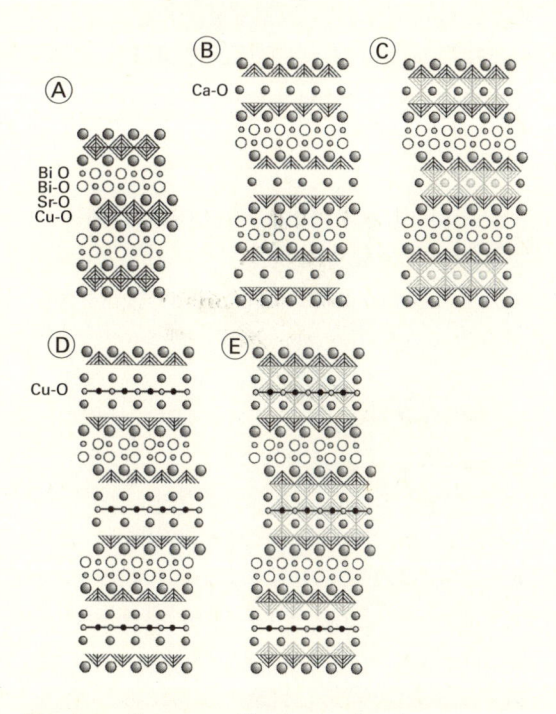

FIG. 8.19 Estrutura idealizada de alguns supercondutores de alta temperatura: (A) $Bi_2Sr_2CuO_6$ (= $Tl_2Ba_2CuO_6$); (B) $Bi_2CaSr_2Cu_2O_8$ (= $Tl_2CaBa_2Cu_2O_8$); (C) *idem* a (B), com octaedros de CuO_6 delineados com traço fino; (D) $Bi_2Ca_2Sr_2Cu_3O_{10}$ (= $Tl_2Ca_2Ba_2Cu_3O_{10}$); (E) *idem* a (D), com octaedros de CuO_6 delineados com traço fino

de $Bi_2Sr_2CuO_6$ estão completas (Fig. 8.19A). Elas são separadas por camadas de Bi_2O_2 (ou Tl_2O_2), que são similares, mas não idênticas às fases de Aurivillius. Em outros compostos, o empacotamento do oxigênio necessário para formar a estrutura da perovskita está incompleto. A camada dupla nominal de octaedros de CuO_6 necessária para formar uma folha na estrutura ideal da perovskita é substituída por pirâmides quadradas em $Bi_2CaSr_2Cu_2O_8$ (Fig. 8.19B). Para tornar essas relações mais claras, os octaedros são representados por linhas tênues na Fig. 8.19C. Em $Ba_2Ca_2Sr_2Cu_3O_{10}$, as três camadas octaédricas de CuO_6 da estrutura da perovskita são substituídas por duas folhas de pirâmides quadradas e uma camada intermediária de quadrados de CuO_4 (Fig. 8.19D). Os octaedros são representados com linhas tênues na Fig. 8.19E.

8.8 Estruturas incomensuradamente moduladas

Nos exemplos anteriores, os retículos recíprocos e os diversos padrões de difração resultantes se assemelham aos das respectivas estruturas parentais, como a estrutura da perovskita, juntamente a um arranjo de reflexões extras da superestrutura intercaladas com as reflexões principais (Fig. 8.20A). As reflexões adicionais podem ser indexadas em uma cela unitária com um ou dois eixos longos, para que todas as reflexões possam ser indicadas por índices *hkl* convencionais (Fig. 8.20B).

Nos últimos anos, tem havido um aumento acelerado na quantidade de sólidos cristalinos cujas reflexões nos padrões de difração não podem ser indexadas dessa forma. Assim como nos casos anteriores, as reflexões principais, referentes à estrutura parental, estão associadas a linhas de reflexões do super-retículo. Entretanto, observa-se que o espaçamento entre as reflexões do super-retículo é anômalo e essas reflexões não se ajustam totalmente às da estrutura parental, seja no espaçamento (Fig. 8.20C), seja no espaçamento e na orientação das linhas (Fig. 8.20D) (note que na Fig. 8.20C,D, para maior clareza, apenas duas linhas de reflexões do super-retículo são representadas, aquelas associadas a 000 como círculos cheios e aquelas associadas a 210 como círculos vazios; linhas similares passam por todas as reflexões da estrutura parental).

Essas estruturas e seus respectivos padrões de difração são consideradas *incomensuradas*. Foram desenvolvidas técnicas cristalográficas para resolver ambiguidades desse tipo. Em geral, a estrutura desses materiais pode ser dividida em duas partes. Como aproximação razoável, pode-se considerar que um componente é uma estrutura convencional, a estrutura de um cristal normal, e o outro componente é *modulado* em uma, duas ou três dimensões. A parte fixa da estrutura pode ser composta, por exemplo, pelos átomos de elementos metálicos, enquanto os ânions podem ser modulados da mesma forma, como descrito a seguir (em alguns casos de estruturas como essas, o componente modulado da estrutura pode forçar a parte fixa da estrutura a se tornar modulada, o que causa uma considerável complexidade cristalográfica). Note que uma *estrutura modulada* não é o mesmo que uma *estrutura modular*.

O padrão de difração de um material cristalino normal se caracteriza por um arranjo de pontos separado por uma distân-

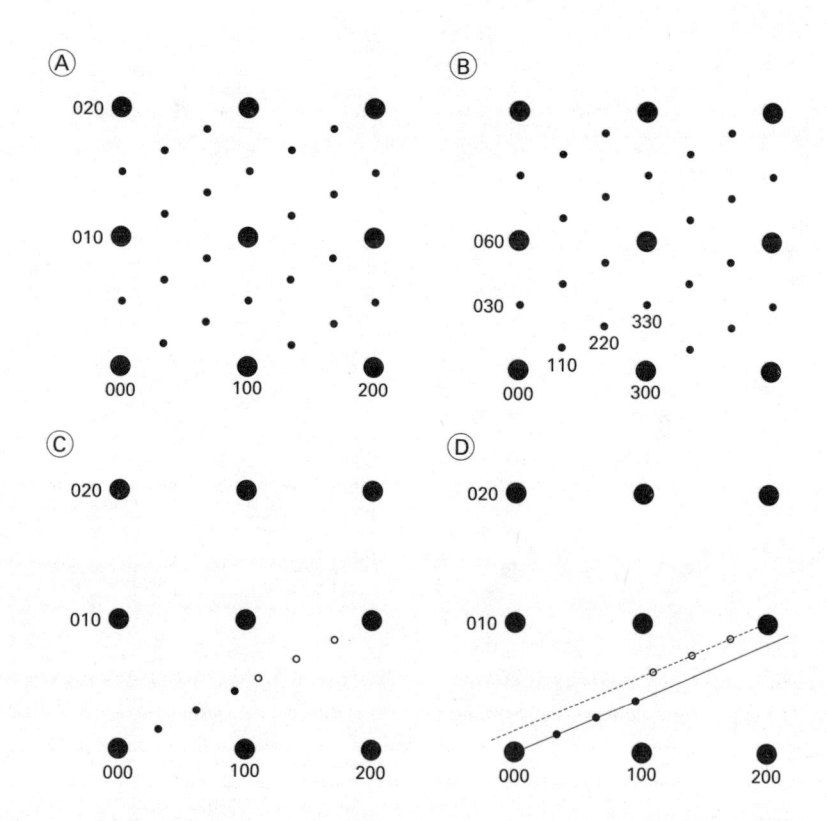

FIG. 8.20 Reflexões de super-retículo em padrões de difração: (A) reflexões fortes são indexadas em relação à estrutura parental; (B) reflexões normais de super-retículo podem ser indexadas em termos de uma *supercela* maior; (C) reflexões colineares incomensuradas de super-retículo (associadas a reflexões 000 em círculos preenchidos; associadas a 210 em círculos vazios); (D) reflexões não colineares incomensuradas de super-retículo (associadas a reflexões 000 em círculos preenchidos; associadas a 210 em círculos vazios)

cia $1/a = a^*$, definido pela estrutura parental, juntamente com um conjunto de reflexões comensuradas do super-retículo, que surge em consequência de ordenamentos adicionais. Nesses casos, o espaçamento entre os pontos é igual a $1/na = a^*/n$, em que n é um número inteiro (Fig. 8.21A,B). Nas estruturas moduladas, a modulação pode ocorrer na posição dos átomos, o que é denominado *modulação displaciva* (Fig. 8.21C). As modulações displacivas em geral ocorrem quando uma estrutura cristalina estável é transformada em outra estrutura estável por causa da variação de temperatura. Há também a possibilidade de a modulação ocorrer na ocupação de um sítio, sendo denominada *modulação composicional*, como na substituição de O por F em compostos do tipo $M(O,F)_2$ (Fig. 8.21D). Nesses casos, o fator de ocupação do sítio pode variar de modo regular ao longo do cristal. A modulação composicional é, em geral, associada a sólidos com ampla variação composicional.

Assim como no caso dos super-retículos convencionais, os padrões de difração de estruturas moduladas também podem ser divididos em duas partes. O padrão de difração do componente não modulado permanece

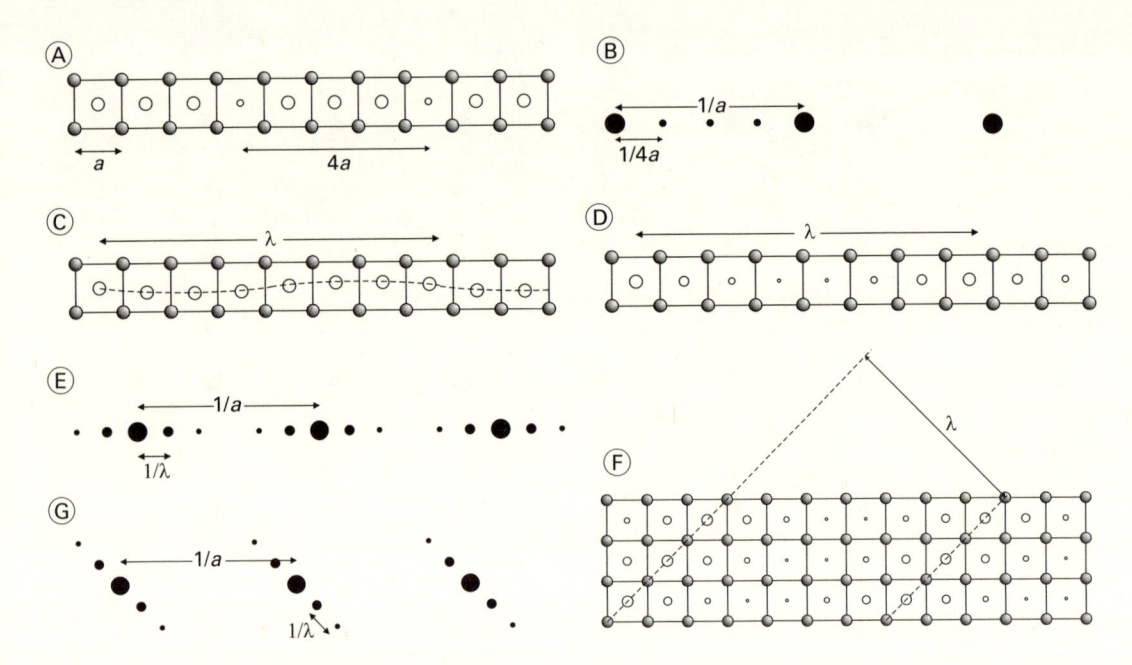

FIG. 8.21 Representações esquemáticas de estruturas cristalinas normal e modulada e seus padrões de difração: (A) super-retículo normal, formado pela repetição de uma substituição aniônica; (B) parte do padrão de difração de (A); (C) cristal com modulação displaciva de posições aniônicas; (D) cristal com modulação composicional nos ânions (a variação química dos ânions é representada por círculos de diferentes diâmetros); (E) parte do padrão de difração de (C) ou (D); (F) onda de modulação em ângulo com componente não modulado; (G) parte do padrão de difração de (F). Átomos metálicos são representados por círculos preenchidos, e átomos não metálicos, por círculos vazios

praticamente inalterado na estrutura modulada e produz um conjunto de reflexões fortes da estrutura parental, com espaçamento $1/a = a^*$. A fração modulada da estrutura produz um conjunto de reflexões de super-retículo, que são anexadas a cada reflexão da estrutura parental. Nos casos em que as dimensões da modulação são incomensuradas em relação à estrutura parental (ou seja, não se ajustam), a fase é considerada *incomensuradamente modulada*. O espaçamento entre os pontos é igual a $1/\lambda$, em que λ é o comprimento de onda da modulação (Fig. 8.21E). As posições dessas reflexões variam suavemente, assim como as variações nas modulações. Nesses casos, o padrão de difração irá apresentar linhas de pontos do super--retículo que não podem ser indexadas em relação ao padrão de difração da fase parental. Nos casos em que as ondas de modulação atravessam a estrutura em um ângulo com a fração fixa da estrutura, os pontos adicionais de difração estarão situados em ângulo fixo com as reflexões principais, causando anomalias de orientação (Fig. 8.21F,G).

Quando o comprimento de onda da modulação se ajusta exatamente a um número de celas unitárias da fase parental (ou seja, é comensurado em relação a ela), é possível indexar as reflexões em termos de um super--retículo normal. Recentemente, diversas estruturas que haviam sido inicialmente descritas dessa forma foram reestudadas e percebeu-se que elas poderiam ser mais bem descritas como estruturas moduladas com ondas comensuradas de modulação, ou seja, como *estruturas comensuradamente moduladas*.

Há vários modos pelos quais uma estrutura pode ser modulada e aos poucos esses modos foram sendo caracterizados, um procedimento que produziu diferentes nomenclaturas. Portanto, entre esses subconjuntos, classes de compostos foram descritas como *estruturas de vernier, estrutura em escada de chaminé* e *estruturas com desajustes entre camadas*. Além das modulações químicas principais, outros atributos físicos, como *spins* magnéticos ou dipolos elétricos, podem ser modulados de modo comensurado ou incomensurado.

As estruturas cristalinas de materiais modulados podem ser exemplificadas pelos sulfetos de bário e ferro de fórmula $Ba_xFe_2S_4$ e pelos seus similares, sulfetos de titânio e estrôncio, Sr_xTiS_3. Essas fases pertencem ao subconjunto de estruturas moduladas denominadas estruturas de vernier, que apresentam duas subestruturas químicas interpenetradas. Uma delas se expande ou se contrai suavemente em razão da composição, enquanto a outra permanece relativamente constante. Na maior parte do intervalo composicional, esses componentes estão alinhados, formando uma série de estruturas incomensuradamente moduladas, em geral com celas unitárias de enormes dimensões. Entretanto, em algumas composições específicas, os dois componentes estão alinhados, e, nesses casos, uma estrutura comensuradamente modulada se forma com cela unitária de dimensões normais.

Os sulfetos de bário e ferro de fórmula $Ba_xFe_2S_4$ existem em um intervalo composicional com valores de x variando entre 1,0 a aproximadamente 1,25. O componente mais ou menos rígido da estrutura é composto por cadeias de tetraedros de FeS_4 que compartilham arestas. O compartilhamento de arestas resulta em uma razão ferro:enxofre igual a FeS_2 nessas cadeias. As cadeias são paralelas ao eixo **c** e arranjadas de modo a produzir uma cela unitária tetragonal, com parâmetro de cela a_{FeS} (= b_{FeS}) (Fig. 8.22 A-C). Os átomos de bário formam o segundo componente. Esses átomos se situam entre as cadeias de tetraedros e também formam linhas paralelas ao eixo **c**. O arranjo dos átomos de Ba também pode ser descrito por uma cela unitária tetragonal, com parâmetro de cela a_{Ba} (= b_{Ba}). Os parâmetros de cela unitária a_{FeS} e a_{Ba} são idênticos nos dois subsistemas (Fig. 8.22D).

Os parâmetros de cela c dos componentes FeS_2 e Ba são diferentes. O parâmetro c das cadeias de FeS_2, c_{FeS}, é constante, mas o parâmetro c do componente Ba, c_{Ba}, varia suavemente com a variação do teor de Ba. Essa modulação entra em fase com o componente regular FeS_2 em intervalos regulares, de acordo com o comprimento de onda da modulação. Em termos gerais, o espaçamento dos átomos de Ba é igual a duas unidades de espaçamento FeS_2, fazendo com que a fórmula do composto seja próxima a $Ba(Fe_2S_4)$. Para ilustrar, a projeção segundo o eixo **c** da fase $Ba_{1,1250}Fe_2S_4$ é mostrada na Fig. 8.22F. A coincidência de periodicidade é de nove átomos de Ba para cada 16 unidades de FeS_2, o que corresponde à fórmula geral $Ba_9(Fe_2S_4)_8$ e representa uma estrutura comensuradamente modulada.

A composição geral dessas estruturas pode ser escrita como $Ba_p(Fe_2S_4)_q$. O parâmetro c da estrutura completa, c_S, é dado pelo período no qual as duas subcelas se ajustam, ou seja, pelo mínimo múltiplo comum das dimensões das subcelas, logo:

$$c_S = qc_{FeS} = pc_{Ba}$$

em que c_{FeS} é a dimensão média de um par de tetraedros de (Fe_2S_4) e c_{Ba} é a distância média entre os átomos de Ba. No caso da fase $Ba_{1,1250}Fe_2S_4$, que equivale a $Ba_9(Fe_2S_4)_8$, $c_S = 8c_{FeS} = 9c_{Ba}$, é possível perceber que, se o teor de Ba variar infinitesimalmente, as duas subcelas se ajustarão apenas em enormes intervalos. Isso é válido para a maioria das composições e as estruturas comensuradamente moduladas são exceções.

Os sulfetos de estrôncio e titânio, Sr_xTiS_3, com valores de x entre 1,05 e 1,22, são estruturalmente similares aos sulfetos de bário e ferro, mas, nesse caso, ambos os subsistemas são modulados. Em Sr_xTiS_3, idealmente, colunas de octaedros de TiS_6 que compartilham faces equivalem à composição $TiS_{6/2}$ ou TiS_3 e substituem os tetraedros que compartilham arestas em $Ba_xFe_2S_4$ (Fig. 8.23A,B). Essas colunas de TiS_3 são arranjadas segundo celas unitárias hexagonais (Fig. 8.23C), e as cadeias de átomos de Sr entre elas completam a estrutura ideal (Fig. 8.23D). O parâmetro a dos arranjos de TiS_3 e de Sr é igual. As cadeias de Sr são flexíveis e se expandem ou contraem segundo o eixo **c**, conforme pequenas variações no valor de x em Sr_xTiS_3. As estruturas reais dessas fases são muito mais complexas. Os átomos de Ti mantêm número de coordenação igual a seis, mas os poliedros de coordenação dos átomos de enxofre em torno dos átomos metálicos são modulados pelas modulações nas cadeias de Sr. Como resultado, alguns dos poliedros de TiS_6 variam entre octaedro e

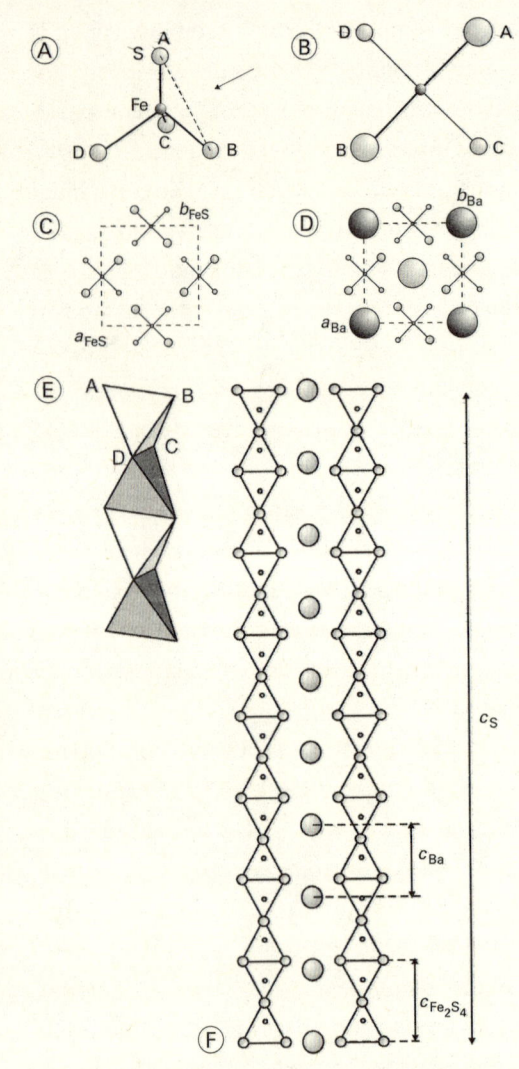

FIG. 8.22 Estrutura idealizada de fases incomensuradas Ba_xFeS_2: (A) tetraedro idealizado de FeS_4; (B) o mesmo tetraedro mostrado em (A) visto na direção da seta perpendicular a uma aresta; (C) cela unitária tetragonal de cadeias de tetraedros de FeS_4 compartilhando arestas, vista segundo [001]; (D) cela unitária tetragonal incluindo átomos de Ba; (E) cadeias de tetraedros de FeS_4 compartilhando arestas; (F) projeção da estrutura idealizada de $Ba_9(Fe_2S_4)_8$ segundo [110] (os tetraedros são vistos segundo a direção C – D em relação a (A)). Apenas duas das quatro cadeias de tetraedros de FeS_4 e um conjunto de átomos de Ba são mostrados

uma forma intermediária entre um octaedro e um prisma trigonal (Fig. 8.23E). Uma das mais simples estruturas comensuradamente moduladas é $Sr_8(TiS_3)_7$, cuja estrutura ideal é apresentada na Fig. 8.23F. A grande maioria das composições resulta em estruturas incomensuradamente moduladas com enormes celas unitárias.

Como no caso dos sulfetos de bário e ferro, as composições dos materiais (reais ou ideais) podem ser escritas como $Sr_p(TiS_3)_q$. O parâmetro de cela c da estrutura completa, c_S, corresponde ao mínimo múltiplo comum dos parâmetros c das cadeias de TiS_3 (mais rígidas), c_{TiS}, e das cadeias mais flexíveis de Sr, c_{Sr}. Entretanto, essas fases diferem dos sulfetos de bário e ferro porque o comprimento de onda das cadeias de Sr contém dois átomos de Sr em vez de um, e, com isso, a expressão correta de c_S se torna:

$$c_S = qc_{TiS} = (p/2)c_{Sr}$$

Portanto, em referência à Fig. 8.23F, a cela unitária de $Sr_8(TiS_3)_7$ contém sete comprimentos de onda de c_{TiS} ($q = 7$) e quatro comprimentos de onda de c_{Sr} ($p = 8$, $p/2 = 4$).

Os defeitos descritos na seção 8.1 aparentemente não estão presentes nesses compostos. Cada variação na composição, não importa o quão pequena seja, parece gerar uma estrutura única e ordenada, em geral com uma enorme cela unitária. Devido a isso, essas estruturas são por vezes denominadas estruturas infinitamente adaptáveis.

Essas fases complexas não podem ser descritas com base nos conceitos clássicos de Cristalografia. Em vez disso, o retículo recíproco deve ser visto matematicamente em um espaço dimensional mais alto. Os espaçamentos incomensurados observados nos padrões de difração são considerados como projeções dessas dimensões mais altas. Os aspectos matemáticos da cristalografia desses interessantes materiais estão além dos objetivos deste livro – para informações adicionais, consulte as obras listadas na Bibliografia.

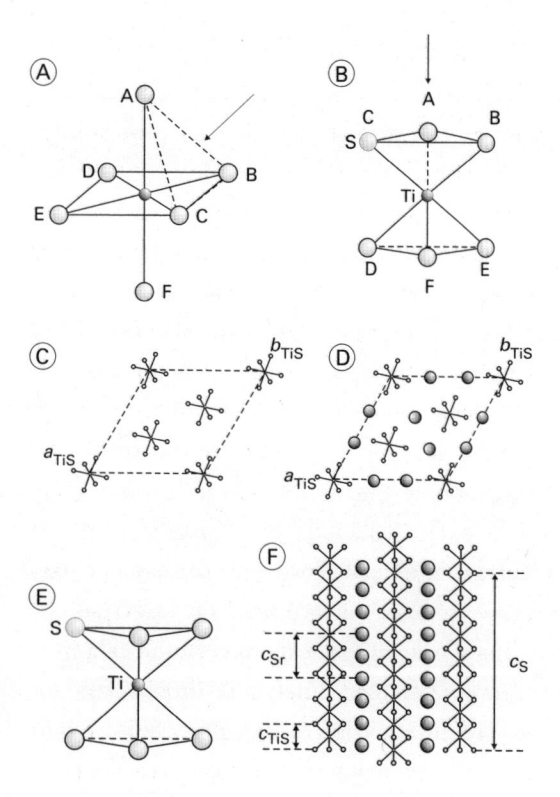

FIG. 8.23 Estrutura idealizada de fases incomensuradas Sr_xTiS_3: (A) octaedro idealizado de TiS_6; (B) o mesmo octaedro de (A) visto na direção da seta, aproximadamente normal à face triangular. As cadeias de octaedros compartilhando faces em Sr_xTiS_3 são ligadas pelas faces indicadas pela seta; (C) cela unitária hexagonal idealizada formada por colunas de octaedros de TiS_6 compartilhando arestas; (D) cela unitária idealizada de Sr_xTiS_3 mostrando a localização de átomos de Sr entre cadeias de TiS_3; (E) prisma trigonal; (F) estrutura idealizada de Sr_xTiS_3 projetada em (110)

8.9 Quasicristais

Um cristal perfeito produz, experimentalmente, um padrão de difração consistente, com reflexões ou pontos nítidos, como resultado da ordem translacional que caracteriza o estado cristalino. A ordem translacional possível em um cristal (na Cristalografia clássica) foi apresentada no início deste livro. Para recapitular, um cristal pode ser formado com base em celas unitárias pertencentes a um dos sete sistemas cristalinos e um dos 14 retículos de Bravais. A cela unitária apenas pode ser transladada para formar o cristal; outras transformações não são permitidas, como reflexão ou rotação. Essa restrição elimina a possibilidade de haver uma cela unitária com eixo de simetria de ordem cinco ou de ordem superior a seis, do mesmo modo que um piso não pode ser recoberto por pentágonos regulares (ver Caps. 3 e 4).

Como discutido anteriormente, a simetria da estrutura tem um importante papel no controle da intensidade dos feixes difratados, fazendo com que, por exemplo, um par de reflexões hkl e $\bar{h}\bar{k}\bar{l}$ tenha a mesma magnitude. Com isso, o padrão de difração de um cristal (monocristal) parece ser centrossimétrico, mesmo em cristais que não tenham centro de simetria, e a simetria pontual de qualquer padrão nítido de difração irá pertencer a uma das 11 classes de Laue (ver seção 4.7 e Cap. 6, especialmente a seção 6.9).

Em 1984, uma nova perspectiva surgiu com a descoberta (chocante à época) de uma liga metálica de composição aproximada $Al_{88}Mn_{12}$, que produz padrão de difração nítido e com a nítida presença de um eixo de simetria de ordem dez. O problema cristalográfico é que esse padrão de difração *nítido* indica a existência de uma ordem translacional de longo alcance. Entretanto, isso é *totalmente incompatível* com um eixo de simetria de ordem dez, o que indica que a cela unitária possui um eixo de simetria de ordem proibida. Além disso, o padrão geral de difração não pertence a nenhuma das 11 classes de Laue e, ainda pior, parece sugerir que a cela unitária tenha simetria *icosaédrica* (Fig. 4.5D). Inicialmente, tentou-se explicar a simetria de rotação como um fenômeno causado pela presença de defeitos em *cristais normais*. Entretanto, logo se constatou que o material realmente continha um eixo de simetria de ordem dez e pertencia ao grupo pontual icosaédrico $m\overline{3}5$, o que contraria totalmente as leis da Cristalografia clássica.

Desde então, muitas outras ligas que produzem padrões nítidos de difração com eixos de simetria de ordem cinco, oito, dez e doze foram descobertas. Os materiais resultantes foram rapidamente denominados *cristais quasiperiódicos* ou *quasicristais*. A Fig. 8.24 mostra um padrão de difração de elétrons de uma liga quasicristalina de composição $Al_{72}Ni_{20}Co_8$, mostrando claramente eixo de simetria de ordem dez.

Há diversos modos pelos quais as contradições entre a Cristalografia clássica e as estruturas dos quasicristais podem ser resolvidas, e todos eles requerem algum grau de relaxamento das regras da Cristalografia convencional. O modo mais simples é considerar que um quasicristal é um líquido cristalizado de modo imperfeito. Diversas ligas metálicas no estado líquido contêm icosaedros metálicos como um estado transitório, porque esse arranjo de poliedros representa um modo eficiente de empacotamento de um pequeno número de esferas (Fig. 8.25A). Portanto, um metal líquido pode ser visto como composto

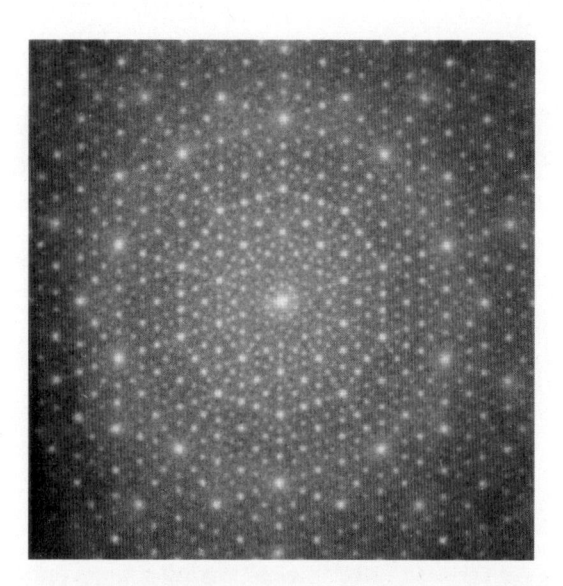

FIG. 8.24 Padrão de difração de elétrons de liga quasicristalina $Al_{72}Ni_{20}Co_8$ mostrando eixo de simetria de ordem dez
Fonte: cortesia de Dr. Koh Saitoh. Ver Saitoh e Tanaka (2004).

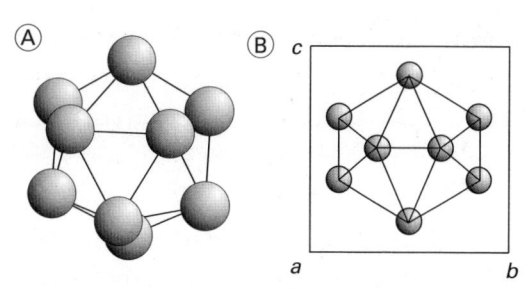

FIG. 8.25 Icosaedros: (A) pequeno número de esferas ou agregados de átomos metálicos organizados com forma preferencialmente icosaédrica; (B) parte da estrutura da skutterudita, As_3Co, projetada segundo [100], mostrando icosaedro de átomos de As (é mostrada apenas uma parte dos átomos de As e nenhum dos átomos de Co da cela unitária de As_3Co); os átomos tanto em (A) como em (B) se tocam; eles são representados em menor tamanho do que o mostrado no icosaedro

por agregados de icosaedros de átomos metálicos que estão sendo continuamente formados e destruídos. No resfriamento de um metal líquido, os icosaedros podem ser congelados. Se a taxa de resfriamento for suficientemente alta, os icosaedros podem se ordenar em um retículo, por exemplo cúbico ou tetragonal, que impede a simetria icosaédrica *geral* da estrutura. Há um grande número de estruturas de ligas metálicas com icosaedros ordenados, incluindo $CoAs_3$, com a estrutura cúbica da skutterudita, em que os átomos de As assumem tal geometria (Fig. 8.25B). Por outro lado, se a taxa de resfriamento for muito alta, os icosaedros podem se congelar de modo aleatório, gerando um *vidro icosaédrico*. Em uma faixa intermediária de temperatura, os icosaedros se congelam todos com a mesma orientação, mas não há energia ou tempo suficiente para que eles se organizem em um retículo. Um quasicristal pode ser visto como

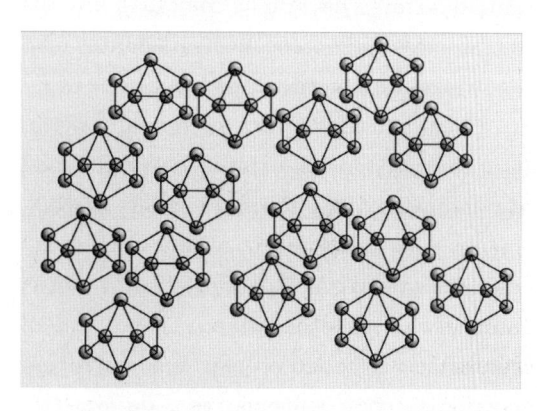

FIG. 8.26 Icosaedros arranjados segundo a mesma orientação, mas sem definir um retículo, podem ser tomados como um modelo de liga quasicristalina

agregados de icosaedros de átomos metálicos, todos orientados do mesmo modo e separados por quantidades variáveis de material desordenado (Fig. 8.26). Ou seja, o material apresenta ordem de orientação, mas não ordem de translação.

Os quasicristais também podem ser considerados como análogos tridimensionais dos mosaicos de Penrose. Os mosaicos de Penrose são aperiódicos: eles não podem ser construídos com base em celas unitárias e não apresentam ordem translacional (ver Cap. 3). Entretanto, um mosaico de Penrose tem uma forma de ordem translacional, no sentido de que partes do padrão, como os decágonos, estão orientadas de modo idêntico, mas não estão espaçadas de modo regular, o que caracterizaria uma cela unitária (Fig. 8.27A). Além disso, se os nós de um mosaico de Penrose forem substituídos por átomos, formam planos atômicos bem definidos e regularmente espaçados, o que seria suficiente para produzir feixes difratados com nitidez, de acordo com a lei de Bragg (Fig. 8.27B). De fato, os padrões de difração computados com base em um arranjo de átomos colocados nos nós de mosaicos de Penrose mostram pontos nítidos e eixos de simetria de ordem cinco e dez.

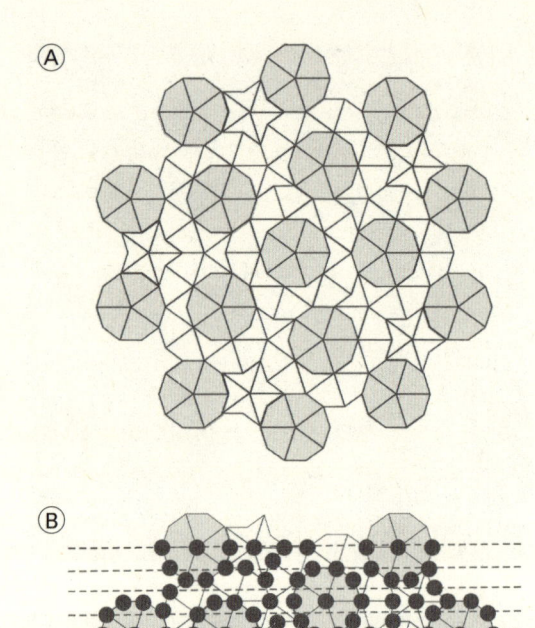

O modelo de Penrose para os quasicristais consiste em um arranjo tridimensional de mosaicos de Penrose, usando efetivamente duas celas unitárias, que correspondem aos dardos e às pipas, que constituem as unidades dos padrões planos. Esses podem ser unidos de modo a gerar uma estrutura aperiódica com o mesmo tipo de simetria dos mosaicos bidimensionais. Ou seja, todos os icosaedros têm a mesma orientação, mas não estão arranjados em um retículo, e, mais uma vez, os modelos de estrutura apresentam ordem de orientação, mas não ordem de translação. Assim como nos mosaicos planos, os análogos tridimensionais produzem padrões de difração com pontos nítidos e eixos de simetria proibidos.

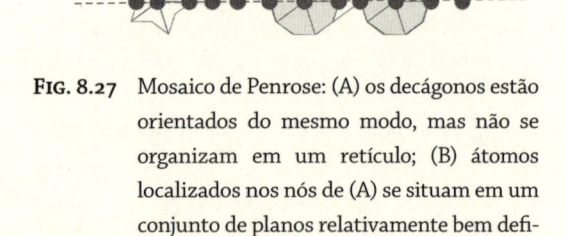

FIG. 8.27 Mosaico de Penrose: (A) os decágonos estão orientados do mesmo modo, mas não se organizam em um retículo; (B) átomos localizados nos nós de (A) se situam em um conjunto de planos relativamente bem definidos, capazes de produzir feixes difratados

Na realidade, estruturas que combinam esses dois modelos são as que mais bem reproduzem as propriedades observadas.

Respostas das questões introdutórias

O que são estruturas modulares?

Estruturas modulares são aquelas que podem ser consideradas como formadas com base em uma ou mais estruturas parentais. As lamelas podem ser seções de uma única estrutura parental, como em diversas estruturas relacionadas à perovskita, como as fases CC (cisalhamento cristalográfico) e os polítipos, ou podem ser lamelas de duas ou mais estruturas parentais, como nos intercrescimentos de mica – piroxênio. Alguns desses cristais possuem celas unitárias enormes, com até centenas de nm de comprimento. Em muitos materiais, a espessura das lamelas pode variar amplamente, e nesses casos os limites entre as lamelas não coincidem com o retículo regular, produzindo defeitos planos.

O que são estruturas incomensuradamente moduladas?

Em geral, estruturas incomensuradamente moduladas têm duas partes bastante distintas. Uma parte da estrutura cristalina é convencional e se comporta como um cristal normal. Há outra parte, mais ou menos independente, que pode ser modulada em uma, duas ou três dimensões. Por exemplo, a parte fixa da estrutura pode ser o arranjo de átomos metálicos, enquanto a parte modulada pode ser o arranjo de ânions. A modulação pode ocorrer na posição dos átomos, sendo denominada modulação displaciva, ou pode afetar a ocupação de um sítio, como na substituição gradual de O por F em um composto $M(O,F)_2$, sendo denominada modulação composicional. Em algumas modulações cristalinas mais complexas, a modulação em uma parte da estrutura induz modulações correspondentes na parte "fixa" do retículo.

Nos casos em que o comprimento de onda da modulação se encaixa nas dimensões da estrutura geral, a fase é denominada fase cristalográfica comensuradamente modulada. Nos casos em que as dimensões da modulação são incomensuradas (ou seja, não se ajustam) com a estrutura geral, a fase é denominada fase incomensuradamente modulada. A modulação produz conjuntos de reflexões adicionais no padrão de difração, que podem (comensuradas) ou não (incomensuradas) se ajustar às reflexões da fase parental não modulada.

O que são quasicristais?

Quasicristais ou cristais quasiperiódicos são ligas metálicas que apresentam padrão de difração com eixos de simetria nítidos de ordem cinco, oito, dez ou 12, que são proibidos pelas regras da Cristalografia clássica. Os primeiros quasicristais descobertos e a maioria dos que têm sido estudados apresentam simetria icosaédrica. Há dois modelos principais para descrever os quasicristais. No primeiro deles, um quasicristal é descrito como agregados de icosaedros de átomos metálicos, todos com mesma orientação e separados uns dos outros por quantidades variáveis de material desordenado. No outro modelo, os quasicristais são considerados como análogos tridimensionais dos mosaicos de Penrose. Nos dois casos, o material não possui uma cela unitária cristalográfica no sentido convencional.

Problemas e exercícios

Teste rápido

1. Os óxidos Al_2O_3 e Cr_2O_3 formam uma solução sólida completa de fórmula $Al_xCr_{2-x}O_3$. O fator de ocupação do sítio dos cátions em $AlCrO_3$ é igual a:
   a) 1,0
   b) 0,5
   c) 0,3

2. O óxido não estequiométrico $Ca^{2+}_{0,1}Zr^{4+}_{0,9}O_{1,9}$, que adota a estrutura da fluorita, apresenta fator de ocupação no sítio de O igual a:
   a) 1,9
   b) 0,95
   c) 0,1

3. Um sólido contendo átomos intersticiais como defeitos pontuais irá apresentar uma densidade teórica:
   a) maior que a do cristal parental
   b) menor que a do cristal parental
   c) igual à do cristal parental

4. O aquecimento de uma mistura 1:1 de $SrTiO_3$ e $Sr_4Nb_4O_{14}$ produz um sólido da série de fases de composição geral $Sr_n(Nb,Ti)_nO_{3n+2}$. O valor de n desse material é:
   a) 2,5
   b) 5
   c) 10

5. Carborundum é uma forma de:
   a) Al_2O_3
   b) ZnS
   c) SiC

6. O símbolo de Ramsdell $2H$ se aplica a polítipos com a mesma estrutura de:
   a) wurtzita
   b) esfalerita
   c) carborundum I

7. Uma série de fases que pode ser representada pela fórmula geral W_nO_{3n-2} é denominada:
   a) uma série homogênea
   b) uma série heterogênea
   c) uma série homóloga

8. Fases de Ruddleston-Popper, fases de Aurivillius e supercondutores de alta temperatura contêm lamelas de estrutura similar à de:
   a) rutilo
   b) perovskita
   c) wurtzita

9. Se as posições de um conjunto de átomos em uma estrutura seguem um padrão em onda, sua modulação pode ser descrita como:
   a) composicional
   b) displaciva
   c) incomensurada

10. Os quasicristais são ligas metálicas caracterizadas pela presença de eixos de simetria de ordem cinco ou maior e por:
    a) ordem em orientação, mas não em translação
    b) desordem similar à do vidro
    c) ordem modulada

Cálculos e questões

8.1 Tanto TiO_2 como SnO_2 adotam a estrutura do rutilo (ver Cap. 1), e cristais com composições intermediárias $Ti_xSn_{1-x}O_2$ são encontrados na natureza. Um cristal de composição $Ti_{0,7}Sn_{0,3}O_2$ tem parâmetros de cela $a = 0,4637$ nm, $c = 0,3027$ nm. Os fatores de espalhamento apropriados para a reflexão (200) dessa cela unitária são $f_{Ti} = 15,573$, $f_{Sn} = 39,405$ e $f_O = 5,359$.

a) Calcule o fator de espalhamento atômico do sítio do metal, o fator de estrutura da reflexão 200 e a intensidade da reflexão (ver Cap. 6). Repita os cálculos para (b) e (c), considerando que os parâmetros de cela desses materiais são idênticos aos da solução sólida.

b) TiO_2 puro.

c) SnO_2 puro.

8.2 O composto $Y_3Ga_5O_{12}$ se cristaliza com a estrutura da granada, que é cúbica, com parâmetro de cela de aproximadamente 1,2 nm. Os átomos são situados em três sítios de coordenação diferente e a fórmula pode ser representada por $\{A^{3+}\}_3 [B^{3+}]_2 (C^{3+})_3 O_{12}$, em que {A} representa cátions em sítios cúbicos, [B] representa cátions em sítios octaédricos e (C) representa cátions em sítios tetraédricos. Nas granadas $Y_3Ga_5O_{12}$ e $Tm_3Ga_5O_{12}$, os cátions Y ou Tm estão nos sítios cúbicos e Ga ocupa os sítios octaédricos e tetraédricos. A solução sólida $(Y_xTm_{1-x})_3Ga_5O_{12}$ se forma quando Y é substituído por Tm. Os parâmetros de cela de vários membros da série de solução sólida são apresentados no quadro adiante. Compare graficamente os parâmetros de cela e as respectivas composições para avaliar até que ponto a lei de Vegard foi obedecida.

a) Estime o parâmetro de cela de $Tm_3Ga_5O_{12}$.

b) Qual seria a composição da fase com parâmetro de cela igual a 1,22400 nm?

Dados da solução sólida $(Y_xTm_{1-x})_3Ga_5O_{12}$ *

Composição, x	Parâmetros de cela/nm
0	–
0,20	1,22316
0,35	1,22405
0,50	1,22501
0,65	1,22563
0,80	1,22638
1,00	1,22734

Fonte: dados adaptados de F. S. Liu et al. (2005).

8.3 O composto $LaMnO_{3,165}$ adota uma estrutura do tipo perovskita deformada, cuja cela unitária tem simetria romboédrica, com parâmetros de cela hexagonais $a = 0,55068$ nm, $c = 1,33326$ nm, $Z = 6$. O excesso de oxigênio pode surgir tanto da presença de oxigênio intersticial como da vacância em sítios dos átomos metálicos. (Dados de Barnabé et al. (2004).)

a) Escreva a fórmula química correspondente a cada uma dessas possibilidades (considere que as vacâncias do metal ocorrem em igual número nas posições de La e Mn).

b) Determine a densidade teórica de cada fase.

8.4

a) O símbolo do empacotamento do politipo 15R ZnS é (cchch). Desenhe a estrutura em zigue-zague (projetada no plano hexagonal (11$\bar{2}$0)) e determine o símbolo de Zhdanov dessa fase.

b) O símbolo de Zhdanov do politipo 24H ZnS é (7557). Desenhe a estrutura em zigue-zague (projetada no plano hexagonal (11$\bar{2}$0)) e determine a sequência de empacotamento.

c) A estrutura em zigue-zague (projetada no plano hexagonal (11$\bar{2}$0)) de um politipo de ZnS é mostrada na figura adiante. Determine seu símbolo de Zhdanov e sua sequência de empilhamento.

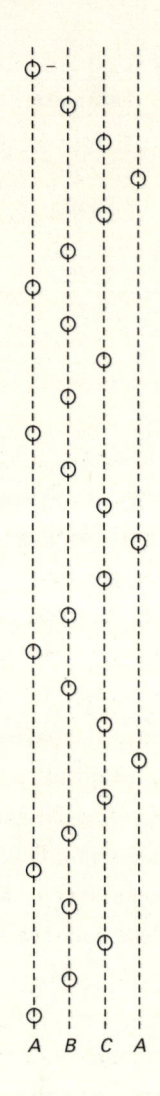

riais que contêm arranjo ordenado desses planos CC?

b) Qual é a fórmula geral de um óxido com estrutura de Ruddleston-Popper composto por sequência de lamelas ...344... de fases de Ruddleston-Popper com $n = 3$ e $n = 4$?

c) Qual é a fórmula geral de um óxido com estrutura de Aurivillius composto por uma sequência de lamelas ... 23... de fases de Aurivillius com $n = 2$ e $n = 3$?

8.6

a) O espaçamento (médio) de átomos de Ba ao longo do eixo **c** em $Ba_xFe_2S_4$ é 0,5 nm. A dimensão média da unidade de repetição de um par de tetraedros de FeS_4 na mesma direção é igual a 0,56 nm. Qual é a fórmula da fase e seu parâmetro c de cela? (Dados de Grey (1975).)

b) Considerando as mesmas dimensões das unidades de repetição de átomos de bário e de tetraedros de sulfeto de ferro, expresse a fórmula da fase $Ba_{1,077}(Fe_2S_4)$ em termos de números inteiros p e q e estime o valor do parâmetro c de cela.

c) A composição de um sulfeto de estrôncio e titânio é $Sr_{1,145}TiS_3$. A distância de repetição das cadeias de TiS_3, c_{TiS}, é igual a 0,2991 nm, e a das cadeias de Sr, c_{Sr}, igual a 0,5226 nm. Expresse a fórmula em termos de índices (aproximados) $Sr_p(TiS_3)_q$ e determine o valor aproximado do parâmetro c de cela dessa fase (Dados de Onoda et al. (1993).)

8.5

a) Planos CC situados entre {102} e {103} são atribuídos ao processo de redução dos óxidos de titânio. Em qual plano se situaria um plano CC composto por blocos alternados de quatro e seis octaedros compartilhando arestas e qual seria a fórmula da série de materiais

Apêndice 1
Adição e subtração de vetores

Os vetores são usados para especificar quantidades com direção e magnitude. As arestas das celas unitárias são indicadas pelos vetores **a**, **b** e **c**, que têm magnitude escalar (número ordinário) a, b e c, e direção específica.

Um vetor é, em geral, representado por uma seta (Fig. A1.1A).

Um vetor **a** multiplicado por uma grandeza escalar $+a$ resulta em um vetor com a mesma direção e a vezes mais longo (Fig. A1.1B).

Um vetor **a** multiplicado por uma grandeza escalar $-a$ resulta em um vetor apontado para a direção oposta a **a** e a vezes mais longo (Fig. A1.1C).

Dois vetores, **a** e **b**, podem ser somados, **a** + **b**, unindo-se a cauda do segundo vetor, **b**, à ponta do primeiro vetor, **a**. O vetor que une a cauda de **a** com a ponta de **b** é a soma vetorial ou a resultante, **r**, que também é um vetor (Fig. A1.1D). A resultante, **r**, de um grande número de vetores somados é determinada pela aplicação sucessiva desse procedimento (Fig. A1.1E).

Dois vetores, **a** e **b**, podem ser subtraídos, **a** − **b**, por meio da *soma* do vetor negativo, −**b**, com **a** (Fig. A1.1F). A resultante, **r**, de um grande número de vetores somados é determinada pela aplicação sucessiva desse procedimento.

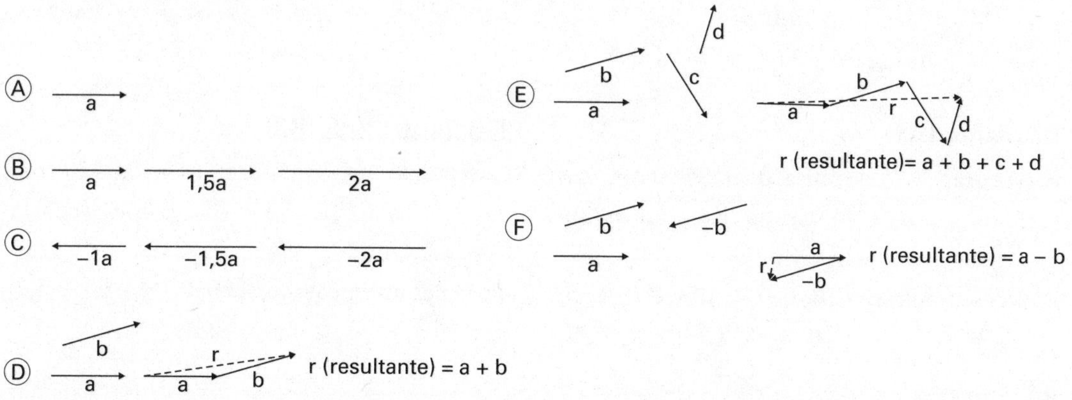

FIG. A1.1 Notação vetorial

2 Apêndice
Dados de algumas estruturas cristalinas inorgânicas

Cobre (A1)
Estrutura: cúbica; a = 0,3610 nm; Z = 4; Grupo espacial $Fm\bar{3}m$ (n° 225);
Posições atômicas: Cu: $4a$ 0, 0, 0; ½, ½, 0; 0, ½, ½; ½, 0, ½.

Tungstênio (A2)
Estrutura: cúbica; a = 0,3160 nm; Z = 2; Grupo espacial $Im\bar{3}m$ (n° 229);
Posições atômicas: W: $2a$ 0, 0, 0; ½, ½, ½.

Magnésio (A3)
Estrutura: hexagonal; a = 0,3210 nm; c = 0,5210 nm; Z = 2; Grupo espacial $P6_3/mmc$ (n° 194);
Posições atômicas: Mg: $2d$ ⅔, ⅔, ¼; ⅓, ⅔, ¾.

Diamante (A4)
Estrutura: cúbica; a = 0,3560 nm; Z = 8; Grupo espacial $Fd\bar{3}m$ (n° 227);
Posições atômicas: C: $8a$ 0, 0, 0; ½, ½, 0; 0, ½, ½; ½, 0, ½; ¼, ¼, ¼; ¾, ¾, ¼; ¾, ¼, ¾; ¼, ¾, ¾.

Grafita
Estrutura: hexagonal; a = 0,2460 nm; c = 0,6701 nm; Z = 4; Grupo espacial $P6_3/mmc$ (n° 186);
Posições atômicas: C1: $2a$ 0, 0, 0; 0, 0, ½;
C2: $2b$ ⅓, ⅔, 0; ⅔, ⅓, ½.

Halita, NaCl (B1)
Estrutura: cúbica; a = 0,5640 nm; Z = 4; Grupo espacial $Fm\bar{3}m$ (n° 225);
Posições atômicas: Na: $4a$ 0, 0, 0; ½, ½, 0; ½, 0, ½; 0, ½, ½;
Cl: $4b$ ½, 0, 0; 0, 0, ½; 0, ½, 0; ½, ½, ½.

Cloreto de césio, CsCl (B2)
Estrutura: cúbica; a = 0,4110 nm; Z = 2; Grupo espacial $Pm\bar{3}m$ (n° 221);
Posições atômicas: Cs: $1a$ 0, 0, 0;
Cl: $1b$ ½, ½, ½ (ou vice-versa).

Esfalerita, ZnS (B3)
Estrutura: cúbica; a = 0,5420 nm; Z = 4; Grupo espacial $F\bar{4}3m$ (n° 216);
Posições atômicas: Zn: $4a$ 0, 0, 0; ½, ½, 0; ½, 0, ½; 0, ½, ½;
S: $4c$ ¼, ¼, ¼; ¾, ¾, ¼; ¾, ¼, ¾; ¼, ¾, ¾.

Wurtzita, ZnS (B4)
Estrutura: hexagonal; a = 0,3810 nm; c = 0,6230 nm; Z = 2; Grupo espacial $P6_3mc$ (n° 186);

Posições atômicas: Zn: 2*b* ⅓, ⅔, ½; ⅔, ⅓, 0;
S: 2*b* ⅓, ⅔, ⅜; ⅔, ⅓, ⅞.

Arseneto de níquel, NiAs

Estrutura: hexagonal; *a* = 0,3610 nm; *c* = 0,5030 nm; Z = 2; Grupo espacial $P6_3/mmc$ (nº 194);

Posições atômicas: Ni: 2*b* 0, 0, ¼; 0, 0, ¾;
As: 2*c* ⅓, ⅔, ¼; ⅔, ⅓, ¾.

Nitreto de boro

Estrutura: hexagonal; *a* = 0,2500 nm; *c* = 0,6660 nm; Z = 2; Grupo espacial $P6_3/mmc$ (nº 194);

Posições atômicas: B: 2*c* ⅓, ⅔, ¼; ⅔, ⅓, ¾;
N: 2*d* ⅓, ⅔, ¾; ⅔, ⅓, ¼.

Corindon, Al_2O_3

Estrutura: trigonal, hexagonal; *a* = 0,4763 nm; *c* = 1,3009 nm; Z = 6; Grupo espacial $R\bar{3}c$ (nº 167);

Posições atômicas: cada posição (0, 0, 0); (⅔, ⅓, ⅓); (⅓, ⅔, ⅔); mais
Al: 12*c* 0, 0, *z*; 0, 0, $\bar{z}$ + ½; 0, 0, $\bar{z}$; 0, 0, *z* + ½;
O: 18*e* *x*, 0, ¼; 0, *x*, ¼; $\bar{x}$, $\bar{x}$, ¼; $\bar{x}$, 0, ¾; 0, $\bar{x}$, ¾; *x*, *x*, ¾.

As coordenadas *x* (O) e *z* (Al) podem ser aproximadas como ⅓. Em geral, elas podem ser escritas como *x* = ⅓ + *u* e *z* = ⅓ + *w*, em que *u* e *w* são números pequenos. Considerando os valores típicos *x* = 0,306 e *z* = 0,352, as posições são:

Al: 12*c* 0, 0, 0,352; 0, 0, 0,148; 0, 0, 0,648; 0, 0, 0,852;
O: 18*e* 0,306, 0, ¼; 0, 0,306, ¼; 0,694, 0,694, ¼; 0,694, 0, ¾; 0, 0,694, ¾; 0,306, 0,306, ¾.

Fluorita, CaF_2 (C1)

Estrutura: cúbica; *a* = 0,5463 nm; Z = 4; Grupo espacial $Fm\bar{3}m$ (nº 225);

Posições atômicas: Ca: 4*a* 0, 0, 0; ½, ½, 0; ½, 0, ½; 0, ½, ½;
F: 8*c* ¼, ¼, ¼; ¼, ¾, ¾; ¾, ¼, ¾; ¾, ¾, ¼; ¼, ¼, ¾; ¼, ¾, ¼; ¾, ¼, ¼; ¾, ¾, ¾.

Pirita, FeS_2 (C2)

Estrutura: cúbica; *a* = 0,5440 nm; Z = 4; Grupo espacial $Pa\bar{3}$ (nº 205);

Posições atômicas: Fe: 4*a* 0, 0, 0; ½, ½, 0; ½, 0, ½; 0, ½, ½;
S: 8*c* *x*, *x*, *x*; $\bar{x}$ + ½, $\bar{x}$, *x* + ½; $\bar{x}$, *x* + ½, $\bar{x}$ + ½; *x* + ½, $\bar{x}$ + ½, $\bar{x}$; $\bar{x}$, $\bar{x}$, $\bar{x}$; *x* + ½, *x*, $\bar{x}$ + ½; *x*, $\bar{x}$ + ½, *x* + ½; $\bar{x}$ + ½, *x* + ½, *x*.

A coordenada *x* de O é aproximadamente ⅓. Considerando um valor típico, como *x* = 0,375, as posições são:

S: 8*c* 0,378, 0,378, 0,378; 0,122, 0,622, 0,878; 0,622, 0,878, 0,122; 0,578, 0,122, 0,622; 0,622, 0,622, 0,622; 0,878, 0,378, 0,122; 0,378, 0,122, 0,878; 0,122, 0,878, 0,378.

Rutilo, TiO_2

Estrutura: tetragonal; *a* = 0,4594 nm; *c* = 0,2959 nm; Z = 2; Grupo espacial $P4_2/mnm$ (nº 136);

Posições atômicas: Ti: $2a$ 0, 0, 0; ½, ½, ½;
O: $4f$ $x, x, 0; \bar{x}, \bar{x}, 0; \bar{x} + ½, x + ½, ½; x + ½, \bar{x} + ½, ½$.

A coordenada x de O é aproximadamente ⅓. Considerando um valor típico, como $x = 0,305$, as posições são:

O: $4f$ 0,305, 0,305, 0; 0,695, 0,695, 0; 0,195, 0,805, ½; 0,805, 0,195, ½.

Trióxido de rênio, ReO$_2$

Estrutura: cúbica; a = 0,3750 nm; Z = 1; Grupo espacial $Pm\bar{3}m$ (n° 221);

Posições atômicas: Re: $1a$ 0, 0, 0;
O: $3d$ ½, 0, 0; 0, ½, 0; 0, 0, ½.

Titanato de estrôncio, SrTiO$_3$ (perovskita ideal)

Estrutura: cúbica; a = 0,3905 nm; Z = 1; Grupo espacial $Pm\bar{3}m$ (n° 221);

Posições atômicas: Ti: $1a$ 0, 0, 0;
Sr: $1b$ ½, ½, ½;
O: $3c$ 0, ½, ½; ½, 0, ½; ½, ½, 0.

Espinélio, MgAl$_2$O$_4$

Estrutura: cúbica; a = 0,8090 nm; Z = 8; Grupo espacial $Fd\bar{3}m$ (n° 227);

Posições atômicas: cada posição (0, 0, 0); (0, ½, ½); (½, 0, ½); (½, ½, 0); mais

Mg: $8a$ 0, 0, 0; ¾ ¼, ¾;
Al: $16d$ ⅝, ⅝, ⅝; ⅜, ⅞, ⅛; ⅞, ⅛, ⅜; ⅛, ⅜, ⅞;
O: $32e$ $x, x, x; \bar{x}, \bar{x} + ½, x + ½; \bar{x} + ½, x + ½, \bar{x}; x + ½, \bar{x}, \bar{x} + ½; x + ¾, x + ¼, \bar{x} + ¾; \bar{x} + ¼ \bar{x} + ¼, \bar{x} + ¼; x + ¼, \bar{x} + ¾, x + ¾; \bar{x} + ¾, x + ¾, x + ¼$.

A coordenada x de O é aproximadamente ⅜, sendo em geral apresentada como ⅜ + u, em que u é da ordem de 0,01. Considerando valores típicos, como $x = 0,388$ e $u = 0,013$, as posições são:

O: $32e$ 0,388, 0,388, 0,388; 0,612, 0,112, 0,888; 0,112, 0,888, 0,612; 0,888, 0,612, 0,112; 0,138, 0,638, 0,862; 0,862, 0,862, 0,862; 0,368, 0,362, 0,138; 0,362, 0,138, 0,638.

Esses dados estruturais são representativos e foram obtidos em diversas fontes no Serviço de Banco de Dados de Química do EPSRC, em Daresbury. Os símbolos de *Strukturbericht* são fornecidos para alguns compostos.

Apêndice 3
Símbolos de Schoenflies

Os símbolos de Schoenflies são largamente utilizados para descrever a simetria de moléculas e a simetria de orbitais atômicos e na teoria dos grupos em Química. A terminologia das principais operações e elementos de simetria dessa notação é apresentada no Quadro A3.1.

O símbolo E representa a operação de identidade, ou seja, a combinação de elementos de simetria que transformam o objeto (por exemplo, a molécula) em uma cópia idêntica, em todos os aspectos, ao original. Há um aspecto importante a ser notado. O eixo de simetria impróprio definido no Quadro A3.1 não é o mesmo daquele definido nos símbolos de Hermann-Mauguin, mas são eixos de rotorreflexão (para detalhes, ver seção 4.3). A um objeto, como uma molécula, pode ser atribuído um conjunto de elementos de simetria que caracterizam o grupo pontual da forma. A parte principal do símbolo de Schoenflies para a descrição do grupo pontual é uma letra, que descreve a simetria principal de rotação, como apresentado no Quadro A3.2.

O símbolo C representa um eixo de simetria (próprio). O símbolo D representa um eixo de simetria (primário) junto a outro eixo de simetria (suplementar) normal a ele. O símbolo T representa a simetria tetraédrica, que em essência é a presença de quatro eixos de ordem três e três eixos de ordem dois. O símbolo O representa a simetria octaédrica, dada pela presença de quatro eixos de ordem três e três eixos de ordem quatro. Esses símbolos principais são seguidos de um ou dois símbolos subscritos, que fornecem informações adicionais sobre a ordem e a posição de rotação. Por exemplo, o símbolo C_n representa um eixo de simetria (próprio) com rotação igual a $2\pi/n$. O símbolo D_n representa um eixo de simetria igual a $2\pi/n$, com um eixo de simetria normal a ele. Os subscritos são adicionados a outros símbolos do mesmo modo. Portanto, um plano de simetria perpendicular ao eixo principal de simetria, considerado como um eixo vertical, é representado por σ_h. Um plano de simetria que contém o eixo vertical pode ser de dois tipos. Se todos forem idênticos, eles são repre-

QUADRO A3.1 OPERAÇÕES DE SIMETRIA E ELEMENTOS DE SIMETRIA

Elemento de simetria	Operação de simetria	Símbolo
Objeto inteiro	Identidade	E
Eixo de simetria de ordem n	Rotação igual a $2\pi/n$	C_n
Plano de simetria	Reflexão	σ
Centro de simetria	Inversão	i
Eixo impróprio de simetria de ordem n	Rotação igual a $2\pi/n$ mais reflexão	S_n

QUADRO A3.2 SÍMBOLOS DE SCHOENFLIES PARA GRUPOS PONTUAIS

Grupo de rotação	Símbolo
Cíclico	C
Diédrico	D
Tetraédrico	T
Octaédrico	O

sentados por σ_v, e se ambos os tipos estiverem presentes, eles são representados por σ_v e σ_d, em que d se refere a diédrico. Em geral, planos σ_v contêm os eixos de simetria horizontais de ordem dois, enquanto os planos σ_d se situam entre os eixos de simetria horizontais de ordem dois. A nomenclatura é apresentada de modo abreviado no Quadro A3.3.

A correspondência entre as notações de Schoenflies e de Hermann-Mauguin para os 32 grupos pontuais cristalográficos é apresentada no Quadro A3.4.

Uma descrição completa dos símbolos de Schoenflies pode ser encontrada nas referências sugeridas na Bibliografia.

Quadro A3.3 Combinações de elementos de simetria e de símbolos de grupos

Elementos de simetria	Designação de grupo
Apenas E	C_1
Apenas σ	C_s
Apenas i	C_i
Apenas C_n	C_n
Apenas S_n, n par	S_n ($S_2 \equiv C_i$)
Apenas S_n, n ímpar	C_{nh} (eixo C_n mais plano de simetria horizontal)
C_n + eixos de ordem dois perpendiculares	D_n
$C_n + \sigma_h$	C_{nh} (C_n é considerado como vertical)
$C_n + \sigma_v$	C_{nv}
$C_n + \sigma_h$ perpendicular	D_{nh}
C_n + eixos de ordem dois perpendiculares + σ_d	D_{nd}
Molécula linear sem plano de simetria perpendicular ao eixo da molécula	$C_{\infty v}$
Molécula linear com plano de simetria perpendicular ao eixo da molécula	$D_{\infty h}$
Três eixos de simetria de ordem dois perpendiculares entre si	T
Três eixos de simetria de ordem quatro perpendiculares entre si	O
Eixo $C_5 + i$	I_h

Quadro A3.4 Símbolos de grupos pontuais cristalográficos

Símbolo completo de Hermann--Mauguin	Símbolo abreviado de Hermann--Mauguin*	Símbolo de Schoenflies
1		C_1
$\bar{1}$		C_i
2		C_2
m		C_s
$2/m$		C_{2h}
222		D_2
$mm2$		C_{2v}
$2/m\ 2/m\ 2/m$	mmm	D_{2h}
4		C_4
$\bar{4}$		S_4
$4/m$		C_{4h}
422		D_4
$4mm$		C_{4v}
$\bar{4}2m$ ou $\bar{4}m2$		D_{2d}
$4/m\ 2/m\ 2/m$	$4/mmm$	D_{4h}
3		C_3
$\bar{3}$		C_{3i}
32 ou 321 ou 312		D_3
$3m$ ou $3m1$ ou $31m$		C_{3v}
$\bar{3}\ 2/m$ ou $\bar{3}\ 2/m\ 1$ ou $\bar{3}\ 1\ 2/m$	$\bar{3}m$ ou $\bar{3}m1$ ou $\bar{3}1m$	D_{3d}
6		C_6
$\bar{6}$		C_{3h}

Quadro A3.4 Símbolos de grupos pontuais cristalográficos (cont.)

Símbolo completo de Hermann--Mauguin	Símbolo abreviado de Hermann--Mauguin*	Símbolo de Schoenflies
6/m		C_{6h}
622		D_6
6mm		C_{6v}
$\bar{6}m2$ ou $\bar{6}2m$		D_{3h}
6/m 2/m 2/m	6/mmm	D_{6h}
23		T
2/m $\bar{3}$	$m\bar{3}$	T_h
432		O
$\bar{4}3m$		T_d
4/m $\bar{3}$ 2/m	$m\bar{3}m$	O_h

*Apenas indicado quando for diferente do símbolo completo.

4 Apêndice
Os 230 grupos espaciais

Grupo pontual*	Grupo espacial**				
		Triclínico			
$1, C_1$	$1\ P1$ C_1^1				
$\bar{1}, C_i$	$2\ P\bar{1}$ C_i^1				
		Monoclínico			
$2, C_2$	$3\ P\ 1\ 2\ 1$ $P2, C_2^1$	$4\ P\ 1\ 2_1\ 1$ $P2_1, C_2^2$	$5\ C\ 1\ 2\ 1$ $C2, C_2^3$		
m, C_s	$6\ P\ 1\ m\ 1$ Pm, C_s^1	$7\ P\ 1\ c\ 1$ Pc, C_s^2	$8\ C\ 1\ m\ 1$ Cm, C_s^3	$9\ C\ 1\ c\ 1$ Cc, C_s^4	
$2/m, C_{2h}$	$10\ P\ 1\ 2/m\ 1$ $P2/m, C_{2h}^1$	$11\ P\ 1\ 2_1/m\ 1$ $P2_1/m, C_{2h}^2$	$12\ C\ 1\ 2/m\ 1$ $C2/m, C_{2h}^3$	$13\ P\ 1\ 2/c\ 1$ $P2/c, C_{2h}^4$	$14\ P\ 1\ 2_1/c\ 1$ $P2_1/c, C_{2h}^5$
	$15\ C\ 1\ 2/c\ 1$ $C2/c, C_{2h}^6$				
		Ortorrômbico			
$222, D_2$	$16\ P\ 2\ 2\ 2$ D_2^1	$17\ P\ 2\ 2\ 2_1$ D_2^2	$18\ P\ 2_1\ 2_1\ 2$ D_2^3	$19\ P\ 2_1\ 2_1\ 2_1$ D_2^4	$20\ C\ 2\ 2\ 2_1$ D_2^5
	$21\ C\ 2\ 2\ 2$ D_2^6	$22\ F\ 2\ 2\ 2$ D_2^7	$23\ I\ 2\ 2\ 2$ D_2^8	$24\ I\ 2_1\ 2_1\ 2_1$ D_2^9	
$mm2, C_{2v}$	$25\ P\ m\ m\ 2$ C_{2v}^1	$26\ P\ m\ c\ 2_1$ C_{2v}^2	$27\ P\ c\ c\ 2$ C_{2v}^3	$28\ P\ m\ a\ 2$ C_{2v}^4	$29\ P\ c\ a\ 2_1$ C_{2v}^5
	$30\ P\ n\ c\ 2$ C_{2v}^6	$31\ P\ m\ n\ 2_1$ C_{2v}^7	$32\ P\ b\ a\ 2$ C_{2v}^8	$33\ P\ n\ a\ 2_1$ C_{2v}^9	$34\ P\ n\ n\ 2$ C_{2v}^{10}
	$35\ C\ m\ m\ 2$ C_{2v}^{11}	$36\ C\ m\ c\ 2_1$ C_{2v}^{12}	$37\ C\ c\ c\ 2$ C_{2v}^{13}	$38\ A\ m\ m\ 2$ C_{2v}^{14}	$39\ A\ b\ m\ 2$ C_{2v}^{15}
	$40\ A\ m\ a\ 2$ C_{2v}^{16}	$41\ A\ b\ a\ 2$ C_{2v}^{17}	$42\ F\ m\ m\ 2$ C_{2v}^{18}	$43\ F\ d\ d\ 2$ C_{2v}^{19}	$44\ I\ m\ m\ 2$ C_{2v}^{20}
	$45\ I\ b\ a\ 2$ C_{2v}^{21}	$46\ I\ m\ a\ 2$ C_{2v}^{22}			
mmm, D_{2h}	$47\ P\ 2/m\ 2/m\ 2/m$ $Pmmm, D_{2h}^1$	$48\ P\ 2/n\ 2/n\ 2/n$ $Pnnn, D_{2h}^2$	$49\ P\ 2/c\ 2/c\ 2/m$ $Pccm, D_{2h}^3$	$50\ P\ 2/b\ 2/a\ 2/n$ $Pban, D_{2h}^4$	$51\ P\ 2_1/m\ 2/m\ 2/a$ $Pmma, D_{2h}^5$
	$52\ P\ 2/n\ 2_1/n\ 2/a$ $Pnna, D_{2h}^6$	$53\ P\ 2/m\ 2/n\ 2_1/a$ $Pmna, D_{2h}^7$	$54\ P\ 2_1/c\ 2/c\ 2/a$ $Pcca, D_{2h}^8$	$55\ P\ 2_1/b\ 2_1/a\ 2/m$ $Pbam, D_{2h}^9$	$56\ P\ 2_1/c\ 2_1/C\ 2/n$ $Pccn, D_{2h}^{10}$
	$57\ P\ 2/b\ 2_1/c\ 2_1/m$ $Pbcm, D_{2h}^{11}$	$58\ P\ 2_1/n\ 2_1/n\ 2/m$ $Pnnm, D_{2h}^{12}$	$59\ P\ 2_1/m\ 2_1/m\ 2/n$ $Pmmn, D_{2h}^{13}$	$60\ P\ 2_1/b\ 2/c\ 2_1/n$ $Pbcn, D_{2h}^{14}$	$61\ P\ 2_1/b\ 2_1/c\ 2_1/a$ $Pbca, D_{2h}^{15}$

Apêndice 4 Os 230 grupos espaciais

(CONT.)

Grupo pontual*	Grupo espacial**				
	62 $P\,2_1/n\,2_1/m\,2_1/a$ Pnma, D_{2h}^{16}	63 $C\,2/m\,2/c\,2_1/m$ Cmcm, D_{2h}^{17}	64 $C\,2/m\,2/c\,2_1/a$ Cmca, D_{2h}^{18}	65 $C\,2/m\,2/m\,2/m$ Cmmm, D_{2h}^{19}	66 $C\,2/c\,2/c\,2/m$ Cccm, D_{2h}^{20}
	67 $C\,2/m\,2/m\,2/a$ Cmma, D_{2h}^{21}	68 $C\,2/c\,2/c\,2/a$ Ccca, D_{2h}^{22}	69 $F\,2/m\,2/m\,2/m$ Fmmm, D_{2h}^{23}	70 $F\,2/d\,2/d\,2/d$ Fddd, D_{2h}^{24}	71 $I\,2/m\,2/m\,2/m$ Immm, D_{2h}^{25}
	72 $I\,2/b\,2/a\,2/m$ Ibam, D_{2h}^{26}	73 $I\,2_1/b\,2_1/c\,2_1/a$ Ibca, D_{2h}^{27}	74 $I\,2_1/m\,2_1/m\,2_1/a$ Imma, D_{2h}^{28}		
			Trigonal		
4, C_4	75 $P\,4$ C_4^1	76 $P\,4_1$ C_4^2	77 $P\,4_2$ C_4^3	78 $P\,4_3$ C_4^4	79 $I\,4$ C_4^5
	80 $I\,4_1$ C_4^6				
$\bar{4}$, S_4	81 $P\,\bar{4}$ S_4^1	82 $I\,\bar{4}$ S_4^2			
4/m, C_{4h}	83 $P\,4/m$ C_{4h}^1	84 $P\,4_2/m$ C_{4h}^2	85 $P\,4/n$ C_{4h}^3	86 $P\,4_2/n$ C_{4h}^4	87 $I\,4/m$ C_{4h}^5
	88 $I\,4_1/a$ C_{4h}^6				
422, D_4	89 $P\,4\,2\,2$ D_4^1	90 $P\,4\,2_1\,2$ D_4^2	91 $P\,4_1\,2\,2$ D_4^3	92 $P\,4_1\,2_1\,2$ D_4^4	93 $P\,4_2\,2\,2$ D_4^5
	94 $P\,4_2\,2_1\,2$ D_4^6	95 $P\,4_3\,2\,2$ D_4^7	96 $P\,4_3\,2_1\,2$ D_4^8	97 $I\,4\,2\,2$ D_4^9	98 $I\,4_1\,2\,2$ D_4^{10}
4mm, C_{4v}	99 $P\,4\,m\,m$ C_{4v}^1	100 $P\,4\,b\,m$ C_{4v}^2	101 $P\,4_2\,c\,m$ C_{4v}^3	102 $P\,4_2\,n\,m$ C_{4v}^4	103 $P\,4\,c\,c$ C_{4v}^5
	104 $P\,4\,c\,n$ C_{4v}^6	105 $P\,4_2\,m\,c$ C_{4v}^7	106 $P\,4_2\,b\,c$ C_{4v}^8	107 $I\,4\,m\,m$ C_{4v}^9	108 $I\,4\,c\,m$ C_{4v}^{10}
	109 $I\,4_1\,m\,d$ C_{4v}^{11}	110 $I\,4_1\,c\,d$ C_{4v}^{12}			
$\bar{4}2m$, $\bar{4}m2$, D_{2d}	111 $P\,\bar{4}\,2\,m$ D_{2d}^1	112 $P\,\bar{4}\,2\,c$ D_{2d}^2	113 $P\,\bar{4}\,2_1\,m$ D_{2d}^3	114 $P\,\bar{4}\,2_1\,c$ D_{2d}^4	115 $P\,\bar{4}\,m\,2$ D_{2d}^5
	116 $P\,\bar{4}\,c\,2$ D_{2d}^6	117 $P\,\bar{4}\,b\,2$ D_{2d}^7	118 $P\,\bar{4}\,n\,2$ D_{2d}^8	119 $I\,\bar{4}\,m\,2$ D_{2d}^9	120 $I\,\bar{4}\,c\,2$ D_{2d}^{10}
	121 $I\,\bar{4}\,2\,m$ D_{2d}^{11}	122 $I\,\bar{4}\,2\,d$ D_{2d}^{12}			
4/mmm, D_{4h}	123 $P\,4/m\,2/m\,2/m$ P4/mmm, D_{4h}^1	124 $P\,4/m\,2/c\,2/c$ P4/mcc, D_{4h}^2	125 $P\,4/n\,2/b\,2/m$ P4/nbm, D_{4h}^3	126 $P\,4/n\,2/n\,2/c$ P4/nnc, D_{4h}^4	127 $P\,4/m\,2_1/b\,2/m$ P4/mbm, D_{4h}^5
	128 $P\,4/m\,2_1/n\,2/c$ P4/mnc, D_{4h}^6	129 $P\,4/n\,2_1/n\,2/m$ P4/nmm, D_{4h}^7	130 $P\,4/n\,2_1/c\,2/c$ P4/ncc, D_{4h}^8	131 $P\,4_2/m\,2/m\,2/c$ P4$_2$/mmc, D_{4h}^9	132 $P\,4_2/m\,2/c\,2/m$ P4$_2$/mcm, D_{4h}^{10}
	133 $P\,4_2/n\,2/b\,2/c$ P4$_2$/nbc, D_{4h}^{11}	134 $P\,4_2/n\,2/n\,2/m$ P4$_2$/nnm, D_{4h}^{12}	135 $P\,4_2/m\,2_1/b\,2/c$ P4$_2$/mbc, D_{4h}^{13}	136 $P\,4_2/m\,2_1/n\,2/m$ P4$_2$/mnm, D_{4h}^{14}	137 $P\,4_2/n\,2_1/m\,2/c$ P4$_2$/nmc, D_{4h}^{15}

(CONT.)

Grupo pontual*		Grupo espacial**			
	138 $P\,4_2/n\,2_1/c\,2/m$ $P4_2/ncm$, D_{4h}^{16}	139 $I\,4/m\,2/m\,2/m$ $I4/mmm$, D_{4h}^{17}	140 $I\,4/m\,2/c\,2/m$ $I4/mcm$, D_{4h}^{18}	141 $I\,4_1/a\,2/m\,2/d$ $I4_1/amd$, D_{4h}^{19}	142 $I\,4_1/a\,2/c\,2/d$ $I4_1/acd$, D_{4h}^{20}

Trigonal

Grupo pontual*		Grupo espacial**			
3, C_3	143 $P\,3$ C_3^1	144 $P\,3_1$ C_3^2	145 $P\,3_2$ C_3^3	146 $R\,3$ C_3^4	
$\bar{3}$, C_{3i}	147 $P\,\bar{3}$ C_{3i}^1	148 $R\,\bar{3}$ C_{3i}^2			
3 2, 312, 321, D_3	149 $P\,3\,1\,2$ D_3^1	150 $P\,3\,2\,1$ D_3^2	151 $P\,3_1\,1\,2$ D_3^3	152 $P\,3_1\,2\,1$ D_3^4	153 $P\,3_2\,1\,2$ D_3^5
	154 $P\,3_2\,2\,1$ D_3^6	155 $R\,3\,2$ D_3^7			
3m, 3m1, 31m, C_{3v}	156 $P\,3\,m\,1$ C_{3v}^1	157 $P\,3\,1\,m$ C_{3v}^2	158 $P\,3\,c\,1$ C_{3v}^3	159 $P\,3\,1\,c$ C_{3v}^4	160 $R\,3\,m$ C_{3v}^5
	161 $R\,3\,c$ C_{3v}^6				
$\bar{3}m$, $\bar{3}1m$, $\bar{3}m1$, D_{3d}	162 $P\,\bar{3}\,1\,2/m$ $P\bar{3}1m$, D_{3d}^1	163 $P\,\bar{3}\,1\,2/c$ $P\bar{3}1c$, D_{3d}^2	164 $P\,\bar{3}\,2/m\,1$ $P\bar{3}m1$, D_{3d}^3	165 $P\,\bar{3}\,2/c\,1$ $P\bar{3}c1$, D_{3d}^4	166 $R\,\bar{3}\,2/m$ $R\bar{3}m$, D_{3d}^5
	167 $R\,\bar{3}\,2/c$ $R\bar{3}c$, D_{3d}^6				

Hexagonal

Grupo pontual*		Grupo espacial**			
6, C_6	168 $P\,6$ C_6^1	169 $P\,6_1$ C_6^2	170 $P\,6_5$ C_6^3	171 $P\,6_2$ C_6^4	172 $P\,6_4$ C_6^5
	173 $P\,6_3$ C_6^6				
$\bar{6}$, C_{3h}	174 $P\,\bar{6}$ C_{3h}^1				
6/m, C_{6h}	175 $P\,6/m$ C_{6h}^1	176 $P\,6_3/m$ C_{6h}^2			
622, D_6	177 $P\,6\,2\,2$ D_6^1	178 $P\,6_1\,2\,2$ D_6^2	179 $P\,6_5\,2\,2$ D_6^3	180 $P\,6_2\,2\,2$ D_6^4	181 $P\,6_4\,2\,2$ D_6^5
	182 $P\,6_3\,2\,2$ D_6^6				
6mm, C_{6v}	183 $P\,6\,m\,m$ C_{6v}^1	184 $P\,6\,c\,c$ C_{6v}^2	185 $P\,6_3\,c\,m$ C_{6v}^3	186 $P\,6_3\,m\,c$ C_{6v}^4	
$\bar{6}m2$, $\bar{6}2m$, D_{3h}	187 $P\,\bar{6}\,m\,2$ D_{3h}^1	188 $P\,\bar{6}\,c\,2$ D_{3h}^2	189 $P\,\bar{6}\,2\,m$ D_{3h}^3	190 $P\,\bar{6}\,2\,c$ D_{3h}^4	
6/mmm, D_{6h}	191 $P\,6/m\,2/m\,2/m$ $P6/mmm$, D_{6h}^1	192 $P\,6/m\,2/c\,2/c$ $P6/mcc$, D_{6h}^2	193 $P\,6_3/m\,2/c\,2/m$ $P6_3/mcm$, D_{6h}^3	194 $P\,6_3/m\,2/m\,2/c$ $P6_3/mmc$, D_{6h}^4	

Cúbico

Grupo pontual*		Grupo espacial**			
23, T	195 $P\,2\,3$ T^1	196 $F\,2\,3$ T^2	197 $I\,2\,3$ T^3	198 $P\,2_1\,3$ T^4	199 $I\,2_1\,3$ T^5
$m\bar{3}$, T_h	200 $P\,2/m\,\bar{3}$ $Pm\bar{3}$, T_h^1	201 $P\,2/n\,\bar{3}$ $Pn\bar{3}$, T_h^2	202 $F\,2/m\,\bar{3}$ $Fm\bar{3}$, T_h^3	203 $F\,2/d\,\bar{3}$ $Fd\bar{3}$, T_h^4	204 $I\,2/m\,\bar{3}$ $Im\bar{3}$, T_h^5

(CONT.)

Grupo pontual*	Grupo espacial**				
	205 $P\,2_1/a\,\bar{3}$ $Pa\bar{3}$, T_h^6	206 $I\,2_1/a\,\bar{3}$ $Ia\bar{3}$, T_h^7			
432, O	207 $P\,4\,3\,2$ O^1	208 $P\,4_2\,3\,2$ O^2	209 $F\,4\,3\,2$ O^3	210 $F\,4_1\,3\,2$ O^4	211 $I\,4\,3\,2$ O^5
	212 $P\,4_3\,3\,2$ O^6	213 $P\,4_1\,3\,2$ O^7	214 $I\,4_1\,3\,2$ O^8		
$\bar{4}3m$, T_d	215 $P\,\bar{4}\,3\,m$ T_d^1	216 $F\,\bar{4}\,3\,m$ T_d^2	217 $I\,\bar{4}\,3\,m$ T_d^3	218 $P\,\bar{4}\,3\,n$ T_d^4	219 $F\,\bar{4}\,3\,c$ T_d^5
	220 $I\,\bar{4}\,3\,d$ T_d^6				
$m\bar{3}m$, O_h	221 $P\,4/m\,\bar{3}$ $2/m$ $Pm\bar{3}m$, O_h^1	222 $P\,4/n\,\bar{3}\,2/n$ $Pn\bar{3}n$, O_h^2	223 $P\,4_2/m\,\bar{3}$ $2/n$ $Pm\bar{3}n$, O_h^3	224 $P\,4_2/n\,\bar{3}$ $2/m$ $Pn\bar{3}m$, O_h^4	225 $F\,4/m\,\bar{3}$ $2/m$ $Fm\bar{3}m$, O_h^5
	226 $F\,4/m\,\bar{3}\,2/c$ $Fm\bar{3}c$, O_h^6	227 $F\,4_1/d\,\bar{3}$ $2/m$ $Fd\bar{3}m$, O_h^7	228 $F\,4_1/d\,\bar{3}\,2/c$ $Fd\bar{3}c$, O_h^8	229 $I\,4/m\,\bar{3}\,2/m$ $Im\bar{3}m$, O_h^9	230 $I\,4_1/a\,\bar{3}\,2/d$ $Ia\bar{3}d$, O_h^{10}

*A primeira entrada é o símbolo abreviado de Hermann-Mauguin. O símbolo completo é dado no Quadro 4.4 e no Apêndice 3. A segunda entrada é o símbolo de Schoenflies.

**A primeira entrada é o número do grupo espacial; a segunda é o símbolo completo de Hermann-Mauguin; a terceira é o símbolo abreviado de Hermann-Mauguin, se ele for diferente do símbolo completo; a quarta entrada, quando aparece, é o símbolo de Schoenflies.

5 Apêndice
Números complexos

Um número complexo é aquele que pode ser escrito na forma:

$$z = a + ib$$

em que i é definido como $i = \sqrt{-1}$, sendo a a *parte real* do número e b a *parte imaginária*. O módulo de um número complexo $z = a + ib$ é representado por $|z|$, que é dado por:

$$|z| = \sqrt{a^2 + b^2}$$

O diagrama de Argand é a representação gráfica de um número complexo, z, escrito como $a + ib$. A parte real do número complexo, a, é lançada no eixo horizontal, e a parte imaginária, b, é lançada no eixo vertical. O número complexo z é representado pelo ponto com coordenadas cartesianas (a,b) (Fig. A5.1). (Esses diagramas também são denominados representações no plano gaussiano ou representações no plano de Argand).

O número complexo

$$z = a + ib$$

também pode ser escrito na forma polar, com **z** representando um vetor radial de comprimento r:

$$r = |z| = \sqrt{a^2 + b^2}$$

em que r é um escalar, ou seja, um número positivo sem propriedades direcionais, dado pelo módulo do vetor **z**, representado por $|z|$ (Fig. A5.2). O ângulo entre o vetor **z** e o eixo horizontal, ϕ, medido no sentido anti-horário a partir do eixo, é denominado *argumento*. As partes real e imaginária de **z** são dadas pelas projeções de **z** nos eixos horizontal e vertical, ou seja:

$$\text{parte real} = a = r \cos\phi$$
$$\text{parte imaginária} = b = r \sin\phi$$

e

$$\mathbf{z} = r \cos\phi + ir \sin\phi = r(\cos\phi + i \sin\phi)$$

O valor de ϕ é dado por:

$$\phi = \arctan(r \sin\phi / r \cos\phi) = \arctan(b/a)$$

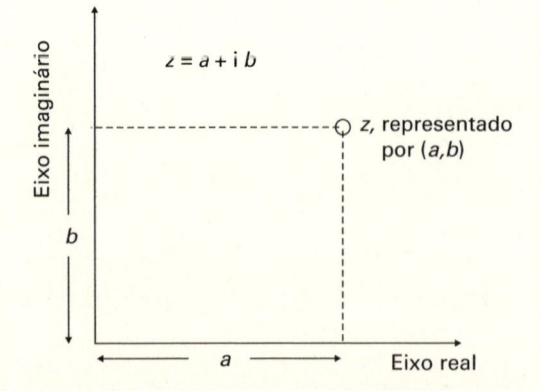

FIG. A5.1 Representação de um número complexo em um diagrama de Argand

O *número complexo conjugado* de z, representado por z*, é obtido substituindo-se i por –i:

$$z = a + ib$$
$$z^* = a - ib$$

O produto de um número complexo pelo seu complexo conjugado é sempre um número real:

$$z\,z^* = (a + ib)(a - ib) = a^2 - i^2 b^2 = a^2 + b^2$$

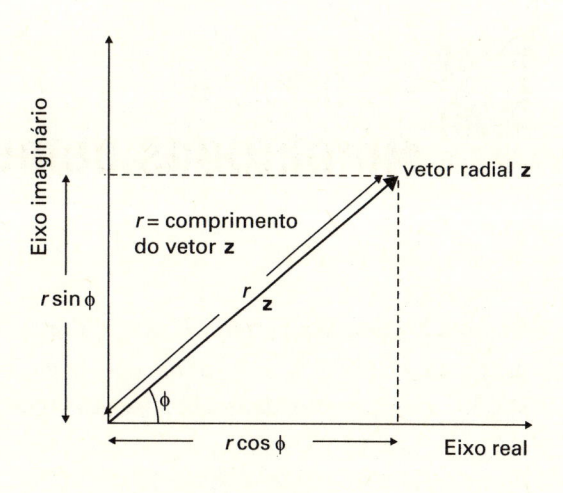

FIG. A5.2 Representação de um vetor como um número complexo

6 Apêndice
Amplitudes complexas

A soma de vetores que representam o espalhamento de um feixe de radiação por vários objetos pode ser feita de modo algébrico, da seguinte forma:

$$\mathbf{a} = a\,e^{i\phi} \quad \text{ou} \quad \mathbf{a} = a\,e^{-i\phi}$$

em que a é a magnitude escalar do vetor e ϕ é a fase. O vetor $\mathbf{a}$ é denominado *amplitude complexa*. O valor de i é considerado positivo quando a fase está adiantada em relação à fase padrão e negativo quando a fase está atrasada em relação à fase padrão (a fase padrão na difração de raios X é dada pelo átomo na origem da cela unitária (0, 0, 0)).

Essa terminologia permite que o espalhamento de raios X pelos átomos da cela unitária seja somado algebricamente, descrevendo o espalhamento de cada átomo da cela unitária como uma amplitude complexa $\mathbf{f}$:

$$\mathbf{f} = f\,e^{i\phi}$$

em que f é a magnitude escalar do fator de espalhamento e ϕ é a fase da onda espalhada. Aplicando-se a equação de Euler:

$$e^{i\phi} = \cos\phi + i\,\sin\phi$$

o espalhamento pode ser escrito como:

$$\mathbf{f} = f\{\cos\phi + i\,\sin\phi\}$$

Esse número complexo pode ser representado em forma polar como um vetor $\mathbf{f}$ em um diagrama de Argand, em que f é o comprimento do vetor de espalhamento e ϕ é o argumento (ou seja, ângulo de fase) associado a $\mathbf{f}$ (Fig. A6.1).

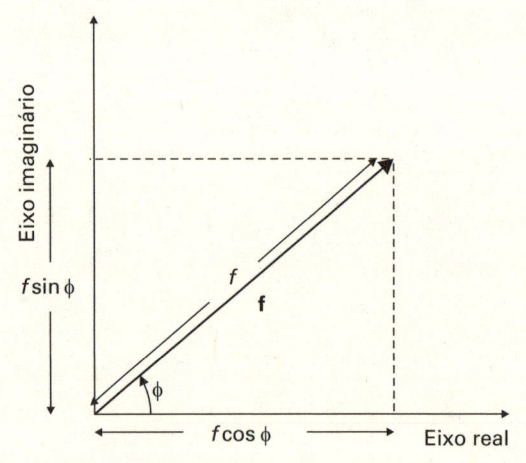

FIG. A6.1 Representação de um fator de espalhamento atômico como um vetor de amplitude complexo

A vantagem do uso dessa representação é que a adição algébrica é equivalente à adição vetorial. Por exemplo, suponha que seja necessário somar dois vetores, $\mathbf{f}_1$, de magnitude f_1 e fase ϕ_1, e $\mathbf{f}_2$, de magnitude f_2 e fase ϕ_2, para obter o vetor resultante $\mathbf{F}$, com magnitude F e fase θ, ou seja:

$$\mathbf{F} = F\,e^{i\theta} = f_1 e^{i\phi_1} + f_2 e^{i\phi_2}$$

Representando-os em um diagrama no plano de Argand (Fig. A6.2), vê-se que o deslocamento total ao longo do eixo real, X, é:

Apêndice 6 Amplitudes complexas · 247

$$X = x_1 + x_2 = f_1 \cos\phi_1 + f_2 \cos\phi_2$$

e ao longo do eixo imaginário, Y, é:

$$Y = y_1 + y_2 = f_1 \sin\phi_1 + f_2 \sin\phi_2$$

$$\mathbf{F} = (X + iY)$$

O comprimento de **F** é indicado por F:

$$F = \sqrt{X^2 + Y^2}$$

e o ângulo de fase é dado por:

$$\tan\theta = Y/X$$

É evidente que esse procedimento pode ser repetido com qualquer quantidade de termos para a obtenção da soma algébrica:

$$X = x_1 + x_2 + x_3 \ldots$$

$$= f_1 \cos\phi_1 + f_2 \cos\phi_2 + f_3 \cos\phi_3 \ldots$$

$$= \sum_{n=1}^{N} x_n = \sum_{n=1}^{N} f_n \cos\phi_n$$

$$Y = y_1 + y_2 + y_3 \ldots$$

$$= f_1 \sin\phi_1 + f_2 \sin\phi_2 + f_3 \sin\phi_3 \ldots$$

$$= \sum_{n=1}^{N} y_n = \sum_{n=1}^{N} f_n \sin\phi_n$$

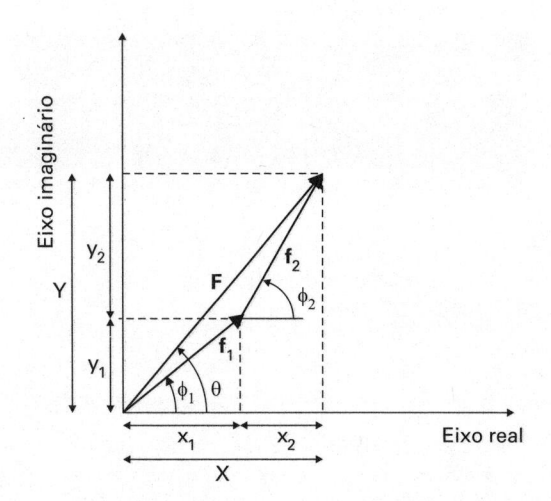

FIG. A6.2 Adição de dois vetores de amplitude complexos

com

$$F = \sqrt{X^2 + Y^2}$$

e

$$\tan\theta = Y/X$$

A intensidade do feixe espalhado, I, é dada pela multiplicação de **F** pelo seu complexo conjugado, **F*** (ver Apêndice 5), que resulta em um número real:

$$\mathbf{F} \cdot \mathbf{F}^* = (X + iY)(X - iY) = X^2 + Y^2 = F^2$$

ou

$$\mathbf{F} \cdot \mathbf{F}^* = Fe^{i\theta} \cdot Fe^{-i\theta} = F^2$$

Respostas dos problemas e exercícios

Capítulo 1

Teste rápido
1c, 2b, 3b, 4a, 5b, 6c, 7b, 8c, 9c, 10a.

Cálculos e questões

1.1 Gráfico, $a_H \approx 0{,}372$ nm; aritmético, $a_H = 0{,}375$ nm, $c_H = 1{,}051$ nm.

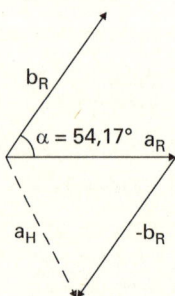

1.2 Átomos de Sn em: 000; 0,2369 nm, 0,2369 nm, 0,1594 nm. Átomos de O em: 0,1421 nm; 0,1421 nm, 0; 0,3790 nm, 0,09476 nm, 0,1594 nm; 0,3317 nm, 0,3317 nm, 0; 0,09476 nm, 0,3790 nm, 0,1594 nm. Volume = 0,0716 nm³.

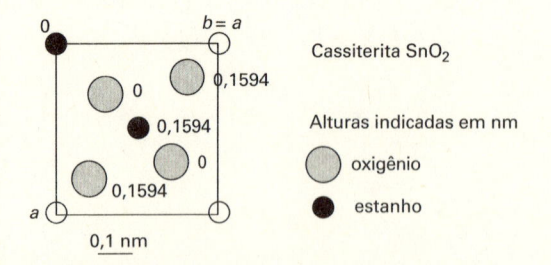

1.3 Número de unidades de fórmula, Z = 1 $SrTiO_3$.

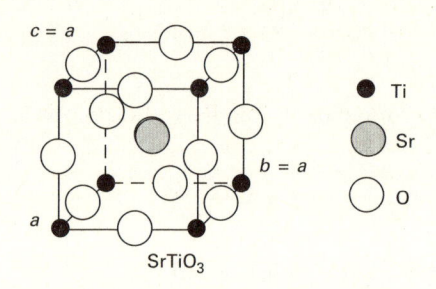

1.4 a) 4.270 kg m^{-3}; **b)** 4.886 kg m^{-3}.

1.5 0,7014 nm.

1.6 95,9 g mol^{-1}.

1.7 23,8 g mol^{-1} (Mg).

1.8 2.

Capítulo 2

Teste rápido
1b, 2c, 3a, 4a, 5c, 6a, 7c, 8c, 9b, 10b.

Cálculos e questões

2.1 a) Não é um retículo; **b)** retangular; **c)** hexagonal; **d)** retangular centrado; **e)** não é um retículo; **f)** oblíquo.

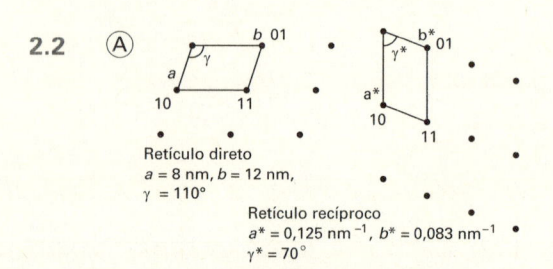

2.2 Retículo direto: $a = 8$ nm, $b = 12$ nm, $\gamma = 110°$. Retículo recíproco: $a^* = 0{,}125$ nm^{-1}, $b^* = 0{,}083$ nm^{-1}, $\gamma^* = 70°$.

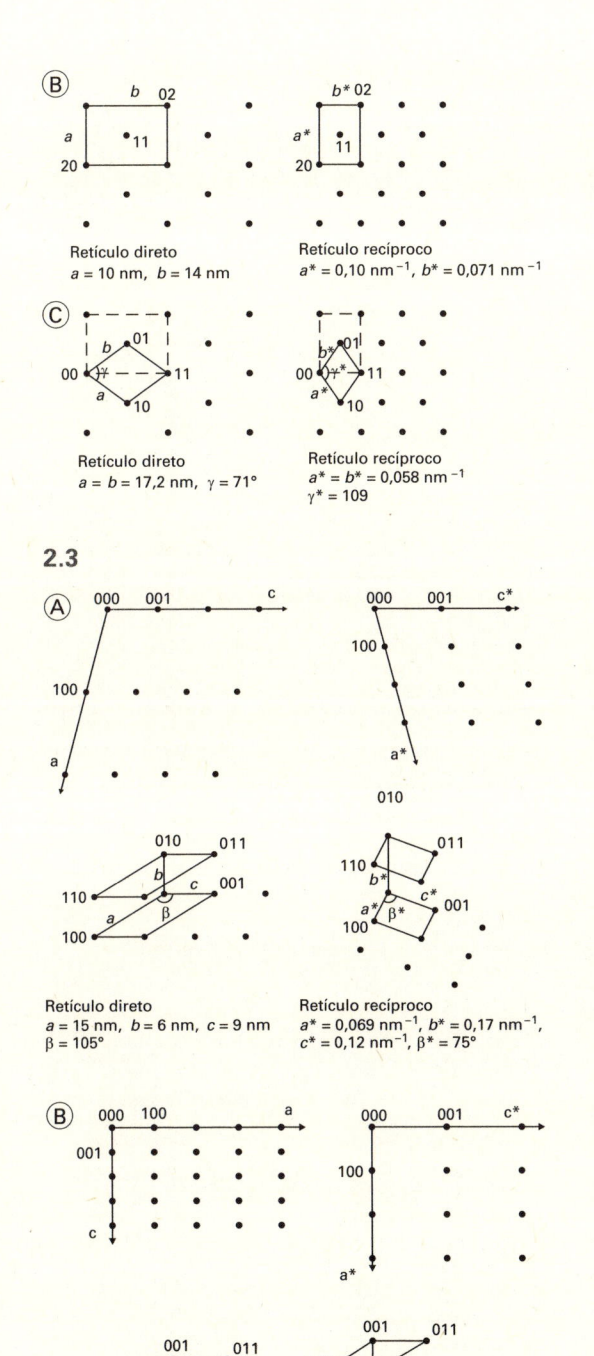

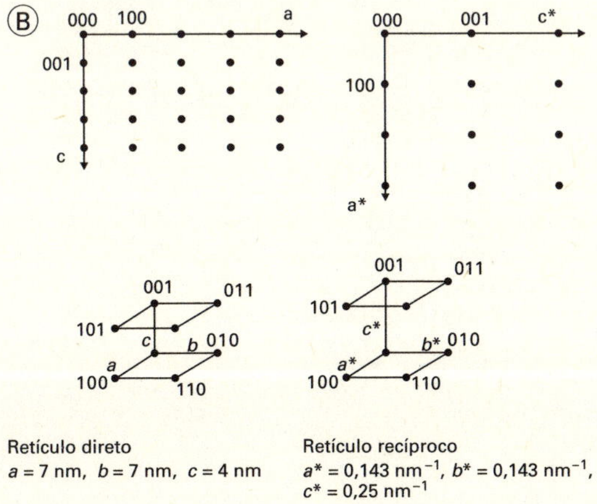

Respostas dos problemas e exercícios · 249

2.5 a) (110), (11$\overline{2}$0); **b)** (1$\overline{1}$0), (1$\overline{1}$00); **c)** (3$\overline{2}$0), (3$\overline{2}$$\overline{1}$0); **d)** (410), (41$\overline{5}$0); **e)** (3$\overline{1}$0), (3$\overline{1}$$\overline{2}$0).

2.6 a) [110]; **b)** [$\overline{1}$20]; **c)** [$\overline{3}$$\overline{1}$0]; **d)** [010]; **e)** [$\overline{1}$$\overline{3}$0].
2.7 a) [001]; **b)** [12$\overline{2}$]; **c)** [01$\overline{1}$]; **d)** [101].

2.8 a) 0,2107 nm; **b)** 0,2124 nm; **c)** 0,2812 nm; **d)** 0,1359 nm; **e)** 0,3549 nm.

Capítulo 3

Teste rápido
1c, 2b, 3b, 4c, 5b, 6a, 7c, 8a, 9b, 10c.

Cálculos e questões
3.1 a) 5, m (através de cada vértice); 5m; **b)** 2, m (horizontal), m (vertical), centro de simetria; 2mm; **c)** m (vertical); m; **d)** 4, m (vertical), m (diagonal), centro de simetria; 4mm; **e)** 2, m (horizontal), m (vertical), centro de simetria; 2mm.

3.2 a) Eixo de simetria de ordem quatro no centro do padrão. **b)** eixo de simetria de ordem dois no centro do padrão mais um plano de simetria vertical através do centro do padrão.

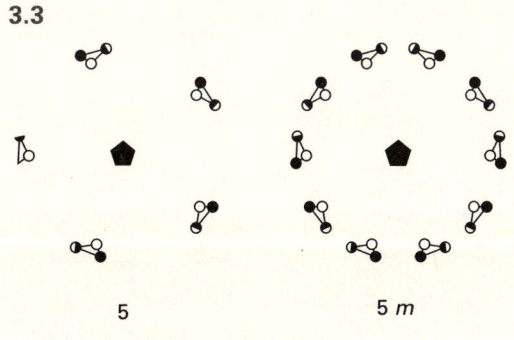

3.4 a) $p2$; **b)** pg; **c)** $p2gg$.

3.5 a) $p4$; **b)** $p4mm$; **c)** $p31m$.

3.6 (0,125, 0,475); (0,875, 0,525); (0,875, 0,475); (0,125, 0,525); (0,625, 0,975); (0,375, 0,025); (0,375, 0,975); (0,625, 0,025).

3.7 (0,210, 0,395); (0,790, 0,605); (0,605, 0,210); (0,395, 0,790); (0,290, 0,895); (0,710, 0,105); (0,895, 0,710); (0,105, 0,290).

Capítulo 4

Teste rápido
1b, 2a, 3c, 4b, 5c, 6b, 7b, 8b, 9a, 10c.

Cálculos e questões
4.1 a) 2, 3, m, $\bar{4}$; $\bar{4}3m$; T_d.
b) 3, 2, m (vertical), m (horizontal); $\bar{6}m2$ ou $\bar{6}2m$; D_{3h}.
c) 3, m (vertical); $3m$ ($3m1$ ou $31m$); C_{3v}.
d) 6, 2, $\bar{1}$, m (vertical), m (horizontal); $6/mmm$; D_{6h}.
e) 4, $\bar{4}$, 3, $\bar{3}$, 2, $\bar{1}$, m (vertical), m (horizontal); $m\bar{3}m$; O_h.

4.2 a) $2/m$, **b)** m, **c)** 2.

4.3 a) mmm, **b)** $mm2$, **c)** 222.

4.4 a) $\dfrac{2}{m}\dfrac{2}{m}\dfrac{2}{m}$; **b)** $\dfrac{4}{m}\dfrac{2}{m}\dfrac{2}{m}$; **c)** $\bar{3}\dfrac{2}{m}$; **d)** $\dfrac{6}{m}\dfrac{2}{m}\dfrac{2}{m}$; **e)** $\dfrac{4}{m}\bar{3}\dfrac{2}{m}$.

4.5 a) Três eixos de simetria de ordem quatro através do centro de cada face quadrada; quatro eixos $\bar{3}$ ao longo das diagonais do corpo; seis eixos de ordem dois ao longo das diagonais das faces; planos de simetria perpendiculares a cada eixo 2 e 4.
b) Para ir de $4/m\,\bar{3}\,2/m$ para $2/m\,\bar{3}$, é necessário remover todos os eixos de ordem quatro (caso contrário, o primeiro símbolo continuará sendo 4 e o sistema se tornará tetragonal) e substituí-los por eixos de ordem dois.

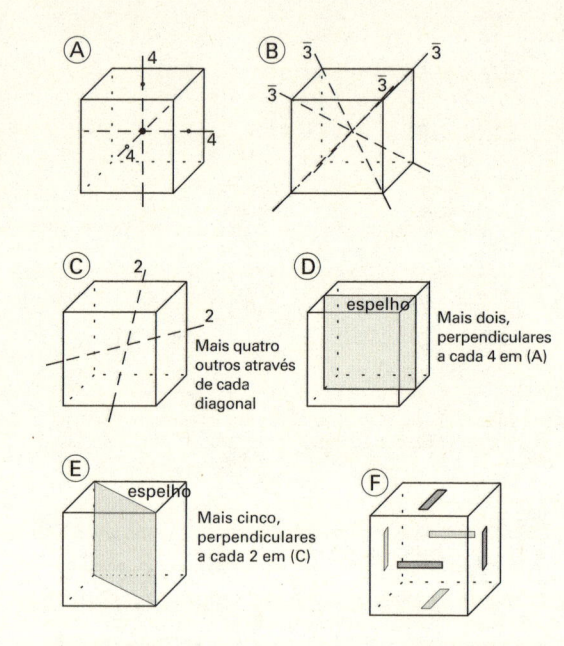

4.6 a) Cu, $m\bar{3}m$; **b)** Fe, $m\bar{3}m$; **c)** Mg, $6/mmm$.

4.7 b) Cúbico; **c)** cúbico; **d)** hexagonal.

Capítulo 5

Teste rápido
1b, 2a, 3b, 4c, 5c, 6a, 7c, 8b, 9b, 10c.

Cálculos e questões
5.1

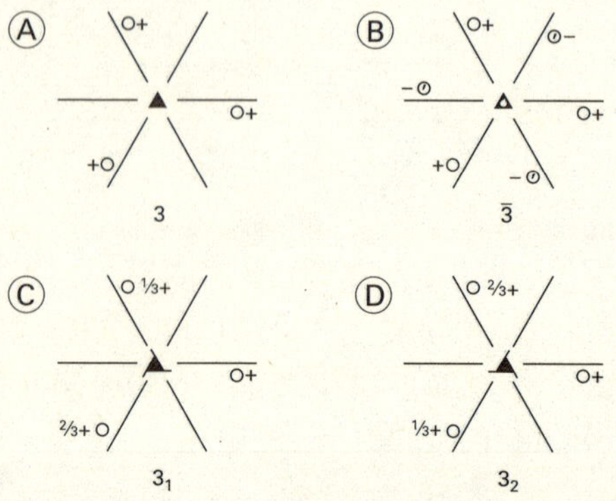

5.2 a) $P\,1\,c\,1$; **b)** $P\,2/m\,2/m\,2/m$; **c)** $P\,4_2/n\,2/b\,2/c$; **d)** $P\,6_3/m\,2/c\,2/m$; **e)** $F\,4/m\,\bar{3}\,2/m$.

5.3 a) Eixo de ordem quatro.
b)

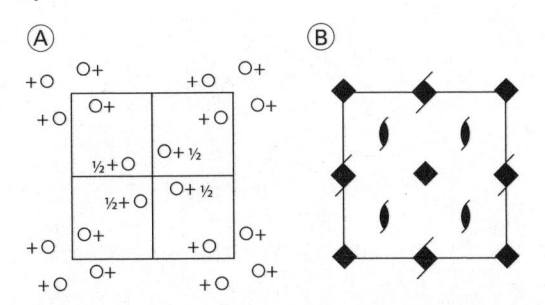

(A) (B)

c) Eixo helicoidal de ordem dois, 2_1; eixo helicoidal de ordem quatro, 4_2.

5.4 000 + cada um de: $x, y, z; \bar{x}, \bar{y}, z; \bar{y}, x, z; y, \bar{x}, z$; ½ ½ ½ + cada um de: $x, y, z; \bar{x}, \bar{y}, z; \bar{y}, x, z; y, \bar{x}, z$.

5.5 a) Eixo de ordem quatro paralelo ao eixo c; planos de simetria com normais segundo [100], [010]; planos de simetria com normais segundo [110], [1$\bar{1}$0].
b) Eixos de ordem dois, planos deslizantes.
c) 2 Pu.
d) Pu(1): 0, 0, 0. Pu(2): ½, ½, 0,4640.
e) 4 S.
f) S(1): 0, 0, 0,3670. S(2): ½, ½, 0,0970. S(3): ½, 0, 0,7320. S(4): 0, ½, 0,7320.

Capítulo 6

Teste rápido
1b, 2c, 3a, 4c, 5a, 6b, 7a, 8c, 9b, 10c.

Cálculos e questões
6.1 (111), 9,54°; (200), 11,04°; (220), 15,71°; (311), 18,51°; (222), 19,36°; (400), 34,68°.

6.2 a) 0,2291 nm; **b)** 10,2 nm.

6.3

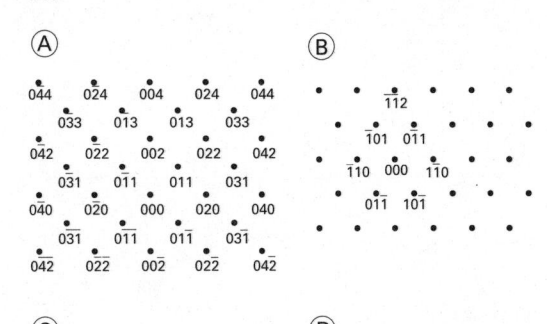

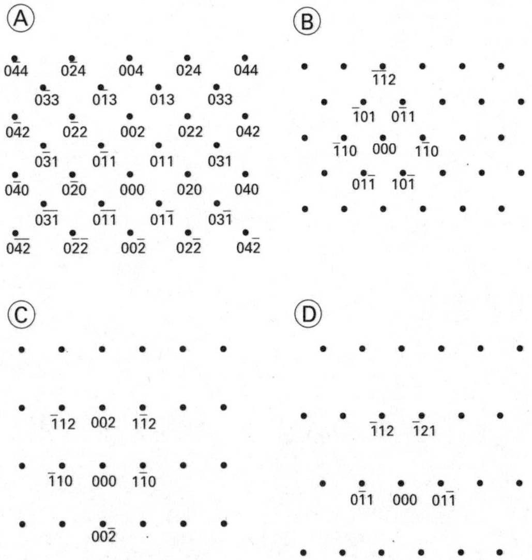

(A) (B) (C) (D)

O valor de λl depende da escala da figura. Se a distância de 000 para 020 em (A) for, por exemplo, 20 mm, λl será igual a 3,30 mm nm.

6.4

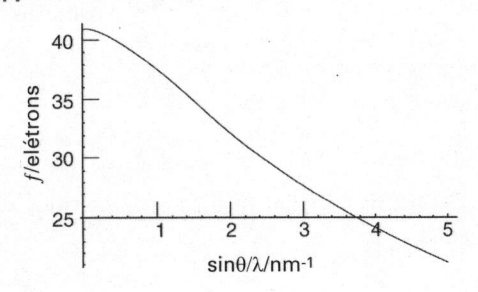

6.5

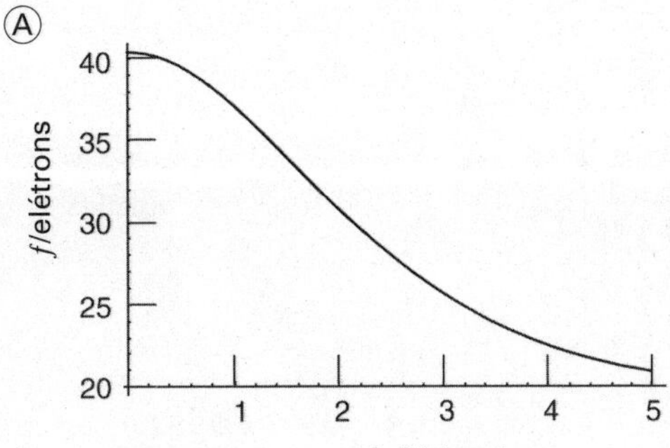

(A)

Nb, $B = 0{,}1$ nm²

252 · Cristalografia

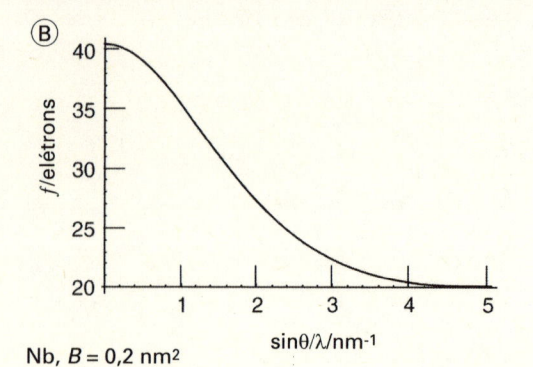

Nb, $B = 0{,}2$ nm²

a) 0,036 nm; **b)** 0,050 nm.

6.6

$F_{110} = 37{,}46$, fase = 0.

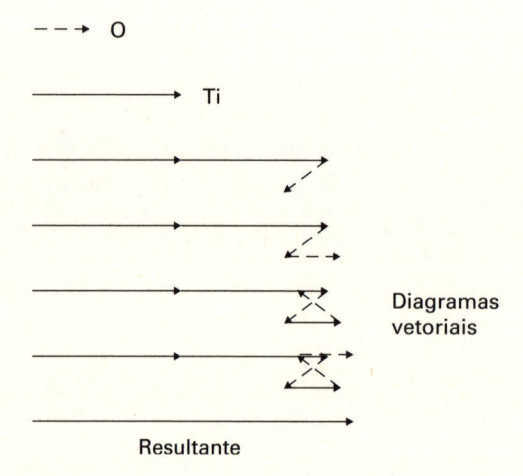

Diagramas vetoriais

Resultante

O diagrama vetorial resulta em um valor de 37,5 para F.

6.7 a) 5.138; **b)** 124,318.

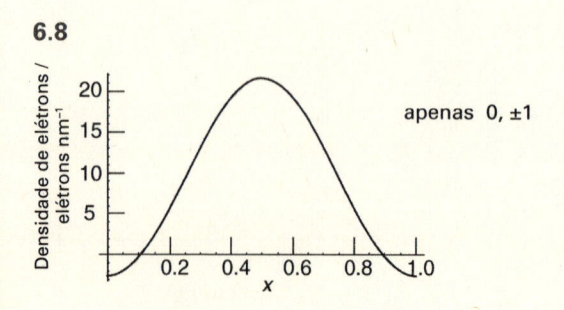

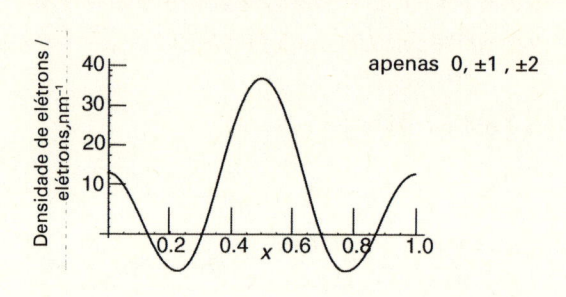

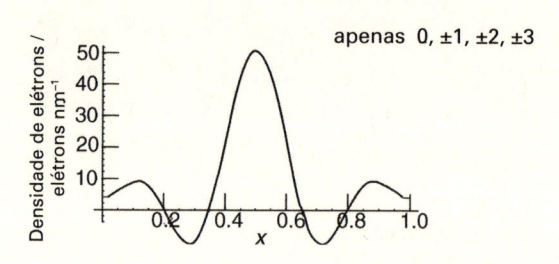

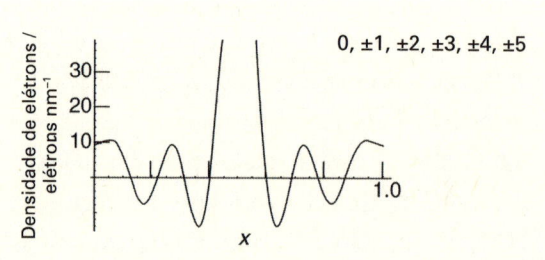

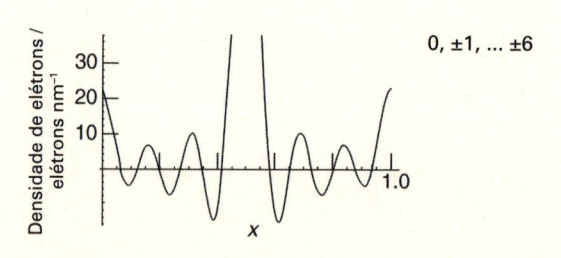

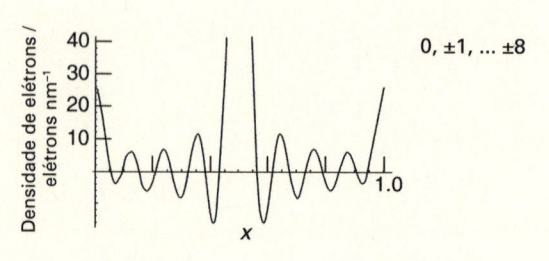

6.8

apenas 0, ±1

apenas 0, ±1, ±2

apenas 0, ±1, ±2, ±3

0, ±1, ±2, ±3, ±4, ±5

0, ±1, ... ±6

0, ±1, ... ±8

Capítulo 7

Teste rápido
1c, 2b, 3b, 4a, 5c, 6a, 7a, 8b, 9c, 10b.

Cálculos e questões
7.1 a) Temperatura ambiente, $a = 0,2838$ nm; alta temperatura, $a = 0,3603$ nm.
b) Temperatura ambiente, $a = 0,2924$ nm, $c = 0,4775$ nm; alta temperatura, $a = 0,3286$ nm.
c) Temperatura ambiente, $a = 0,5583$ nm; alta temperatura, $a = 0,4432$ nm.

7.2 $r(Cl)$, 0,181 nm; $r(Li)$, 0,075 nm; $r(Na)$, 0,101 nm; $r(K)$, 0,134 nm; $r(Rb)$, 0,148 nm; $r(Cs)$, 0,170 nm.

7.3 A distribuição normal apresenta o melhor ajuste.

7.4 O melhor ajuste é obtido com o sítio 1 contendo Nb^{5+} e o sítio 2 contendo Zr^{4+}.

7.5 a) Li_2O; **b)** $FeTiO_3$; **c)** Ga_2S_3; **d)** $CdCl_2$; **e)** Fe_2SiO_4; **f)** Cr_5O_{12}.

7.6

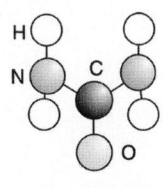

Raio metálico 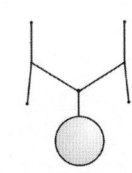   Raio iônico

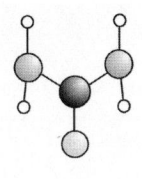

Raio covalente 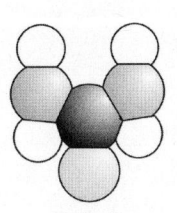   Raio de Van der Waals

Os raios iônicos claramente representam a descrição mais pobre da estrutura. Os raios metálicos são surpreendentemente similares aos raios de Van der Waals, sendo, portanto, aceitáveis.

Capítulo 8

Teste rápido
1b, 2b, 3a, 4b, 5c, 6a, 7c, 8b, 9b, 10a.

Cálculos e questões
8.1 a) f(sítios mistos) = 22,72, F_{200} = 28,50; intensidade = 789,9.
b) F_{200} (TiO_2 puro) = 13,80; intensidade (TiO_2 puro) = 190,6.
c) F_{200} (SnO_2 puro) = 61,5; intensidade (SnO_2 puro) = 3.778,6.

8.2 A lei de Vegard é obedecida.
a) ≈ 1,2223 nm.
b) $x \approx 0,27$, ou seja, $(Y_{0,27}Tm_{0,73})_3Ga_5O_{12}$.

8.3 a) Vacâncias, $La_{0,948}Mn_{0,948}O_3$, intersticiais, $LaMnO_{3,165}$.
b) Vacâncias, 6.594,2 kg m^{-3}, intersticiais, 6.956,9 kg m^{-3}.

8.4

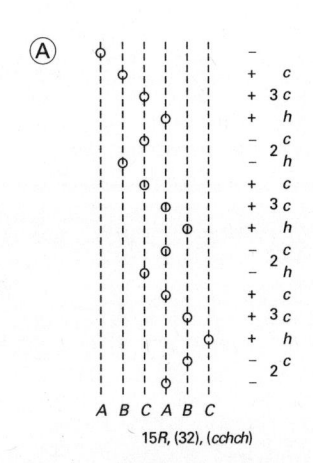

Ⓐ

$A\ B\ C\ A\ B\ C$
15R, (32), (cchch)

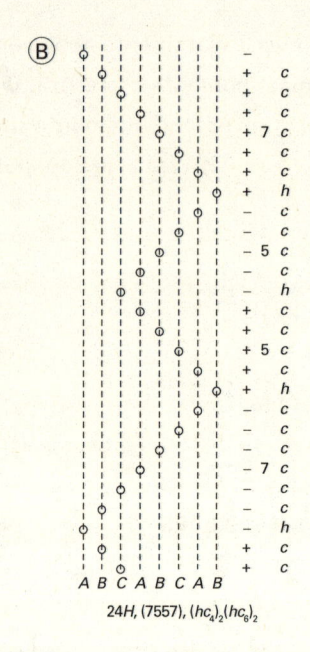

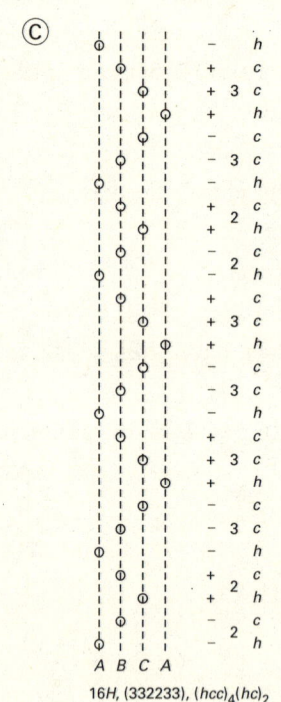

8.5 a) O plano CC se situa na metade da distância entre (102) e (103) (ver figura adiante), (205), $W_nO_{3n-1,5}$.

b) $A_{4,666}B_{3,666}O_{12}$, $n = 3,666$, (3 ⅔).

c) $Bi_2A_{1,5}B_{2,5}O_{10,5}$, $n = 2,5$, (2 ½).

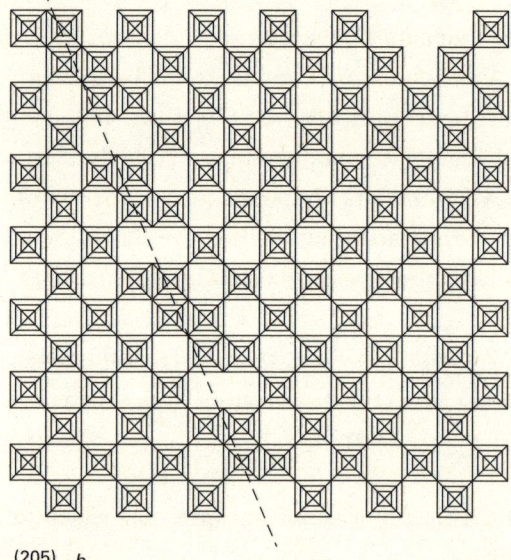

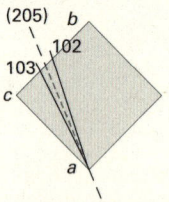

8.6 a) $Ba_{1,111}Fe_2S_4$, $c = 5,02$ nm (valor médio).
b) $Ba_{14}(Fe_2S_4)_{13}$, $c = 7,14$ nm (valor médio).
c) $Sr_8(TiS_3)_7$, $c = 2,092$ nm (valor médio).

Bibliografia

A fonte das informações estruturais usadas neste livro é do Serviço de Banco de Dados de Química do EPSRC (Engineering and Physical Sciences Research Council), em Daresbury, Reino Unido, que pode atualmente ser acessado pelo site do CDS/RSC (Chemical Database Service, da Royal Society of Chemistry), <http://cds.rsc.org/>.

Ver: FLETCHER, D. A.; McMEEKING, R. F.; PARKIN, D. *J. Chem. Inf. Comput. Sci.*, v. 36, p. 746-749, 1996.

O formato das referências na literatura científica é: volume, número das páginas, ano.

A internet

Para muitos, a internet é a primeira referência. Neste livro, foram incluídas poucas referências a páginas da internet, pois a maioria delas tende a ser efêmera. Em geral, elas são produzidas com grande entusiasmo inicial, e depois, esquecidas.

Um problema no uso da internet é a quantidade de informação armazenada. Por exemplo, uma busca por *quasicristais* retorna cerca de 250.000 páginas de referências, enquanto uma busca por *Cristalografia de Proteínas* resulta em mais de 2 milhões de referências (em meados de 2005). Não obstante, a internet é uma fonte importante de informações e pode ser muito útil quando consultada de modo criterioso, sendo, provavelmente, o melhor ponto de partida quando o assunto é novo.

As estruturas cristalinas podem ser mais bem visualizadas em modelos tridimensionais feitos por computação gráfica, que podem ser rotacionados e observados de qualquer direção. Há um número crescente de programas disponíveis para a produção desses modelos. Um primeiro passo pode ser uma busca por *programas gratuitos em Cristalografia* (*crystallographic freeware* ou *crystallographic shareware*). A busca por *programas em Cristalografia* (*crystallographic software*) também irá indicar programas comerciais, não gratuitos.

O site do CDS/RSC (http://cds.rsc.org/) oferece opções e programas para a representação gráfica de estruturas cristalinas.

As estruturas de proteínas podem ser vistas em vários formatos, rotacionadas ou transformadas, e estão compiladas no banco de dados Protein Data Bank (http://www.rscb.prg/pdb).

Programas disponíveis para aplicações cristalográficas, além de várias outras informações cristalográficas, podem ser encontrados no site CCP14 (http://www.ccp14.ac.uk/).

Os valores de coeficientes de Cromer-Mann usados no cálculo dos fatores de espalhamento atômico foram obtidos no site do Lawrence Livermore National Laboratory (http://www.llnl.gov/). Esse site tem excelentes tutoriais on-line sobre o cálculo de fatores de espalhamento, fatores de estrutura e intensidade de difração para arranjos atômicos unidimensionais – vale o investimento de algumas horas de estudo.

A União Internacional de Cristalografia (International Union of Crystallography) oferece informações sobre todos os aspectos da Cristalografia (http://www.iucr.ac.uk/). Esse site contém um grande número de folhetos (*teaching pamphlets*) e outros materiais educativos.

Programas comerciais

O programa usado para produzir muitas das figuras deste livro foi CaRIne 3.1. Esse programa é de fácil uso e adequado a estruturas inorgânicas. Uma versão mais avançada, CaRIne 4.0, já está disponível para utilização. Vários outros programas, mais adequados à modelagem molecular, podem ser encontrados em uma busca por *programa em Cristalografia* (*crystallographic software*) na internet.

Livros gerais e introdutórios

A simetria na natureza é apresentada por:
STEWART, I. *What shape is a snowflake?* London: Weidenfeld and Nicolson, 2001.

Para uma introdução à Química Orgânica, incluindo descrições de proteínas, ver:
McMURRAY, J. *Organic Chemistry*. 6th ed. International Student Editions, Thompson Brooks/Cole, 2004.

Os grupos pontuais de moléculas são apresentados por:
ATKINS, P. W. *Physical Chemistry*. 5th ed. Oxford: Oxford University Press, 1994.
SHRIVER, D. F.; ATKINS, P. W.; LANGFORD, C. H. *Inorganic Chemistry*. 2nd ed. Oxford: Oxford University Press, 1994.

Tamanhos e raios atômicos

Raios atômicos são discutidos por:
ALCOCK, N. W. *Structure and Bonding*. Chichester: Ellis Horwood, 1990.

Várias informações sobre estrutura e tamanho de átomos podem ser encontradas em capítulos de:
O'KEEFFE, M.; NAVROTSKY, A. (Ed.). *Structure and Bonding in Crystals*. New York: Academic Press, 1981. 2 v.

Especialmente:
BAUR, W. H. Interatomic distance predictions for computer simulation of crystal structures. In: O'KEEFFE, M.; NAVROTSKY, A. (Ed.). *Structure and Bonding in Crystals*. New York: Academic Press, 1981. chapter 15.
O'KEEFFE, M.; HYDE, B. G. The role of non-bonded forces in crystals. In: O'KEEFFE, M.; NAVROTSKY, A. (Ed.). *Structure and Bonding in Crystals*. New York: Academic Press, 1981. chapter 10.
SHANNON, R. D. Bond distances in sulfides and a preliminary table of sulfide crystal radii. In: O'KEEFFE, M.; NAVROTSKY, A. (Ed.). *Structure and Bonding in Crystals*. New York: Academic Press, 1981.

Valência de ligação

BRESE, N.; O'KEEFFE, M. Bond-valence parameters for solids. *Acta Crystallogr.*, B47, p. 192-197, 1991.
BROWN, I. D. The bond-valence method: an empirical approach to chemical structure and bonding. In: O'KEEFFE, M.; NAVROTSKY, A. (Ed.). *Structure and Bonding in Crystals*. New York: Academic Press, 1981. chapter 14.
BROWN, I. D. *The Chemical Bond in Inorganic Chemistry*. Oxford: Oxford University Press, 2002. (International Union of Crystallography Monographs on Crystallography, 12).
MARIN, S. J.; O'KEEFFE, M.; PARTIN, D. E. Structures and Crystal Chemistry of Ordered

Spinels: $LiFe_5O_8$, $LiZnNbO_4$, and Zn_2TiO_4. *Journal of Solid State Chemistry*, v. 113, p. 413--419, 1994.

MÜLLER, P.; KÖPKE, S.; SHELDRICK, G. M. Is the bond-valence method able to identify metal atoms in protein structures? *Acta Crystallogr.*, D59, p. 32-37, 2003.

Cristalografia, Química e Física de Cristais

Vários aspectos da Cristalografia e das estruturas cristalinas são abordados, com base em diferentes perspectivas, nos livros indicados a seguir. Alguns são relativamente antigos, mas estão disponíveis em boas bibliotecas e devem ser consultados.

BARNABÉ, A.; GAUDON, M.; BERNARD, C.; LABERTY, C.; DURAND, B. Low temperature synthesis and structural characterization of over-stoichiometric $LaMnO_{3+\delta}$ perovskites. *Materials Research Bulletin*, v. 39, p. 725-735, 2004.

BRAGG, W. L. *The Development of X-ray Analysis*. New York: Dover, 1992.

BRUCE, M. I.; HUMPHREY, P. A.; SCHMUTZLER, R.; SKELTON, B. W.; WHITE, A. H. Ruthenium carbonyl clusters containing PMe_4 (nap) and derived ligands (nap = 1-naphthyl): generation of naphthalyne derivatives. *Journal of Organometallic Chemistry*, v. 690, p. 784-791, 2005. [com permissão da Elsevier].

DESTRO, R.; MARSH, R. E.; BIANCHI, R. A low-temperature (23 K) study of L-alanine. *Journal of Phys. Chem.*, v. 92, p. 966-973, 1988.

DOVE, M. T. On the computer modeling of diopside; toward a transferable potential for silicate minerals. *American Mineralogist*, v. 74, p. 774-779, 1989. [fornecido pelo banco de dados EPSRC, da RSC].

GIACOVAZZO, C.; MONACO, H. L.; ARTIOLI, G.; VITERBO, D.; FERRARIS, G.; GILLI, G.; ZANOTTI, G.; CATTI, M. *Fundamentals of Crystallography*. 2nd ed. Oxford: Oxford University Press, 2002.

HAMMOND, C. *Introduction to Crystallography*. Oxford: Oxford University Press, 1990. (Royal Microscopical Society Microscopy Handbooks, 19).

HYDE, B. G.; ANDERSSON, S. *Inorganic Crystal Structures*. New York: Wiley-Interscience, 1989.

JETTE, E. R.; FOOTE, F. An X-Ray Study of the Wüstite (FeO) Solid Solutions. *Journal of Chem. Phys.*, v. 1, p. 29, 1933.

LIU, F. S.; SUN, B. J.; LIANG, J. K.; LIU, Q. L.; LUO, J.; ZANG, Y.; WANG, L. X.; YAO, J. N.; RAO, G. H. Optical properties of $(Y_{1-x}Tm_x)_3GaO_6$ and subsolidus phase relation of Y_2O_3–Ga_2O_3–Tm_2O_3. *Journal of Solid State Chemistry*, v. 178, p. 1064-1070, 2005.

MARCON, J. P.; PASCARD, R. Sulfures et séléniures supérieurs de plutonium. *Comptes Rendus de l'Académie des Sciences*, Paris, série C, t. 262, p. 1679-1681, 1966. [fornecido pelo banco de dados EPSRC, da RSC].

MEYER, T.; HOENLE, W.; von SCHNERING, H. G. *Z. anorg. allgem. Chemie*, n. 552, p. 69-80, 1987. [fornecido pelo banco de dados EPSRC, da RSC].

MÜLLER, O.; ROY, R. *The major ternary structural families*. Berlin: Springer-Verlag, 1974. p. 5.

ONODA, M.; SAEKI, M.; YAMAMOTO, A.; KATO, K. Structure refinement of the incommensurate composite crystal $Sr_{1.145}TiS_3$ through the Rietveld analysis process. *Acta Crystallogr.*, B49, p. 929-936, 1993.

PEARSON, W. B. *The Crystal Chemistry and Physics of Metals and Alloys*. New York: Wiley-Interscience, 1972.

ROUSSEAU, J-J. *Basic Crystallography*. Chichester: Wiley, 1998.

SHANNON, R. D.; PREWITT, C. T. Effective Ionic Radii in Oxides and Fluorides. *Acta Crystallogr.*, B25, p. 925-946, 1969.

SHANNON, R. D.; PREWITT, C. T. Revised values of effective ionic radii. *Acta Crystallogr.*, B26, p. 1046-1048, 1970.

SMITH, J. V. *Geometrical and Structural Crystallography*. New York: Wiley, 1982.

SUBHA NANDHINI, M.; KRISHNAKUMAR, R. V.; NATARAJAN, S. DL-Alanine. *Acta Crystallogr.*, C57, p. 614-615, 2001.

WELLS, A. F. *Structural Inorganic Chemistry*. 5th ed. Oxford: Oxford University Press, 1984.

ZAVODNIK, V.; STASH, A.; TSIRELSON, V.; de VRIES, R.; FEIL, D. Electron density study of urea using TDS-corrected X-ray diffraction data: quantitative comparison of experimental and theoretical results. *Acta Crystallogr.*, B55, p. 45-54, 1999.

ZORINA, N. G.; KVITKA, S. S. Refinement of the structure of the spinel Al_2MgO_4. *Kristallografiya*, v. 13, p. 703-705, 1968.

A determinação de estruturas cristalinas é tratada por:

CLEGG, W. *Crystal Structure Determination*. Oxford: Oxford University Press, 1998. (Oxford Chemistry Primers, 60).

MASSA, W. *Crystal Structure Determination*. English translation by R. O. Gould. New York: Springer-Verlag, 2001.

VITERBO, D. Solution and refinement of crystal structures. In: GIACOVAZZO, C.; MONACO, H. L.; ARTIOLI, G.; VITERBO, D.; FERRARIS, G.; GILLI, G.; ZANOTTI, G.; CATTI, M. *Fundamentals of Crystallography*. 2nd ed. Oxford: Oxford University Press, 2002. chapter 6. [este capítulo também contém descrições de métodos diretos].

A simetria é abordada em nível fundamental em:

HAHN, T. (Ed.). *International Tables for Crystallography*. 2nd ed. Dordrecht: International Union of Crystallography/D. Reidel, 1987. v. A: Space-group symmetry.

Um bom estudo sobre as regras de Pauling pode ser encontrado em:

BLOSS, F. D. *Crystallography and Crystal Chemistry*. New York: Holt, Rinehart and Winston, 1971.

Estruturas cristalinas em termos de poliedros com ânions centrados são discutidas por:

GORTER, E. W. In: INT. CONG. FOR PURE AND APPLIED CHEMISTRY, 1959, Munich. London: Butterworths, 1960. p. 303.

O'KEEFFE, M.; HYDE, B. G. An alternative approach to non-molecular crystal structures. In: GLEITZER, C.; GOODENOUGH, J. B.; HYDE, B. G.; O'KEEFFE, M.; WESER, U. *Cation Ordering and Electron Transfer*. New York: Springer-Verlag, 1985. v. 61. p. 77-144. (Structure and Bonding).

As propriedades físicas dos cristais são abordadas por:

BLOSS, F. D. *Crystallography and Crystal Chemistry*. New York: Holt, Rinehart and Winston, 1971.

CATTI, M. Physical properties of crystals: phenomenology and modelling. In: GIACOVAZZO, C.; MONACO, H. L.; ARTIOLI, G.; VITERBO, D.; FERRARIS, G.; GILLI, G.; ZANOTTI, G.; CATTI, M. *Fundamentals of Crystallography*. 2nd ed. Oxford: Oxford University Press, 2002. chapter 10.

Difração de elétrons e microscopia eletrônica

As revisões mais acessíveis sobre microscopia eletrônica, especialmente a geometria dos padrões de difração de elétrons, são:

HIRSCH, P. B.; HOWIE, A.; NICHOLSON, R. B.; PASHLEY, D. W.; WHELAN, M. J. *Electron Microscopy of Thin Crystals*. London: Butterworths, 1965.

Infelizmente esse livro é difícil de ser encontrado.

WILLIAMS, D. B.; CARTER, C. B. *Transmission Electron Microscopy*. New York: Kluwer Academic/Plenum, 1996.

Estruturas incomensuradamente moduladas

GIACOVAZZO, C. Beyond ideal crystals. In: GIACOVAZZO, C.; MONACO, H. L.; ARTIOLI, G.; VITERBO, D.; FERRARIS, G.; GILLI, G.; ZANOTTI, G.; CATTI, M. *Fundamentals of Crystallography*. 2nd ed. Oxford: Oxford University Press, 2002. chapter 4.

JANSSEN, T.; JANNER, A. Incommensurability in crystals. *Adv. Physics*, v. 36, p. 519-624, 1987.

MAKOVICKY, E.; HYDE, B. G. Incommensurate, two-layer structures with complex crystal chemistry: minerals and related synthetics. *Materials Science Forum*, v. 100 & 101, p. 1-100, 1992.

VAN SMAALEN, S. Incommensurate crystal structures. *Crystal. Reviews*, v. 4, p. 79-202, 1995.

WIEGERS, G. A. Misfit layer compounds: structures and physical properties. *Prog. Solid State Chemistry*, v. 24, p. 1-139, 1996.

WITHERS, R. L.; SCHMID, S.; THOMPSON, J. G. Compositionally and/or displacively flexible systems and their underlying crystal chemistry. *Prog. Solid State Chemistry*, v. 26, p. 1-96, 1998.

Informações fundamentais sobre padrões de difração incomensurados são dadas por:

SCHMUELI, U. (Ed.). *International Tables for Crystallography*. 2nd ed. Dordrecht: International Union of Crystallography/D. Reidel, 2001. v. B: Reciprocal space.

Referências sobre $Ba_xFe_2S_4$:

GREY, I. E. The structure of $Ba_5Fe_9S_{18}$. *Acta Crystallogr.*, B31, p. 45-48, 1975.

ONODA, M.; KATO, K. Refinement of structures of the composite crystals $Ba_xFe_2S_4$ (x = 10/9 and 9/8) in a four-dimensional formalism. *Acta Crystallogr.*, B47, p. 630-634, 1991.

E referências ali citadas.

Referências sobre Sr_xTiS_3:

GOURDON, O.; PETRICEK, V.; EVAIN, M. A new structure type in the hexagonal perovskite family; structure determination of the modulated misfit compound $Sr_{9/8}TiS_3$. *Acta Crystallogr.*, B56, p. 409-418, 2000.

SAEKI, M.; OHTA, M.; KURASHIMA, K.; ONODA, M. Composite crystal $Sr_{8/7}TiS_y$ with y = 2.84 – 2.97. *Materials Research Bulletin*, v. 37, p. 1519-1529, 2002.

E referências ali citadas.

Estruturas modulares

BARONNET, A. Polytypism and stacking disorder. *Reviews in Mineralogy and Geochemistry*, Mineralogical Soc. America, v. 27, p. 231-288, 1992. Edited by P. R. Busek. chapter 7.

FERRARIS, G. Mineral and inorganic crystals. In: GIACOVAZZO, C.; MONACO, H. L.; ARTIOLI, G.; VITERBO, D.; FERRARIS, G.; GILLI, G.; ZANOTTI, G.; CATTI, M. *Fundamentals of Crystallography*. 2nd ed. Oxford: Oxford University Press, 2002. chapter 7.

FERRARIS, G.; MAKOVICKY, E.; MERLINO, S. *Crystallography of Modular Materials*. Oxford: Oxford University Press, 2004. (International Union of Crystallography Monographs on Crystallography, 15).

TILLEY, R. J. D. *Principles and Applications of Chemical Defects*. Cheltenham: Stanley Thornes, 1998. especially chapter 9.

VEBLEN, D. R. Polysomatism and polysomatic series: a review and applications. *American Mineralogist*, v. 76, p. 801-826, 1991.

VEBLEN, D. R. Electron microscopy applied to nonstoichiometry, polysomatism and replacement reactions in minerals. *Reviews in Mineralogy and Geochemistry*, Mineralogical Soc. America, v. 27, p. 181-230, 1992. Edited by P. R. Busek. chapter 6.

Redes

DELGARDO-FRIEDRICHS, O.; O'KEEFFE, M. Crystal nets as graphs: terminology and definitions. *Journal of Solid State Chemistry*, v. 178, p. 2480-2485, 2005.

DELGARDO-FRIEDRICHS, O.; FOSTER, M. D.; O'KEEFFE, M.; PROSERPIO, D. M.; TREACY, M. M. J.; YAGHI, O. M. What do we know about three-periodic nets? *Journal of Solid State Chemistry*, v. 178, p. 2533-2544, 2005.

O'KEEFFE, M.; HYDE, B. G. Plane nets in crystal chemistry. *Phil. Trans. Royal Soc. Lond.*, v. 295, p. 553-623, 1980.

As ilustrações desses artigos devem ser consultadas. Veja também as referências ali citadas, além de vários artigos em *Journal of Solid State Chemistry*, v. 152, 2000.

Proteínas

Química e Física de Proteínas, incluindo caracterização estrutural, são claramente descritas em:

WHITFORD, D. *Proteins, Structure and Function*. Chichester: Wiley, 2005.

A história inicial da Cristalografia de Proteínas pode ser encontrada em <http://www.umass.edu/microbio/rasmol/1st_xtls.htm>.

A solução de estrutura cristalina, com informações sobre a solução do problema das fases em estruturas de proteínas, é tratada por:

VITERBO, D. Solution and refinement of crystal structures. In: GIACOVAZZO, C.; MONACO, H. L.; ARTIOLI, G.; VITERBO, D.; FERRARIS, G.; GILLI, G.; ZANOTTI, G.; CATTI, M. *Fundamentals of Crystallography*. 2nd ed. Oxford: Oxford University Press, 2002. chapter 6.

ZANOTTI, G. Protein crystallography. In: GIACOVAZZO, C.; MONACO, H. L.; ARTIOLI, G.; VITERBO, D.; FERRARIS, G.; GILLI, G.; ZANOTTI, G.; CATTI, M. *Fundamentals of Crystallography*. 2nd ed. Oxford: Oxford University Press, 2002. chapter 9.

A primeira descrição de estrutura de proteína foi de mioglobina:

KENDREW, J. C.; BODO, G.; DINTZIS, H. M.; PARRISH, R. G.; WYCKOFF, H.; PHILLIPS, D. C. A three-dimensional model of the myoglobin molecule obtained by X-ray analysis. *Nature*, v. 181, p. 662-666, 1958.

Quasicristais

A primeira publicação sobre um quasicristal é:

SCHECHTMAN, D.; BLECH, I.; GRATIAS, D.; CAHN, J. W. Metallic phase with long-range orientational order and no translational symmetry. *Phys. Rev. Letters*, v. 53, p. 1951--1953, 1984.

Ver também:

GIACOVAZZO, C. Beyond ideal crystals. In: GIACOVAZZO, C.; MONACO, H. L.; ARTIOLI, G.; VITERBO, D.; FERRARIS, G.; GILLI, G.; ZANOTTI, G.; CATTI, M. *Fundamentals of Crystallography*. 2nd ed. Oxford: Oxford University Press, 2002. chapter 4.

NELSON, D. R. Quasicrystals. *Scientific American*, v. 255, n. 2, p. 32, 1986.

SAITOH, K.; TANAKA, M.; TSAI, A. P.; ROSSOUW, C. J. Alchemi studies on quasicrystals. *JEOL News*, v. 39, n. 1, p. 20, 2004.

SENECHAL, M. *Quasicrystals and Geometry*. Cambridge: Cambridge Univ. Press, 1995.

STEPHENS, P. W.; GOLDMAN, A. I. The structure of quasicrystals. *Scientific American*, v. 264, n. 4, p. 24, 1991.

YAMAMOTO, A. Crystallography of quasiperiodic crystals. *Acta Crystallogr.*, A52, p. 509-560, 1996.

Mosaicos

GARDNER, M. Mathematical Games. *Scientific American*, v. 233, n. 1, p. 112, 1975. [referência usada para criar a Fig. 3.16].

GARDNER, M. Mathematical Games. *Scientific American*, v. 233, n. 2, p. 112-115, 1975.

GARDNER, M. Mathematical Games. *Scientific American*, v. 236, n. 1, p. 110, 1977. [referência usada para criar as Figs. 3.17 e 3.18].

GIACOVAZZO, C. Beyond ideal crystals. In: GIACOVAZZO, C.; MONACO, H. L.; ARTIOLI, G.; VITERBO, D.; FERRARIS, G.; GILLI, G.; ZANOTTI, G.; CATTI, M. *Fundamentals of Crystallography*. 2nd ed. Oxford: Oxford University Press, 2002. chapter 4.

GRÜNBAUM, B.; SHEPHARD, G. C. *Tilings and Patterns*. New York: W. H. Freeman, 1987.

Índice remissivo

A

absorção anômala 161
ácido
    2-aminopropiônico 115, 116, 117, 119
    mesotartárico 96
    racêmico 95, 96
    tartárico 95, 96, 97
actinídeos 175
adição e subtração de vetores 136
agregados de icosaedros 227, 229
alanina 76, 96, 100, 115, 116, 117, 118, 119, 120, 142, 156
α-hélice 179, 195, 196, 200
aminoácido 76, 96, 115, 156, 157, 194, 196, 197, 199, 200
    α 156
amplitude complexa 136
anatásio 20, 184
ângulo
    de Bragg 125, 126, 132, 142, 144, 163, 165, 166
    de ligação 171, 178
    interplanar 47
antiferromagnético 97, 98
aragonita 210
arseneto de níquel, *ver* estruturas cristalinas.
atividade óptica 77, 87, 92, 94, 95, 96, 100, 116, 120
ausências
    estruturais 141, 167
    sistemáticas 139, 140, 141, 154, 167

B

bases cristalográficas convencionais 29
borda de absorção 161, 162
Bose-Einstein 170

C

cadeia polipeptídica 195
calcita 210
carbeto de silício 210, 211, 212, 213
carborundum 210, 211, 212, 213, 230
cassiterita 25, 148
cela
    centrada 28
    de Wigner-Seitz 30, 31, 33, 36, 37, 38, 39
        ver também estruturas cristalinas.
cela unitária
    cristalográfica convencional 29
    estrutural 14
    morfológica 13, 14
    parâmetros de 14, 24, 205, 206, 223, 224
    primitiva 27, 33, 34, 48, 65
    volume da 23, 26, 44, 45, 46, 47, 154, 171, 173, 206, 207
centro
    de simetria 54, 77, 78, 79, 81, 83, 85, 89, 95, 96, 97, 99, 107, 109, 114, 116, 117, 137, 139, 140, 226
    quiral 96, 156
cerâmica magnética 97

classes cristalinas 11, 13, 15, 76, 88, 91, 92, 99, 146
    polares 91
classes
    de Laue 89, 90, 139, 226
    não centrossimétricas 95
clino 208
cloreto de césio 17, 234
coeficientes de Cromer-Mann 133, 138, 168
compostos paramagnéticos 97
comprimento de ligação 178, 179, 180, 181, 182
condensação de Fermi 170
condições de reflexão 140
condutores iônicos rápidos 190
configuração molecular 116
constante da câmera 128, 129
construção de Ewald 127, 128, 130
contraste da imagem 151, 153
coordenação de cátions 179, 185
Corey-Pauling-Koltun 179
corindon 184, 189, 190
    ver também estruturas cristalinas.
cristal
    biaxial 94
    com maior grau de desordem 130
    delgado 131
    ferroelétrico 91, 98
    fotônico 163, 164, 165
    piroelétrico 90, 91, 92
    quasiperiódico 226, 229
    uniaxial 94
Cristalografia de Proteínas 154, 156, 157, 167, 193, 198
cubo regular 79, 101, 102

D

d-alanina 116

dados de alta resolução 193
dardo 70, 71, 228
defeito 11, 24, 150, 152, 203, 204, 205, 206, 207, 208, 209, 225, 226, 229, 230
    estrutural 152
    plano 207, 208, 209, 229
    plano desordenado 208
    pontual 204, 206, 207, 230
densidade 23, 24, 26, 89, 93, 133, 141, 151, 152, 153, 154, 157, 158, 170, 171, 178, 179, 199, 206, 207, 213, 214, 230
    eletrônica 141, 151, 157, 158, 170, 171, 199
derivativo de metal pesado 160, 161, 162
deslizamento 61, 62, 63, 64, 66, 73, 103, 114, 118
determinação de estrutura 11, 15, 16, 124, 125, 134, 143, 147, 149, 154, 155, 170, 171, 180, 193, 199
dextrogiro 95, 100
diagrama
    de Argand 136, 137
    Ortep 143, 144
    cristalográfico padrão 65, 66
    de grupo espacial 65, 66, 67, 110, 112, 114, 116, 117, 118, 119
diamante 17, 107, 122, 192
    ver também estruturas cristalinas.
    hexagonal 192
diferença de Bijvoet 162
difração
    de elétrons 15, 127, 128, 129, 130, 147, 148, 149, 150, 167, 168, 216, 226, 227
    de nêutrons 124, 153, 154, 155, 156, 166, 167, 178, 194
    de raios X 15, 16, 96, 124, 125, 130, 132, 143, 144, 145, 147, 148, 149, 152, 153, 154, 155, 163, 166, 167, 178, 196, 199, 200
    de raios X de monocristal 155
    de raios X pelo método do pó 145

pelo método do pó 143, 144, 146, 148, 155
    teoria cinemática da 132, 149
    teoria dinâmica da 149
difusão 187, 188, 189, 190, 191, 200
    aniônica 188
    de cátions 188, 189, 190, 200
diopsídio 113, 114, 115, 187, 188
dióxido
    de chumbo 148
    de estanho 25, 148
dipolo
    elétrico 90, 91, 92, 98, 99, 223
    magnético 93, 97, 98
direção
    em cristais hexagonais 45
    polar 91, 92
dispersão anômala
    múltipla 161, 163
    única 162
DL-alanina 116, 119
DNA 194
dobramento 194, 195, 197
dodecaedro 36, 38, 39, 79, 83, 188, 189
    regular 79
    romboédrico 36, 38, 39, 188, 189
domínio 97, 98, 102, 197, 208
    magnético único 98

E

efeito
    Compton 134
    do tamanho 131, 206
    piroelétrico 91, 92
eixo
    da zona 44
    de inversão 78, 79, 80, 81, 83, 87, 95, 99, 107, 109, 116, 117

helicoidal dextral 120
hexagonal 12
óptico 94, 95
polar 93
polar único 92, 93
romboédrico 12, 13, 34, 48, 82, 105, 107
eixo de simetria
    de rotoinversão 76, 99
    de rotorreflexão 81, 82
    de rototranslação 122
    helicoidal 103, 104, 105, 111, 112, 118, 120
    impróprio 78, 81, 87, 99
    pêntade 54, 77
    próprio 68, 81
elementos de simetria 15, 52, 53, 54, 55, 56, 57, 58, 59, 60, 62, 63, 64, 65, 66, 67, 68, 71, 72, 73, 76, 78, 80, 81, 83, 84, 85, 87, 88, 89, 91, 95, 97, 99, 101, 103, 104, 105, 106, 107, 108, 109, 110, 112, 114, 116, 117, 118, 119, 120, 121, 122, 123, 88, 140, 141
empacotamento
    compacto de esferas 174, 183
    cúbico compacto de esferas 173
    cúbico de face centrada com ânion 188
    de esferas 163, 170, 183, 193, 200
    de metais (cátions) 185
    de não metais (ânions) 183
    hexagonal compacto 17, 164, 172, 173, 174, 175, 183, 185, 202
    hexagonal compacto de esferas 172
enantiômero 96, 116, 120, 156
enantiomorfo 76, 97, 100, 109
enstatita 217
equação de Bragg 125, 126, 164
esfalerita 17, 91, 184, 188, 189, 192, 210, 211, 212
    ver também estruturas cristalinas.
esfera de Ewald 126, 127, 128, 130, 131, 132, 146

espaçamento interplanar 45, 125, 166
espalhamento 25, 124, 132, 133, 134, 135, 136, 137, 138, 141, 142, 147, 148, 155, 157, 158, 159, 160, 161, 162, 163, 165, 166, 167, 168, 170, 199, 201, 204, 231
espinélio
   invertido 182, 183, 204
   normal 182, 184, 185, 204
      ver também estruturas cristalinas.
estrutura, *ver* estruturas cristalinas.
   com desajustes entre camadas 223
   comensuradamente modulada 223, 224
   cúbica de corpo centrado (A2), *ver* estruturas cristalinas.
   cúbica de corpo centrado do ferro 98
   da fluorita 17, 20, 21, 26, 42, 186, 188, 204
      ver também estruturas cristalinas.
   da halita 17, 19, 20, 25, 141, 168, 183, 185, 188, 189, 201, 206, 207, 218
   da perovskita 207, 208, 220
      ver também estruturas cristalinas.
   da skutterudita 227
   da wurtzita 211
   de longo período 210
   de vernier 223
   do espinélio 182, 183
      ver também estruturas cristalinas.
   do rutilo 17, 20, 21, 26, 147, 148, 184, 148
      ver também estruturas cristalinas.
   em escada de chaminé 223
   hexagonal compacta 19, 189, 190
   incomensuradamente modulada 203, 220, 223, 225, 229
   infinitamente adaptável 225
   magnética do ferro 98
   modulada 220, 221, 222, 223
   modular 203, 207, 208, 210, 220, 228
   não periódica 152

estruturas cristalinas
   da alanina 76, 115
   da esfalerita 189, 211, 212
   da fluorita 17, 20, 21, 26, 42, 186, 188, 204
   da grafita 191
   da pirita 235
   da ureia 21, 22
   da wurtzita 93, 190, 192, 211
   do arseneto de níquel 235
   do cloreto de césio 234
   do cobre 18, 174, 203
   do corindon 235
   do diamante 192
   do diopsídio 113, 115, 187, 188
   do espinélio 167, 182, 185, 189, 190, 201, 204
   do fosfeto de césio 112, 113
   do magnésio 19, 174, 175
   do nitreto de boro 191
   do titanato de estrôncio 236
   do rutilo 17, 20, 21, 26, 147, 148, 184, 148
   do trióxido de rênio 186
   do tungstênio 18, 174

F

face centrada
   A 34
   B 34
   C 34
falhas planas 208, 215
família cristalina 11, 12, 15
   anórtica 11, 12
   isométrica 11, 12
fase 57, 71, 130, 134, 135, 136, 137, 138, 139, 144, 147, 153, 154, 157, 158, 159, 160, 161, 162, 163, 167, 168, 186, 204,

205, 207, 208, 209, 210, 213, 215, 216, 217, 218, 219, 220, 221, 222, 223, 224, 225, 228, 229, 230, 231, 232, 169
fases
    com celas geminadas tropoquímicas 207
    com intercrescimento 207
    de Aurivillius 219, 220, 230, 232
    de cisalhamento cristalográfico 213
    de Ruddleston-Popper 218, 230, 232
    geminadas polissintéticas 207
    polissomáticas 207
    relativas 134
fator
    B 142
    de confiabilidade 154
    de Debye-Waller 142
    de espalhamento atômico 132, 133, 137, 141, 142, 160, 161, 165, 166, 204, 231
    de espalhamento complexo 161
    de espalhamento do sítio 204
    de estrutura 132, 134, 136, 137, 139, 140, 141, 142, 153, 154, 158, 159, 160, 161, 162, 163, 167, 171, 231, 169
    de estrutura complexo 161
    de forma 132, 215
    de ocupação 203, 204, 221, 230
    de ocupação do sítio 204, 221, 230
    de polarização 146
    R 154
    térmico atômico 142
    térmico isotrópico 142, 143
ferrita de bário 97
ferro 17, 97, 98, 102, 185, 202, 206, 207, 223, 224, 225, 232
    α 98
    β 98
figuras de corrosão 89
fita beta 196, 197
fluorita 17, 20, 21, 26, 42, 44, 167, 185, 186, 188, 204

folha beta 195, 196, 197, 200, 201
forma 11, 13, 14, 15, 17, 20, 22, 23, 25, 29, 30, 36, 37, 38, 39, 44, 46, 52, 53, 54, 58, 60, 66, 69, 70, 71, 72, 73, 76, 77, 83, 86, 88, 89, 91, 92, 94, 95, 96, 97, 98, 99, 100, 101, 105, 108, 113, 115, 116, 118, 120, 126, 127, 128, 130, 131, 132, 134, 135, 137, 138, 143, 144, 145, 147, 148, 149, 150, 151, 154, 155, 156, 157, 158, 166, 167, 170, 173, 174, 177, 178, 179, 180, 183, 184, 185, 187, 188, 193, 195, 196, 198, 199, 205, 206, 207, 208, 210, 211, 212, 215, 216, 217, 218, 219, 220, 221, 223, 224, 225, 228, 230, 231
    cristalina 25, 210
fosfeto de césio 112, 113
franjas de retículo 151, 152
função de Patterson 158, 161

G

geometria octaédrica 183
geração de segundos harmônicos 96, 97
glicina 156
grade de fibras de Bragg 164
grafita 191, 193
    ver também estruturas cristalinas.
grupo
    espacial 65, 66, 67, 104, 105, 106, 108, 109, 110, 111, 112, 114, 115, 116, 117, 118, 119, 121, 122, 123, 154, 155, 157, 167
    plano 52, 60, 61, 62, 63, 64, 65, 66, 67, 68, 69, 72, 74, 75
    pontual polar 91
grupos
    centrossimétricos 86, 90
    de dipolos magnéticos 97
    de simetria 63
    enantiomórficos 92

neutros 99
grupos pontuais 73
    antissimétricos 99
    de cores 99
    e grupos espaciais 108
    e propriedades físicas 89
    não cristalográficos 76
    pretos e brancos 99
    tridimensionais gerais 85

H

hábito 11, 15
hélice 96, 179, 195, 196, 197, 200
    ver também estruturas cristalinas.
hemoglobina 156, 157, 198
hiato de banda fotônica 165

I

icosaedro 34, 79, 83, 226, 227, 228, 229
    regular 79
imagens de estrutura 153
indexação 50, 126, 128, 168
índice de refração 93, 94, 95, 101, 164, 165
índices
    de Miller 14, 25, 39, 40, 42, 43, 44, 45, 125, 137
    de Miller-Bravais 42, 50, 51
    de Weber 45
    principais 94
intensidade 131-148
    da difração de pó 147
intercrescimento 207, 210, 217, 218, 219, 229
    plano 217
iodeto de prata 190
íons de par solitário 177
isômeros ópticos 96

L

ladrilhos 69
l-alanina 115, 116, 117, 156
lantanídeos 159, 175, 218
lei
    de Bragg 124, 125, 126, 127, 128, 130, 133, 134, 135, 144, 146, 147, 154, 155, 163, 165, 166, 167, 228
    de Friedel 139, 162
    de Vegard 205, 231
levogiro 95, 100, 116
ligação
    de hidrogênio 166
    de Van der Waals 178
    peptídica 156
    tripla 194
liga
    desordenada 204
    metálica 203, 226, 227, 229, 230
    ordenada 210
ligas intersticiais 185
linha de deslizamento 61
luz 25, 93, 94, 95, 96, 97, 100, 101, 116, 125, 163, 164, 165
    comum 94, 97

M

MAD (*multiple anomalous dispersion*) 161
mapas de Patterson 158
materiais ferroelétricos 90
método
    Bake and Shake 159
    de Rietveld 155
    direto 158, 159
mica 213, 217, 218, 229
microscopia eletrônica 131, 147, 148, 149,

152, 153, 171
    de transmissão 147
mioglobina 124, 196
MIR (*multiple isomorphous replacement*) 158, 160, 161
mistura racêmica 96
modelo
    de hastes e esferas 194
    de preenchimento de espaço 179, 200
    de valência de ligação 180, 199
modo
    obverso 106
    reverso 106
modulação
    composicional 221, 222, 229
    displaciva 221, 222, 229
molécula
    octaédrica 78
    polar 91
    quiral 96
monóxido de ferro 206
morfologia cristalina 13
mosaico 69, 70, 71, 72, 152, 228
    aperiódico 70
    de Penrose 71, 228
    não periódico 70
    regular 69, 70
motivo 58, 59, 60, 61, 62, 65, 66, 67, 71, 72, 73, 74, 77, 104, 108, 109, 110, 111, 112, 114, 115, 116, 117, 118, 119, 121, 122, 132, 139, 177, 178, 180, 190, 196
multiplicidade 67, 68, 69, 73, 74, 75, 110, 111, 112, 115, 116, 117, 118, 119, 121, 122, 123, 132, 144, 145, 146, 209

N

nanopartículas 152
nicolita 183, 184

nitreto de boro 191, 193
    ver também estruturas cristalinas.
notação
    de Ramsdell 211, 212
    de Zhdanov 211, 212
número
    complexo 136, 137
    de coordenação 171, 175, 201, 224

O

octaedro 20, 36, 39, 79, 80, 81, 83, 100, 101, 152, 181, 183, 186, 187, 190, 191, 200, 207, 208, 209, 213, 214, 215, 218, 219, 220, 224, 225, 232
    regular 20, 79, 80, 83, 100, 101, 181
    truncado 36, 39, 190, 191
olivina 184
onda
    de luz 93, 94, 96, 97, 165
    de modulação 221, 222
opala 163, 164
operações de simetria 15, 52, 54, 56, 68, 78, 99, 104, 105, 106, 107, 110, 112, 114, 117, 118, 119, 121, 122, 123
ordenamento
    ferrimagnético 98
    ferromagnético 98
orto 208
óxido
    de zinco 192
    nítrico 91

P

padrão de difração 15, 38, 124, 126, 127, 128, 129, 130, 139, 141, 144, 145, 146, 147, 149, 150, 153, 193, 203, 215, 216,

220, 221, 222, 226, 227, 229
de pó 146, 147, 148
parâmetros
    da cela unitária morfológica 14
    de retículo 19, 24, 26, 127, 174, 207
par enantiomórfico 76, 95, 100
pares
    de Bijvoet 162
    de Friedel 139
pentágono
    equilátero 70
    regular 14, 29, 60, 70
pentóxido de nióbio 152
perovskita ideal 207, 218, 220
pilhas de Bragg 164
pipa 70, 71, 228
pirita 235
piroxênio 217, 218, 229
plano
    complexo 137
    de deslizamento 61, 62, 64
    de simetria 15, 52, 53, 54, 56, 57, 58, 59, 60, 61, 62, 63, 64, 66, 68, 76, 77, 78, 79, 80, 81, 82, 83, 85, 87, 88, 95, 100, 102, 103, 106, 108, 109, 88, 116, 117, 118, 122, 88, 88
    gaussiano 137, 140, 159, 160, 162, 163
    paramétrico 14
planos CC 214, 215, 216, 232
    ordenados 214
polarização 94, 95, 132, 146
poliedro
    com cátion centrado 187, 188, 189
    com ânion centrado 188, 189, 190, 191, 200
polipeptídeo 156, 196, 198
polissoma 210, 217
politipismo 210
polítipos 210, 211, 212, 213, 216, 217, 229, 230
pontes de hidrogênio 194, 195, 196, 197
posição

atômica 52, 67, 78, 79, 81, 99, 104, 105, 110, 111, 121, 155
especial 68, 110, 111, 121
posições gerais equivalentes 65, 66, 67, 74, 75, 112, 121, 122
primeira zona de Brillouin 33, 38, 39
princípio de Neumann 89
problema de fase 153
propriedades
    dielétricas 89, 90, 91
    direcionais 89
    físicas centrossimétricas 89, 139
    não direcionais 89
    ópticas 94
proteína
    cristalização da 157
    dobramento de cadeias de 194
    estrutura da 159, 160, 162, 163, 196
    estrutura primária da 194
    estrutura quaternária da 198
    estrutura supersecundária da 196
    estrutura terciária da 196, 197, 198
    fibrosa 156
    globular 157, 198
    organização terciária da 197

Q

quartzo 96
quasicristal 226, 227, 229

R

(R)-alanina 116, 120
(R, S)-alanina 116, 118, 119, 120
raio
    covalente 177
    de Van der Waals 178

iônico 176
metálico 174
não ligado 179
de ligações múltiplas 178
razão áurea 70
rede 170, 191, 192, 193
   hexagonal 191
refinamento 11, 154, 155, 160, 161, 179
reflexões
   comensuradas do super-retículo 221
   equivalentes 145, 146
região de Dirichlet 30, 31
regra de Pauling 180
regras de formação de estruturas iônicas 179
relações de fase 159, 160, 162, 163
representação de cristais 185, 188
residual 154
resíduos 196, 200
resolução 130, 131, 148, 149, 151, 152, 153, 157, 158, 193, 194, 200
retículo 18, 19, 20, 22, 24, 26, 27, 28, 29, 30, 31, 32, 33, 34, 35, 36, 37, 38, 39, 40, 41, 42, 43, 44, 46, 47, 48, 49, 50, 51, 55, 56, 57, 59, 60, 61, 62, 63, 64, 65, 68, 69, 71, 72, 83, 84, 85, 98, 99, 103, 104, 105, 106, 109, 111, 112, 114, 116, 117, 118, 119, 121, 122, 123, 126, 127, 128, 129, 130, 131, 132, 139, 140, 141, 144, 146, 149, 150, 151, 152, 167, 168, 172, 173, 174, 179, 184, 191, 196, 201, 203, 207, 208, 215, 216, 220, 221, 222, 225, 226, 227, 228, 229
   antissimétrico 99
   cristalino 27, 47, 48, 131, 132
   de Bravais 33, 34, 35, 36, 47, 48, 49, 50, 51, 83, 84, 103, 104, 105, 121, 122, 140, 141, 203, 226
   de cores 99
   direto 30, 31, 32, 33, 36, 37, 38, 39, 41, 42, 46

neutro de Bravais 99
plano 27, 28, 31, 32, 33, 37, 41, 49, 50, 55, 56, 59, 60, 61, 62, 71, 72, 83, 84, 85, 103
recíproco 30, 31, 32, 33, 36, 37, 38, 39, 41, 42, 46, 48, 49, 50, 126, 127, 128, 129, 130, 131, 132, 141, 144, 146, 149, 150, 215, 216, 220, 225
recíproco ponderado 141, 149
romboédrico primitivo 34, 85

S

(S)-alanina 116, 117, 118, 142
sal de cozinha 19
sequência de empilhamento 211, 212, 216, 217
série polissomática 217, 218
séries homólogas 214, 215, 216, 218, 230
sílica 163, 164
símbolo
   de grupo espacial 107, 122
   de Hermann-Mauguin 54, 82, 107
   de simetria de grupo espacial 106
   de *Strukturbericht* 18, 19
   de Wyckoff 68, 69, 103, 110, 111, 112, 114, 115, 117, 118, 119, 121, 122, 123, 203, 204
   de Schoenflies 54, 76, 82, 105, 237
   gráfico 53, 108, 109
   internacional 54, 76, 82, 104
simetria
   de cor 97
   de pontos do retículo 56
   pontual 52, 54, 56, 57, 68, 76, 83, 98, 139, 226
   pontual geral 54
sistema
   de coordenadas 12, 43

destro de coordenadas 33
monoclínico 12, 85, 87, 106, 108
ortorrômbico 12, 87
romboédrico 12
tetragonal 87
sítios intersticiais 183, 185
sólidos platônicos 79, 83, 100
solução sólida 203, 204, 205, 206, 229, 230, 231
sub-retículo fundido 191
substituição isomórfica 157, 158, 159, 160, 161, 162, 167
múltipla 158, 160, 161
simples 160
subunidade 198
sulfeto
de cádmio 152
de zinco 91, 93, 188, 192, 210, 211
sulfetos
de bário e ferro 223, 224, 225
de estrôncio e titânio 224
supercondutores de alta temperatura 219, 230
super-retículo 216, 220, 221, 222

T

tamanho
de átomo 170, 171
de partícula 130, 131
teoria dinâmica da difração 149
tetraedro 21, 79, 80, 91, 92, 93, 96, 97, 101, 183, 187, 188, 192, 193, 200, 223, 224, 232
regular 79, 83, 100, 101

titanato
de bário 187
de estrôncio, *ver* estruturas cristalinas.
trigonal (romboédrico) 36
trióxido
de rênio 186
ver também estruturas cristalinas.
de tungstênio 186, 213

U

unidade assimétrica 110, 122
ureia 21, 22, 116, 194, 202

V

vetor de translação com deslizamento 103
vetores-base 27, 28, 29, 30, 31, 32, 33, 34, 37, 49
vidro icosaédrico 227
volta 149, 196, 200

W

wustita 206

Z

zincita 192
zircônia cúbica estabilizada com cal 204
zona 33, 38, 39, 44, 46
de Brillouin 33, 38, 39